U0204182

陶瓷基复合材料的
高温力学行为与增韧机制

刘波　刘翠云　马朝利　编著

北京航空航天大学出版社

内 容 简 介

本书主要介绍了连续纤维增强陶瓷基复合材料的高温力学行为,探讨了陶瓷基复合材料的增韧机制。全书共 7 章,内容包括:陶瓷基复合材料的力学行为、单向连续纤维增强复合材料的力学性能、连续纤维增强陶瓷基的高温蠕变行为、连续纤维增强陶瓷基复合材料的疲劳行为、复合材料的断裂、复合材料细观损伤力学、复合材料界面破坏力学。

本书可作为陶瓷基复合材料、复合材料细观结构力学及二者相关领域的学者和工程技术人员的参考书。

图书在版编目(CIP)数据

陶瓷基复合材料的高温力学行为与增韧机制 / 刘波,刘翠云,马朝利编著. -- 北京 : 北京航空航天大学出版社,2025.3

ISBN 978 - 7 - 5124 - 4372 - 3

Ⅰ.①陶… Ⅱ.①刘… ②刘… ③马… Ⅲ.①陶瓷复合材料－高温力学性能－研究 Ⅳ.①TQ174.75

中国国家版本馆 CIP 数据核字(2024)第 058101 号

陶瓷基复合材料的高温力学行为与增韧机制

刘波 刘翠云 马朝利 编著

策划编辑 杨国龙 责任编辑 孙玉杰

*

北京航空航天大学出版社出版发行

北京市海淀区学院路 37 号(邮编 100191) http://www.buaapress.com.cn

发行部电话:(010)82317024 传真:(010)82328026

读者信箱:qdpress@buaacm.com 邮购电话:(010)82316936

鸿博汇达(天津)包装印刷科技有限公司印装 各地书店经销

*

开本:787×1 092 1/16 印张:20 字数:512 千字

2025 年 3 月第 1 版 2025 年 3 月第 1 次印刷

ISBN 978 - 7 - 5124 - 4372 - 3 定价:119.00 元

前　　言

陶瓷基复合材料在近三十年来发展迅速并趋于成熟。在这一时期,随着陶瓷基复合材料结构性能的精细微观力学模型不断发展,其加工工艺不断进步。虽然陶瓷基复合材料主要用于高温环境,但在曾经一段时间里学者们主要关注的还是它在常温环境下的结构完整性。直到近二十年,学者们才开始关注影响陶瓷基复合材料高温结构性能的力学和微观机制,但对其基本原理的认识目前还处于发展阶段。作者近几年参与了 SiC_f/SiC 复合材料制备的项目,该项目研究的主要目的是揭示 SiC_f/SiC 复合材料的微观损伤机制,从而服务于韧性与强度兼备的 SiC_f/SiC 复合材料的制备。因为 SiC_f/SiC 复合材料的纤维和基体都是脆性很强的 SiC 陶瓷,所以增韧的主要机制只能来自裂纹扩展过程中材料内部的能量耗散。因此,断裂力学、复合材料细观力学、疲劳、蠕变等在微观损伤机制中扮演着重要的角色。近些年作者不断学习、总结和深入研究相关知识,将国内外相关重要成果汇总成书。本书主要介绍连续纤维增强陶瓷基复合材料的高温力学行为,探讨陶瓷基复合材料的增韧机制。本书内容既包括对强度、断裂等短期行为的研究,也包括对蠕变、疲劳等长期行为的研究;既有实验测试,也有理论分析和模拟。

陶瓷基复合材料的制备属于材料科学的研究内容,但是其微观机制研究对力学学科的依赖性极强,而材料科学领域的学者一般来说力学基础都比较薄弱。陶瓷基复合材料的微观机制研究涉及的力学学科众多,即使是力学领域的学者也需要经过多年深入的研究积累才能登堂入室,况且材料科学还是大多数力学领域学者的盲点。因此,一本介绍陶瓷基复合材料的微观机制的著作对于陶瓷基复合材料的制备具有至关重要的意义,对于力学领域的学者也有重要的参考价值。在高温材料受到国家高度重视的今天,这方面的研究具有特殊重要的意义。本书正是这方面的尝试。

本书第 1 章是关于陶瓷基复合材料的力学行为的综述,第 2 章介绍单向连续纤维增强复合材料的力学性能,第 3 章介绍连续纤维增强陶瓷基复合材料的高温蠕变行为,第 4 章介绍连续纤维增强陶瓷基复合材料的疲劳行为,第 5 章介绍复合材料的断裂,第 6 章介绍复合材料细观损伤力学,第 7 章介绍复合材料界面破坏力学。附录给出全书的符号/术语。

本书主要参考了伊文斯(Evans)和佐克(Zok)的综述论文《纤维增强脆性基体复合材料物理与力学》("The Physics and Mechanics of Fiber-Reinforced Brittle Matrix Composites")、奈尔(Nair)和亚库斯(Jakus)编写的《陶瓷基复合材料的高温力学行为》(*High Temperature Mechanical Behavior of Ceramic Composites*)、伊文斯(Evans)和马歇尔(Marshall)的综述论文《陶瓷基复合材料的力学行为》("The Mechanical Behavior of Ceramic Matrix Composites")、郦正能主编的《应用断裂力学》、杨庆生的《复合材料细观结构力学与设计》等论著。

在本书的撰写过程中,作者的研究生黄钟、蓝迎莹、许派参与了本书初稿的编撰,作者的研究生贾思琪、拓宽、许派和吴娇娇参与了本书插图的绘制。作者在此特别感谢国家科技重大专项(J2019-VI-0001-0114)、国家自然科学基金(项目批准号:12472194、11972004、12002018、11772031、11402015)对本书研究工作的资助。本书从开始编写到完稿历时 4 年多,作者反复对其进行修改完善,务求内容正确无误。限于作者的水平和时间,书中错误和疏忽之处在所难免,恳请读者提出宝贵的建议。

刘 波

2024 年 3 月

目　　录

第1章 陶瓷基复合材料的力学行为

本章是综述,汇集了有关纤维增强脆性基体复合材料力学行为和结构性能研究的已有成果。总的来说,目前已经普遍认识到,针对不同的组分和纤维结构,需要建立实验结果与理论模型之间的有效映射关系。这种研究方法十分必要,但实验测试非常昂贵。此外,尽管这一领域发展迅速,但它尚未成熟。因此,这里尝试提供一个包含各种模型的框架,并通过有效的实验测试进行验证。

本章全面综述目前各种可用的模型和实验测试成果,主要内容包括:拉伸和剪切载荷下的应力-应变行为、极限拉伸强度(UTS)和缺口敏感性、应力腐蚀。本章还总结了有序纤维增强陶瓷基复合材料微观结构与力学性能关系的研究现状,将重点放在界面的微观力学性能定义上,这对复合材料的韧性起着关键作用。通过对理论模型和实际复合材料的微观力学计算和实验,讨论界面脱粘和滑移阻力等问题。

1.1 概　述

1.1.1 基本原理

基于陶瓷、玻璃、聚合物和金属间化合物的脆性与韧性基体复合材料种类繁多,与这些基体对应的复合材料分别是陶瓷基复合材料(CMCs)、玻璃基复合材料(GMCs)、聚合物基复合材料(PMCs)和金属间化合物基复合材料(IMCs)。纤维用于获得良好的结构性能,特别是当受静态或循环载荷时,可以抵抗裂纹扩展。然而,所有的热力性能都受到纤维的影响,有时影响很深。因此,设计保证可靠性所需的方法完全不同于用于单相陶瓷、玻璃、聚合物和金属间化合物的方法。本章针对脆性基体复合材料探讨了相关基本原理。许多基本观点是从聚合物基复合材料的研究中发展而来的,在这些材料中,基体的模量和强度虽然相对较低,但它具有较好的延性。纤维提高了材料的模量和强度,但降低了材料的延性。决定聚合物基复合材料结构性能的机理,反映了这些因素。在陶瓷基复合材料、玻璃基复合材料以及许多金属间化合物基复合材料中,纤维和基体的弹性性能相似,基体的延性较低。因此,其响应热力负荷的机制往往与在聚合物基复合材料中发现的机制不同。本章重点研究陶瓷基复合材料、玻璃基复合材料和金属间化合物基复合材料。本章将讨论的材料如表 1.1 所列。

表 1.1　脆性基体复合材料体系

简　称	含　义
SiC_f/CAS	由钙铝硅酸盐玻璃陶瓷基体与尼卡隆(Nicalon)纤维形成的尼卡隆纤维增强玻璃陶瓷基复合材料
SiC_f/SiC_{CVI}	用化学气相渗透(CVI)法生产的尼卡隆纤维增强碳化硅基复合材料
SiC_f/SiC_{PP}	用聚合物前驱体法生产的尼卡隆纤维增强碳化硅基复合材料

续表 1.1

简　称	含　义
$SiC_f/C_{B(C)}$	用热分解法和 CVI 法结合生产的尼卡隆纤维增强碳基复合材料,下标 B 和 C 表示基体中两种不同的颗粒相
C_f/C	碳纤维增强碳基复合材料

连续纤维增强脆性基体复合材料与单相基体材料相比具有很大的优势,当孔隙和凹槽存在时,前者仍可以保持良好的抗拉强度[1-3]。这一特性很重要,因为复合材料构件通常需要连接到其他(通常是金属)构件上。一般来说,这些构件的应力集中情况决定着设计的可靠性。这些部位的非弹性变形至关重要,通过局部的应力重分布[4],缓解了弹性应力集中。在脆性基体复合材料中存在着这种非弹性变形[5-8]。伴随非弹性变形会产生各种退化机制,这会影响材料的使用寿命。引起疲劳的因素包括循环、静力和热疲劳等[9-10]。最严重的性能退化是由异相(out-of-phase)热机械疲劳(TMF)引起的。此外,在高温下还存在蠕变和蠕变断裂[11]。

组分(纤维、基体、界面)性能和纤维结构决定了复合材料的结构效应和使用寿命。由于这些组分的比例是可变的,因此如果采用传统的经验流程,那么设计和使用寿命所需的组分性能优化会变得非常昂贵。本章基于如下认知展开阐述:基于微观机制的模型是必要的,它允许通过一个巧妙构思的理想模型进行有效预测。这里重点创建一个合理的框架,在该框架下不断增加新的模型,并通过相应的实验对新模型进行验证。

1.1.2　目　的

本章的最初目的是探讨单调和循环加载下的应力重分布机制,以及表征缺口敏感性所需的力学特性[4,12],这些讨论主要针对二维纤维增强复合材料展开。产生非弹性应变的微观机制是界面脱粘和滑移引起的基体开裂及纤维失效(见图 1.1)[13-15]。这些机制决定着各组分性能,陶瓷基复合材料组分性能的测量方法与典型值如表 1.2 所列。

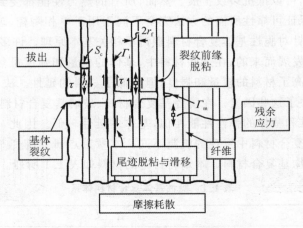

图 1.1　产生非弹性应变的微观机制

表 1.2　陶瓷基复合材料组分性能的测量方法与典型值

组分性能	测量方法	典型值
界面滑移应力(τ_{fi})	顶出应力	1~200 MPa
	拔出长度(h)	
	饱和裂纹间距(d_{s})	
	迟滞回线宽度(δ_{e})	
	卸载模量($\bar{E}$)	
纤维特征强度(S_{c})	断裂镜面	1.2~3.0 GPa
	拔出长度(h)	
失配应变(Ω)	层间畸变	0~2×10^{-3}
	永久应变(ε_0)	
	残余裂纹张开位移(u_{p})	
基体断裂能(Γ_{m})	单相材料	5~50 J·m^{-2}
	饱和裂纹间距(d_{s})	
	基体开裂应力($\bar{\sigma}_{\text{mc}}$)	
界面脱粘能(Γ_{i})	永久应变(ε_0)	0~5 J·m^{-2}
	残余裂纹张开位移(u_{p})	

　　引起非线性的原因为如下三个基本机制[16-17]：① 纤维–基体界面产生摩擦耗散，此时由于脱粘界面的滑移阻力 τ 是一个关键参数，因此对 τ 的控制至关重要，其具体值由纤维涂层和形态所决定[18-19]；通过改变 τ 值，可以极大地改变关键损伤机制及由此产生的非线性。② 基体裂纹会增加弹性柔度。③ 基体裂纹会改变残余应力分布，并产生永久应变[20]。

　　这些机制起作用的相对能力取决于负载及纤维取向。沿纤维方向的拉伸载荷会转换为沿不同方向的剪切载荷，对该转换机制的深入理解很有必要。对于拉伸载荷，已经发现了三种损伤机制（包括基体裂纹和界面滑移），每一种机制都可以通过基体开裂和纤维拔出的组合来重新分布应力，如图 1.2 所示。这些损伤机制可以通过力学映射[21]进行可视化，并用于指导测

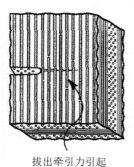

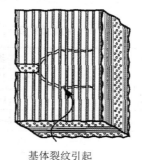

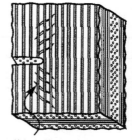

拔出牵引力引起　　　　基体裂纹引起　　　　　剪切损伤带引起
应力重分布　　　　　　应力重分布　　　　　　应力重分布

(a) 类型 I (基体开裂+　　(b) 类型 II (基体开裂+　　(c) 类型 III (基体开裂
纤维失效)　　　　　　　没有纤维失效)　　　　　引起剪切损伤)

图 1.2　脆性基体复合材料切口周围常见的三种损伤机制

试和设计。第一种损伤机制涉及 I 型裂纹及与此同时发生的纤维破坏,称为 I 类行为(见图 1.2(a))。应力重分布是由失效纤维在拔出时释放在裂纹上的拉伸应力引起的[12,22-24]。第二种损伤机制涉及多个基体裂纹,且伴有最小规模的纤维破坏,称为 II 类行为(见图 1.2(b))。在这种情况下,基体裂纹引起的塑性变形会使应力重新分布[3-4]。基于这两种损伤机制的机理示意图(见图 1.3)说明另一个重要问题:需要用无量纲参数来表示一系列组分性能(为了便于参考,将所有重要的无量纲参数列于表 1.3 中)。在机理示意图 1.3 中,纵坐标是界面滑移应力的无量纲度量,横坐标是无量纲的原位纤维强度。此外,还有第三种破坏机制(见图 1.2(c)),即复合材料在破坏前的基体剪切损伤,称为 III 类行为,这也会引起应力重分布,其机制映射如图 1.4 所示[25]。

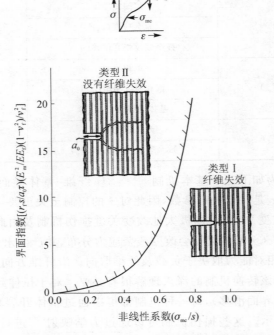

图 1.3 区分 I 类和 II 类行为的损伤机制的机理示意图

表 1.3 无量纲参数

名 称	表 达 式
相对刚度	$\xi_0 \to V_f E_f / (1 - V_f) E_m$
滑移指数	$\mathcal{T} \to \xi (\tau_0 E / \sigma E_f)^{1/2}$
循环滑移指数	$\Delta \mathcal{T} \to \xi (\tau_0 E / \Delta \sigma E_f)^{1/2}$
载荷指数	$\mathfrak{I} \to 2 r_f (1 - V_f)^2 E_m^2 \sigma / E_f E \tau_0 a V_f^2 (1 - v^2)$
循环载荷指标	$\Delta \mathfrak{I} \to 2 r_f (\Delta \sigma) / V_f \xi^2 a \tau_0$ $\Delta \mathfrak{I}_0 \to 2 r_f (\Delta \sigma) / V_f \xi^2 a_0 \tau_0$
桥联指数	$\mathfrak{I}_b \to 2 r_f \sigma_b / V_f \xi^2 a \tau_0$

续表 1.3

名　称	表达式
循环桥联指数	$\Delta \Im_b \rightarrow 2 r_f (\Delta \sigma_b) / V_f \xi^2 a \tau_0$ $\Delta \Im_T \rightarrow 2 r_f E_f (\alpha_f - \alpha_m) \Delta T / \xi^2 V_f \tau_0 a$
失配指数	$\Sigma_T \rightarrow \dfrac{\overline{\sigma}_T}{\overline{\sigma}_p} = (c_2 / c_1) E_m \Omega / \overline{\sigma}_p$
脱粘指数	$\Sigma_i \rightarrow \dfrac{\overline{\sigma}_i}{\overline{\sigma}_p} = (1 / c_1)(E_m \Gamma_i / r_f \widetilde{\sigma}_p^2)^{1/2} - \Sigma_T$
迟滞指数	$\mathcal{H} \rightarrow b_2 (1 - a_i V_f)^2 r_f \sigma^2 / 4 d \tau_0 E_m V_f^2$
裂纹间距指数	$\varphi_p \rightarrow \Gamma_m (1 - V_f)^2 E_f E_m / V_f \tau^2 E_L r_f$
基体开裂指数	$M \rightarrow 6 \tau \Gamma_m V_f^2 E_f / (1 - V_f) E_m^2 r_f E_L$
残余应力指数	$\mathcal{L} \rightarrow E_f V_f \Omega / E_L (1 - \upsilon)$
缺陷指数	$\mathcal{A} \rightarrow a_0 S^2 / E_L \Gamma$
桥联缺陷指数	$\mathcal{A}_b \rightarrow \dfrac{3 V_f^2}{(1 - V_f)^2} \left(\dfrac{E_f E}{E_m^2} \right) \left(\dfrac{a_0 \tau}{r_f S_g} \right)$
拔出缺陷指数	$\mathcal{A}_p \rightarrow (a_0 / \overline{h})(S_p / E_L)$
界面指数	$\mathcal{T} \rightarrow (r_f S / a_0 \tau)(E_m^2 / E_L E_f)[(1 - V_f) / V_f]^2$
非线性系数	$\mathcal{U} \rightarrow \sigma_{mc} / S$

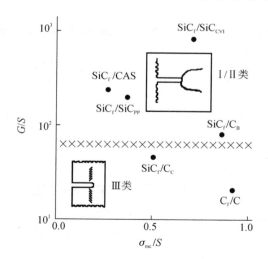

图 1.4　用于区分 Ⅲ 类行为的机制映射

　　二维脆性基体复合材料的拉伸应力-应变曲线如图 1.5 所示，这些曲线展现了脆性基体复合材料在应用中的最基本特征。在图 1.5 中的四种材料中，SiC_f/CAS 复合材料在拉力下对缺口不敏感[3]，即使在相当大的缺口（约 5 mm）下也是如此；其他三种材料表现出不同程度的缺口敏感性[26-27]。此外，尽管塑性应变相对较小，但 SiC_f/CAS 复合材料对缺口的不敏感性仍然存在。这些结果说明需要解决如下两个问题：① 缺口不敏感性需要多少塑性应变来保证？②
屈服强度与极限拉伸强度的比值是影响缺口灵敏度的一个重要因素吗？本章将解答这两个
问题。

剪切行为也包括基体开裂和纤维破坏[25]。然而不同材料的剪切应力-应变曲线（见图1.6）
与拉伸应力-应变曲线（见图1.5）有明显不同，下面将探讨引起这种差异的原因，并给出相应
的分析方法。

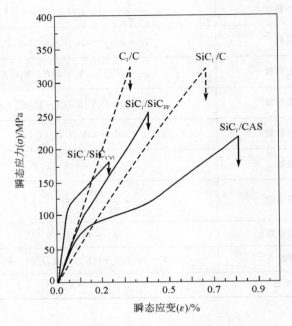

图1.5　二维脆性基体复合材料的拉伸应力-应变曲线

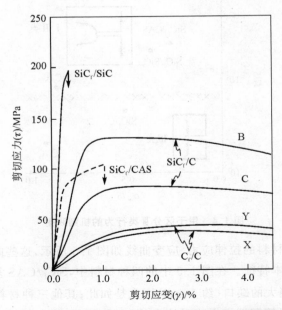

图1.6　二维脆性基体复合材料的剪切应力-应变曲线

对损伤和失效的分析表明,某些组分的性能(见表 1.2)是复合材料性能的基础。这些性能需要独立测量,然后用作表征参数,类似于单相材料的屈服强度和断裂韧性。六个主要的独立参数是界面滑移应力 τ_{fi}、界面脱粘能 Γ_i、原位纤维性能 S_c 和 β、纤维-基体失配应变 Ω、基体断裂能 Γ_m,以及弹性常数 E 和 υ[4]。通常用于推断组分性能的相关参数包括纤维的拔出长度[7,14]、纤维的断裂镜面半径[28]和基体中的饱和裂纹间距[29]。本章将始终采用一致、直接的方法衡量组分性能,并通过损伤和失效模型来探讨它们与复合材料行为的相关性。此外,将复合材料的行为与组分性能关联起来的表达式通常很烦琐,因为它们需要用到大量参数。在能描述复合材料主要现象的前提下,本章将采用尽可能简单的公式。这些公式所描述的行为通常只适用于复合材料,在单相材料中并不存在对应的现象。因此,这些公式的适用范围是纤维体积分数在工程实际范围内(V_f 为 0.3~0.5)的复合材料。外推到更小的 V_f 会得到不合理的结论,因为微观机制通常会发生改变。

在大多数具有理想拉伸性能的复合材料中,线弹性断裂力学(LEFM)准则不再适用[30-31]。相反,其中出现各种大规模的非线性,这与基体损伤和纤维拔出有关。因此,需要用另一种力学方法来确定相关的材料和加载参数,并建立设计准则。本章将与测试数据相结合,介绍这一目标实现的进展情况。这是通过大规模桥联力学(LSBM)结合连续介质损伤力学(CDM)实现的[12,22-24]。

上述考虑因素决定了材料在短时间内承受热负荷和机械负荷的能力。在许多情况下,材料在高温下的长期服役能力决定了其适用性。解决该问题需要采用基于退化机制的寿命预测模型。为此目的,有必要建立广义疲劳和蠕变模型,特别是在含有基体裂纹的区域需要建立这样的模型。在应变集中的区域不可避免地存在这样的裂纹,并且会发生应力重分布。在这种情况下,当基体裂纹在热力循环过程中张开和闭合时,可能通过基体裂纹进入空气,从而使界面和纤维发生退化。这种退化的速度决定着复合材料的使用寿命。

当在模式 Ⅰ、模式 Ⅱ 和混合模式 Ⅰ/Ⅱ 以及压缩时,实用连续纤维增强陶瓷基复合材料都表现出重要的破坏/损伤行为。破坏顺序取决于加载的应力状态,以及试样是单向增强的还是叠层或编织增强的。然而,相关失效过程可以很方便地用单向纤维增强系统的行为来说明。图 1.7 给出了基本的失效模式。本章的目的是评估复合材料组分(纤维、基体、界面)性能和其整体力学行为之间的关系。复合材料的性能主要由界面决定,这是公认的;为了使复合材料具有优异的力学性能,必须给界面脱粘和滑移阻力设置一个上限。因此,本章的一个重点便是确定纤维与基体之间的涂层和界面相的最佳性能,以实现高温稳定性和完整性。复合材料中由热膨胀差异引起的残余应力也是非常重要的问题,对其关注也贯穿全章。

陶瓷基复合材料的性能对界面的力学性能有很强的依赖性,这通常要求考虑纤维涂层(和/或反应产物层)的性能,至少在高温下是这样的。因此,采用化学气相渗透等低温基体渗透工艺虽然可以制造出界面有限结合的复合材料,其室温性能也不错;但经验表明,中等温度暴露会导致扩散,加上环境中 O_2、N_2 等的进入,会导致界面间的化学键结合。由此形成的界面由氧化物、氮化物、碳化物组成(单独或组合),总是具有很高的抗断裂能力,从而不再具备预期的复合材料性能。因此,本章及后续章节针对陶瓷基复合材料研究的主要目的,是识别在高温下稳定且与纤维或基体结合较弱的界面。一些难熔金属和金属间化合物似乎具有这些特性,这将在以下各节详细介绍。

本章的基本思路是,由于复合材料的整体力学行为足够复杂并且包含大量的独立自变量,

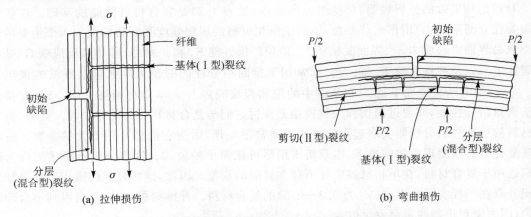

(a) 拉伸损伤   (b) 弯曲损伤

图 1.7   高韧性单向纤维增强陶瓷基复合材料失效模式示意图

因此基于经验主义的微观结构优化方法非常低效。相反,只有当每个重要的损伤和失效模式都用一个严格的模型来描述,并通过实验验证时,优化才变得实用、可行。因此,实验与理论结合永远是必要的。还需指出的是,只有当基于均匀化性质的复合材料代表体积单元模型同时考虑了纤维、基体和界面组分的性能时,才能实现这一目标。在这一目标的背景下,试图离散微观结构细节的模型几乎没有价值。就这一点而言,本章的思路与成功用于描述过程区(process zone)现象的相变和微裂纹增韧[32-36]、韧性断裂[37-38]类似,其中单个颗粒、位错等的行为为推导连续体的本构特性做出了贡献。

复合材料的行为与裂纹扩展和界面滑移的基本特征密切相关。本章首先通过研究图 1.7描述的各种重要模式的损伤和断裂过程来证明这一点。这些研究结果表明在精心选择的试样中研究界面响应的必要性。在此基础上,本章介绍用于研究界面脱粘和滑移的基本力学原理和实验测试。最后,本章讨论基体、纤维和涂层的选择对力学性能的影响。根据如图 1.8所示试样,首先对拉伸性能做定性讨论,考虑纤维-基体界面的脱粘、滑移和拔出;然后对特殊且重要的未粘结纤维做定量研究。

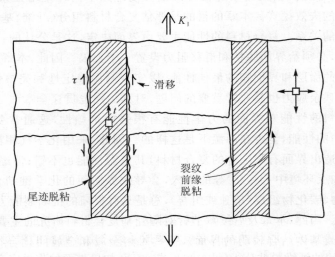

图 1.8   裂纹前缘纤维初始脱粘与裂纹尾迹纤维脱粘示意图

1.1.3　方　法

本章将给出上述问题的解决方案。本章内容具体安排如下：首先建立复合材料的一些基本热力学特性，其重点是界面和界面性能以及残余应力；然后讨论单向材料受拉伸载荷作用下的基本响应，包括非线性变形和破坏机制、宏观性能与组分性能之间的本构关系、使用应力-应变测量以一致且直接的方式确定组分性能、模拟应力-应变曲线。在讨论一维材料之后，将同样的概念应用于受拉伸和剪切载荷组合作用的二维材料，研究缺陷、孔隙、附着物和缺口周围的应力重分布机制，并根据这些机制建立一种将材料强度与缺陷的大小和形状、外部载荷等联系起来的力学方法。

关于循环加载和蠕变对脆性基体复合材料寿命影响的数据有限，因此，研究相关概念需要借鉴其他复合材料体系（如金属基复合材料（MMCs）和聚合物基复合材料）已有的知识和经验。设计和应用陶瓷基复合材料的总体方案如图 1.9 所示。

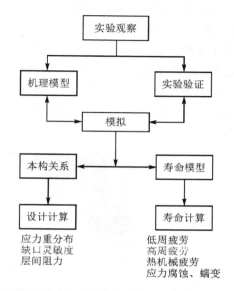

图 1.9　设计和应用陶瓷基复合材料的总体方案

1.2　单向复合材料的拉伸行为

1.2.1　脱粘和滑移

目前对脆性纤维"增韧"陶瓷基复合材料的理解与图 1.8 所示的脱粘和滑移是一致的。为了实现纤维对裂纹的桥联，纤维-基体界面的脱粘必须先于基体裂纹前缘的纤维失效发生。当该条件满足时，脱粘界面的滑移阻力 τ 会对载荷从纤维向基体传递的效率起到重要的作用。具体而言，较大的 τ 会增强载荷传递，使纤维中的轴向应力随距离基体裂纹平面的距离增加而迅速衰减。对最薄弱环节的统计参数表明，纤维在接近裂纹平面的位置失效，从而减少了纤维拔出这一重要因素对复合材料整体力学性能的贡献。因此，伴随脱粘发生的小滑移阻力能提高复合材料的"韧性"。

当界面处存在残余压应力时，裂纹尖端的脱粘程度通常较小；而当界面处存在残余拉伸应力时，裂纹尖端的脱粘程度可能较大。而更重要的是，裂纹尾迹通常会引起进一步的脱粘[39]。脱粘的程度同样主要由残余应力场决定。径向残余拉伸应力会引起广泛的脱粘，而当残余压应力存在时脱粘是稳定的。脱粘界面的形貌和摩擦系数决定了脱粘的程度。

对基体裂纹尖端的纤维脱粘分析（见 1.9.2 节）表明，如果界面的临界应变能释放率 G_{ic} 与纤维的临界应变能释放率 G_{fc} 相比足够小，即满足下述关系，则发生界面脱粘而不是纤维断裂[40]：

$$G_{ic}/G_{fc} \leqslant 1/4$$

这一特性没有直接的实验验证,但裂纹与纤维和晶须相互作用的各种观察结果支持了这一特征[41-42],特别是针对 SiC_f/LAS 复合材料的实验表明,当生产的材料界面层为碳时很容易出现脱粘和大量的纤维拔出(见图 1.10),而当其他空气中热处理后在基体和纤维之间形成连续的 SiO_2 层时,基体裂纹会贯穿纤维扩展而不会引起脱粘(见图 1.11)。此外,带有局部环向缺陷的 SiO_2 薄界面层的复合材料表现出中等拔出水平的特性(见图 1.12)。相关的组分性能被总结在表 1.4 中。基于这些特性,上述讨论表明当界面上存在完整的 SiO_2 层时,裂纹前缘脱粘不会发生;而当界面上存在 C 层时,则可以得到明显的裂纹前缘脱粘,与观测结果完全符合[41-42]。只有部分 SiO_2 界面层的复合材料也很有趣,对于这些材料,G_{ic} 与纤维和基体结合的周长分数有关(通常为 1/3)。根据表 1.4 和初始脱粘条件可知,脱粘的可能性虽然不大但仍然存在。

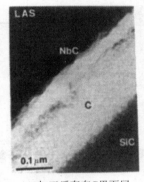
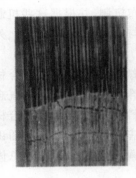

(a) 加工后存在C界面层　　　(b) 热脱黏和大量的纤维拔出

图 1.10　由 LAS 基体和 SiC(尼卡隆)纤维组成的复合材料的界面和纤维拔出

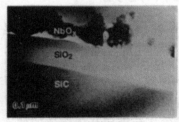
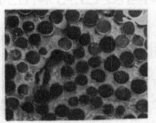

(a) 显示出完整的SiO₂层　　　(b) 无纤维拔出

图 1.11　SiC_f/LAS 复合材料在 800 ℃空气中热处理 16 h

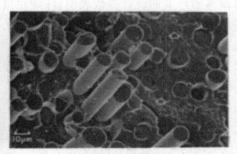

(a) SiO₂层带有缝隙　　　(b) 纤维拔出参差不齐

图 1.12　SiC_f/LAS 复合材料在 800 ℃空气中热处理 4 h

表 1.4　玻璃陶瓷基复合材料 SiC_f/LAS 组分性能

组　分		E/GPa	$G_c/(J \cdot m^{-2})$	α_1/K^{-1}
纤维(尼卡隆)		200	$4 \sim 8^{①}$	4×10^{-6}
基体(玻璃陶瓷(LAS))		85	40	1×10^{-6}
界面	非晶 C		$< 1^{②}$	
	非晶 SiO_2	80	8	1×10^{-6}

注:① 通过断裂镜面半径确定。
　　② 通过压痕确定:考虑了初始热脱粘(见图 1.54)。

1.2.2　应力-应变曲线

如上所述,轴向拉伸性能是由纤维-基体界面的力学性能、纤维的强度和残余应力决定的,残余应力是由纤维和基体在加工后冷却时的不同收缩率引起的。对于这些性能的适当组合,可以得到非灾难性的破坏模式,如图 1.13 所示[43-44]。定性来讲,这种破坏机制更青睐于具有弱界面、高强度纤维和垂直于纤维-基体界面的残余拉伸应力的复合材料。这些参数的任何变化都可能导致破坏机制转变为灾难性破坏(线性应力-应变曲线)。

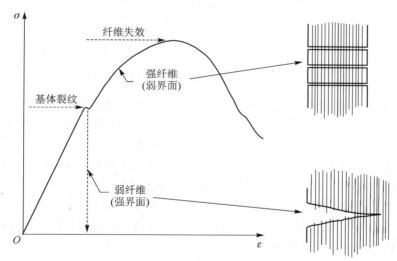

图 1.13　"韧性"陶瓷基复合材料的拉伸应力-应变曲线

对于两种类型的应力-应变曲线,其非线性初始偏离都是由基体开裂造成的。对于非灾难性破坏模式,基体中的初始裂纹扩展会偏转,只有一小部分纤维会断裂[44-45]。进一步加载会导致周期性基体裂纹的形成,其间距由与桥联纤维相关的特征应力传递长度决定。这些裂纹将复合材料分成由完整纤维连接在一起的基体"块"。应力-应变曲线增加的非线性部分由纤维的特性和基体"块"的相互摩擦决定。其极限强度取决于纤维束的破坏,曲线尾迹对应于已断裂纤维的拔出。这种类型的失效机制已在很多复合材料中被观察到,包括纤维增强水泥、玻璃和微晶玻璃复合材料[46-49]。另外,如果当基体裂纹初始扩展时发生大量的纤维断裂,则这对复合材料的破坏是灾难性的。在这种情况下,极限强度受限于单个主裂纹的扩展,并由裂纹扩展阻力曲线决定[50]。阻力曲线的性质和稳态韧性的大小由裂纹尖端后缘的桥联纤维区决定。下面将讨论与上述失效机制相关的复合材料特性,并讨论这些机制之间的转换准则。

1.2.3 一些基本的力学原理

纤维桥联下的裂纹张开涉及裂纹面之间纤维的拉伸。这种拉伸可以用纤维中的应力 t 和局部平均裂纹张开位移 u 之间的关系来表征,如图 1.14 所示。这种关系的具体形式取决于桥联机理的细节,反映了纤维-基体的脱粘、滑移摩擦以及纤维的弹性拉伸等特性。图 1.14 中的峰值($t = S$)代表纤维的"强度",而下降的部分取决于纤维失效的性质和位置。

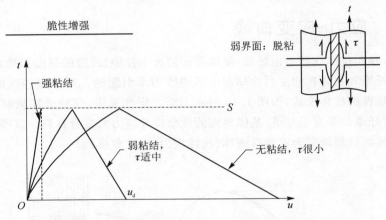

图 1.14 裂纹张开位移随应力变化的各种趋势

图 1.14 中的 $t(u)$ 关系表示脆性纤维增强复合材料的行为范围。在一种极端情况下,对于与基体充分结合的纤维,当裂纹包围它时,不发生脱粘,$t(u)$ 关系直到破坏都是线性的。在另一种极端情况下,对于完全没有粘结在基体上的纤维,摩擦力会抵抗拔出。最初,$t(u)$ 在纤维断裂前是 u 的递增函数,然后 $t(u)$ 随着纤维断裂并从基体中拔出而减小。在这两种极端情况之间的 $t(u)$ 关系体现了部分脱粘及在脱粘面上的摩擦滑移。

桥联纤维对复合材料断裂的影响可以通过两种等效方法来评估,这两种方法都将复合材料裂纹周围等效为连续体,并用 $\tau(u)$ 关系来表示复合材料组分性能与其宏观连续体行为之间的联系。第一种方法将桥联纤维中的应力视为裂纹面的闭合牵引力,从而降低裂纹尖端处的应力[45]。使用标准格林函数,根据闭合牵引力来计算裂纹尖端处应力强度因子的下降值。将基体中裂纹尖端的应力强度因子设为与未增强基体的韧度相等,从而得到裂纹扩展的判据。第二种方法用 J 积分来计算桥联牵引力对能量通量的影响[51-52]。通常,这两种方法都需要通过数值求解一个积分方程来求得裂纹张开位移,从而求得裂纹面上的闭合牵引力分布。对于稳态构型,J 积分方法由于提供了简单的解析结果,因此更有用。

1.2.4 基体开裂

基体裂纹源于先前存在的缺陷。对于典型的基体裂纹,其整个面内有完整的桥联纤维。当复合材料受垂直裂纹方向的均匀拉伸应力 σ_a 作用时,裂纹张开位移 u 和裂纹面压力 $P = V_f \tau$ 随着裂纹尖端后的距离单调增加。对于足够长的裂纹,u 和 P 逐渐趋近于裂纹口处的极

限值 u_a 与 σ_a（P 不能超过 σ_a），如图 1.15 所示。这是一种稳态构型，裂纹尖端的应力随外加应力的增大而增大，但与裂纹的总长度无关。因此，基体裂纹扩展的临界应力 σ_c 也与裂纹长度无关。在施加应力恒定且 $\sigma_c<S_f$（S_f 为纤维强度）的条件下，裂纹在基体中会无限延伸（即完全横跨试样），而不会在尾迹中破坏纤维。另外，如果预先存在的基体裂纹不够长，使得当 $\sigma_a=\sigma_c$ 时裂纹无法渐进张开，则临界应力是裂纹长度的递减函数，如图 1.16 所示[45]。

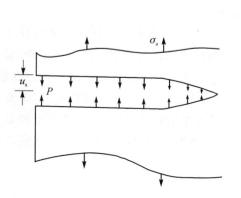

图 1.15　稳态开裂表明裂纹尾迹处位移 u_a 均匀增加

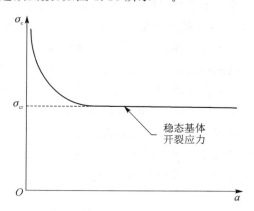

图 1.16　临界应力随裂纹长度的变化

稳态基体裂纹扩展分析给出如下关系，一旦确定了应力-位移关系 $P(u)$，就可以通过式（1.1）求得应力 σ_c[51,53]：

$$\Gamma_m(1-V_f)/2=\sigma_c u_c-\int_0^{u_c}P(u)\mathrm{d}u \tag{1.1}$$

其中，u_c 为对应于 $\sigma_a=\sigma_c$ 的渐进裂纹张开位移，Γ_m 为未增强基体的断裂能。式（1.1）的右边是余能，可用图 1.17（a）中的阴影区域表示。基体开裂的临界条件是当该区域面积等于 $\Gamma_m(1-V_f)/2$ 时通过施加的应力确定的。对于给定的基体和纤维体积分数，这个区域是恒定的。因此，桥联纤维对基体开裂应力的影响可以很容易地推导出来。

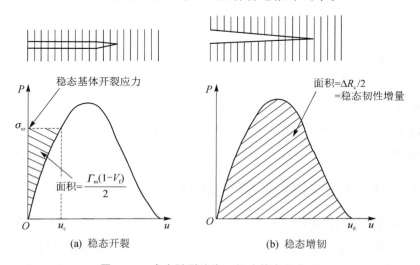

(a) 稳态开裂　　　　　(b) 稳态增韧

图 1.17　应力随裂纹张开位移的变化曲线

13

1.2.5　阻力曲线和增韧

如果式(1.1)给出的稳态基体开裂应力超过了纤维所能承受的应力 $V_f S$，则桥联裂纹内的纤维在基体裂纹扩展之前就会发生断裂。在恒定的加载应力下，桥联应力降低会引起裂纹尖端应力的增加，导致基体中裂纹不稳定扩展，伴随而来的是进一步的纤维破坏[54]。相应的应力-位移曲线与峰值载荷呈线性关系，破坏是灾难性的。

预先存在的没有桥联纤维的裂纹(例如锯切缺口)，会在基体中扩展且不会破坏纤维。在前进的裂纹前缘后方会形成一个桥联区，使得随着裂纹的增大闭合牵引力增大。因此，裂纹持续扩展要求外加应力强度因子增加，从而裂纹扩展由一个增加的阻力曲线(R-curve)决定，如图 1.18 所示。一般情况下，计算阻力曲线上升部分和达到稳态所需的裂纹扩展量，需要对积分方程进行数值求解以得到裂纹张开位移[54]。在桥联区较小的复合材料中，稳态增韧是主要研究对象。而在桥联区较大的复合材料中，必须给定整体的 R-曲线，因为单个稳态裂纹可能永远无法实现稳态韧性(例如所需的裂纹扩展量大于试样宽度)。

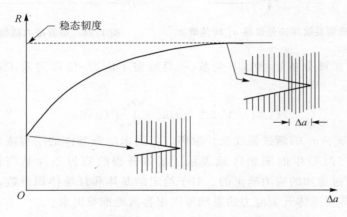

图 1.18　单向复合材料的裂纹扩展阻力曲线示意图

利用 J 积分可导出稳态韧度增量的简单解析解[51-52]：

$$\Delta R_c = 2\int_0^{u_0} P(u)\,\mathrm{d}u \tag{1.2}$$

其中，u_0 为桥联区末端的裂纹张开位移。对于稳态裂纹，u_0 为桥联应力为零处的位移，ΔR_c 为 $P(u)$ 曲线下的面积，如图 1.17(b)所示。因此，如果给定了 $P(u)$ 关系，那么 ΔR_c 可以在没有给定裂纹张开位移的情况下求得。

1.2.6　失效机制转变和性能优化

由前两部分的结果可以得出一些关于稳态韧度和稳态基体开裂应力对微观组织性能依赖性的一般结论。如果从因非灾难性、多重基体开裂机制而失效的复合材料开始，那么如前所述，桥联纤维性质的任何使 $P(u)$ 关系增加部分增强的变化，将导致稳态基体开裂应力增大。但是，如果 σ_c 超过 $P(u)$ 曲线的峰值，则必然导致破坏机制转变，并且稳态韧度由 $P(u)$ 曲线下的面积给出。另外,如果 $P(u)$ 的峰值保持不变,则进一步增加 $P(u)$ 关系增加部分的斜率通常会导致韧性降低。因此,最佳性能(即 $\bar{\sigma}_{mc}$ 或 ΔR_c 最大)出现在两种失效机制之间的过渡区。

1.2.7　残余应力

残余的微观结构应力通常产生于高温热处理后冷却过程中的热收缩。断裂前的残余应力在增强纤维和基体中方向相反,平均残余应力与跨越许多微观结构单元的潜在裂纹平面垂直且为零。因此,在没有桥联区的情况下,微观组织残余应力对稳态断裂韧性没有影响。此外,以 $P(u)$ 关系表示的桥联断裂力学分析不受残余微观结构应力存在的影响。然而,残余应力影响 $P(u)$ 关系,从而影响基体开裂应力和断裂韧性的大小[55]。

残余应力对 $P(u)$ 关系的影响与界面滑移和纤维破坏机理有关。偏离初始点的应力可由式(1.3)确定:

$$\sigma_{div} = -qE_c/E_m \tag{1.3}$$

其中,q 为基体中的轴向残余应力,E_c 和 E_m 为复合材料与基体的杨氏模量。对于某些复合材料,$P(u)$ 曲线的其余部分可简单地由 σ_{div} 平移得到,但通常 $P(u)$ 曲线的形状也会发生改变。

对于残余应力使 $P(u)$ 关系均匀平移的复合材料,从图 1.17(a)容易推导出基体开裂应力 $\bar{\sigma}_{mc}$ 是增大(q 压缩)还是减小(q 拉伸)。而残余应力引起的稳态韧度变化的符号和大小,取决于界面滑移和纤维破坏的机理(见表 1.5)。

表 1.5　残余应力对韧性的影响

应力-位移关系		破裂条件	纤维残余应力	
			压　缩	拉　伸
线　性		应力	减小	减小
		位移	增大	减小
摩擦拔出	表面粗糙	应力	可以忽略不计	
	库仑摩擦	应力	减小	

1.2.8　横向失效

高韧性复合材料的横向强度普遍较低,对这一性质还没有系统的研究。而对复合材料层压板的实验研究表明[56],横向裂纹通常沿界面层传播,并在相邻纤维之间通过基体传播。此外,由于界面具有足够小的断裂能来允许脱粘,因此界面破坏会先于整体破坏。这一过程发生在临界应力 σ_c 下,可以用类似于薄膜稳态开裂的方式确定[57]:

$$\sigma_c \approx \sqrt{2E_c G_{ic}/\pi r_f} - q \tag{1.4}$$

在某些情况下 q 足够大,使得 $\sigma_c < 0$,当界面冷却时发生脱粘(见图 1.10)。

1.3 界 面

1.3.1 热力学原理

位于纤维-基体界面处的涂层的热力学性能至关重要,因此必须采用一致的表征方法。最常用的假设中有两个参数,一个与断裂有关,另一个与滑移有关[58-61]。断裂(或脱粘)用界面脱粘能 Γ_i 来表征[21,62],而是否发生滑移用剪切阻力 τ 来表征,图 1.19 给出了相关机制的示意图。脱粘属于 Ⅱ 型(剪切)断裂现象。在脆性系统中,Ⅱ 型断裂通常是由材料层内的微裂纹合并而产生的[63-64]。在某些情况下,材料层与涂层本身重合,这样就会出现微裂纹损伤扩散区(见图 1.20)。在其他情况下,该层非常薄,脱粘有单一裂纹的外观。对于这两种情况,都可以用界面脱粘能 Γ_i 来表示脱粘扩展,在脱粘前缘上下应力会发生跳跃[58]。有个别 Γ_i 为 0 的特殊情况[65]。当存在离散的脱粘裂纹时,裂纹面的摩擦滑移会提供剪切阻力。这种滑移服从库仑摩擦定律[58-61,65]:

$$\tau = \tau_0 - \mu\sigma_{rr} \tag{1.5}$$

其中,μ 是摩擦系数,σ_{rr} 是垂直于界面的界面应力,τ_0 与纤维粗糙度有关。当在涂层中的离散微裂纹发生脱粘时,仍然假定界面具有恒定的剪切阻力 τ_0。

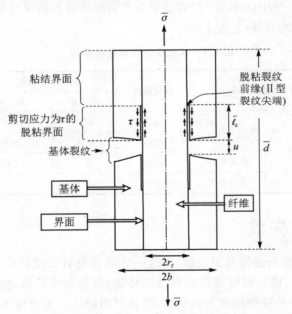

图 1.19 陶瓷基复合材料基本单元模型及滑移和脱粘行为示意图

为了使陶瓷基复合材料发生脱粘和滑移而非脆性断裂,纤维的界面脱粘能 Γ_i 和纤维断裂能 Γ_f 的相对比值不能超过某一上限[62],研究表明二者必须满足如下不等式(见图 1.21):

$$\Gamma_i \leqslant \frac{1}{4}\Gamma_f \tag{1.6}$$

大多数陶瓷纤维的断裂能 $\Gamma_f \approx 20\ \text{J} \cdot \text{m}^{-2}$,根据式(1.6)可得界面脱粘能的上限是 $\Gamma_i \approx$

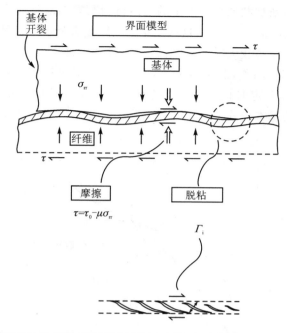

图 1.20　用于显示脱粘和摩擦滑移位置的纤维滑移模型(影线区域表示一层薄薄的纤维涂层)

$5\ \mathrm{J\cdot m^{-2}}$。这一数值与具有必要性能的纤维涂层的经验值基本一致[18,66-69]。

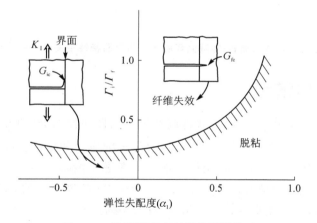

图 1.21　陶瓷基复合材料的脱粘关系

1.3.2　测量方法

　　测量界面滑移应力 τ_{fi} 和界面脱粘能 Γ_{i} 的方法很多,如表 1.2 所列,其中最直接的方法是位移测量法。该方法又分为两种方式:① 使用小直径的压头将纤维推入/拔出[65];② 对存在基体裂纹的复合材料进行拉伸加载[70]。也可以通过间接方法获得 τ_{fi},例如测量饱和裂纹间距[29]或纤维拔出长度[14]。直接测量方法需要精确确定位移,然后对载荷-位移曲线进行严格的反卷积分析,具体分析方法可参阅哈钦森(Hutchinson)和詹森(Jensen)[58]、梁(Liang)和哈钦森[71]以及杰罗(Jero)等人[60]的论文。图 1.22 展示了拉伸加载至基体开裂时应力-应变曲线的基本特征。卸载/重新加载周期中发生的迟滞行为与界面滑移应力 τ_{fi} 有关，τ_{fi} 的精确值可以通过迟滞回线测量得到[72]。此外，这些结果与实际复合材料中基体裂纹演化过程中出现的小滑移位移有关（滑移位移较大时的 τ_{fi} 值通常通过纤维推出实验测量）。塑性应变中包含着 τ_{fi}、Ω 和 Γ_i 的综合信息，因此，如果 τ_{fi} 已知，则 Γ_i 可以通过载荷与塑性应变的函数关系求得，特别是当 Ω 可被独立测定时该方法尤其方便[4]。在 1.6 节中会给出将 τ_{fi}、Ω 和 Γ_i 与应力-应变行为关联起来的基本公式。

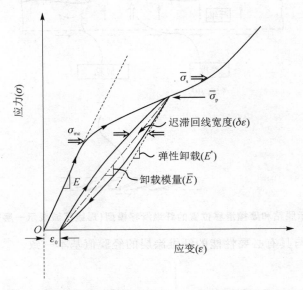

图 1.22　典型的加载-卸载循环展示出与界面特性相关的可测量参数

1.3.3　滑移模型

通过建立模型并模拟滑移行为，可获得调整界面属性并控制 τ_{fi} 的方法。图 1.20 是一个考虑了接触点压力作用的简化滑移模型，该压力是失配应变和粗糙度综合作用的结果[60-61]。库仑摩擦定律是分析接触摩擦的基本定律。如果不考虑摩擦，则该系统只有弹性接触。分析中的变量为：① 粗糙度的幅值和波长[65]；② 失配应变 Ω；③ 摩擦系数 μ；④ 组分的弹性常数。将这些参数视作输入，可以模拟各种载荷情况下的滑移行为。图 1.23 是关键变量对推出行为影响的测试结果，从中可见各变量的相对重要性。针对该组实验，还采用分形方法对纤维粗糙度进行了表征。截面内的粗糙度是从测量的波幅分布中随机选择的，这样每次推出测试的结果会存在一些差异。测试结果表明，当摩擦系数、失配应变和粗糙度幅值发生变化时，界面滑移应力会发生较大的系统性变化（泊松比的影响很小）。一般来说，失配应变和粗糙度可以被独立测量[61]。因此，将仿真结果与实验结果进行比较，实际上提供了一个估计摩擦系数 μ 的方法。如果二者结果的相对误差在一个可接受的范围内，则预测的 μ（设为固定值）可用于预测 τ_{fi} 随失配应变或粗糙度改变的改变量。该方法表明，无论是碳涂层还是氮化硼（BN）涂层[73]都有 $\mu \approx 0.1$；而对于氧化物涂层[74]可得 $\mu \approx 0.5$。由于这些数值与单相材料的宏观摩擦测量值相吻合，因此该滑移模型比较合理。当然，还需要大量额外测试来验证。

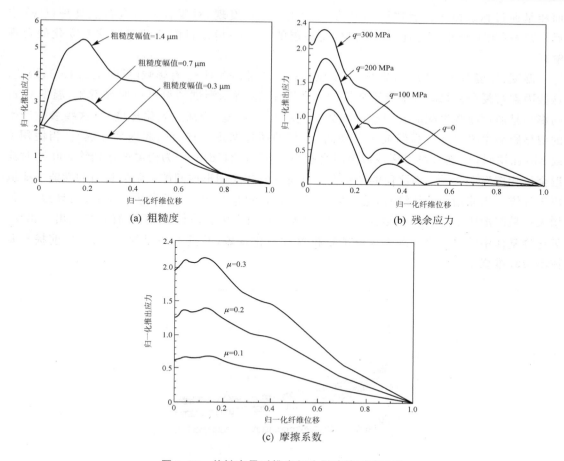

(a) 粗糙度　　　　　　　　(b) 残余应力

(c) 摩擦系数

图 1.23　关键变量对推出行为影响的测试结果

1.3.4　实验结果

大多数脆性基体复合材料的纤维涂层为 C、BN 或钼（Mo）[18-19,67,75-76]。这些涂层通常具有相对较低的界面脱粘能 Γ_i，并能提供一定范围内的界面滑移应力 τ_{fi}（见表 1.2）。图 1.24(a) 是钛铝（TiAl）基复合材料中蓝宝石 Al_2O_3 纤维的三种不同涂层的对比，测得不同涂层下 τ_{fi} 变化很大，从 2～120 MPa 不等；即使在相近的失配应变下差异仍然如此大，这说明不同的 τ_{fi} 值可能与纤维粗糙度有关。如图 1.24(b) 所示，不同纤维在玻璃基体中的滑移行为很好地说明了纤维粗糙度对 τ_{fi} 值的影响。在纤维制造过程中，蓝宝石纤维表面会生长出正弦微凸体。纤维推出时界面滑移应力的正弦波动行为，是纤维表面粗糙度的具体表现[61]。当然，其中必然也有涂层厚度和微观结构的影响。一个可以显式包含涂层影响的模型还有待开发。

在大多数脆性基体复合材料中，界面脱粘能 Γ_i 可以忽略不计（$\Gamma_i < 0.1$ J·m^{-2}）。例如，所有用尼卡隆纤维增强的玻璃陶瓷基体体系都是如此，这些复合材料在生产过程中通过反应形成碳界面相。含 BN 纤维涂层的碳化硅基复合材料会获得较低的 Γ_i 值。通过化学气相渗透制备的 SiC_f/SiC 复合材料是一个明显的例外，该材料由化学气相沉积引入碳界面相[77]。对于该复合材料，根据其非线性行为可知界面脱粘能 $\Gamma_i \approx 1～5$ J·m^{-2}（见表 1.2）。该材料的界

面相是通过弥散损伤机制粘结起来的[78]。此外已经发现,对复合材料进行热处理(CVI 之后)或对纤维进行化学处理[77],可以使得涂层的 $\Gamma_i \approx 0$;但是目前还缺乏对这些变化的合理解释。

温度、环境对 τ_{fi} 和 Γ_i 有影响,纤维位移和循环滑移也对 τ_{fi} 有影响(见图 1.24(c)),因此,这些因素对复合材料的性能有重要影响。从图 1.23 所示测试结果可以明显看出,温度对 τ_{fi} 的影响是通过改变失配应变和摩擦系数实现的[79]。环境(特别是氧化环境)对这些参数产生的明显影响主要出现在高温或疲劳期间(界面的循环摩擦滑移会引起内部加热)。当使用 C 或 Mo 涂层时,τ_{fi} 在纤维暴露或疲劳时会减小(见图 1.24(d)),因为当温度达到约 800 ℃时涂层会氧化挥发[7,18,79-82],而涂层的消失会在纤维和基体之间形成间隙。随后材料的性能主要取决于纤维。当使用 SiC 纤维时,进一步暴露会导致 SiO_2 形成[82],逐渐填补了空隙,导致 τ_{fi} 值增大。最终形成一个强界面结合形式(Γ_i 很大),从而产生脆性行为,不会有纤维拔出。相反,氧化物基体中的氧化物纤维天生就能抵抗这种脆化现象,并且是环保的[18,73],当然前提是基体不与纤维烧结。

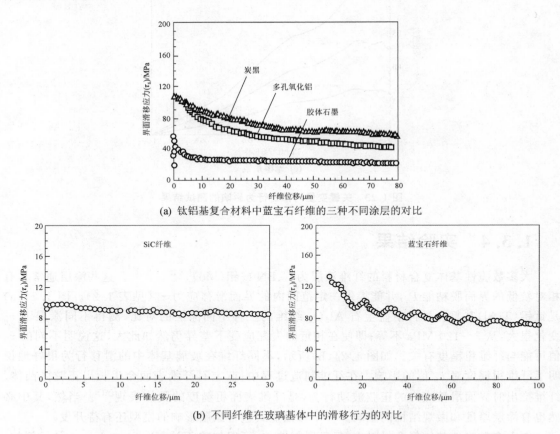

(a) 钛铝基复合材料中蓝宝石纤维的三种不同涂层的对比

(b) 不同纤维在玻璃基体中的滑移行为的对比

图 1.24　针对玻璃基复合材料和金属间化合物基复合材料的一些典型的纤维推出测试

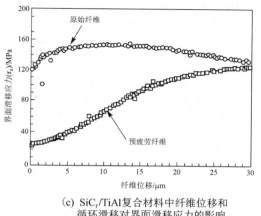

(c) $SiC_f/TiAl$复合材料中纤维位移和
循环滑移对界面滑移应力的影响

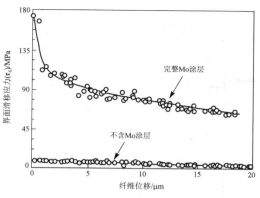

(d) Al_2O_{3f}/Al_2O_3复合材料中Mo纤维涂层挥
发对界面滑移应力的影响

图 1.24　针对玻璃基复合材料和金属间化合物基复合材料的一些典型的纤维推出测试(续)

1.4　残余应力

1.4.1　原　理

许多复合材料对纤维与基体间的失配应变(Ω)引起的残余应力非常敏感。因此,这些应力的测量对损伤分析和性能预测有重要意义。这些应力产生于层间和层内。层内基体轴向残余应力[83]为

$$q = (E_m/E_L)\sigma^T \tag{1.7}$$

其中,σ^T 是失配应力,与失配应变的关系[58]为

$$\sigma^T = (c_2/c_1)E_m\Omega \tag{1.8}$$

其中,c_1、c_2 为 II 类边界条件下 HJ 常数(见表 1.6)。在均匀厚度的 0°/90°叠层材料中,平均残余应力 σ_0 可用组分特性近似表示[84-85]为

$$\sigma_0 \approx \frac{\Omega(1^- V_f)E_L(1 - E_m/E_L)}{(1 + \upsilon_{LT})(1 + E_L/E_T)} \tag{1.9}$$

注意:当弹性性能趋于各向同性($E_f = E_m = E_L$)时,平均残余应力 $\sigma_0 \rightarrow 0$。虽然残余应力和组分性质之间存在严格的关系,但仍然需要实验测定,因为 Ω 不容易预测。一般来说,对 Ω 有影响的因素包括热膨胀差 $\alpha_f - \alpha_m$ 以及在结晶或相变期间发生的体积变化。对于 CVI 系统,"内在(残余)"应力也可能存在。

失配应变(Ω)的温度依赖性可以通过热膨胀失配来估算:

$$\Omega = \Omega_0 - (\alpha_m - \alpha_f)\Delta T_R \tag{1.10}$$

其中,ΔT_R 是环境温度变化量,Ω_0 是环境温度下的失配应变。

表 1.6　Ⅱ类边界条件下 HJ 常数[58] 总结

HJ 常数	表达式
a_i	$a_1 = \dfrac{E_f}{E}, a_2 = \dfrac{(1-V_f)E_f(1+E_f/E)}{E_f+(1-2v)E}$
b_i	$b_2 = \dfrac{(1+v)E_m\{2(1-v)^2E_f+(1-2v)[1-v+V_f(1+v)](E_m-E_f)\}}{(1-v)E_f[(1+v)E_0+(1-v)E_m]}$, $b_3 = \dfrac{V_f(1+v)[(1-V_f)(1+v)(1-2v)(E_f-E_m)+2(1-v)^2E_m]}{(1-v)(1-V_f)[(1+v)E_0+(1-v)E_m]}$
c_i	$c_1 = \dfrac{(1-V_fa_1)(b_2+b_3)^{1/2}}{2V_f}$, $c_2 = \dfrac{a_2(b_2+b_3)^{1/2}}{2}$, $c_1/c_2 = \dfrac{1-a_1V_f}{a_2V_f}$

注：$E = V_fE_f + (1-V_f)E_m$，$E_0 = (1-V_f)E_f + V_fE_m$。

1.4.2　测量方法

有多种测量残余应力的实验方法，其中四种常用方法为衍射（X 射线或中子）法、梁弯曲法、拉曼（Raman）显微镜法和永久应变测量法。

X 射线衍射可测得晶格应变，其局限性在于穿透深度小，只能获得表面附近的信息。而且由于残余应力会在复合材料表面附近重新分布[71]，因此需要一种全局应力分析方法，能够将测量的应变与 q 或 σ^R 联系起来，但目前这种方法还没有得到广泛应用。

梁弯曲法的优点是可以提供复合材料的平均信息，其结果与失配应变（Ω）直接相关。一种具有高可靠性的实验方法是测量由 0°/90°复合材料制成的梁的弯曲曲率[86]。将该材料抛光可看到一个 0°层和一个 90°层（除非材料是平纹编织的），其弹性弯曲变形如图 1.25 所示，其曲率 κ 与平均残余应力的关系[86]为

$$\sigma_0 = E_L I_0 \kappa / t_b^2 w \tag{1.11}$$

其中，I_0 是转动惯量，t_b 是梁的厚度，w 是梁的宽度。

当只有一维材料可用时，首选方法是测量当一段长度为 L_d 的基体被熔解（如果可能的话）时产生的位移 Δ^R，此时基体中的平均残余应力[87]为

$$\sigma_0 = E_f V_f \Delta^R / (1-V_f) L_d \tag{1.12}$$

典型结果如图 1.26 所示。

拉曼显微镜有两种不同的测量残余应力的模式，二者都依赖于应变引起的拉曼峰的偏移。荧光光谱法[88-89]利用氧化纤维（特别是 Al_2O_3 中杂质和掺杂剂（如铬）产生的荧光峰进行测量，该方法的性能已在 Al_2O_3 纤维增强复合材料中得到验证。另一种方法适用于含碳的陶瓷纤维（如尼卡隆纤维和碳棒），该方法根据碳的拉曼光谱峰的偏移进行测量[90]，已应用于尼卡隆纤维增强陶瓷基复合材料中。

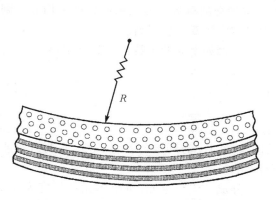

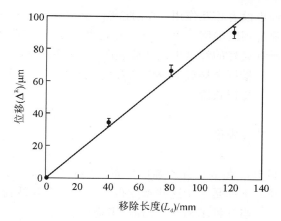

图 1.25　用于计算残余应力的梁弯曲效应示意图　　图 1.26　基体熔解引起的位移随移除长度的变化

拉伸塑性变形产生的永久应变也与 Ω 有关,通过对该应变的测量可以获得 $\Omega^{[19]}$。相关公式将在 1.6.4 节中介绍。

1.4.3　实验结果

大多数实验结果与根据热膨胀差 $\alpha_m - \alpha_f$ 和加工温度的冷却范围预测的失配应变相一致,表 1.7 给出了 SiC_f/CAS 和 SiC_f/SiC 复合材料的例子。然而,当加工温度很低时,基体的体积会发生改变从而导致 Ω_0 改变。例如,玻璃陶瓷的基体结晶会产生很大的失配应变[89]。

表 1.7　两种典型脆性基体复合材料(SiC_f/SiC 与 SiC_f/CAS)的重要组分性能的对比[4]

组分性能	复合材料	
	SiC_f/CAS	SiC_f/SiC
基体弹性模量(E_m)/GPa	100	400
纤维弹性模量(E_f)/GPa	200	200
界面滑移应力(τ_{fi})/MPa	15~20	15~150
界面脱粘能(Γ_i)/J·m^{-2}	0.1	2
平均残余应力(σ_0)/MPa	80~100	50~100
纤维特征强度(S_c)/GPa	2.0~2.2	1.3~1.6
威布尔(Weibull)分布的形状参数(β)	3.3~3.8	4.2~4.7
基体断裂能(Γ_m)/J·m^{-2}	20~25	5~10

1.5　纤维性能

1.5.1　负载分配

由于纤维的强度具有统计性,因此有必要用最薄弱环节统计原理来定义复合材料中的纤维性能。首先需要考虑失效纤维和基体裂纹之间潜在的相互作用,一般假设基体裂纹和失效纤维没有相互作用,并据此获得全局载荷分配(GLS)条件(然而,目前尚没有全局载荷分配失效的判断准则)[14,18,91-92]。在这种情况下,与失效纤维相交的材料平面上的应力被平均分配到所有完好的纤维中。经验表明,这些假设适用于大多数陶瓷基复合材料。

根据全局载荷分配的有效性可得到一些关键结论,例如下面两个特征参数[93]:

特征长度

$$\delta_c^{\beta+1} = L_0(\alpha r_f/\tau)^\beta \tag{1.13}$$

和特征强度

$$S_c^{\beta+1} = \alpha^\beta(L_0\tau/r_f) \tag{1.14}$$

其中,β 是表征纤维强度分布的形状参数,α 为尺度参数,L_0 为纤维的参考长度,r_f 为纤维半径。下面是基于这些参数得到的一些全局载荷分配结论。

当纤维不相互作用时,考虑将长度为 $2L$ 的纤维分成 $2N$ 个单元,每个单元的长度为 δz。当应力小于 σ 时,纤维单元失效的概率为概率密度曲线下的面积[94-95]:

$$\delta\phi(\sigma) = \frac{\delta z}{L_0}\int_0^\sigma g(S)\mathrm{d}S \tag{1.15}$$

其中,$g(S)\mathrm{d}S/L_0$ 表示当"强度"介于 S 和 $S+\mathrm{d}S$ 时纤维单位长度上的缺陷数。局部应力 σ 是参考应力峰值 $\bar{\sigma}_b$ 和沿纤维方向的距离 z 的函数。对于长度为 $2L$ 的纤维中的所有单元,其总的完好概率 P_s 是每个单元完好概率的乘积[96]:

$$P_s(\bar{\sigma}_b, L) = \prod_{n=-N}^{N}[1-\delta\phi(\bar{\sigma}_b, z)] \tag{1.16}$$

其中,$z=n\delta z$,$L=N\delta z$。另外,当参考应力峰值介于 $\bar{\sigma}_b$ 和 $\bar{\sigma}_b+\delta\bar{\sigma}_b$ 而非小于 $\bar{\sigma}_b$ 时,位于 z 处的单元失效的概率 Φ_s,可用应力增加 $\delta\bar{\sigma}_b$ 时 $\delta\phi$ 的改变量除以应力为 $\bar{\sigma}_b$ 时的完好概率给出[94-95,97],即

$$\Phi_s(\bar{\sigma}_b, z) = [1-\delta\phi(\bar{\sigma}_b, z)]^{-1}\left[\frac{\partial\delta\phi(\bar{\sigma}_b, z)}{\partial\bar{\sigma}_b}\right]\mathrm{d}\bar{\sigma}_b \tag{1.17}$$

设 $\Phi(\bar{\sigma}_b, z)$ 为纤维失效的概率密度函数,当应力峰值达到 $\bar{\sigma}_b$ 时,纤维在位置 z 处发生失效的概率,是由所有单元可以存活到参考应力峰值 $\bar{\sigma}_b$ 的概率决定的;一旦该应力超过 $\bar{\sigma}_b$,纤维就会在 z 处发生失效[97-99]。该值可由式(1.16)和式(1.17)相乘得到:

$$\Phi_s(\bar{\sigma}_b, z)\delta\bar{\sigma}_b\delta z = \frac{\prod_{n=-N}^{N}[1-\delta\phi(\bar{\sigma}_b, z)]}{[1-\delta\phi(\bar{\sigma}_b, z)]}\times\left[\frac{\partial\delta\phi(\bar{\sigma}_b, z)}{\partial\bar{\sigma}_b}\right]\mathrm{d}\bar{\sigma}_b \tag{1.18}$$

虽然上述结果具有普遍性,但用幂律公式来表示 $g(S)$ 更方便:

$$\int_0^\sigma g(S)\mathrm{d}S = (\sigma/S_0)^\beta \tag{1.19}$$

关于 $g(S)$ 的其他表示形式,目前来看可靠性不高。利用这一假设,式(1.18)成为[98]

$$\Phi(\bar{\sigma}_b, z) = \exp\left\{-2\int_0^L\left[\frac{\sigma(\bar{\sigma}_b, z)}{S_0}\right]^\beta\frac{\mathrm{d}z}{L_0}\right\}\times\left(\frac{2}{L_0}\right)\frac{\partial}{\partial\bar{\sigma}_b}\left[\frac{\sigma(\bar{\sigma}_b, z)}{S_0}\right]^\beta \tag{1.20}$$

这一基本结果将被用于求解下面的几个问题[14,98,100]。

1.5.2　极限拉伸强度

当 0°纤维束在失效之前出现多个基体裂纹时,沿每个裂纹面的载荷全部由纤维承担。但

基体仍有至关重要的作用,因为纤维和基体之间的应力传递仍然是通过界面剪切应力 τ 实现的。因此,某些应力可以由失效纤维承受。由于这种应力传递过程发生在与特征长度 δ_c 有关的距离上,因此在任何材料平面上完整纤维所承受的应力都小于"干"(没有基体的)纤维束所承受的应力。传递过程还允许失效纤维中的应力在距离纤维断裂点距离 $\geqslant \delta_c$ 时不受影响(见图 1.27)。因此,复合材料失效要求纤维束失效发生在 δ_c 范围内[14]。如果标距长度 $L_g > \delta_c$,则全局载荷分配下的极限拉伸强度独立于 L_g。如果标距长度 L_g 较小($L_g < \delta_c$),则全局载荷分配下的极限拉伸强度会与 L_g 有关且会大于 $S^{*[92]}$。极限拉伸强度的大小可以首先通过评估所有(失效和完好)纤维沿任意材料平面的平均应力来计算,然后对未损伤纤维上的应力进行微分,从而求得最大值,即全局载荷分配下的极限拉伸强度,其值为

$$S_g = f_\ell S_c F(\beta) \tag{1.21}$$

其中
$$F(\beta) = [2/(\beta+1)]^{1/(\beta+1)} [(\beta+1)/(\beta+2)] \tag{1.22}$$

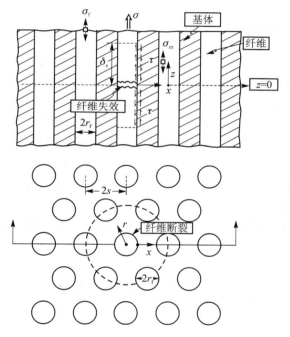

图 1.27　失效纤维负载传递过程示意图

将这个结果与"干"纤维束的结果进行比较是有意义的。纤维干束强度 S_b 与标距长度的关系[101]为

$$S_b = V_f S_0 (L_0/L_g)^{1/\beta} \mathrm{e}^{-1/\beta} \tag{1.23}$$

在所有情况下,都有 $S_g > S_b$。

随着负载的增加,纤维系统完全失效,这时会出现特征纤维碎段。当复合材料失效时,某些纤维内可能会出现多次断裂。但仍然存在许多纤维,其碎段的抗拉强度大于极限拉伸强度,然而蠕变强度必然随之降低。

上述结果适用于拉伸载荷。当施加弯矩时,需要对上述结论进行修正。在这种情况下,应力会因基体开裂和纤维破坏而重新分布。纯弯下的极限弯曲强度预测(见图 1.28)证实了这一显著现象[92]。

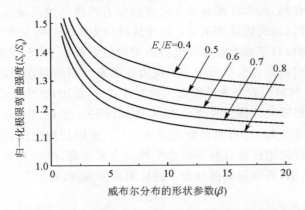

图 1.28　纯弯下的归一化极限弯曲强度与威布尔分布的形状参数的关系

1.5.3　纤维拔出

在综合性能优良的陶瓷基复合材料中,拉伸断口表面纤维拔出现象明显[99]。在这些表面上进行各种测量可得到许多有价值的信息。在与纤维失效高度相关的区域,如果纤维拔出很小,则说明存在制造缺陷。这种缺陷经常发生在纤维涂层存在问题的区域。在与纤维失效不相关的区域,可通过纤维拔出长度的分布获得重要的信息。纤维拔出长度与纤维失效的随机性显式相关[14,98]。从平均的意义上讲,纤维通常不会在基体裂纹平面上失效,即使纤维中的应力在这个位置取最大值也是如此。这种不寻常的现象只能通过统计来识别,其中纤维失效的位置可以看作一个依赖于形状参数 β 的分布函数。此外,由于纤维的平均拔出长度 $\bar{h}$ 与特征长度 δ_c 有一定的关系,因此存在由无量纲参数 $\tau h / r_f S_c$ 和 β 决定的相关性函数。如果假设滑动由粗糙度和摩擦决定的恒定应力 τ 控制,并且纤维的形状参数不受摩擦细节的影响,则可以将拔出长度表示为[14]

$$\tau h / r_f S_c = \lambda(\beta) \tag{1.24}$$

其中,λ 函数有上下界(见图 1.29),对于多重基体裂纹对应的复合材料失效给出了上界,对于

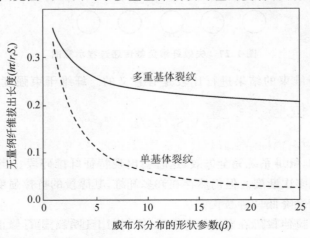

图 1.29　无量纲纤维拔出长度与威布尔分布的形状参数之间关系的上下界

单基体裂纹对应的复合材料失效给出了下界。

由于存在纤维拔出引起的摩擦阻力,因此这使得材料能够承受超出全局载荷分配下的极限拉伸强度的负载。与之相关的拔出强度 S_p 是复合材料的一个重要性能参数,其值[102]为

$$S_p = 2\tau V_f h/r_f \equiv 2V_f S_c \lambda(\beta) \tag{1.25}$$

1.5.4　缺陷的影响

在基体裂纹不存在未桥联段的情况下,1.5.3 小节的结果是适用的。未桥联区域会使应力集中在相邻纤维中,从而削弱了复合材料的性能[12,103-104]。采用简单的线性缩放,弱化了的全局载荷分配下的极限拉伸强度可用无量纲缺陷指数(见表 1.3)表示为

$$\mathcal{A} = a_0 S_g^2/E_L \Gamma \tag{1.26}$$

其中, Γ 为"韧性",等价于桥联纤维应力-位移曲线下的面积; E_L 是纵向叠层的模量; $2a_0$ 是未桥联段的长度。利用大规模桥联力学,可以在 Γ 的基础上确定缺陷指数 $\mathcal{A}$。通过数值分析可以根据大规模桥联力学确定极限拉伸强度(记作 S^*)对缺陷指数 $\mathcal{A}$ 的依赖关系[104](见图 1.30)。结果表明, S_p/S_g 是一个重要的影响参数。值得注意的是,由于"拔出"强度较大,缓解了非桥联裂纹导致的强度退化。

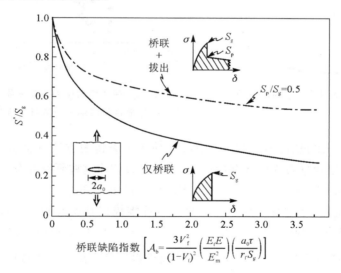

$$桥联缺陷指数 \left[\mathcal{A}_b = \frac{3V_f^2}{(1-V_f)^2} \left(\frac{E_f E}{E_m^2} \right) \left(\frac{a_0 \tau}{r_f S_g} \right) \right]$$

图 1.30　未桥联区域(长度为 $2a_0$)对极限拉伸强度的影响

1.5.5　原位强度测量

一般来说,复合材料的固结会降低纤维的性能,因此,有必要设计一种实验,使它能够测定复合材料中纤维的 S_c 和 β 值。该问题具有挑战性。在某些情况下,可以先在不损伤纤维的前提下熔解基体,再测量纤维束的强度[105]。但是,对于人们感兴趣的大多数陶瓷基复合材料,该方法并不可行。下面介绍两种替代方法。

有些纤维(如尼卡隆纤维)在复合材料中失效时会出现断裂镜面。已经发现一种半经验公式,可以将断裂镜面半径 a_m(见图 1.31)与原位纤维强度 S_f 联系起来,即

$$S_f \approx 3.5(E_f \Gamma_f/a_m)^{1/2} \tag{1.27}$$

其中，Γ_f 是纤维断裂能[7,28,106]。通过测量许多纤维上的 S_f，绘制其累积分布图，可以同时确定形状参数 β 和原位纤维特征强度 S_c。已经获得多种基体中尼卡隆纤维的这种结果（见图 1.32）。累积分布图表明原位强度对复合材料加工方法很敏感。纤维强度的这种变化在纤维增强陶瓷基复合材料的极限拉伸强度范围中也有体现（见图 1.5）。

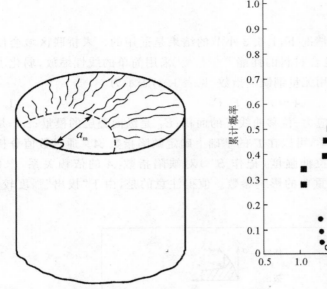

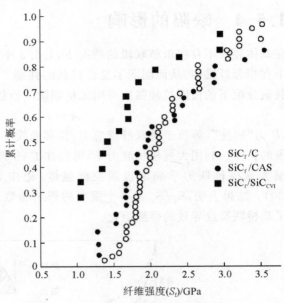

图 1.31　断裂镜面半径 a_m 的示意图 　　图 1.32　使用断裂镜面方法测得三种脆性基体复合材料中尼卡隆纤维强度分布

当很大一部分纤维没有清晰的断裂镜面时，使用断裂镜面方法就会出现问题。由于那些没有断裂镜面的纤维通常有光滑的断裂表面，因此可以假设这些纤维在分布中最弱[87,106]。用于确定 $g(S)$ 的统计顺序相应地需要调整。但该假设尚未得到验证。

据作者所知，确定 S_c 的唯一替代方法是测量纤维拔出长度和碎段长度[14]。由于这两个量都依赖于 S_c、β 和 τ，因此如果 τ 已知，则可以确定 S_c。例如，β 可以通过拟合纤维的拔出长度分布得到，S_c 的值可通过式（1.16）用 $\bar{h}$ 的均值求得。该方法也尚未被广泛使用和检验。

1.5.6　实验结果

已有一些研究比较了多重基体开裂全局载荷分配预测的 S_g（见式 1.21）与针对一维或二维陶瓷基复合材料测量的极限拉伸强度。在大多数情况下，极限拉伸强度为 $(0.7\sim1)S_g$，如图 1.33 所示。从图中可见，SiC_f/SiC_{CVI} 材料和 SiC_f/C_B 材料之一具有明显差异。在这些情况下，全局载荷分配预测高估了测量值。此外，这两种材料的 τ 值都比较大，这从应力集中系数（注意 h 与 τ 成反比）的大小可以看出。当解释这些结果时必须考虑两个因素：① 在某些材料中，出现断裂镜面的纤维的比例不够大，不足以对推断 S_c 和 β 的值提供足够的数据；对于 SiC_f/SiC 复合材料，这个问题尤其值得关注。② 在其他材料中存在制造缺陷，会出现未桥联裂纹段，从而使得极限拉伸强度小于 S_g（参见 1.5.4 节）。

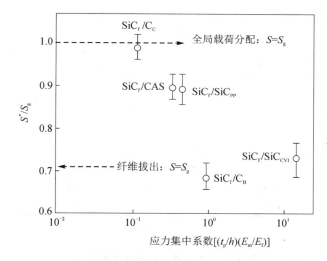

图 1.33　不同材料的极限拉伸强度 (S^*) 与 S_g 比值的比较

在上述条件下令人惊奇的是,一些二维陶瓷基复合材料的极限拉伸强度测量值与全局载荷分配预测值很接近。在这些材料中,由于 90°层在低应力时存在裂纹,这些裂纹会将应力集中在 0°层的相邻纤维中,因此极限拉伸强度应该遵循强度退化规律。但是,实际上并没有发生强度退化,这仍有待解释。这可能说明,弹性各向异性和纤维拔出对强度退化没有影响(见图 1.30)。

1.6　单向材料中的基体开裂

针对受拉伸载荷作用的一维陶瓷基复合材料中基体裂纹的损伤演化,可用的研究方法包括对试样表面仔细打磨后的直接光学观察、声发射检测[6,8,81,87]、超声声速检测[107],以及中断测试然后进行切片和扫描电镜观察。对一维陶瓷基复合材料基体的损伤分析为二维和三维陶瓷基复合材料基体的损伤研究提供了依据。实验发现基体裂纹会与绝大多数完好纤维发生相互作用,包括界面脱粘和滑移。这一过程开始于一个临界下限应力 $\bar{\sigma}_{mc}$,在 $\bar{\sigma}_{mc}$ 以上裂纹密度随应力的增加而增大,在 $\bar{\sigma}_s$ 以上裂纹密度最终达到饱和裂纹间距 d_s。裂纹演化的细节取决于基体缺陷的分布。基体裂纹会降低卸载模量 $\bar{E}$,并产生永久应变 ε_0(见图 1.22)。力学常数 $\bar{E}$、ε_0 与组分性能之间有密切关系,通过组分性能为加工过程与宏观性能提供关键联系。

由基体开裂引起的变形及伴随的界面脱粘和滑移,表现出三种取决于脱粘应力 σ_d 大小的状态。图 1.34 是区别这三种状态的原理[17]。反过来,σ_d 可用界面脱粘能表示[58]为

$$\sigma_d = (1/c_1)(E_m \Gamma_i / r_f)^{1/2} - \sigma^T \equiv \sigma_D - \sigma^T \qquad (1.28)$$

引入一个无量纲参数

$$\Sigma_i = \bar{\sigma}_i / \sigma \qquad (1.29)$$

当 $\Sigma_i > 1$ 时,不发生脱粘,基体裂纹扩展完全是弹性的,这种情况称作无脱粘(ND)状态。当 $\Sigma_i < 1/2$ 时,会产生小脱粘能(SDE)行为。小脱粘能的特点是,当完全卸载时,界面处的反向滑移长度会超过脱粘长度。对于小脱粘能情况,Γ_i 通常很小,不会影响材料的某些属性(例如

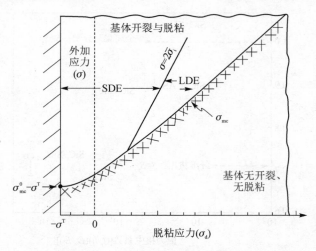

图 1.34 各种界面响应状态的原理

迟滞回线的宽度)。因此,小脱粘能情况可用于近似表示当 $\Gamma_i \approx 0$ 时的行为。当 $1/2 \leqslant \Sigma_i \leqslant 1$ 时,材料处于大脱粘能(LDE)状态。在这种情况下,反向滑移会被脱粘阻碍。

1.6.1 力学基础

模拟单调载荷下 I 型裂纹的方法是,首先定义由纤维引起的作用于裂纹面上的牵引应力 σ_b,然后用 J 积分确定它对裂纹尖端的影响[31,83]:

$$G_{tip} = G_r - \int_0^u \sigma_b \mathrm{d}u \tag{1.30}$$

其中,G_r 为能量释放率,u 为裂纹张开位移。当 G_{tip} 达到断裂能的值时,认为裂纹会继续扩展。由于纤维没有失效,因此裂纹扩展准则只涉及基体开裂。其下界[108]是

$$G_{tip} = \Gamma_m (1 - V_f) \tag{1.31}$$

其中,Γ_m 为基体断裂能。当裂纹扩展时,G_r 变成裂纹扩展阻力 Γ_R,于是可得

$$\Gamma_R = \Gamma_m (1 - V_f) + \int_0^u \sigma_b \mathrm{d}u \tag{1.32}$$

现在需要一个牵引定律 $\sigma_b(u)$ 来预测 Γ_R。沿脱粘界面的库仑摩擦定律(见式(1.5))已被广泛应用,并为许多观测到的力学响应提供了合理解释。该牵引定律还需要囊括界面脱粘能 Γ_i 的影响[58]。对于许多陶瓷基复合材料来说,Γ_i 很小,这可以从脱粘应力 σ_d 的大小看出来。

对于小脱粘能情况来说,不存在纤维破坏,这时裂纹表面牵引应力 σ_d 与滑移应力 τ_0(常数)、滑移长度 l_s 的关系式[13,30,58]为

$$l_s = [r_f E_m (1 - V_f) / 2\tau_0 E_f V_f](\sigma_b + \sigma^T) \tag{1.33}$$

对于大脱粘能情况,关系式(1.33)成为

$$l_s = [r_f E_m (1 - V_f) / 2\tau_0 E_f V_f](\sigma_b - \bar{\sigma}_i) \tag{1.34}$$

滑移长度又与裂纹张开位移有关。对应的牵引定律[17,30,83]为

$$\sigma_b + \sigma^T = (2\xi\tau_0 E_L V_f u / r_f)^{1/2} \text{(小脱粘能情况)}$$

$$\sigma_b - \bar{\sigma}_i = (2\xi\tau_0 E_L V_f u / r_f)^{1/2} \text{(大脱粘能情况)} \tag{1.35}$$

其中,ξ 的定义见表 1.3。当纤维发生失效时,需要考虑统计因素来确定 $\sigma_b(u)$。

基体的断裂行为也可以用应力强度因子 K 来描述。这种方法在某些情况下比 J 积分更方便,特别是对于短裂纹和疲劳裂纹[30,109]。应用该方法需要确定外加应力和桥联纤维对裂纹张开的贡献。对于含长度为 $2a$ 的平面应变裂纹的无限大板,外加应力的贡献为

$$u_{\infty} = (4/E_L)\sigma(a^2 - x^2)^{1/2} \tag{1.36}$$

桥联纤维的贡献[110]为

$$u_b = -(4/E_L)\int_0^a \sigma_b(\hat{x})H_p \mathrm{d}\hat{x} \tag{1.37}$$

其中,H_p 是权函数。总的裂纹张开位移为

$$u = u_{\infty} + u_b \tag{1.38}$$

桥联纤维对 K 的贡献采用式(1.39)计算[110]:

$$K_b = -2\left(\frac{2}{\pi}\right)^{1/2}\int_0^a \frac{\sigma_b(x)\mathrm{d}x}{(a^2-x^2)^{1/2}} \tag{1.39}$$

其中,σ_b 由式(1.35)给出。K_b 的屏蔽作用使得裂纹尖端处的应力强度因子为

$$K_{tip} = K + K_b \tag{1.40}$$

其中,K 取决于外部载荷和试样几何形状。

因此,一个基于 K_{tip} 的基体裂纹扩展准则是必要的。为了这个目的,同时为了与基于能量的基体裂纹扩展准则(式(1.31))一致,取临界应力强度因子为

$$K_{tip} = [E\Gamma_m(1-V_f)]^{1/2} \tag{1.41}$$

这样两种方法(K 和 G_r)所得稳态基体开裂应力是一样的。

1.6.2　基体开裂应力

1.6.1 小节的基本结果可用于求解基体开裂问题[13,70,83,108-109]。下面的讨论考虑了如下因素:由于纤维是完整的,因此存在一个稳态条件,即裂纹尾迹处纤维上的牵引应力与外加应力处于平衡状态。这种特殊情况可以通过对式(1.30)积分至极限值 $u=u_0$ 来求得。令 σ_b 与 σ 相等,由式(1.35)可求得该极限。对于小脱粘能情况,结果如下[83]:

$$G_{tip}^0 = \frac{(\sigma+\sigma^T)^3 E_m^2(1-V_f)^2 R}{6\tau_0 V_f^2 E_f E_L^2} \tag{1.42}$$

由式(1.31)可得基体开裂应力 $\bar{\sigma}_{mc}$ 的下界[83]为

$$\bar{\sigma}_{mc} = E_L\left[\frac{6\tau\Gamma_m V_f^2 E_f}{(1-V_f)E_m^2 r_f E_L}\right]^{1/3} - \sigma^T \equiv \sigma_{mc}^0 - \sigma^T \tag{1.43}$$

在某些情况下,在基体富集区域或工艺缺陷周围,$\bar{\sigma}_{mc}$ 以下的应力也可以形成较小的基体裂纹[6]。一般来说,当应力在 $\bar{\sigma}_{mc}$ 以上时基体裂纹会充分扩展并主导复合材料的非线性行为。然而基体中的小缺陷可能会使空气进入界面并引起性能退化。

利用应力强度因子也可以得到类似的结果[30,109]。对于存在中心裂纹的拉伸试样,$K = \sigma/(\pi a)^{1/2}$。由式(1.39)和式(1.41)可得当裂纹长度较大时的稳态结果[109]:

$$K_{tip} = \frac{\sigma^* r_f^{1/2}}{\sqrt{6\mathcal{T}}} \tag{1.44}$$

其中,$\mathcal{T}$ 是表 1.3 中定义的滑移指数。与基体裂纹扩展准则(见式(1.41))结合,可求得与

式(1.43)相同的基体开裂应力 $\bar{\sigma}_{mc}$。

也可以用 K 方法定义一个临界裂纹长度 a_t，当高于该值时可以使用稳态准则。该临界长度[31,109]为

$$a_t/r_f \approx E_m[\Gamma_m(1+\xi)^2(1-V_f)^4/\tau_0^2 V_f^4 E_f^2 r_f]^{1/3} \tag{1.45}$$

也就是说，当初始缺陷尺寸 $a_i > a_t$ 时，基体在 $\sigma = \bar{\sigma}_{mc}$ 时发生开裂。相反，当初始缺陷很小时（即当 $a_i < a_t$ 时），已证明[109]

$$K_{tip} \approx K\left[1 - \frac{3.05}{\Im}(\Im+3.3)^{1/2} + \frac{5.5}{\Im}\right] \tag{1.46}$$

其中，$\Im$ 是载荷指数（见表1.3），其定义如下：

$$\Im = 2r_f(1-V_f)^2 E_m^2 \sigma / E_f E \tau_0 a V_f^2 (1-v^2) \tag{1.47}$$

结合式(1.41)，用这里的 K_{tip} 结果可求得修正的基体开裂应力，该应力超过了 $\bar{\sigma}_{mc}$。

在大脱粘能情况下可求得类似的结果。这时，可将式(1.35)与式(1.30)结合求得能量释放率，并将它与基体裂纹扩展准则（见式(1.31)）结合来预测 $\bar{\sigma}_{mc}$。该结果包含在隐式公式

$$\left(\frac{\bar{\sigma}_{mc}}{\bar{\sigma}_i}-1\right)^3 + 3\sqrt{\frac{E_m\Gamma_i}{R\bar{\sigma}_i}\left(\frac{\sigma_{mc}}{\bar{\sigma}_1}-1\right)^2} = \left(\frac{\sigma_{mc}^*}{\bar{\sigma}_1}\right)^3 \tag{1.48}$$

中。其中，$\bar{\sigma}_{mc}$ 随脱粘应力 σ_d 的变化趋势如图1.34所示。

1.6.3 裂纹演化

当应力大于 $\bar{\sigma}_{mc}$ 时的裂纹演化规律目前尚不清楚，因为涉及两个因素——屏蔽和统计[29,111]。当相邻裂纹的滑移带重叠时会发生屏蔽，此时 G_{tip} 与 G_{tip}^0 不一致。这种关系是由相邻裂纹的位置决定的。在小脱粘能情况下，当两个间隔 $2d$ 的裂纹中间形成新的裂纹时，G_{tip} 与 G_{tip}^0 的关系[29]为

$$G_{tip}/G_{tip}^0 = 4(d/2\ell)^3, \quad 0 \leqslant d/\ell \leqslant 1$$
$$G_{tip}/G_{tip}^0 = 1 - 4(1-d/2\ell)^3, \quad 0 \leqslant d/l \leqslant 2 \tag{1.49}$$

当 d 足够小时，G_{tip} 与应力无关。一旦发生这种情况，G_{tip} 就不能增加，也不能再满足基体裂纹扩展准则（见式1.31）。这种情况当应力为 $\bar{\sigma}_s$（见图1.22）、间隔为 d_s 时发生。对于小脱粘能材料，饱和裂纹间距由

$$d_s/r_f = \chi[\Gamma_m(1-V_f)^2 E_f E_m / V_f \tau_0^2 E_L r_f]^{1/3} \tag{1.50}$$

给出。请注意，这个结果与残余应力无关，因为式(1.33)和式(1.42)中包含($\sigma_b+\sigma^T$)的项在代入式(1.49)时被抵消掉。其中系数 χ 取决于裂纹演化的空间特征：周期性、随机性等。空间随机性模拟[29]结果表明 $\chi=1.6$；该模拟还表明，饱和应力应该用 $\bar{\sigma}_{mc}$ 进行归一化，由此得 $\bar{\sigma}_s/\sigma_{mc}=1.26$，该比值只与裂纹的空间特征有关。

除了上述屏蔽效应外，当应力高于 $\bar{\sigma}_{mc}$ 时，基体裂纹的实际演化还受到与基体缺陷大小和空间分布有关的统计量的影响。如果这种分布是已知的，那么就可以预测基体裂纹演化。当基体缺陷尺寸小于稳态扩展开始的过渡尺寸 a_t（见式(1.45)）时，就会产生这种统计效应。这时，必须将缺陷尺寸分布与 K_{tip} 的短裂纹解（见式(1.46)）相结合，才能预测裂纹的演化规律。最简单的方法是，假设基体缺陷尺寸满足如下指数分布[112]规律：

$$\phi = \exp(L/L_*)(a_t/a)^\omega \tag{1.51}$$

其中,ϕ 为复合材料的缺陷分数,长度 L 大于 a,而 ω 为与基体的威布尔模量有关的形状参数($\omega = \beta_m/2$),L_* 为如下比例参数:

$$L_* = \lambda_s \ell_{mc} \tag{1.52}$$

其中,ℓ_{mc} 为 $\sigma = \bar\sigma_{mc}$ 下的滑移长度,λ_s 为缺陷尺寸系数。当 $\lambda_s \leqslant 1$ 时意味着基体缺陷密度已经大到基体裂纹足以稳态扩展。相反,当 $\lambda_s > 1$ 时大多数基体缺陷都小于临界尺寸 a_t。

以形状参数 ω 和尺度参数 λ_s 为关键变量可以进行模拟。对裂纹密度的模拟结果(见图 1.35(a))表明,当 $\lambda_s < 1$ 时,当 $\sigma = \bar\sigma_{mc}$ 时裂纹密度会突然增大到较大的值,然后随应力的增加继续缓慢增大;相反,当 $\lambda_s \gg 1$ 时,裂纹密度随应力的增加缓慢演化,直到相当高的应力水平才达到饱和状态,而且饱和裂纹间距对 λ_s 不敏感[112]。这些模拟观察到的行为与实验测量结果比较接近(见图 1.35(b))。此外,模拟所得 ω 值也在合理范围内($\beta_m = 2\omega \approx 4 \sim 8$)。但由于 ω 和 λ_s 都是未知的,因此这实际上是一种拟合方法,而不是一个预测模型。尽管存在这一局限性,但研究表明,大多数陶瓷基复合材料中的裂纹演化可以用如下简单公式来近似(见图 1.35(b))[4]:

$$\bar d \approx d_s \frac{[\bar\sigma_s/\bar\sigma_{mc} - 1]}{[\sigma/\bar\sigma_{mc} - 1]} \tag{1.53}$$

取脱粘长度为式(1.37)、参考能量释放率为式(1.48),在大脱粘能情况下也可以得到类似结果。此时,饱和裂纹间距小于式(1.50)所给结果。

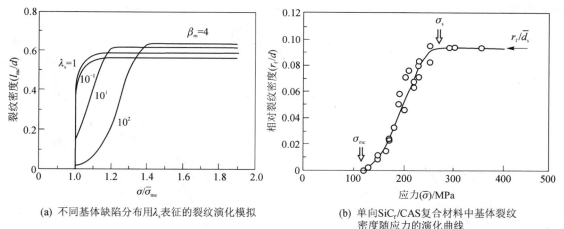

(a) 不同基体缺陷分布用 λ_s 表征的裂纹演化模拟

(b) 单向 SiC$_f$/CAS 复合材料中基体裂纹密度随应力的演化曲线

图 1.35　裂纹演化模拟与实验测量结果的比较

1.6.4　本构关系

对基体裂纹引起的塑性应变进行分析,并将求得的柔度变化考虑进来,可得到材料的本构关系。重要参数包括永久应变 ε_0 和卸载模量 $\bar E$,这些量又取决于若干组分性能:界面滑移应力 τ_{fi}、界面脱粘能 Γ_i 以及失配应变 Ω。下面是一些重要的结果。

基体裂纹可以增加弹性柔度。数值计算表明,卸载弹性模量为[20]

$$E_L/E^* - 1 = (r_f/d) \mathcal{R}(V_f, E_f/E_m) \tag{1.54}$$

其中,$\mathcal{R}$ 由图 1.36 中绘制的函数确定。基体裂纹还会引起当残余应力释放时仍然存在的永久

应变。偏移应变 ε^* 与模量和失配应力的关系（见图1.37）[20] 为

$$\varepsilon^* \equiv \sigma^{\mathrm{T}}(1/\bar{E} - 1/E_{\mathrm{L}}) \tag{1.55}$$

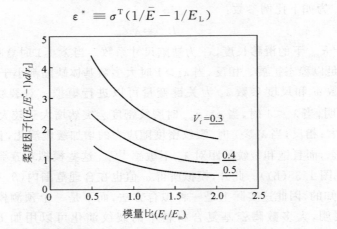

图 1.36　模量失配和纤维体积分数对弹性柔度的影响

上述结论在没有界面滑移情况下仍然成立。如果考虑界面滑移，则对应的塑性应变会叠加在 ε^* 中。这些应变的大小取决于 Σ_{i}（见图1.34）以及与饱和应力 $\bar{\sigma}_{\mathrm{s}}$ 有关的应力。因为当相邻裂纹的滑移区重叠时就会产生饱和，所以饱和应力可通过令式（1.34）中的 l_{s} 与 $\bar{d}_{\mathrm{s}}$ 相等来计算，由此可得

$$\bar{\sigma}_{\mathrm{s}} = \bar{\sigma}_{\mathrm{i}} \approx \frac{2\tau_0 \bar{d}_{\mathrm{s}} E_{\mathrm{f}} V_{\mathrm{f}}}{r_{\mathrm{f}} E_{\mathrm{m}}(1 - V_{\mathrm{f}})} \tag{1.56}$$

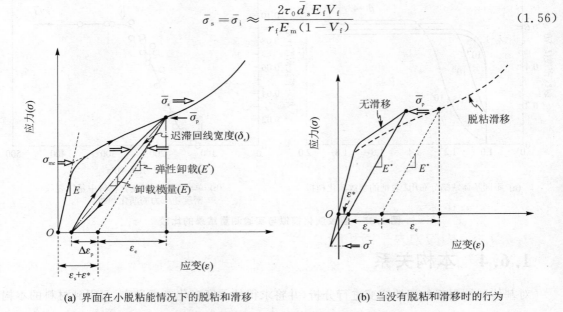

(a) 界面在小脱粘能情况下的脱粘和滑移　　　　　　(b) 当没有脱粘和滑移时的行为

图 1.37　陶瓷基复合材料应力-应变行为的基本参数

1.6.4.1　内应力小于饱和应力

1. 小脱粘能情况

在小脱粘能情况下，当 $\sigma < \bar{\sigma}_{\mathrm{s}}$ 时，卸载模量 $\bar{E}$ 与 τ_0 有关，但与 Γ_{i} 和 Ω 无关。而永久应变

ε_0 取决于 Γ_i、Ω 以及 τ_0。这里 $\bar{E}$ 和 ε_0 对组分性能的不同依赖性有以下两个含义：① 由于模拟应力-应变曲线需要同时用到 ε_0 和 $\bar{E}$，因此 Γ_i、Ω 以及 τ_0 必须是已知的；② 采用卸载和重新加载的方法来计算组分性能的方便之处是，迟滞回线仅依赖于 τ_0，因而精确确定 τ_0 是可能的。此外，当通过迟滞回线求得 τ_0 时，可通过永久应变求得 Γ_i 和 Ω。主要的小脱粘能结果如下：

永久应变为[4,8,17]

$$(\varepsilon_0 - \varepsilon^*)\mathcal{H}^{-1} = 4(1 - \Sigma_i)\Sigma_T + 1 - 2\Sigma_i^2 \tag{1.57}$$

其中，$\mathcal{H}$ 是迟滞指数（见表 1.3）

$$\mathcal{H} = b_2(1 - a_i V_f)^2 r_f \sigma^2 / 4d\tau_0 E_m V_f^2 \tag{1.58}$$

$$\Sigma_T = \sigma^T / \sigma \tag{1.59}$$

迟滞回线为抛物线，并且在最大值一半处取最大宽度 $\delta_{\varepsilon_{1/2}}$（见图 1.22 与图 1.37）：

$$\delta_{\varepsilon_{1/2}} = \mathcal{H}/2 \tag{1.60}$$

卸载应变为（见图 1.37）

$$\Delta\varepsilon_p = \mathcal{H} \tag{1.61}$$

卸载模量为

$$(\bar{E})^{-1} = (E^*)^{-1} + \mathcal{H}/\bar{\sigma} \tag{1.62}$$

2. 大脱粘能情况

在大脱粘能（见图 1.34）情况下，当 $\sigma < \bar{\sigma}_s$ 时，卸载模量与 τ_0 和 Γ_i 有关（见图 1.37）。卸载和再加载曲线中也有线性段。这些片段会给构建本构方程带来便利。主要结果如下：

永久应变为[17]

$$(\varepsilon_0 - \varepsilon^*)\mathcal{H}^{-1} = 2(1 - \Sigma_i)(1 - \Sigma_i + 2\Sigma_T) \tag{1.63}$$

卸载模量为

$$(\bar{E})^{-1} = (E^*)^{-1} + 4\Sigma_i(1 - \Sigma_i)\mathcal{H}/\bar{\sigma} \tag{1.64}$$

在这种情况下，迟滞回线有抛物线段和线性段。回线的宽度取决于 Σ_i 的大小，对于中间值，即 $1/2 \leqslant \Sigma_i \leqslant 3/4$，有

$$\delta_{\varepsilon_{1/2}} = \mathcal{H}\left[\frac{1}{2} - (1 - 2\Sigma_i)^2\right] \tag{1.65}$$

而对于 $3/4 \leqslant \Sigma_i \leqslant 1$，有

$$\delta_{\varepsilon_{1/2}} = 4\mathcal{H}(1 - \Sigma_i)^2 \tag{1.66}$$

1.6.4.2　内应力大于饱和应力

当应力 $\sigma > \bar{\sigma}_s$ 时，裂纹密度基本保持不变，纤维与基体之间没有额外的应力传递。在这种情况下，假设切线模量为[13]

$$E_t \equiv d\sigma/d\varepsilon = V_f E_f \tag{1.67}$$

在实际中切线模量通常比式（1.67）所预测的要小，这与两个因素有关：界面滑移应力的变化和纤维失效。当纤维应力较高时，纤维的泊松收缩降低了径向应力 σ_{rr}。因此，当用式（1.5）表示界面滑移应力时，τ 随着应力的增大而减小。在裂纹间距给定的情况下，切线模量为[58]

$$d\sigma/d\varepsilon = b_1 E_m d / a_3 b_2 r_f [1 + \vartheta + \exp(-\vartheta)] \tag{1.68}$$

其中，$\vartheta = 2\mu b_1 / r_f$，$\mu$ 为摩擦系数。

随着逼近极限拉伸强度，纤维失效更显著，这会进一步降低切线模量。这时的应力-应变关系为[92]

$$\sigma = V_f E_f \varepsilon \left\{ 1 + \sum_{n \geqslant 1} \frac{(-1)^n}{2n!} \left[\frac{2 + n(\beta+1)}{1 + n(\beta+1)} \right] \times (E_f \varepsilon / S_c)^{n(\beta+1)} \right\} \tag{1.69}$$

一旦达到饱和，迟滞行为也会发生变化，尽管最开始的卸载曲线仍然是抛物线，但随后会变成线性的。迟滞回线的最终宽度为

$$\delta_{\varepsilon_{1/2}} = 2\tau_0 \bar{d}_s / E_f r_f \tag{1.70}$$

1.6.5 模　拟

1.6.4 小节的本构关系可用于模拟应力-应变曲线，以与实验结果进行比较。为了进行模拟，要将组分性能 τ_{fi}、Γ_i 和 Ω 整合到无量纲参数 $\mathcal{H}$、Σ_i 和 Σ_T 中。为此需要获得 $\bar{d}(\sigma)$ 函数。如果该函数不是已知的，则需要根据 d_s、$\bar{\sigma}_{mc}$ 和 $\bar{\sigma}_s$ 用式（1.53）进行计算。首先利用式（1.50）和组分性能求得饱和裂纹间距 d_s。该方法的一个局限性是，其精度取决于已知的 χ 和 Γ_m 的精度。当具有相同基体的另一种陶瓷基复合材料的裂纹间距数据可用时，存在另一种选择。这时，可用式（1.50）对 $\bar{d}_s$ 进行比例缩放，由此可得

$$d_s^3 \sim E_f r_f^2 / \tau_0^2 E_L \tag{1.71}$$

也可以先利用组分性能和式（1.48）估计 $\bar{\sigma}_{mc}$，然后用式（1.56）计算 $\bar{\sigma}_s$。

当用上述方法获得 $\bar{d}(\sigma)$ 函数时，便可以模拟得到一维材料的应力-应变曲线。采用该方法可以对组分性能对非弹性应变影响的敏感性进行研究。例如，图 1.38 给出了模拟得到的一维陶瓷基复合材料的应力-应变曲线，表明各组分性能的相对重要性。

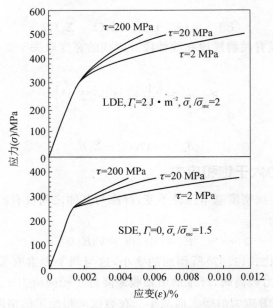

图 1.38　模拟得到的一维陶瓷基复合材料应力-应变曲线

1.6.6　实　验

针对两种单向复合材料（SiC_f/CAS 和 SiC_f/SiC_{CVI}）进行了基体开裂和非弹性应变测量[4,73]。这两种材料的应力-应变曲线（见图 1.39）的非弹性应变能力存在明显差异，典型迟滞回线测量结果（见图 1.39）也存在显著的差异，这说明组分性能必然存在差异，基体裂纹的演化过程也存在相当大的差异。通过对迟滞回线（见图 1.40）和永久应变（见图 1.41）等性能的分析，可以看出如表 1.7 所列界面特性也存在显著差异。尽管两种材料的纤维相同且都采用碳涂层，但还是存在这些差异（通过透射电镜（TEM）对涂层结构进行分析，可根据图 1.20 所示基本模型为不同的界面响应提供合理解释。）

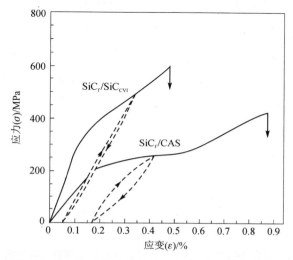

图 1.39　SiC_f/CAS 和 SiC_f/SiC_{CVI} 单向复合材料的应力-应变曲线和典型迟滞回线测量结果

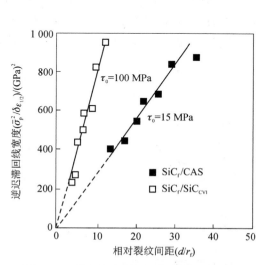

图 1.40　单向复合材料迟滞回线结果分析

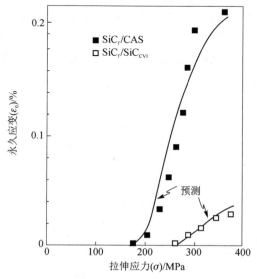

图 1.41　单向复合材料永久应变分析

　　表 1.7 所列组分性能可以用于模拟应力-应变曲线（见图 1.42）。通过完全独立的实验测试获得组分性能后，只要模拟值与测量值（见表 1.2）一致就肯定了模拟能力。已经对 SiC_f/CAS 复合材料做了这方面的测试，但还没有针对 SiC_f/SiC 复合材料测试过。虽然模拟和实验之间的有限比较令人鼓舞，但饱和应力 $\bar{\sigma}_s$ 的预测目前尚未解决。在大多数情况下，第一性原理计算没有实用价值，因为基体缺陷参数 ω、λ_s 具有加工敏感性。因此，必须依靠更合理的"马后炮（post-facto）"实验测量。还需要进一步研究是否可以建立理论体系，用于获得有价值的 σ_s 的范围。对基体裂纹密度信息的了解也存在类似问题，对其预测和确定上下界同样必要且有意义。能够有效、直接地确定裂纹密度信息的实验方法还需要进一步研究。一种可能的测试方法是[10]，在实验过程中不断测量声速 v_a，它与基体裂纹扩展时弹性模量 E^* 的变化有关（$E^* = \rho_0 v_a^2$），弹性模量 E^* 还通过式（1.54）与裂纹间距相关联。

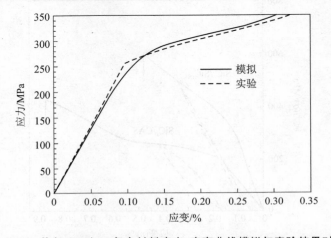

图 1.42　单向 SiC_f/SiC 复合材料应力-应变曲线模拟与实验结果对比

　　基体开裂应力 $\bar{\sigma}_{mc}$ 的理论预测值与实验测量值对比的解释一直存在争议。文献[87]对组分性能进行大量独立测试后发现，发生显著非弹性应变的测试应力总是超过由式（1.48）预测的 $\bar{\sigma}_{mc}$（见图 1.43）。因此，该应力可以解释为：在该应力下，基体开裂足够广泛，从而引起可检测的非弹性应变。因此，其性质与金属体系中的屈服强度比较类似，可作为应力-应变曲线

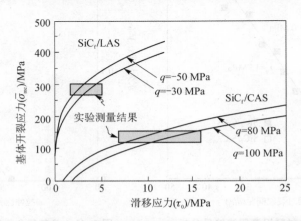

图 1.43　两种单向复合材料基体开裂应力测量值与预测值的对比

模拟和应力重分布计算的基本强度参数。但是,当应力低于 $\bar{\sigma}_{mc}$ 时[6],形成的基体裂纹较小。基体开裂出现在复合材料的非均质区域,其中小的基体缺陷会与应力场发生相互作用。当纤维性能在大气中可能退化时,这种缺陷尤其重要,因为它们为降解物质提供了进入通道。同样可以与金属屈服进行类比。值得注意的是,金属在明显低于宏观屈服强度的应力下,也可以发生小距离滑移(在晶粒内)。这种滑移在疲劳等过程中很重要,但是对引起应力重分布的塑性应变影响不大。

1.7　无粘结纤维增强复合材料的拉伸性能

由于复合材料在纤维-基体界面上很少或没有结合($G_{ic} \approx 0$)是一种重要且特殊的情况,在理论和实验上都得到了广泛研究,因此值得被单独介绍。图 1.13 所示的非灾难性失效机制在这种复合材料中最有可能出现。此外,由于纤维的拔出是由滑移决定的,因此与具有显著脱粘能的复合材料相比,$P(u)$ 关系的评估相对简单。后一种情况较为复杂,对其严格分析涉及不同弹性常数材料之间的界面断裂,这个问题将在 1.9 节讨论。

由玻璃或玻璃陶瓷基体和 C 或 SiC 纤维组成的复合材料属于"弱"结合的类别。一种以 SiC 为纤维、LAS 为基体的特殊复合材料已经被广泛研究,并作为与理论模型比较的依据[44,46-47]。在这种复合材料中,纤维-基体界面包含一个 C 层(见图 1.10),通过该 C 层实现弱界面结合[42]。

1.7.1　拔　出

严格分析由纤维滑移控制的 $P(u)$ 关系需要考虑纤维断裂的统计值、残余应力和外加应力通过界面法向应力对摩擦阻力 τ 的影响。根据纤维强度的统计分布,在裂纹尖端前和裂纹尾迹处纤维会发生一定程度的断裂。目前没有对裂纹前缘的纤维失效进行分析,部分原因是这个问题很复杂;部分原因是人们认为靠近裂纹面的纤维失效最有可能发生在裂纹尾迹处,从而导致拔出。这种行为确实在玻璃增强塑料中被观察到[113],然而没有直接证据表明陶瓷基复合材料中基体裂纹前缘的纤维破坏可以被忽略。

尽管如此,研究脱粘界面受到较小的恒定滑移阻力 τ 和可以忽略的残余应力的复合材料的尾迹破坏 $P(u)$ 关系,仍然很有意义[98]。该分析包含计算纤维失效部位的分布(作为外加应力 σ 的函数),以及由纤维失效引起的应力降低。纤维强度采用形状和尺度参数为 β 与 α 的威布尔分布来定义。从图 1.44 可以看出,$P(u)$ 曲线的初始上升部分受完整纤维控制;峰值部分以多根纤维破坏为主,类似于纤维束破坏;而尾迹则以拔出为主。各 β 下曲线的初始上升部分由极限解近似($\beta = \infty$)[45]:

$$P = \left[\frac{4\tau V_f^2 E_f E_c^2}{r_f E_m^2 (1 - V_f)^2} \right]^{1/2} u^{1/2} \tag{1.72}$$

其中,r_f 为纤维半径,V_f 为纤维体积分数,E_f、E_m、E_c 为纤维、基体、复合材料的杨氏模量。但是曲线的尾迹对 β 更敏感:随着 β 的减小,纤维强度分布越广,离基体裂纹越远的纤维失效越多,并导致拔出程度增加。

将断裂试样截面拔出长度的计算值与实验值相关联,为统计参数和界面滑移阻力的测量

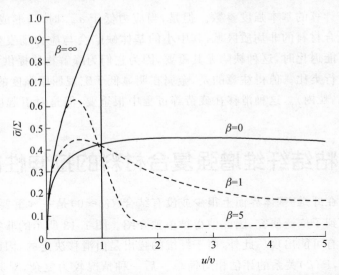

图 1.44　不同统计形状参数 β 值下纤维桥联和拔出对无量纲应力-裂纹张开位移曲线的影响

提供了一条途径[41,114]。绘制计算的拔出长度 $\leqslant h$ 的累积概率如图 1.45 所示。结果表明,随着 β 的减小,拔出长度有增加的趋势。对残余应变效应的初步估计表明,当界面残余应力为压缩时,拔出长度通常随着残余应变的增加而减小。然而,具体趋势对 β 和摩擦系数 μ 都很敏感。下面将讨论针对 SiC_f/LAS 系统的测量结果。

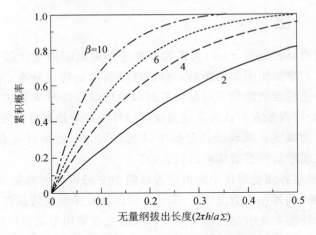

图 1.45　形状参数 β 值对应的累积拔出分布

1.7.2　基体开裂

对于界面残余应力为拉伸应力（或为零）且滑移阻力可用唯一应力 τ 表示的复合材料,$P(u)$ 关系可由式（1.72）给出。由式（1.1）计算的稳态基体开裂应力为[43,45]

$$\frac{\sigma_{cr}}{E_c} = \left[\frac{6V_f^2 E_f \tau \Gamma_m}{(1-V_f)E_c E_m^2 r_f} \right]^{1/3} - \frac{q}{E_m} \tag{1.73}$$

式中,Γ_m 为未增强基体的断裂能,q 为基体中的轴向残余应力。对一些陶瓷基复合材料进行的实验得到的结果与式(1.73)一致。当界面受到残余压应力时,τ 依赖于局部施加的应力,σ_c 的求解更为复杂。但在一阶的情况下,τ 可以简单地用 μq 代替。

当外加应力超过 σ_c 时,可以预测[43,45]并观察[43-44]到多重基体开裂。饱和裂纹间距 d_s 是基体应力从复合材料裂纹面的零处到未开裂的值处的距离的 $1\sim 2$ 倍。对于未粘结纤维,这是界面处发生滑移的距离。在这种情况下,饱和裂纹间距的范围是

$$\sigma_c r_f / 2V_f \tau < d_s < \sigma_c r_f / V_f \tau \tag{1.74}$$

实验观察[44]再次证实了基体开裂的这一特征。

上述稳态开裂解释和行为预测的最关键步骤是确定实际复合材料体系的 τ 和 q,两者都很难测量。测量滑移阻力 τ 有两种基本方法:压痕法[115-116]和裂纹张开迟滞回线法[44]。当 Γ 和 τ 较小时,这两种方法都很适用。前一种方法与纳米压头系统一起使用时表现最优,因此,可以通过薄截面的推动力或厚截面上的加载/卸载循环中的迟滞回线,通过单个纤维获得 τ (见图 1.46(a))。这种方法有一个明显的缺点,即纤维处于轴向压缩状态,在实验过程中界面也会受到压缩,τ 也会随之变化。然而,对于具有很小滑移阻力($\tau \leqslant 10$ MPa)的陶瓷基复合材料系统,这种效应可以忽略不计。直接测量载荷循环过程中的裂纹张开迟滞回线(见图 1.46(b))来计算 τ 可避免这一缺陷,因为此时纤维受到轴向拉伸载荷。含完整纤维的复合

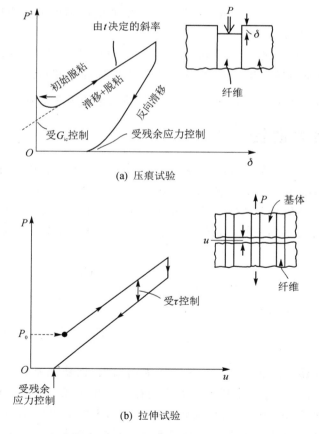

(a) 压痕试验

(b) 拉伸试验

图 1.46　压痕试验与拉伸试验

材料裂纹张开迟滞回线,揭示了界面滑移阻力和残余应力的趋势。但这种方法也有缺点,因为测量仅在基体开裂后才能实现,所有对应的裂纹张开位移范围超出了那些决定基体裂纹形成的范围。此外,当明显的纤维破坏伴随基体开裂时,对结果的影响是复杂的。因此,其他适用于较大 τ 的复合材料的方法正在研究中,1.7.3 节将介绍其中之一。

1.7.3 极限强度

在基体多重开裂情况下,每根纤维中的轴向应力从裂纹面之间的最大值(相当于 σ_∞/V_f)到相邻基体裂纹中间的最小值($\geqslant \sigma_\infty E_f/E_c$)不等。在这种应力场中,根据最弱环节统计法,可以很容易地推导出纤维失效的概率和位置。然而,计算复合材料(即一束这样的纤维)所承受的最大载荷需要对纤维断裂引起的应力重分布进行模拟,这样的分析还没有尝试过。而最大载荷的下限可以简单地通过使失效的纤维不具有承载能力来得到。这样通过修正的纤维束破坏分析,可得如下极限强度表达式:

$$\sigma_u = V_f \hat{S} \exp \left\{ -\frac{[1-(1-\tau d_s/r_f \hat{S})^{\beta+1}]}{(\beta+1)[1-(1-\tau d_s/r_f \hat{S})^\beta]} \right\} \tag{1.75}$$

其中
$$(r_f S/\tau d_s)^{\beta+1} = (A_0/2\pi r_f L_g)(r_f S_d \tau D)^\beta [1-(1-\tau d_s/r_f \hat{S})^\beta]^{-1}$$

这里 L_g 是标距长度。针对 SiC_f/LAS 复合材料系统的极限强度分析表明[41,114],式(1.75)的预测值与实验测试值非常吻合。

上述论证中预测的极限强度会受到残余应力的影响。具体地说,在纤维受到残余压缩应力的系统中,轴向压缩抑制了纤维失效,并将极限强度提高到超过式(1.75)预测的水平[117]。这种影响可通过认为基体夹持着纤维,从而简单地将残余应力叠加到 $\hat{S}$ 上来估计。

1.7.4 阻力曲线

当材料 I 型失效以单一基体裂纹扩展为主,并伴有纤维断裂和拔出时,其力学性能可用阻力曲线来表征。本小节针对具有单值强度 S(即 $\beta = \infty$)和小滑移阻力 τ 的纤维,分析整个裂纹扩展的阻力曲线。尽管该分析没有考虑断裂纤维的拔出(对于 $\beta = \infty$ 的纤维必须在裂纹表面之间失效),但仍然可得到一些有用的微观结构特性趋势。由式(1.2)和式(1.3)可得稳态韧度增量为

$$\Delta R_c = \frac{S^3 r_f V_f (1-V_f)^2 E_m^2}{6\tau E_f E_c^2} \tag{1.76}$$

达到稳态所需的裂纹扩展量为

$$\Delta a \sim \left[\frac{G_{mc} r_f^2 (1-V_f)^5 E_m^4}{\tau^2 V_f^4 E_f^2 E} \right]^{1/3} \tag{1.77}$$

值得注意的是,ΔR_c 和 Δa 均随 r_f/τ 的增大而增大,而稳态基体开裂应力随之降低(见式1.73)。此外,稳态增韧与基体开裂应力之间存在简单关系(见图 1.47)[118]。这些结果表明,在 $V_f S/\sigma_c$ 的合理值下(小于3),增韧效率最多为6,更典型的是3。由此得出的结论是,仅存在连续桥联纤维并不能令韧度发生数量级增加。而在各种材料中获得较高韧性的主要原因是纤维在远离基体裂纹平面处失效而引起的拔出。

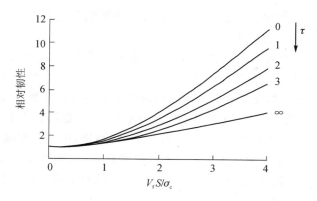

图 1.47　增韧效率随基体开裂应力的变化趋势[118]

当纤维强度具有统计分布时,可使用图 1.44 中的 $P(u)$ 关系来评估复合材料稳态韧性增量。该表达式的形式虽然很长,但可以确定总体趋势。增韧程度总是随着尺度参数的增加而增加的,从而确定高纤维强度总是可取的。然而它对 τ 和 r_f 的依赖性是相反的。可通过分别考虑断裂纤维和未断裂纤维对韧性积分的贡献来评估基本细节[98]。未断裂纤维的贡献为 $\Delta G_b \propto (r_f^{\beta-5}/\tau^{\beta-2})^{1/\beta+1}$。一个显著的特征是,$\tau$ 在 $\beta=2$ 处会出现反向趋势,r_f 在 $\beta=5$ 处会出现反向趋势。通过分析如下增韧关系式,可以检验断裂纤维的相应拔出贡献:

$$\Delta G_b \sim \langle h \rangle^2 (\tau/r_f) \tag{1.78}$$

图 1.45 中总结的拔出长度计算结果表明,韧性与式

$$(r_f^{\beta-3} S_0^{2\beta}/\tau^{\beta-1})^{\frac{1}{(\beta+1)}}$$

是成比例的。因此,当 $\beta>5$ 时,韧性随着 r_f 的增加而增大;当 $\beta<3$ 时,韧性随着 r_f 的增加而降低。相反,当 β 很小($\beta<1$)时,韧性随 τ 的增加而增大;当 $\beta>2$ 时,韧性随 τ 的增加而减小。这些限制的产生是因为完整桥联纤维和失效纤维对韧性贡献的竞争关系。因此,了解复合材料内纤维的统计形状参数 β 的大小,是优化界面剪切性能以获得高韧性的先决条件。

上升的阻力曲线的形状对 β 比较敏感。通常接近稳态所需的裂纹扩展量必须随着 β 的减小而增加,然而阻力曲线的实际斜率尚未确定,因为需要用数值方法来确定式(1.2)的上限,该上限由桥联区末端的裂纹开口决定。进一步研究这一现象是当务之急。

1.7.5　特征转变

拉力下的非线性宏观力学行为对于结构而言是最理想的。因此,分析非线性与线性响应之间的转变很重要。这一转变依赖于复合材料中预先存在的缺陷性质,特别是无桥联裂纹的尺寸。然而,对于预先存在的完全桥联缺陷,根据基体稳态开裂不发生灾难性破坏的应力应小于强度极限的条件,可以给出一个有用的下界。对于 $\beta=\infty$,通过将式(1.4)中的 σ_c 设置为纤维强度 S_f 来获得该下界。

当 $\beta=\infty$ 时,用于稳态基体开裂和渐近增韧的式(1.73)与式(1.76)可以对 1.2.1 节中概述的性能优化的一般趋势进行量化。复合材料强度随 τ/r_f 的变化趋势如图 1.48 所示。在非灾难性响应区,基体开裂应力随 τ/r_f 的增大而增大,而极限强度不受影响(对于较小的 β,极限强度是 τ 的弱递减函数)。在 τ/r_f 的临界值,即当 σ_c 超过 S_f 时,发生向线性响应的转变。随

着 τ/r_f 的进一步增加,断裂韧性降低(如果先前存在的缺陷保持不变,则强度也会降低)。因此,在过渡点附近存在 τ/r_f 的最佳值。

通过对 SiC_f/LAS 复合材料进行热处理,系统地研究了图 1.48 所示的行为,此时界面石墨层被 SiO_2 层取代,增加了摩擦滑移阻力(见图 1.10～图 1.12)。拉伸力学性能随热处理时间的变化如图 1.49 所示。热处理对界面性能的影响可以通过测量断裂试样中的纤维拔出长度并与图 1.45 的计算结果进行比较来推断[114]。结果表明,随着去除 C 引起的间隙被 SiO_2 填充,纤维拔出长度分布逐渐发生变化(见图 1.50)。特别地,中值长度减小,实际拔出的纤维比例呈现与最薄弱环节纤维失效分析预测一致的长度分布,这样当部分 SiO_2 层取代 C 层时,界面阻力增加了大约一个数量级。τ 的这种变化以及伴随而来的复合材料力学性能的显著变化与图 1.48 所示的响应一致。

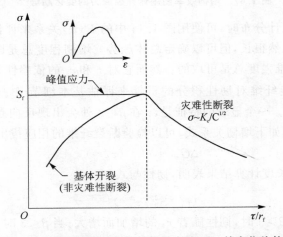

图 1.48　当 β 较大时复合材料强度随 τ/r_f 的变化趋势

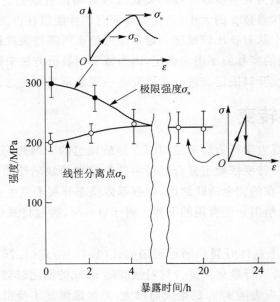

图 1.49　热处理时间对 SiC_f/LAS 复合材料拉伸应力-应变行为的影响

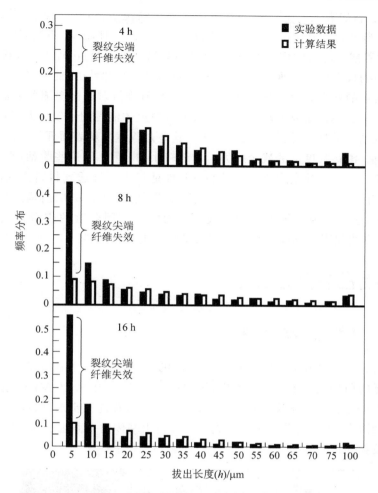

图 1.50　热处理对纤维拔出长度影响的趋势直方图

1.7.6　残余应力

纤维与基体之间热膨胀系数存在较大不匹配是不可取的,特别是,相对较大的基体收缩($\alpha_m/\alpha_f \gg 1$)会导致过早甚至自发的基体开裂(见式 1.4)。这种行为在结构上不一定有害,但考虑到热疲劳、环境流体进入等因素,不希望开发具有这些特性的材料。相反,相对较小的基体收缩($\alpha_f/\alpha_m \gg 1$)会使纤维与基体发生热脱粘。当其发生足够广泛时,产生的径向分离会抵消纤维的影响。因此,需要 α_m/α_f 的值接近于 1。实际上,当界面应力为压应力时,受界面容易脱粘和沿脱粘自由滑移影响的 I 型失效轴向特性具有最佳的残余应力和最大的基体开裂应力,给定为[83]

$$\sigma_d / E_c = (2/3)(V_f \mu G_{mc} / \lambda E_m r_f)^{1/2} \tag{1.79}$$

其中,$\lambda = 1 - (1 - E_c/E_f)/2$。当 $\alpha_f/\alpha_m \gg 1$ 时,界面应力是拉伸的,脱粘表面上的微凸体可能会提供离散的滑移阻力 τ,这取决于粗糙度幅度等特征。对于这种情况,最佳残余应变尚未确定。

残余应力对断裂阻力也有影响。而残余应力引起的韧度变化的符号和大小取决于界面滑移和纤维破坏机制,如表1.5所列[55]。在充分脱粘的情况下,脆性纤维增强陶瓷基复合材料的显著特征为:当界面应力为拉伸应力且界面具有唯一的 τ 时,ΔG_{ss} 不受影响;而对于压缩界面,ΔG_{ss} 通常随着残余应力的增加而减小,这是因为当 τ 等效为 μq 时拔出长度明显减小。

复合材料中的残余应力很难测量,即使复合材料是完全弹性的(此时当冷却时没有界面脱粘或滑移),其表面的残余应力也很复杂。因此,像 X 射线衍射这样探测薄表面层的方法很难去解释。而中子衍射通常需要平均在一个很大的材料上才能得到比较令人满意的结果。当冷却过程中出现脱粘和滑移时,测量会更加困难。这些过程优先从表面开始,并沿界面扩展到体内,从而减小脱粘/滑移长度上的残余应力。对于较小的 τ 和 G_c,这些脱粘/滑移长度很大(纤维直径的许多倍)。因此,残余应力的有效测量只能通过充分渗透到材料内部的过程来获得。在某些情况下,有一种独立且优异的测量 q 的方法,即使用图 1.46(b)所描述的裂纹张开位移测量。具体地说,这是借由基体中的轴向残余应力与裂纹闭合时的应力直接相关进行测量的[44]。然而,该方法仅限于基体开裂不伴有大量纤维失效的材料。

1.8 混合模式失效

1.8.1 Ⅱ型失效机理

单轴复合材料弯曲试验表明它存在剪切损伤机制(见图 1.7 和图 1.51)[119],并且这种损伤通常在相当低的剪切应力下就开始发生,例如在 SiCf/LAS 中为 20 MPa。损伤由与纤维轴成大约 $\pi/4$ 的斜向雁行基体微裂纹组成(见图 1.52)。随着进一步加载,微裂纹合并,导致基体材料被挤出,并形成离散的Ⅱ型裂纹。裂纹由被挤出基体的平面区定义,还具有与裂纹萌生时类似的微裂纹损伤区。

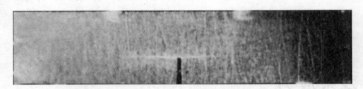

图 1.51　缺口挠曲试验中的分层开裂

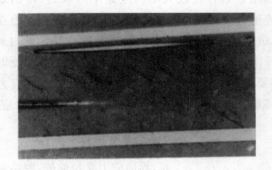

图 1.52　在韧性复合材料中基体微裂纹先于Ⅱ型破坏

控制Ⅱ型破坏的微裂纹可能是由基体中的应力集中引起的,沿垂直于局部主拉伸应力方向形成,但随后转向平行于Ⅱ型平面并合并。由于尚未开发出包含上述特征的适当模型,因此本小节简要地指出潜在的现象,并没有进行详细说明。基体中的应力集中大小受弹性性能、纤维间距和界面强度的影响。基体韧度 R_m 影响微裂纹的扩展和合并。剪切强度似乎随着Ⅰ型韧度的增加而降低。

1.8.2　分层开裂

分层是当存在缺口时的常见损伤模式(见图 1.7 和图 1.51)[44,56]。分层裂纹在缺口附近萌生并稳定扩展。对这些数据的分析是基于梁的混合模式界面开裂的解[120],并考虑了弹性各向异性来进行修正。断裂阻力随着裂纹扩展而增加,由于剪切载荷的作用较大,因此其断裂机制与Ⅱ型破坏的断裂机制基本相同,包括了基体微裂纹和剥落。阻力曲线的存在归因于裂纹内的完整纤维抵抗裂纹表面的位移,从而以类似于Ⅰ型破坏中的纤维桥联方式保护裂纹尖端。复合材料的断裂能通常与基体的断裂能具有相同的阶数,例如,LAS 基体复合材料的断裂能约为 20 J·m^{-2}。

1.9　界面脱粘与滑移

1.9.1　界面裂纹力学

前几节的结果和讨论指出几个决定复合材料力学性能的问题,其中包括界面脱粘。这种脱粘发生在基体裂纹尖端和尾迹处(见图 1.8)。它通常涉及两种具有不同弹性常数的材料以及混合剪切和拉伸载荷。此外,由于界面的抗断裂能力低于基体或纤维,脱粘裂纹可以在混合模式条件下继续扩展,而不需要寻找一个垂直于主拉伸应力的平面,因此有必要注意断裂阻力对剪切和拉伸载荷组合的依赖性。

双材料界面断裂力学是从 20 世纪 60 年代的一系列研究中衍生出来的[121-125],曾得到过关注和阐明[126-129]。该断裂力学的一个复杂情况是,裂纹尖端前后缘裂纹平面的应力和位移的剪切与拉伸分量不能像在均质材料线弹性断裂力学中那样解耦,即拉伸(Ⅰ型)远程加载通常会引起裂纹尖端附近的拉伸和剪切应力及位移。此外,这种混合依赖于裂纹长度与弹性常数的失配以及与裂纹尖端的相对位置。尽管存在这种复杂性,但可以用与位置无关的应力强度因子 K 来确定裂纹尖端场,K 包含有关施加载荷和几何结构的所有信息。而为了实现这一点,将应力和位移用复数表示,张开和剪切分量作为实部与虚部。这里裂纹尖端张开位移与剪切位移之比(u 和 v 分别如图 1.53)用相角 $\phi = \tan^{-1}(v/u)$ 表示。

由于远程载荷与裂纹尖端位移的张开和剪切分量的相互依赖性,ϕ 随 K 的相角 $\psi = \tan^{-1}(K_{\mathrm{II}}/K_{\mathrm{I}})$ 而变,其大小取决于弹性常数和位置的失配:

$$\phi = \psi + \varepsilon \ln r + \tan^{-1} 2\varepsilon \tag{1.80}$$

其中

$$\varepsilon = \frac{1}{2\pi} \ln\left(\frac{1-b}{1+b}\right)$$

$$b = \frac{G_1(1-2\upsilon_2) - G_2(1-2\upsilon_1)}{2[G_1(1-\upsilon_2) + G_2(1-\upsilon_2)]}$$

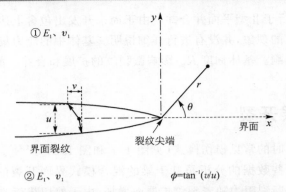

图 1.53   在大多数外部载荷条件下双材料界面裂纹表面产生剪切或张开位移

其中,b 是邓杜尔斯(Dundurs)参数之一[130],G_i 为剪切模量,υ 为泊松比,r 为到裂纹尖端的距离。由于 $\ln r$ 项描述了 v/u 与 r 的缓慢振荡,因此 ψ 的值取决于长度单位的选择。然而,只要保持选择一致,这并不构成困难。

在大多数实际例子中,参数 ε 很小[127],通常小于 0.01。因此,针对式(1.80)提出了几种忽略 ε 影响的方案,从而使 ψ 表示裂纹尖端场中Ⅱ型和Ⅰ型的相对比例[125-126]。然而,即使在这种情况下,裂纹尖端场中的Ⅰ型与Ⅱ型的比例也与加载的远场不同。

应变能释放率可以用裂纹面位移来计算[126]:

$$G = \frac{\pi(1+4\varepsilon^2)(u^2+v^2)}{8r[(1-\upsilon_1)/G_1+(1-\upsilon_2)/G_2]} \tag{1.81}$$

或者,G 可以用应力强度因子的模量表示,即 $|K|^2 = K_I^2 + K_{II}^2$,其形式类似于均质材料[125]:

$$G = \frac{C_0 |K|^2}{16\cosh^2(\pi\varepsilon)} \tag{1.82}$$

其中

$$C_0 = 8\left(\frac{1-\upsilon_1^2}{E_1} + \frac{1-\upsilon_2^2}{E_2}\right)$$

裂纹扩展准则采用临界应变能释放率 G_{ic}。一般而言,该值取决于剪切应力与拉伸应力之比,即 G_{ic} 是 ψ 的函数。图 1.54 表示玻璃/环氧树脂体系的计算示例和一些实验数据。

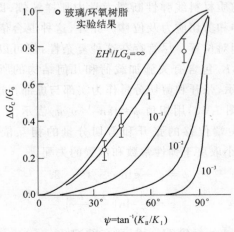

图 1.54   玻璃/环氧树脂复合材料界面断裂能的实验数据与基于裂纹表面锁定模型的预测结果比较

1.9.2　脱粘力学

对于代表纤维脱粘的轴对称结构(见图 1.21)以及具有宏观分层特征的平面裂纹(见图 1.51),需要脱粘问题的解。在这两种情况下,G 和 ψ 都受到残余应力的剧烈影响。此外,当相角增大(即 $\psi \to \pi/2$ 时),摩擦滑移和裂纹表面锁定效应变得更重要[131]。针对复合材料并完全考虑残余应力和摩擦滑移的解还不存在,下面介绍一些已知解。

对于界面受残余径向拉伸的复合材料,存在轴对称解,它在施加拉伸载荷、弹性模量和纤维体积分数的全部范围内均存在净裂纹张开[39]。所有解的一般特征是:当脱粘长度接近零时,G 很小但不为零;当脱粘长度 l_d 超过 r_f 时,G 增加到稳态值 G_{ss}(见图 1.55)。这种行为表明,当 G_{ss} 在适当的 ψ 值下超过 G_{ic} 时,已有长度大于 r_f 的脱粘必须无限延伸。图 1.55 总结了使用有限元确定的与尾迹脱粘相关的 G_{ss} 和 ψ 的基本趋势。分析中的变量为:纤维的杨氏模量 E_f 与基体的杨氏模量 E_m 之比、纤维体积分数 V_f、无应力(残余)应变($\Delta\alpha\Delta T$)、施加在纤维上的应力 σ,以及泊松比 υ_m 和 υ_f。注意到相角通常较大,这表明剪切位移与张开位移的比值较大。

对于界面承受残余径向压缩的情况,尚未得到严格的轴对称解。然而,基于修正的剪滞模型的一些近似解具有一定参考性。当摩擦系数 μ 较小($\mu < 0.2$)时,该方法具有一定的优越性。在这种情况下,σ 直到达到临界值 τ_c 才出现完全的裂纹张开:

$$\frac{\tau_c}{E_f\varepsilon} = \frac{1}{\upsilon_f} \tag{1.83}$$

当 $\sigma > \tau_c$ 时,对于长脱粘可以得到稳态解,图 1.55 中给出的解直接适用。对于 $\sigma < \tau_c$,脱粘裂纹承受法向压缩和由此产生的摩擦。在这种情况下,G 随着脱粘长度 l_d 的增加而减小,代表稳定的裂纹扩展:

$$\frac{G}{E_1 r_f (\Delta\alpha\Delta T)^2} \approx \frac{F^2}{4} + \frac{F}{2} - \frac{\mu l_d (1-V_f)(1-\upsilon F)}{r_f[(1-V_f)(1-2\upsilon)+1+V_f]} \tag{1.84}$$

其中

$$F = \frac{t-q}{E_f\Delta\alpha\Delta T}$$

其中,q 是基体中的轴向残余应力,由 $\Delta\alpha\Delta T$、V_f 和 Σ 控制。在这种情况下,G 严格属于 Ⅱ 型,因此,应通过将 $\psi = \pi/2$ 时 G 等于 G_{ic} 来预测脱粘,但这种预测还没有尝试过。另外值得一提的是,对于弱界面($G_{ic} \ll G_{fc}$),脱粘长度和滑移长度 l_s 密切相关:

$$\frac{l_s}{r_f} \approx \frac{F[(1-V_f)(1-2\upsilon)+1+V_f]}{2\mu(1-\upsilon F)(1-V_f)} \tag{1.85}$$

对于平面分层问题,存在一个综合分析,可以用施加的轴向力和弯矩表示[128]。与陶瓷基复合材料问题最相关的解是双材料梁的四点弯曲,其内部加载点之间存在脱粘裂纹[120,128]。解的一般形式如图 1.56(a)所示,可见 G 迅速达到稳态水平,图 1.56(b)总结了稳态值 G_{ss} 的趋势。当 $\Delta\alpha\Delta T = 0$ 时,对应的无量纲相角($\psi^* = \psi + \varepsilon\ln r_f$)约为 0.68。显然,弹性性质对 G_{ss} 和 ψ 都有很大的影响。

如果 $\psi \approx \pi/4$ 处的 G_{ic} 小于纤维的临界应变能释放率 G_{fc},二者的比值在一定程度上取决于纤维和基体的弹性性质,则可以预期会发生沿界面的初始脱粘,而不是沿缺口界面延伸。在

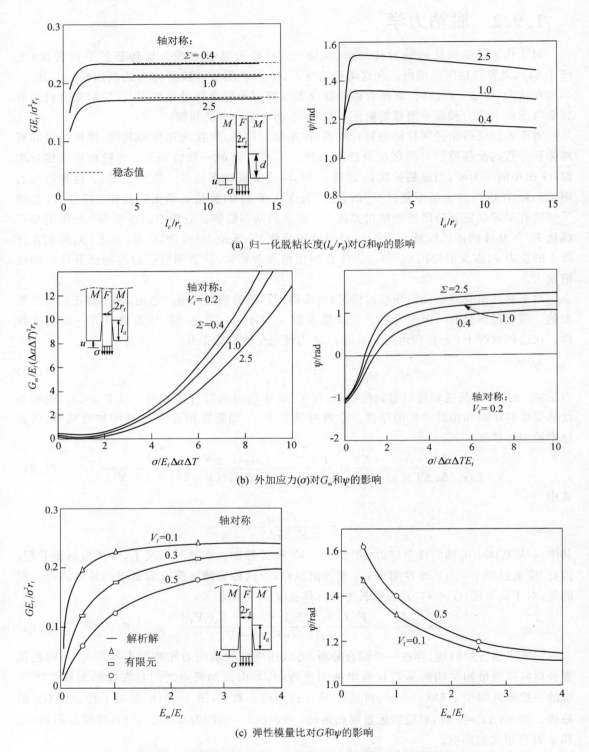

(a) 归一化脱粘长度(l_d/r_f)对G和ψ的影响

(b) 外加应力(σ)对G_{ss}和ψ的影响

(c) 弹性模量比对G和ψ的影响

图 1.55　裂纹尾迹中纤维载荷的能量释放率和相角变化趋势

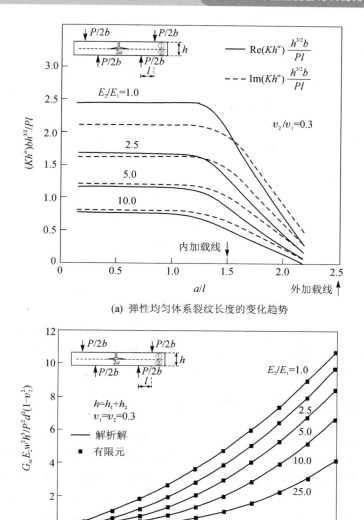

(a) 弹性均匀体系裂纹长度的变化趋势

(b) 稳态能量释放率(G_{ss})的趋势

图 1.56　弯曲试验中双材料梁的能量释放率

弹性均匀材料的情况下,当 $G_{ic}/G_{fc} \approx 1/4$ 时,脱粘优先于纤维失效发生[40]。

　　基体裂纹尖端的纤维脱粘程度尚未得到严格分析,但是可以通过在上述起始条件和裂纹尖端场中长圆柱脱粘($\psi=0$)的现有解之间进行插值,从而获得有用的解。该解表明,远大于纤维直径的脱粘长度会导致界面处的 G_i 值与基体裂纹前缘的 G_m 值相比非常小,可近似由式(1.86)给出(见图 1.57):

$$\frac{G_i}{G_m} \approx \frac{0.1 r_f}{l_d} \qquad (1.86)$$

可以推测,随着脱粘长度的增加,持续脱粘所需 G_{ic} 会迅速降低。因此,在没有残余应力的情况下,即使 G_{ic} 很小,也不太可能出现大范围的裂纹前缘脱粘。当残余应力存在时,这一关于裂纹前缘脱粘的结论发生了实质性的变化[39].

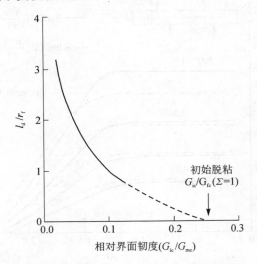

图 1.57　裂纹前缘脱粘的能量释放速率

　　发生脱粘是复合材料性能良好的必要条件,但不是充分条件。另外,要求脱粘裂纹保持在界面中,并且不能偏折到纤维中,从而导致纤维沿裂纹前缘或尾迹过早断裂。对该问题的分析表明,在满足上述不等式的情况下,这种偏转不会发生[129]。

1.9.3　界面抗断裂性的测量

　　上述力学分析为测量与复合材料性能相关的脱粘阻力提供了必要的基础。在 $\psi \approx 0$、$\pi/2$ 和 $\pi/4$ 处[132-133],有三种基本的测试方法可以方便地提供数据:拉伸试验、弯曲试验和拔出试验。界面断裂测试的两个关键因素是脱粘裂纹的初始引入和残余应力的测量。另一个重要的测量问题与加载点的摩擦有关[132]。基于加载和卸载柔度的迟滞回线测量,已经开发并验证了考虑摩擦效应的实验流程。这些对测试生成有效 G_{ic} 数据所需的严格要求,限制了已有结果的适用范围。初步结果表明,G_{ic} 随 ψ 的增加而增大,特别是当 $\psi \rightarrow \pi/2$ 时,其增加速率与断裂界面的形态有关[126]。具体而言,粗糙的断裂界面使 G_{ic} 随 ψ 的增加而增大[126]。对这一现象的分析模拟了裂纹表面微凸体在大相角下的滑移和锁定,控制此效果大小的材料参数是[131,133]:

$$\chi = \frac{EH^2}{\Gamma_R L} \tag{1.87}$$

其中,H 为断裂界面波幅,L 为断裂界面波动波长,Γ_R 为界面的固有断裂阻力。具体来说,大的 χ 对 $G_{ic}(\psi)$ 的影响最大。χ 是接触区长度的度量,随 H 的增大或 Γ_R 的减小而增大。

　　Γ_R 的大小明显地受中间相的存在、界面的原子结构等因素的影响。而到目前为止残余应力和形态影响还没有充分解耦,这给进一步探索这些基本关系带来了困难。另外,初步测量表明,对于结合了难熔金属(Nb)、金属间化合物(TiAl)和贵金属(Au、Pt)的氧化物,以及与无机玻璃结合的氧化物、具有石墨和氮化硼夹层的碳化物和氮化物,Γ_R 通常相当小。

1.10　二维材料中的基体开裂

　　二维陶瓷基复合材料一般会受到拉伸和剪切载荷的组合作用。为了给设计提供指导,需要建立组合载荷下的模型并开展相关实验。基体开裂和纤维失效是所有非线性现象的根源,但是拉伸和剪切之间存在着重要差异。拉伸载荷作用下的行为已被广泛研究[70,79,134-138],但是对于剪切载荷下的行为,目前对其理解还处于初级阶段[25],关于两种载荷相互作用的研究更少[135,139]。尽管如此,一些基本概念还是很清楚的。当设计模型、分析和测试时,需要将基体开裂和纤维失效现象都考虑进去,并将材料的拉伸和剪切性能关联起来。

1.10.1　拉伸性能

　　将一维和二维复合材料的拉伸应力-应变$[\sigma(\varepsilon)]$曲线进行比较(见图 1.58),可获得一些重要信息。研究发现,将一维材料的$\sigma(\varepsilon)$曲线简单地按比例缩小 1/2,所得结果与二维材料的$\sigma(\varepsilon)$曲线非常匹配。因此,二维材料的行为必然由 0°层控制着,因为这些层在加载方向上提供的纤维体积分数约为一维材料中存在的纤维体积分数的一半[4](此外,因为一些二维材料是编织的,所以由 1/2 比例关系可以推断出,编织引入的曲率对应力-应变行为的影响很小。)

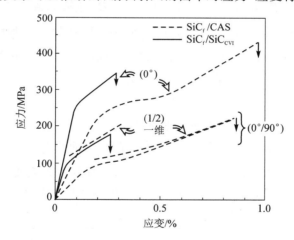

注:标记为(1/2)一维的虚线表示当 90°层承载零载荷时二维复合材料的预期行为。

图 1.58　一维和二维复合材料的拉伸应力-应变曲线比较

　　最显著的二维效应发生在偏离线性行为的初始阶段。与一维材料中的裂纹相比,二维材料此时在基体富集区或 90°层中形成的基体裂纹,在较低的应力下就开始扩展。相应的非线性行为通常很小,对材料的整体非线性响应贡献不大。然而,由于这些裂纹对氧化脆化和蠕变破坏有重要影响,因此有必要进行分析。90°层中的基体开裂通常是条状开裂(见图 1.59)。条状开裂应力的下限σ_τ由下式给出[140-141]:

$$\sigma_\tau = \sigma_\tau^0 - \sigma^R (E_L + E_T)/2E_T$$
$$\sigma_\tau^0 = (E_0 \Gamma_R/t_p)^{1/2} g(V_f, E_f/E_m) \tag{1.88}$$

其中
$$E_0 = E_L(1 + E_L/E_T)/2(E_L/E_T - \upsilon_L^2) \tag{1.89}$$

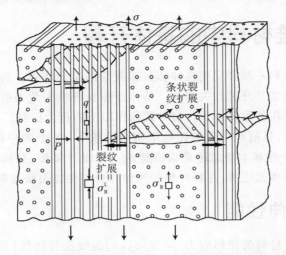

图 1.59   二维陶瓷基复合材料中的基体裂纹扩展机制

函数 g 对当加载时横向纤维与基体是接触还是分离非常依赖，如图 1.60 所示。随着载荷增加直至超过 σ_τ，在 90° 层（厚度为 t_p）中会形成额外的裂纹。这些裂纹的间距 $\bar{L}$ 随着应力的增加而减小，并导致模量从 E_0 减小到 $\bar{E}$。相对模量 $\bar{E}/E_0$ 主要取决于 90° 层中的裂纹密度 $t_p/\bar{L}^{[141-142]}$。当纤维与基体接触时对相对模量的影响如图 1.61 所示。当纤维与基体分离时，比值 $\bar{E}/E_0$ 更大。注意，当裂纹密度较大时，记 $\bar{E}$ 的极限值为 $\bar{E}_\ell$，可由下式给出：

$$\bar{E}_\ell/E_0 = E_L/(E_L + E_T) \tag{1.90}$$

相应的永久应变为

$$\varepsilon_0 = (1/\bar{E} - 1/E_0)\sigma^R(E_L + E_T)/2E_L \tag{1.91}$$

图 1.62 总结了总体应力-应变响应曲线[141]。当绘制这些曲线时，首先确定裂纹间距 d 与应力的变化关系，然后将弹性应变（基于 $\bar{E}$，见图 1.61）添加到永久应变（见式（1.91））中以获得总应变。在实际中，这些裂纹产生的应力可能更大，因为当应力高于 σ_τ 时的裂纹形成取决于 90° 层中已存在的缺陷。

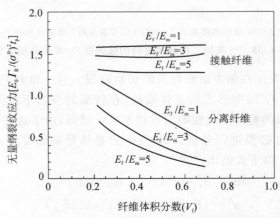

图 1.60   弹性模量比和纤维体积分数对界面接触与分离条状开裂（$\sigma^R = 0$）应力下限的影响

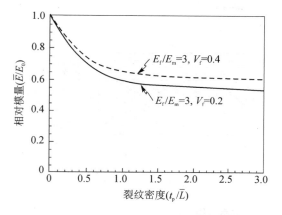

图 1.61　90°层裂纹引起的卸载柔度变化

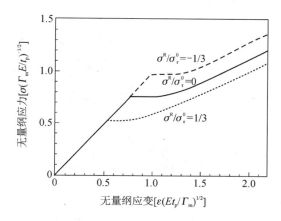

图 1.62　条状开裂时二维陶瓷基复合材料的模拟应力-应变响应

这些条状裂纹横向扩展到 0°层的基体中(见图 1.59),导致二维复合材料表现出类似一维复合材料的行为。此外,如果已知作用在 0°层上的应力 σ^0,则可以直接用一维解来预测塑性应变,否则必须计算该应力值[141]。对于典型的 0°/90°系统,σ^0 必须介于 σ 和 2σ,具体值取决于 90°层中基体开裂的程度和 E_T/E_L 的值。采用 $\sigma^0 = 2\sigma$ 进行初步分析,所得结果与图 1.58 所示一维和二维复合材料的拉伸应力-应变曲线之间的比较类似。

采用这种简化的方法,文献[4,143]对应力-应变曲线进行了模拟,并与二维陶瓷基复合材料的若干实验测量值进行了对比。模拟所得流动强度比实验值要大些,特别是当非弹性应变较小时会如此。为了解决这种差异,正在进行进一步的建模,试图将条状裂纹的行为与 0°层中的基体裂纹耦合起来。

1.10.2　剪切性能

二维陶瓷基复合材料当受到剪切载荷时发生的基体开裂行为,取决于加载方向和基体特性[25]。只考虑两个关键加载方向:沿纤维方向的面内剪切以及面外(或层间)剪切。这两种加载方向的主要区别是基体裂纹和纤维之间的相互作用方式(见图 1.63)。对于面内载荷,基体裂纹必然会与纤维相互作用(见图 1.63(a));与之相反,对于面外载荷,基体裂纹在与纤维没有显著相互作用的情况下扩展(见图 1.63(b))。纤维与基体裂纹的相互作用可以阻碍基体裂纹扩展,因此,面内剪切强度总是强于层间剪切强度。

1.10.2.1　面内剪切

文献[25]使用约西佩斯库(Iosipescu)试样对面内剪切特性做了测试,对实验结果进行总结(见图 1.6)后发现,基体对剪切强度 τ_s 和剪切柔度 γ_f 有重要影响。此外还发现,可以根据参数 $\mathcal{W}$ 对剪切强度进行排序[83],而参数 $\mathcal{W}$ 是根据没有界面滑移时的基体开裂应力推导出来的:

$$\mathcal{W} = (\Gamma_m / r_f G)^{1/2} \tag{1.92}$$

根据该方法对图 1.6 中的结果进行重新排列,结果绘制如图 1.64 所示。$\mathcal{W}$ 中最重要的参数是剪切模量 G,它反映了由基体裂纹引起的柔度增加。然而,仍然需要建立一个模型来给出复

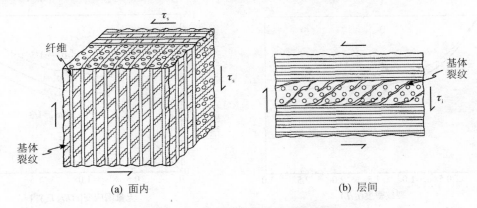

图 1.63　两种剪切损伤模式示意图

合材料强度和组分性能之间的完整关系。

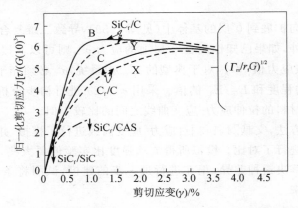

图 1.64　无量纲参数 $\mathcal{W}$ 对应的归一化面内剪切应力-应变曲线

　　剪切柔度也受剪切模量的影响,但作用相反:高基体模量会导致低柔度。根据基体模量对含桥联基体裂纹试样弯曲变形的影响,已对这种行为给出了合理解释[25]。但是,迄今为止还没有任何计算可以解释这种现象。

1.10.2.2　层间剪切

　　层间剪切载荷作用下形成的基体裂纹对塑性应变的贡献取决于材料特性。最简单的情况(见图 1.63(b))是形成多个跨层扩展的条状裂纹[139],这些裂纹与层内的最大拉伸应力方向垂直;或者,基体裂纹局限在层间只含基体的层内[86]。目前还没有对这些不同行为的一般解释。

　　当条状裂纹扩展成层间裂纹时,可通过与上述横向裂纹结果直接类比进行分析[64]。在剪切载荷下,条状裂纹会扩展演变成Ⅱ型裂纹,如图 1.65 所示。对梯形阵列裂纹的演化分析表明,其演化规律与图 1.66 绘制的应力-位移曲线一致[64]。存在由式(1.93)给出的临界剪切应力 $\bar{\tau}_c$,当达到该值时复合材料会发生层间剪切破坏:

$$\bar{\tau}_c \approx 1.5(G\Gamma_R/t_p)^{1/2} \tag{1.93}$$

其中,t_p 是控制开裂的材料层厚度。残余应力的影响也会存在,但没有包含在该模型中。临界剪切应力(见式(1.93))在形式上与条状横向开裂应力(见式(1.88))相同,这说明上述两种现象是相互关联。材料的弹性属性决定了 $\bar{\tau}_c$ 和 σ_τ 哪个更大：一般来说 $\bar{\tau}_c < \sigma_\tau$，因为 $G \ll E$。

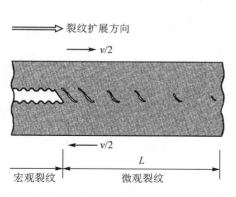

图 1.65　演变为 II 型失效的梯形裂纹示意图

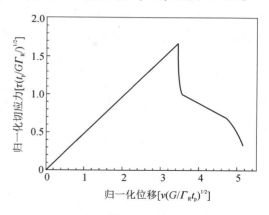

图 1.66　层间剪切对应的应力-位移关系

1.10.3　横向拉伸性能

二维叠层陶瓷基复合材料在各种形状的构件中容易发生层间开裂（见图 1.67）。裂纹在构件中的扩展过程中，可能从 I 型变为 II 型。因此，有必要对这些问题进行测试和分析。目前大多数经验是从聚合物基复合材料中获得的[144]，其中的主要问题是层间（横向）裂纹与纤维的相互作用模式。原则上，可以进行裂纹与纤维不相互作用的测试。但是实际上，在陶瓷基复合材料中总是会发生这种相互作用，因为其中的裂纹前缘蜿蜒曲折并且会跨越倾斜的纤维[145-146]。在传统悬臂（DCB）试样和弯曲试样中[147-148]，这些相互作用在测量的断裂载荷中占

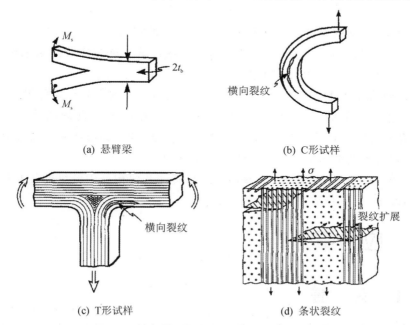

(a) 悬臂梁

(b) C形试样

(c) T形试样

(d) 条状裂纹

图 1.67　陶瓷基复合材料中各种横向裂纹模式示意图

主导地位。横向断裂能的一些典型测试结果(见图 1.68)表明,这些相互作用引起的断裂能数值比较大(与 $\Gamma_m \approx 20\ \text{J} \cdot \text{m}^{-2}$ 相比)。图 1.68 中还显示了当横向开裂时倾斜桥联纤维的牵引规律,以及当 $h^*/h_0 = 1.0$ 和 $h^*/h_0 = 2.0$ 时预测的阻力曲线。

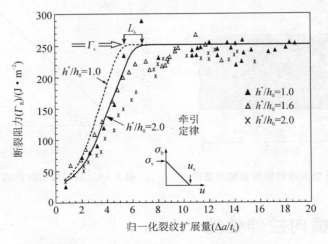

图 1.68 SiC_f/CAS 复合材料的横向断裂阻力

分析表明,其中涉及大规模桥联(LSB)力学,并且可以从测量曲线中显式确定桥联行为[149]。对于传统悬臂试样的特殊情况(见图 1.67(a)),可根据弯矩 M_s 和牵引定律显式定义 J 积分[12]。例如,对于线性软化牵引定律,稳态裂纹扩展阻力 Γ_s 为

$$\Gamma_s = 12M_s^2/E_L t_b^3 = \sigma_s u_s/2 + \Gamma_m \tag{1.94}$$

稳态时的区域长度为

$$L_s = (Eu_s/3\sigma_s)^{1/4} t_b^{3/4} \tag{1.95}$$

其中,$2t_b$ 是传统悬臂梁的厚度,M_s 是弯矩,σ_s 和 L_s 的值定义在图 1.68 中。通过简单地将测试数据拟合到式(1.94)和式(1.95)中,可以用传统悬臂试样进行实验测量来确定参数 σ_s 和 u_s。然后,所得信息可进一步用于预测其他构型的 Γ_s 和 Γ_R。

以 SiC_f/CAS 复合材料为例(见图 1.68),根据该材料[145]的实验结果可得 $u_s \approx 100\ \mu\text{m}$ 和 $\sigma_s \approx 10\ \text{MPa}$。这些结果的一个应用是,预测在 0°/90° 叠层板中发现的条状并裂应力(见式(1.88))。条状开裂分析[141]表明,对于典型的叠层板厚度,裂纹张开位移很小(<1 μm)。如此小的位移对纤维的影响可以忽略不计。因此,有 $\Gamma_R \approx \Gamma_m(1-V_f)$。

上述流程的一个明显的局限性是,基体裂纹与其他几何构型中纤维的相互作用方式是不确定的,因此,σ_s 和 u_s 的普适性还有待进一步研究。

1.11 应力重分布

1.11.1 背 景

陶瓷基复合材料通常具有比单相脆性材料低得多的缺口敏感性,并且在某些情况下可以表现出缺口不敏感行为[2-3]。之所以会出现这种理想特性,是因为该材料可能会在应变集中位

置周围重新分布应力。由于应力重分布机制在不同的物理尺度上运行,因此每类行为都需要不同的机制来描述。Ⅰ类行为涉及纤维桥联/拔出引起的应力重分布[12,149-150],一般发生在裂纹平面上,大规模桥联力学是分析此类行为的首选。Ⅱ类行为允许通过大规模基体开裂[2]来重新分布应力,最适合采用连续介质损伤力学进行分析。Ⅲ类行为由于涉及类似于金属中的材料响应,因此可以使用与之类似的力学方法[26-27](即采用用于小规模屈服的线弹性断裂力学或用于大规模屈服的非线性断裂力学)进行分析。由于尚没有统一的力学原理来分析各类问题,因此有必要采用不同的力学映射方法分类介绍(见图 1.3 和图 1.4)。

1.11.2　机制转换

　　Ⅰ类和Ⅱ类行为之间的转换需要同时考虑基体裂纹扩展和纤维破坏。其中一种机制转换可以使用大规模桥联力学来进行分析,该方法允许在求解未桥联裂纹段末端的纤维破坏条件的同时,求解基体前沿的能量释放率。后者与基体断裂能相等[103]。使用该方法的解可以确定,当纤维失效发生在基体裂纹稳态扩展之前时,会发生Ⅰ类行为。相反,当稳态基体开裂先于纤维失效时,会发生Ⅱ类行为。由此产生的力学映射包含如下两个参数(见表 1.3):

$$\mathcal{T} = (r_f S/a_0 \tau)(E_m^2/E_L E_f)[(1-V_f)/V_f]^2 \equiv 1/\mathcal{A}_b \tag{1.96}$$

和

$$\mathcal{U} = \sigma_{mc}/S \tag{1.97}$$

以 $\mathcal{T}$ 和 $\mathcal{U}$ 作为坐标,可以构建区分Ⅰ类和Ⅱ类行为的机制图(见图 1.3)。虽然该图具有与经验一致的定性特征,但验证该结论所需要的实验尚未完成。在实践中,陶瓷基复合材料的机制转换可能还需要考虑其他因素。

　　研究表明,在剪切强度 τ_s 与拉伸强度 S 的比值相当小的情况下,Ⅲ类行为较容易发生。当 τ_s/S 较小时,会在缺口前沿形成剪切带,该剪切带会沿垂直于缺口的平面扩展。此外,由于 τ_s 与 G 相关,因此选择参数 G/S 作为力学映射图的纵坐标。实验结果表明,当 $G/S \leqslant 50$ 时会出现Ⅲ类行为(见图 1.4)。

1.11.3　力学方法论

1.11.3.1　Ⅰ类材料

　　当Ⅰ类机制占主导地位时,它与大规模桥联力学的特征类似[149-151]。当单个基体裂纹起主要作用时,该机制可用于表征缺口、孔隙和制造缺陷对拉伸性能的影响。当缺陷或缺口尺寸与试样尺寸相比较小时,可将拉伸强度看作两个缺陷指数 $\mathcal{A}_b$ 和 $\mathcal{A}_p$ 的函数(见图 1.30)。前者的结果对拔出强度 S_p 与极限拉伸强度的比值比较敏感[104]。只要无缺口拉伸特性与全局载荷分布基本一致,就可以使用上述结果。相反,当无缺口特性以纤维拔出为主时,应将 $\mathcal{A}_p$ 用作缺口指数。

　　当缺口和孔隙的尺寸占板宽的比例较大时($a_0/w > 0$),必须包括净截面效应[7-8]。不同缺陷指数($\mathcal{A}$)和相对缺口尺寸对极限拉伸强度的影响如图 1.69 所示。目前尚未进行这方面的实验验证,但是一些一维材料(SiC_f/C_B)的实验结果与大规模桥联力学的分析是吻合的[27],如图 1.69 所示含中心凹口和孔隙材料的结果。令人鼓舞的是,大规模桥联力学可以解释缺口和孔隙之间的区别(要求 $\mathcal{A} \approx 0.4$)。

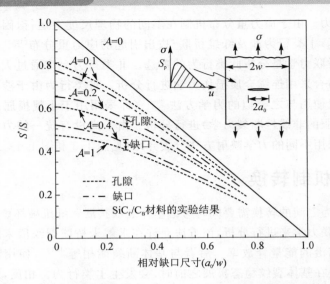

图 1.69　不同缺陷指数和相对缺口尺寸对极限拉伸强度的影响

1.11.3.2　Ⅱ类材料

由基体裂纹控制的非线性应力–应变行为(用式(1.64)定义的 $\bar{E}$ 和式(1.63)定义的 ε_0 表示),提供了可用于预测缺口和孔隙影响的连续介质损伤力学方法的基础,并且在不断完善中(决定使用连续法还是离散法的一个重要因素,是基体裂纹间距与缺口曲率半径的比值)。实际上,已经观察到几种Ⅱ类陶瓷基复合材料,它们表现出缺口不敏感性的最大缺口尺寸是 5 mm[2-3]。缺口不敏感性的具体表现,是相对缺口尺寸(a_0/w)相对存在缺口时测量的极限拉伸强度(用 S^* 表示)与不存在缺口时的拉伸强度(用 S 表示)的比值。SiC_f/CAS 复合材料的实验结果如图 1.70 所示。在这种材料中,基体裂纹提供的非线性允许充分的应力重分布,从而可以消除应力集中。即使当延展性较低(<1%)时仍会发生这种情况。通过基于组分性能

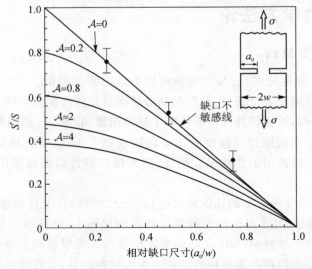

图 1.70　SiC_f/CAS 复合材料的实验结果显示出缺口不敏感性

的应力-应变曲线模拟(见图 1.36、图 1.60 和图 1.61),在不久的将来将推出能够预测这种行为的连续介质损伤力学方法。

1.11.3.3　Ⅲ类材料

在几种碳基复合材料中发现了Ⅲ类行为[26-27]。在这些材料中,可以通过 X 射线染料渗透方法对剪切带成像。根据这些图像,发现剪切变形区的范围 ℓ_s 可以根据测量的剪切强度 τ_s (见图 1.6)进行预测,大致与式(1.98)一致(见图 1.71):

$$\ell_s/a_0 \approx \sigma/\tau_s - 1 \tag{1.98}$$

当 $\ell_s/a_0 \geqslant 2$ 时,式(1.98)是适用的。当 ℓ_s/a_0 较小时,该关系呈抛物线型。计算表明,该剪切带使缺口前方的应力减小(见图 1.72),这类似于金属中塑性区的影响。对于 C_f/C 复合材料,已经发现其剪切带长度足够小,以至于线弹性断裂力学能够表征一系列缺口尺寸的实验数据,例如 $R_C = 16$ MPa·m$^{1/2}$(见图 1.73)。然而,也存在线弹性断裂力学不适用的情况。例如,当 $\ell_s/a_0 \geqslant 3$ 时,基本上消除了应力集中(见图 1.72),材料变得对缺口不敏感。目前仍需要进一步的工作来确定线弹性断裂力学适用性的参数,以及求得缺口不敏感性条件。

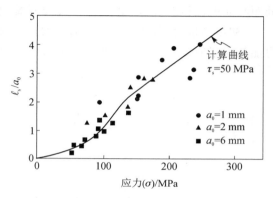

图 1.71　C_f/C 复合材料中 ℓ_s/a_0 和应力之间的关系

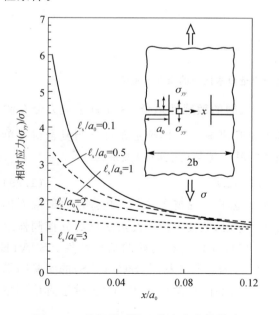

图 1.72　剪切带对缺口前方应力的影响

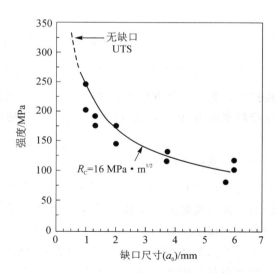

图 1.73　C_f/C 复合材料缺口数据的线弹性断裂力学表示

1.11.4　测　量

缺口敏感性数据(见图 1.69、图 1.70 和图 1.73)提供了应力重分布的显式度量。然而,对其进一步的理解需要有探测缺口周围应力和应变的技术,当陶瓷基复合材料加载到失效时进行测量。这些方法大多已成熟并已在聚合物基复合材料中得到运用[152-153]。这些技术既可以测量应变,也可以测量应力。

可以使用莫尔(Moiré)云纹干涉法测量得到高空间分辨率的应变分布。在该方法中,条纹间距与面内位移有关,而面内位移又控制着应变。该技术在陶瓷基复合材料中应用得很少[154]。初步测量表明,非弹性变形对应的应变要大于弹性应变。因此可以推测,应力集中减弱可能与固定应变下非弹性变形产生的较低应力相关(见图 1.74)。

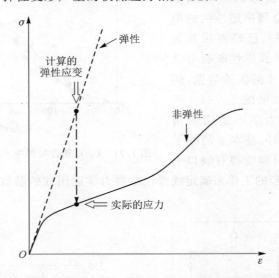

图 1.74　根据弹性力学理论通过应变近似求应力的原理示意图

由于应变测量对陶瓷基复合材料中应力重分布机制的敏感性最低,因此首选应力分布测量技术。其中一种方法是热弹性发射测量,依赖于温升速率 $\Delta \dot{T}$,即绝热条件下当复合材料单元受静水压力 $\Delta \dot{\sigma}_{kk}$ 时发生的温升速率。均质固体的基本绝热(热弹性)关系为[155]

$$\Delta \dot{\sigma}_{kk} = (C_V \rho_0 / \alpha T_0) \Delta \dot{T} \tag{1.99}$$

其中,C_V 是恒定应变下的比热容,ρ_0 是密度。这个概念的实现技术之一是热弹性放射应力模态分析(SPATE)的技术[155],当循环应力施加到材料上时,该技术使用高灵敏度红外探测器以锁定模式测量温度。该技术从根本上消除了背景问题,并且具有良好的信噪特性。SPATE测量通常在小应力幅下进行,这样材料只发生"弹性"行为。Ⅱ 类材料(SiC$_f$/CAS)的实验结果已证实[156],基体裂纹可以消除应力集中(见图 1.75)。此外,Ⅲ 类材料(C$_f$/C)提供了直接测量剪切带引起的应力重分布的结果(见图 1.76)。

另一种应变测量方法是荧光光谱法[157]。该方法特别适用于氧化物,尤其是 Al$_2$O$_3$(作为纤维或基体)。该技术的特殊优势是可以测量单根纤维中的应变,从而可以测量由基体裂纹引起的应力变化。此类测量由于增加了空间分辨率,因此有助于探测材料微观机制的细节[89]。

　　(a) 应力分布1　　　　　(b) 应力分布2　　　　　(c) 应力分布3

注：沿缺口平面的浅色区域是应力最高的区域。该区域不在缺口尖端，而是向中心偏移。(c)的载荷为 UTS 的 90%。

图 1.75　三种载荷下 SiC$_f$/CAS 复合材料的 SPATE 图像对比

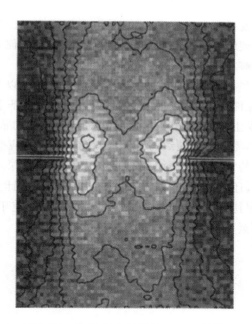

图 1.76　C$_f$/C 复合材料的 SPATE 图像

1.12　微观结构设计

　　如前所述,控制陶瓷基复合材料整体力学性能的许多微观结构参数现在已经得到分析并验证,因此,可以对微观结构设计进行各种一般性评价。由于对于Ⅱ型、混合型和横向Ⅰ型失效有组织性的研究很少,对损伤和失效的重要部分还没有完全理解,因此本节中的评价主要针对轴向Ⅰ型行为,而没有特别考虑其他加载模式下的伴随问题。

控制 I 型失效的基本微观结构参数包括纤维–基体界面脱粘韧度 G_{ic}/G_{fc}、残余应变 $\Delta\alpha\Delta T$、脱粘界面摩擦系数 μ、表征纤维强度的统计参数 α 和 β、基体韧度 R_m、纤维体积分数 V_f。高韧性的前提是 $G_{ic}/G_{fc} < 1/4(\Sigma = 1)$，根据此要求，残余应变必须很小（$\Delta\alpha < 3 \times 10^{-6}C^{-1}$）并且为负值，以便界面处于拉伸状态。此外，沿脱粘界面的摩擦系数应较小（$\mu < 0.1$）。理想的纤维特性是那些有利于导致大拔出长度产生的参数，性能表现为高中值强度（大 α）和大可变性（小 β）的最佳组合。

理论上，为满足上述条件可以通过在纤维与基体之间形成界面相，或者纤维涂层，或者原位分离。最常见的方法是使用双重涂层：内涂层满足上述脱粘和滑移要求，而外涂层提供保护，防止在处理过程中接触基体。然而最主要的挑战来自内层涂层的确定，它需要内层涂层既具备必要的力学性能，又能在高温空气中保持热力学稳定。大多数现有的复合材料以 C 或 BN 作为脱粘内层涂层，然而这两种材料在高温下容易在空气中降解。一些热稳定性更好的替代方案已被提出（如 Nb、Mo、Pt、NbAl），但尚未进行评估。

1.13　挑战与机遇

尽管仍然需要继续研发模型和开展实验验证，但在理解非弹性应变机制方面已经取得了重要进展。现在已经可以理解应力重分布是如何发生的，以及如何表征缺口敏感性。但是对强度退化机制的分析还不够成熟。

同时也面临一些挑战和机遇。对于短期性能，有必要开发可以与有限元代码一起使用的简单本构定律，用于计算配件、孔等周围的应力。为此目的，首选基于非弹性应变的力学模型。然而，对于在剪切载荷下发生的非弹性应变，以及它对组分性能的依赖性，目前还缺乏基本的了解。为了解决这一缺陷，需要基体裂纹与纤维成斜角的非弹性应变模型。

对于在存在基体裂纹的情况下循环加载的退化机制，还需要深入研究，其中界面变化和纤维退化都可能存在。此外，还可能存在与环境的有害协同作用。针对金属基复合材料开发的模型表明，当循环加载时保持纤维强度特别重要，因为该强度决定了疲劳阈值。总之，预测纤维强度退化的机制和模型至关重要。

第 2 章　单向连续纤维增强
复合材料的力学性能

2.1　概　述

根据研究对象的尺度,可将复合材料力学的研究分为三个层次,即宏观力学(macromechanics)、细观力学(mesomcchanics)和微观力学(micromechanics)。宏观力学研究的对象可以是叠层复合材料中的单层板或是复合材料组成的各种构件;细观力学研究的尺度以纤维或颗粒直径为其特征尺寸;而微观力学研究的尺度可以是晶粒、原纤,甚至小到分子、晶胞和原子。

在复合材料力学性能的研究中,宏观力学、细观力学和微观力学是相互补充的。宏观力学不考虑材料内部细观或微观结构,不考虑组分材料的性能、体积分数、界面、缺陷等,而是把材料看成理想的、连续分布的均匀材料加以研究,所研究的对象的尺寸远大于单个分散相的尺寸,其目的主要是为结构设计提供基础。而细观力学把复合材料看成两种或两种以上性质不同的单相材料组成的多相非均匀体系,并且研究各组分的形态、体积分数、配置、相互作用以及缺陷等对复合材料力学性能的影响,研究材料在受力条件下的变形和破坏机理,为指导实际生产和研究新型复合材料奠定基础,解释影响复合材料力学性能的原因和因素。微观力学深入到更细的层次,解释界面、基体和纤维内部结构及组织对复合材料力学性能的影响。

对于材料工作者来说,应该注重细观力学的研究,并进一步深入微观研究领域中,但也应有对宏观力学的粗浅的认识,将宏观与微观相结合,全面认识事物。因此,本章在着重介绍细观力学性能的同时,简单地介绍宏观力学性能的知识。

2.2　研究单向连续纤维增强复合材料力学性能的基本假设

连续纤维在基体中呈同向平行等距排列的复合材料称为单向连续纤维增强复合材料。考虑如图 2.1 所示的单向无纬铺层的复合材料,从细观角度可将它看作两种材料构成的非均匀材料:纤维方向称为纵向,该方向的力学性能强,与纤维垂直的方向称为横向,分别记作 L 向和 T 向,或者用"1"和"2"表示。

为方便地预测这种复合材料的基本力学性能,可先作出如下基本假设:

(1) 各组分材料都是均匀的,纤维平行等距地排列,其性质与直径也是均匀的。

(2) 各组分材料都是连续的,且单向复合材

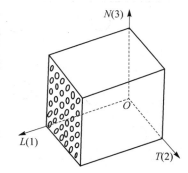

图 2.1　单向连续纤维增强复合材料示意图

料也是连续的,即认为纤维与基体结合良好。因此,当受力时,在与纤维相同的方向上各组分的应变相等。

(3) 各相在复合状态下,其性能与未复合前相同。基体和纤维是各向同性的。

(4) 加载前,组分材料和单向复合材料无应力。加载后,纤维与基体间不产生横向应力。

2.3 代表性体元

根据上述假设,单向复合材料宏观上是均匀的,因此,可取一单元体进行研究。选取的这种单元体,应当小得足以表示出材料的细观组成结构,而又必须大得足以能代表单向复合材料体内的全部特性。这样的单元体再经适当简化后称为代表性体元。在代表性体元中,对于单向复合材料而言,其应力、应变在宏观上是均匀的;而从细观尺度来说,因为由两种不同的材料构成,所以应力、应变又是不均匀的。利用代表性体元各组分材料应力-应变关系所反映的弹性性能和强度,可建立起单向连续纤维增强复合材料应力-应变关系所反映的弹性性能和强度。

作单向复合材料的横截面,可获得纤维在基体中的排列情况。图 2.2 说明纤维在基体中随机排列,对于随机排列的纤维,通过一定的简化形成下列 3 种规则排列方式:正向方阵排列(见图 2.3)、斜向方阵排列(见图 2.4)、正六角形排列(见图 2.5)。在上述排列中,只有正六角形排列才是横观各向同性的,有 5 个独立的弹性常数。

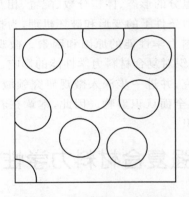

图 2.2　纤维是随机分布的

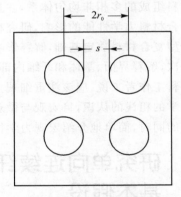

图 2.3　正向方阵排列

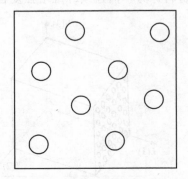

图 2.4　斜向方阵排列

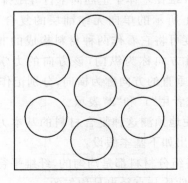

图 2.5　正六角形排列

图 2.1 所示的复合材料可用如图 2.6(a)所示的单元体表示,即取一根纤维嵌入基体薄片中的形式。将纤维简化为矩形,且与单元体中基体的宽度相同,并取宽为 1。单元体中纤维厚度 t_f 与基体厚度 t_m 之比正好等于单向复合材料中纤维体积分数与基体体积分数之比。单元体长度是任意的,为方便取单位长度如图 2.6(b)所示,把这样的体积元称为代表性体元。还可有其他简化代表性单元模型,例如同心圆模型(见图 2.7)、回字形模型(见图 2.8)、外方内圆模型(见图 2.9)。图 2.6(b)所示的片状模型计算方便简单,以下一直采用该模型。

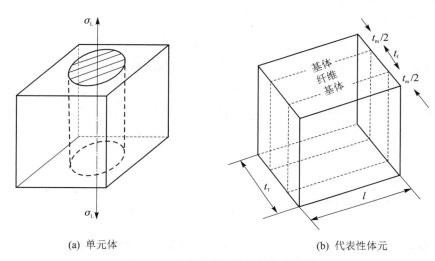

(a) 单元体　　　　　　　　(b) 代表性体元

图 2.6　复合材料中的单元体示意图

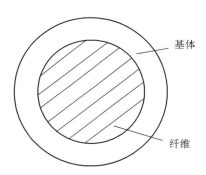

图 2.7　同心圆模型

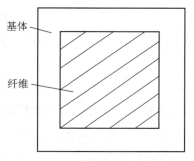

图 2.8　回字形模型

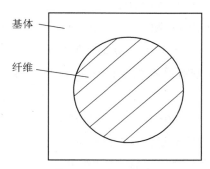

图 2.9　外方内圆模型

2.4　纵向力学性能

2.4.1　纵向弹性模量

设在代表性体元的纤维方向（L 向）上，作用在复合材料上的力为 P_L，细观上则分别由纤维和基体来承载，即

$$P_L = P_f + P_m \tag{2.1}$$

其中，P_f 和 P_m 分别表示纤维与基体承受的载荷。当用应力表示时，有

$$\sigma_L A_L = \sigma_f A_f + \sigma_m A_m \tag{2.2}$$

式（2.2）中 σ_L、σ_f 和 σ_m 分别表示作用在复合材料、纤维与基体上的应力；A_L、A_f 和 A_m 分别表示复合材料、纤维与基体的横截面积。各组分所占的体积分数为

$$V_f = A_f/A_L, \quad V_m = A_m/A_L \tag{2.3}$$

故

$$\sigma_L = \sigma_f V_f + \sigma_m V_m \tag{2.4}$$

因此，由 2.2 节中基本假设（2）可知：

$$\varepsilon_L = \varepsilon_f = \varepsilon_m \tag{2.5}$$

其中，ε_L，ε_f 和 ε_m 分别代表复合材料、纤维与基体的应变。若应力-应变均遵循胡克定律，则

$$\sigma_L = E_L \varepsilon_L, \quad \sigma_f = E_f \varepsilon_f, \quad \sigma_m = E_m \varepsilon_m \tag{2.6}$$

将式（2.5）和式（2.6）代入式（2.4），得

$$E_L = E_f V_f + E_m V_m \tag{2.7}$$

式（2.4）和式（2.7）表明，纤维和基体对复合材料的力学性能所做的贡献与它们的体积分数成正比，这种关系称为混合律（rule of mixture）。显然，$V_f + V_m = 1$，式（2.7）还可以进一步改写为

$$E_L = E_f V_f + E_m(1 - V_f) \tag{2.8}$$

当施加拉伸载荷时，按式（2.7）预测的值与实验结果接近；而当为压缩载荷时，按式（2.7）预测的值偏离实验结果较大。例如：对于碳纤维/环氧树脂复合材料，当 $E_f = 180$ GPa，$V_f = 0.548$，$E_f = 3\,000$ MPa 时算得 $E_L = 1 \times 10^5$ MPa，而拉伸实测值为 103 860 MPa，与预测值较接近；而压缩实测值为 84 500 MPa，与预测值差别较大。一般来说，这个公式与实验符合的程度达到 90%～100%，算是足够精确的了，但为了进一步提高精确性，在式（2.7）中引入修正系数 k_c，反映纤维不直度和不均匀分布，则

$$E_L = k_c(E_f V_f + E_m V_m) \tag{2.9}$$

其中，$k_c = 0.90$～1.00。若试样质量较好，纤维、基体和复合材料的实验做得相当精确，或者纤维的性能是由复合材料试样的实验数据根据式（2.7）推算出来的，则可取 $k_c = 0.95$～1.00。

复合材料受力后，其纤维和基体承担载荷的大小是按它们的模量大小及体积分数分配的，即

$$\frac{P_{\mathrm{f}}}{P_{\mathrm{m}}} = \frac{\sigma_{\mathrm{f}} A_{\mathrm{f}}}{\sigma_{\mathrm{m}} A_{\mathrm{m}}} = \frac{E_{\mathrm{f}} \varepsilon_{\mathrm{f}} \dfrac{A_{\mathrm{f}}}{A_{\mathrm{L}}}}{E_{\mathrm{m}} \varepsilon_{\mathrm{m}} \dfrac{A_{\mathrm{m}}}{A_{\mathrm{L}}}} = \frac{E_{\mathrm{f}} V_{\mathrm{f}}}{E_{\mathrm{m}} V_{\mathrm{m}}} \qquad (2.10)$$

由于假设材料的内部无缺陷、无孔隙,即 $V_{\mathrm{f}} + V_{\mathrm{m}} = 1$,因此式(2.10)可写为

$$\frac{P_{\mathrm{f}}}{P_{\mathrm{m}}} = \frac{E_{\mathrm{f}}}{E_{\mathrm{m}}} \cdot \frac{V_{\mathrm{f}}}{1 - V_{\mathrm{f}}} \qquad (2.11)$$

当 V_{f} 一定时,$P_{\mathrm{f}}/P_{\mathrm{m}}$ 与 $E_{\mathrm{f}}/E_{\mathrm{m}}$ 成正比关系(见图 2.10)。从式(2.11)及图 2.10 中可以看出,随着纤维模量的提高和纤维体积分数的增大,纤维所承担载荷的比例也增大。为了更进一步说明此关系,还可以导出纤维载荷与复合材料总载荷的比值,即纤维承载占复合材料总载荷的百分率的函数式:

$$\frac{P_{\mathrm{f}}}{P_{\mathrm{L}}} = \frac{\sigma_{\mathrm{f}} A_{\mathrm{f}}}{\sigma_{\mathrm{L}} A_{\mathrm{L}}} = \frac{E_{\mathrm{f}} V_{\mathrm{f}}}{E_{\mathrm{L}}} = \frac{E_{\mathrm{f}} V_{\mathrm{f}}}{E_{\mathrm{f}} V_{\mathrm{f}} + E_{\mathrm{m}} V_{\mathrm{m}}} = \frac{E_{\mathrm{f}}/E_{\mathrm{m}}}{E_{\mathrm{f}}/E_{\mathrm{m}} + V_{\mathrm{m}}/V_{\mathrm{f}}} =$$
$$\frac{E_{\mathrm{f}}/E_{\mathrm{m}}}{E_{\mathrm{f}}/E_{\mathrm{m}} + (1 - V_{\mathrm{f}})/V_{\mathrm{f}}} \qquad (2.12)$$

相应的曲线表示于图 2.11 中。

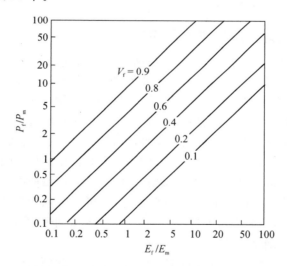

图 2.10　不同 V_{f} 条件下 $P_{\mathrm{f}}/P_{\mathrm{m}}$ 与 $E_{\mathrm{f}}/E_{\mathrm{m}}$ 的关系

从图 2.10 及图 2.11 中可以清楚地看出:

(1) 提高纤维模量,即提高 $E_{\mathrm{f}}/E_{\mathrm{m}}$,可以增加复合材料中纤维承载的比例。由于纤维的强度 σ_{fu}(脚标 u 表示极限值)大于基体的强度 σ_{mu},因此这能提高复合材料的强度 σ_{Lu}。对玻璃纤维增强环氧塑料而言,其 $E_{\mathrm{f}}/E_{\mathrm{m}}$ 约为 20。因此,即使 $V_{\mathrm{f}} = 10\%$,$P_{\mathrm{f}}/P_{\mathrm{L}}$ 也大约能达到 70%。也就是说,有 70% 的载荷是由纤维承担的。但是如果 $E_{\mathrm{f}}/E_{\mathrm{m}}$ 太大,则会影响应力的传递,在界面处形成应力集中,反而使强度降低。

(2) 因为增大纤维体积分数 V_{f} 也能增大纤维承载的比例和 σ_{Lu},所以应尽可能地增大 V_{f}。

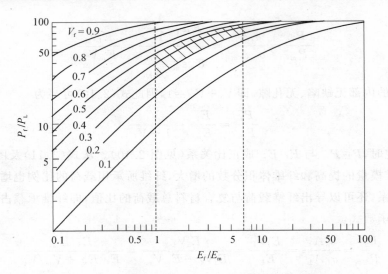

图 2.11 不同 V_f 条件下 P_f/P_L 与 E_f/E_m 的关系

2.4.2 纵向拉伸强度

2.4.2.1 纤维相对于基体来说是脆性材料

对于硼纤维、碳纤维、碳化硅纤维与金属基体或是部分树脂基体(例如环氧树脂或聚酯树脂)组成的复合材料,纤维是脆性破坏,基体是塑性破坏,并且纤维的断裂应变 ε_{fu} 小于基体的断裂应变 ε_{mu}。其纤维、基体和复合材料的应力-应变曲线如图 2.12 所示。

可以看出,复合材料的应力-应变曲线在纤维和基体的应力-应变曲线之间。复合材料应力-应变曲线的位置取决于纤维和基体的力学性能,同时也取决于纤维的体积分数。如果纤维的体积分数越高,则复合材料的应力-应变曲线越接近纤维的应力-应变曲线;反之,当基体体积分数高时,复合材料的应力-应变曲线则接近基体的应力-应变曲线。

复合材料的应力-应变曲线按其变形和断裂过程,可分为四个阶段:① 纤维和基体的变形都是弹性的;② 纤维的变形仍是弹性的,但基体的变形是非弹性的;③ 纤维和基体两者的变形都是非弹性的;④ 纤维断裂,进而复合材料断裂。

第一阶段直线段的斜率,即弹性模量 E_L,可用式(2.7)来估算。

第二阶段可能占应力-应变曲线的大部分,特别是金属基复合材料,大多数复合材料服役时处于这个范围。第二阶段和第一阶段间有一拐点,该点对应于基体应力-应变曲线上的拐点;对于像金属那样的韧性基体,该拐点可看作基体发生屈服时的应力。当基体的整个应力-应变曲线线性变化时,则不出现这个拐点,第一阶段和第二阶段是同一条直线。因为复合材料纤维体积分数一般较高,且纤维的模量又比基体的模量高得多,所以第二阶段的应力-应变关系取决于纤维的力学性能,表现为近似的直线关系,其斜率与第一阶段直线相差不大。

将式(2.4)对应变 ε 求导,得

$$\frac{d\sigma_L}{d\varepsilon} = \frac{d\sigma_f}{d\varepsilon}V_f + \frac{d\sigma_m}{d\varepsilon}(1-V_f) \tag{2.13}$$

其中,$d\sigma_f/d\varepsilon$ 为纤维应力-应变曲线的斜率,在弹性范围内即纤维的弹性模量 E_f。

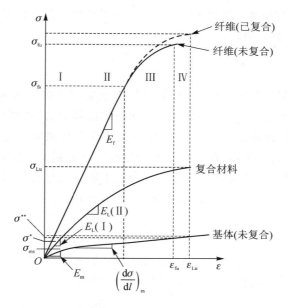

注：σ_{ms}—基体纵向拉伸屈服应力；σ^{*}—基体中产生应变量 ε_{fu} 时的应力；

σ^{**}—基体中产生应变量 ε_{Lu} 时的应力；σ_{Lu}—复合材料纵向抗拉强度；

σ_{fs}—纤维纵向拉伸屈服应力；ε_{fu}—纤维单向拉伸时的断裂应变；ε_{Lu}—复合材料的断裂应变。

图 2.12　单向连续纤维增强复合材料及其基体、纤维的应力-应变曲线示意图

由于纤维控制了第二阶段的力学行为，因此 $d\sigma_f/d\varepsilon$ 即可表示复合材料第二阶段的弹性模量，改写式（2.13），得

$$E_L = E_f V_f + \left(\frac{d\sigma_m}{d\varepsilon}\right)_{\varepsilon}(1-V_f) \tag{2.14}$$

其中，$(d\sigma_m/d\varepsilon)_{\varepsilon}$ 为当应变为 ε 时基体应力-应变曲线的斜率。

第三阶段从纤维出现非弹性变形时开始。对于脆性纤维，观察不到第三阶段。对于当拉伸时发生颈缩的某些韧性纤维，基体对纤维施加了阻止颈缩的侧向约束，使颈缩的发生推迟。在实用复合材料中，载荷主要由纤维承担。因此，当在第四阶段断裂发生时，因 $\varepsilon_{fu} < \varepsilon_{mu}$，故纤维先于基体断裂，亦即复合材料中脆性纤维在应变达到纤维的断裂应变时断裂。然而，当纤维在基体内能发生塑性变形时，纤维的断裂应变可能大于纤维本身（无基体）的断裂应变。因而复合材料的断裂应变可以高于纤维的断裂应变。纤维断裂后，复合材料与用短纤维增强的复合材料相似。对于脆性纤维，因 $\varepsilon_{fu} < \varepsilon_{mu}$，故复合材料的抗拉强度 σ_{Lu} 应为

$$\sigma_{Lu} = \sigma_{fu} V_f + (\sigma_m)_{fb}^{*}(1-V_f) \tag{2.15}$$

其中，σ_{Lu} 为复合材料的抗拉强度；σ_{fu} 为纤维的抗拉强度；$(\sigma_m)_{fb}^{*}$ 为纤维达到断裂应变时基体所承受的应力。

正因为复合材料主要由纤维承载，由式（2.15）可以看出，当纤维体积分数较低时，纤维承受不了很大的载荷即发生断裂，而由基体承受载荷，然而由于纤维占去了一部分体积，因此复合材料的断裂载荷反而较全部是基体材料所能承受的断裂载荷小。制作复合材料的目的是使复合材料的强度极限（抗拉强度）σ_{Lu} 大于基体单独使用的抗拉强度 σ_{mu}，即

$$\sigma_{Lu} = \sigma_{fu} V_f + (\sigma_m)_{fb}^{*}(1-V_f) \geqslant \sigma_{mu} \tag{2.16}$$

当 $\sigma_{Lu} = \sigma_{mu}$ 时的 V_f 值为临界纤维体积分数 V_{cr}。为了达到增强基体的目的,纤维的体积分数应大于这个临界体积分数。由式(2.16)得

$$V_{cr} = \frac{\sigma_{mu} - (\sigma_m)_{fb}^*}{\sigma_{fu} - (\sigma_m)_{fb}^*} \tag{2.17}$$

对于脆性纤维,在 V_{cr} 的推导中,已有了当纤维断裂时剩余基体不能承载的含义。实际上,当纤维体积分数小于 V_{min} 时,在按式(2.15)预测的破坏应力下,纤维对于抑制基体的变形已无能为力,以致纤维迅速被拉长,达到断裂应变而先于基体破坏。在该预测应力下,纤维的破坏尚不会导致复合材料的破坏,剩余的基体仍能承受全部载荷。但复合材料的净强度降为 $\sigma_{mu}(1-V_f)$,当预测应力进一步增至 $\sigma_{mu}(1-V_f)$ 时,才能导致复合材料的最终破坏。因此,当纤维体积分数小于 V_{min} 时,复合材料的抗拉强度由式(2.18)决定:

$$\sigma_{Lu} = \sigma_{mu}(1-V_f) \tag{2.18}$$

从式(2.15)可取

$$\sigma_{Lu} = \sigma_{fu}V_f + (\sigma_m)_{fb}^*(1-V_f) \geqslant \sigma_{mu}(1-V_f) \tag{2.19}$$

当取 $\sigma_{Lu} = \sigma_{mu}(1-V_f)$ 时,式(2.19)中的 $V_f = V_{min}$,于是可得

$$V_{cr} = \frac{\sigma_{mu} - (\sigma_m)_{fb}^*}{\sigma_{fu} + \sigma_{mu} - (\sigma_m)_{fb}^*} \tag{2.20}$$

2.4.2.2 纤维是延性的

对于延性纤维,因为它在受力条件下能在基体内产生塑性变形,基体可阻止它产生颈缩,纤维断裂时的应变会大于纤维单独试验时的断裂应变,所以按式(2.15)预测的复合材料强度会低于其实际强度,即用延性高强纤维总是会增强基体材料的。在金属基复合材料中,V_{cr} 和 V_{min} 之值会因为基体的拉伸形变强化而增大,亦即因基体强度接近纤维强度而增大。

上面的论述可用图 2.13 示意表示:其中两条直线分别表示式(2.15)和式(2.18)所阐明

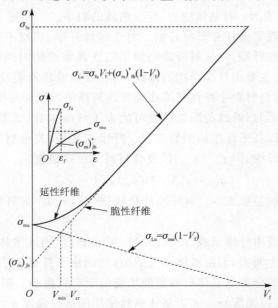

图 2.13 复合材料的强度与纤维体积分数的关系

的复合材料的强度与纤维体积分数间的关系,在直线的实线部分表明两式的适用范围。

由以上两种情况可知,纤维含量越高,复合材料强度越高。

但是无论是从理论计算上,还是从实际制备上,都不可能使 V_f 达到 100%。理论计算表明,如图 2.5 所示的平行六方排列的圆柱纤维的最大体积分数 $V_{fmax}=90.7\%$;当如图 2.3 所示纤维平行立方排列时 V_f 为 78.5%,当纤维平行无规排列时 V_f 为 82%。但是,当 $V_f>70\%$ 时,实际测得复合材料的强度通常随 V_f 的增大而降低。这是由于当纤维太多时,基体相对太少,当制备时难以保证基体充分地渗入并浸润全部纤维束表面,造成了孔隙、裂纹等缺陷,承载时形成应力集中源,使强度下降。

2.4.2.3　纤维和基体都是脆性材料

这里仅讨论 $\varepsilon_{fu}>\varepsilon_{mu}$ 的情况。碳纤维增强陶瓷、玻璃纤维增强热固性塑料都属于这种类型。例如,常用的几种玻璃纤维增强热固性塑料的应力-应变曲线如图 2.14 所示。

当这种材料受拉伸时,破坏往往先从基体开裂。例如二氧化硅纤维增强环氧树脂,在 77 K 温度下变形后基体开裂成一系列垂直于纤维走向的薄片,如图 2.15 所示。开裂薄片的厚度是有规律的,可作出以下分析。

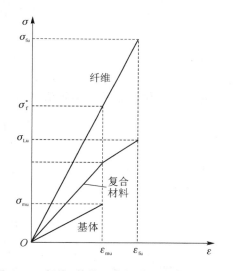

图 2.14　纤维、基体及其复合材料的应力-应变
曲线(纤维和基体都是脆性材料)

图 2.15　二氧化硅纤维增强环氧树脂
在 77 K 下变形后的外观(透射光下拍照)

当复合材料受力时,由于纤维和基体的弹性模量不同,因此引起纤维和基体界面上产生剪切应力,剪切应力可传递纤维和基体所承受的载荷,如图 2.16 所示。作一垂直于纤维的单位横截面,则纤维所占面积与基体所占面积之比正好等于其体积分数之比 V_f/V_m。若纤维截面是圆的,半径为 r_f,则该单位面积上纤维的根数为 $V_f/\pi r_f^2$。如图 2.16 所示,若在距离 dx 内传递至基体材料上的应力为 $d\sigma$,则有

$$V_m d\sigma = \frac{V_f}{\pi r_f^2} 2\pi r_f \tau dx$$

即
$$V_m d\sigma = (2V_f/r_f)\tau dx \qquad (2.21)$$

当基体应力达 σ_{mu} 时开裂,积分式(2.21)可得

$$x=\left(\frac{V_m}{V_f}\right)\frac{\sigma_{mu}r_f}{2\tau} \tag{2.22}$$

x 或 $2x$ 便为两相邻基体裂纹间的长度。

基体开裂后,在应力–应变曲线上出现拐点,如图 2.14 所示。由于基体开裂并不是在同一截面上出现,纤维仍可继续承担载荷,因此复合材料并未破坏。直到纤维全部断裂,复合材料同时断裂才意味着彻底破坏。复合材料的断裂应变与纤维断裂应变应相等,即 $\varepsilon_{fu}=\varepsilon_{Lu}$。

基体开裂前复合材料的应力为

$$\sigma_L=\sigma_f V_f+\sigma_m(1-V_f)$$

最大应力为

$$\sigma_L=\sigma_f' V_f+\sigma_{mu}(1-V_f)=\varepsilon_{mu}[E_f V_f+E_m(1-V_f)] \tag{2.23}$$

其中,σ_f' 为当纤维的应变 ε_f 等于基体断裂应变 ε_{mu} 时纤维的应力。

基体开裂后、纤维断裂前复合材料的应力为

$$\sigma_L=\sigma_f V_f$$

最大应力为

$$\sigma_{Lu}=\sigma_{fu} V_f \tag{2.24}$$

复合材料的强度 σ_{Lu} 由式(2.23)和式(2.24)决定,即

$$\sigma_{Lu}=\varepsilon_{mu}[E_f V_f+E_m(1-V_f)] \tag{2.25}$$

$$\sigma_{Lu}=\sigma_{fu} V_f \tag{2.26}$$

σ_{Lu} 与 V_f 的关系如图 2.17 所示。在两直线的交点处可求得纤维体积分数临界值 V_{cr}:

$$V_{cr}=\frac{\sigma_{mu}}{\sigma_{fu}-\sigma_f'+\sigma_{mu}} \tag{2.27}$$

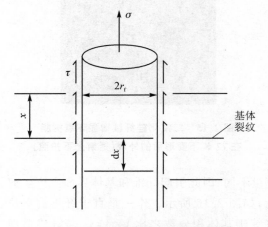

图 2.16 分析基体裂纹间距示意图

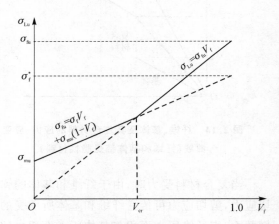

图 2.17 脆性纤维、基体和复合材料纵向
拉伸强度(σ_{Lu})随 V_f 的变化

当 $V_f>V_{cr}$ 时,由于基体开裂后纤维仍可继续承载直至 ε_{fu},复合材料才破坏,因此 $\varepsilon_{Lu}=\varepsilon_{fu}$。当 $V_f<V_{cr}$ 时,由于纤维含量少,基体开裂后纤维不能承担全部载荷,纤维应力很快达到断裂应力 σ_{fu},使得纤维断裂,复合材料也同时破坏,因此可认为 $\varepsilon_{Lu}=\varepsilon_{mu}$。

从图 2.17 还可以看出,不论加入多少纤维都能提高复合材料的纵向拉伸强度。当 $V_f >V_{cr}$ 时,σ_{Lu} 随 σ_{fu} 及 V_f 的增大而提高,增强效果较大。当 $V_f < V_{cr}$ 时,σ_{Lu} 不仅取决于 E_f 及 V_f,而且还与 ε_{mu} 有关,增强效果较低。

2.4.3　纵向拉伸破坏机理

影响纵向拉伸强度的因素有:纤维的平均强度和体积分数、纤维的断裂和损伤情况、纤维中的残余应力、纤维的平直度、界面状况、基体性能、环境影响和加载速度等。在纤维增强复合材料中,只有纤维的体积分数超过一定的数值以后,才能使纤维在单向复合材料中在纤维方向受拉时达到增强基体的效果,使各根纤维和沿每根纤维的应变都比较均匀。单向复合材料在制成以后,其中有一些纤维不可避免地会发生断裂。在纵向受拉后,受力较大的纤维和有缺陷的纤维也会开始断裂。由于基体传递剪切应力的作用,断裂纤维周围的纤维应力增大 20 % 左右。如果考虑纤维断裂的动态影响,则周围的应力还要增大一些。此外,纤维强度也可能略有变化,除在断裂纤维附近一段长度 l_c ($l_c = (\sigma_{fu}/2\tau_s)$ d_f,l_c 称为临界长度,d_f 为纤维直径,σ_{fu} 为纤维的极限强度,τ_s 为界面的剪切强度)中,纤维中的应力由零逐渐增加到 σ_{fu} 外,在其余长度上,纤维仍能正常地发挥作用。对于没有基体的纤维来说,纤维中的某一处断裂了,这根纤维就完全不起作用了,由此可以看出基体所起的重要作用。纤维总是以脆性断裂的形式出现,在复合材料极限强度的 40 % 以下用声发射装置监听,就可记录到纤维断裂所发出的信号,而且随着载荷的增大,信号越来越多,也越来越强,直至发生整体破坏为止,如图 2.18 所示。

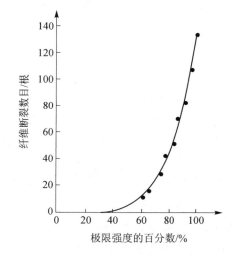

图 2.18　纤维断裂数目和极限强度的百分数的关系

考察单向复合材料纵向拉伸破坏后的断口,可发现下列三种情况:① 所有纤维都在同一位置断裂(见图 2.19(a));② 纤维在同一位置断裂并从基体中拔出(见图 2.19(b));③ 纤维在不同部位断裂并伴随着界面的开裂(见图 2.19(c))。

在纤维断裂后,在纤维端部的基体就出现了钱币状裂纹。如果界面的粘结强度较大,基体又是延伸率甚小的脆性材料,则裂纹沿原来方向扩展,引起纤维断裂;裂纹再扩展,形成如图 2.19(a)所示的断口,断裂时吸收的断裂能较小,材料的断裂韧性很差。在纤维断裂后,若裂纹不是横穿纤维扩展,而是沿着界面扩展,则出现如图 2.19(b)和图 2.19(c)所示的情况。在图 2.19(b)中大量纤维从基体中拔出,断裂时吸收大量断裂能,材料的断裂韧性大大增加,在图 2.19(c)中裂纹发生多次转折,引起一部分界面开裂,材料的断裂韧性比图 2.19(a)所示的情况大、比图 2.19(b)所示的情况小。但无论哪种情况,通常复合材料断裂延伸率小于基体延伸率。对于玻璃纤维增强塑料来说,当 $V_f < 0.40$ 时,常出现如图 2.19(a)所示的断裂形态;当 $0.40 < V_f < 0.65$ 时,常出现如图 2.19(b)所示的断裂形态;当 $V_f > 0.65$ 时,常出现如图 2.19(c)所示的断裂形态。对于碳纤维增强环氧树脂来说,一般出现如图 2.19(a)和图 2.19(b)所示的两种断裂形态。

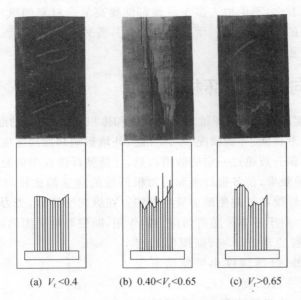

(a) $V_f<0.4$　　(b) $0.40<V_f<0.65$　　(c) $V_f>0.65$

图 2.19　单向复合材料纵向拉伸断裂形态

　　从提高复合材料的纵向拉伸强度来说,应该提高界面的粘结强度;但从提高复合材料的断裂韧性来说,提高界面的粘结强度和降低基体的延伸率却是不利的。要提高剪切强度和横向拉伸强度也需要提高界面的粘结强度,这将在第 5 章复合材料的断裂中进一步讨论。

2.4.4　纵向压缩强度及破坏机理

　　当单向纤维增强复合材料受压缩应力时,其情况与受拉伸应力时大不相同。纤维如同一根绳子,可以承受很大的拉伸应力,但不能承受哪怕是很小的压缩应力,即使基体在弹性范围内,也不能支撑受压纤维不产生任何弯曲。当计算纵向压缩弹性模量时,尽管仍采用式(2.7),但引入的误差较拉伸时大。

　　当单向复合材料纵向压缩发生破坏时,可以出现多种破坏形态,其中包括横向开裂、纤维产生微观屈曲和剪切破坏等,如图 2.20 和图 2.21 所示。

　　当单向复合材料纵向受压时,由于纤维和基体在材料性能上不一致(其中包括模量和泊松比),因此当横向膨胀时会在基体和界面上产生新的裂纹,纤维的微观屈曲也可能引起横向开裂,如图 2.20(a)所示。如果纤维和基体结合得相当牢固,V_f 又比较小,则纤维可能出现如图 2.20(b)所示的微观屈曲,使基体在横向产生周期性的拉、压变形;如果 V_f 比较大,则纤维可能出现如图 2.20(c)所示的微观屈曲,基体产生剪切变形。如果 V_f 很小,则当纤维出现微观屈曲时,各根或各束纤维之间的变形可能不存在一致性,在方向上和产生屈曲的先后方面都可以有差别;如果 V_f 比较大,则纤维在试样宽度平面内产生微观屈曲的可能性很小,而在厚度方向产生微观屈曲的可能性很大。由于基体和界面上有微裂纹存在,因此经受不起横向拉伸和剪切,往往在纤维微观屈曲的同时引起横向开裂,在试样端部形成扫帚状,如图 2.22 所示。对于单向复合材料,当做强度试验时,为了避免在试件端部形成扫帚状的破坏,通常要给予一定的侧向约束,不过这样就提高了单向复合材料的纵向压缩强度,但这种强度数据是否真实地(或者正确地)代表压缩强度,也是可以讨论的。

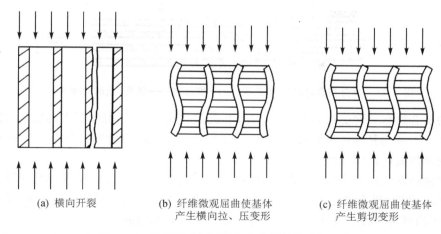

   (a) 横向开裂　　　　(b) 纤维微观屈曲使基体　　　(c) 纤维微观屈曲使基体
                         产生横向拉、压变形　　　　　产生剪切变形

图 2.20　当纵向受压时单向复合材料的破坏形态

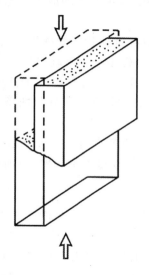

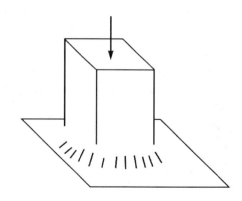

图 2.21　当单向复合材料纵向　　　　图 2.22　当单向复合材料纵向
受压时的剪切破坏　　　　　　　受压时端部呈扫帚状破坏

　　在图 2.21 中,基体呈剪切破坏,纤维也随之切断。在图 2.23 中,纤维在某一截面附近突然发生屈曲和弯折的综合破坏,这主要和纤维在该截面附近的状况(纤维不平直、应变不均匀、扭曲和断裂等)有关,也和基体在该截面附近的状况(多胶区、缺胶区、缺陷和微裂纹等)有关,还和界面的状况(胶粘和开裂等)有关。基体和界面对纤维的支承能力下降,加上纤维自身的各种缺陷和损伤,就造成了剪切失稳。其中,纤维造成弯折(kinking)而复合材料则发生皱损(crippling),就是剪切失稳。这里失稳的含义和屈曲(buckling)就不完全相同了。需要注意的是,在复合材料中,各纤维束和各根纤维所受的压缩应力和应变是不完全相同的,其中的一些纤维或纤维束由于所受的压缩应力较大或者平直度较差,将首先发生屈曲,对其他的纤维和纤维束产生侧向载荷,触发和加速局部屈曲的过程,这是实验值明显低于理论预计值的一个主要原因。图 2.23 所对应的压缩强度一般来说要比图 2.20 所示的低。

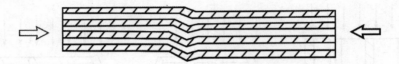

图 2.23　单向复合材料压缩破坏的又一种形态——皱损(此时纤维弯折)

当单向复合材料纵向受拉和受压时,基体所起的作用是有差别的,后者的破坏机理要比前者复杂得多。当单向复合材料纵向受压时,若试样较长,则还可能产生整体屈曲,也存在着整体屈曲和局部屈曲间的相互影响。

上述数种情况可以综合出现,使单向压缩破坏问题复杂化。建立理想情况下的计算模型预计纵向压缩强度,没有考虑复杂的破坏机理,也没有考虑不均匀和缺陷、损伤、裂纹等的影响,因而得到的预计强度较高并产生一定的误差就是可以理解的了。

当单向复合材料受弯时,其弯曲强度几乎都高于单向受压时的强度,这是由于有受拉区的存在,纤维比较平直,受压纤维很难产生局部屈曲,受拉区和受压区的平均应力总是小于试样外侧的最大拉伸应力和最大压缩应力。

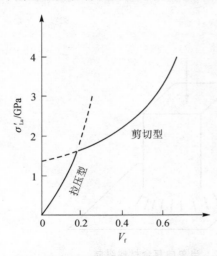

**图 2.24　玻璃/环氧树脂复合材料的
纵向压缩强度随 V_f 的变化**

以纵向压缩强度对纤维体积分数作图(见图2.24),由图可知,当纤维体积分数小于一个临界值 V_{cr} 时,发生拉压型失稳破坏;而当纤维体积分数大于这个临界值 V_{cr} 时,发生剪切型失稳破坏。V_{cr} 正好是两条曲线交点对应的纤维体积分数。

正因为压缩破坏机理较复杂,目前尚未完全搞清楚,所以计算其强度 σ'_{Lu} 的方法也不成熟,目前用得较多的是能量法解出的结果:

$$\sigma'_{Lu}=2V_f\sqrt{\frac{E_fE_mV_f}{3V_m}}\text{(拉压型,见图 2.20(b))}$$

$$\sigma'_{Lu}=\frac{G_m}{1-V_f}\text{(剪切型,见图 2.20(c))}$$

$$(2.28)$$

因为一般复合材料 V_f 较大,所以起控制作用的是剪切型。式(2.28)的计算结果比实验值大得多。这主要是因为在实际材料中纤维粗细不均、形状不一、排列不整齐,纤维表面存在各种缺陷,基体与纤维界面存在缺陷等,这些因素很难反映在公式中。为此,在式(2.28)中乘一个系数 β_0,以提高其精确程度,即

$$\sigma'_{Lu}=2V_f\sqrt{\frac{\beta_0E_fE_mV_f}{3V_m}}\text{(拉压型)}$$

$$\sigma'_{Lu}=\frac{\beta_0G_m}{1-V_f}\text{(剪切形)}$$

$$(2.29)$$

对于硼纤维/环氧树脂复合材料,$\beta_0=0.63$。

本节关于单向复合材料刚度和强度的讨论均建立在理想化模型的基础上,而实际情况总与理论模型有所偏离。因此,对于上述公式有必要根据具体情况加以修正。影响复合材料刚

度和强度的主要因素有：

（1）纤维取向错误，这是在制造过程中由工艺问题引起的。

（2）纤维强度不均匀，例如直径的变化、纤维表面处理的不均匀化等。

（3）在复合材料制造过程中纤维断裂成不连续的短纤维。

（4）纤维与基体界面结合不佳。

（5）边界条件。当纤维的长度和直径之比（l_f/d_f）较小时，纤维端部应力不能忽略。

（6）残余应力。由制造温度和使用温度不同、两组分材料膨胀系数不同而引起的"热"残余应力以及发生相变而引起的相变残余应力。

2.5　横向力学性能

2.5.1　横向弹性模量

若在图 2.6(b)中代表性体元上横向加载，则在加载方向上的伸长量 Δt_T 应是基体伸长量 Δt_m 和纤维伸长量 Δt_f 之和，即

$$\Delta t_T = \Delta t_f + \Delta t_m \tag{2.30}$$

将 $\Delta t_T = \varepsilon_T t_T$，$\Delta t_f = \varepsilon_f t_f$ 和 $\Delta t_m = \varepsilon_m t_m$ 代入式(2.30)中，有

$$\varepsilon_T t_T = \varepsilon_f t_f + \varepsilon_m t_m \tag{2.31}$$

将式(2.31)两边同除以 t_T，得

$$\varepsilon_T = \varepsilon_f \frac{t_f}{t_T} + \varepsilon_m \frac{t_m}{t_T} \tag{2.32}$$

由图 2.6(b)可知，$t_f/t_T = V_f$，$t_m/t_T = V_m$，于是有

$$\varepsilon_T = \varepsilon_f V_f + \varepsilon_m V_m = \varepsilon_f V_f + \varepsilon_m (1 - V_f) \tag{2.33}$$

考虑到 $\sigma_T = E_T \varepsilon_T$，$\sigma_f = E_f \varepsilon_f$ 和 $\sigma_m = E_m \varepsilon_m$，得

$$\frac{1}{E_T} = \frac{V_f}{E_f} + \frac{1 - V_f}{E_m} \tag{2.34}$$

按式(2.34)计算的横向弹性模量 E_T 与试验测定值不一致，往往是计算值偏低。究其原因，是代表性体元选取不当。实际情况是纤维处于基体包围之中，如图 2.25 所示。当 $E_f \gg E_m$ 时，沿图中 XX' 薄片的绝大部分应变由基体承担；而沿薄片 YY' 的应变则完全由基体承担，且较沿 XX' 薄片的应变均匀，其基体应变量也较沿 XX' 薄片的基体应变量小。由于实际复合材料中纤维并非等距平行排列，因此纤维和基体在横向均受到相同应力 σ_T 的作用是不可能的。此外，纤维和基体的泊松比 υ 不同，这将引起纤维和基体中的纵向应力，上述计算中并未考虑

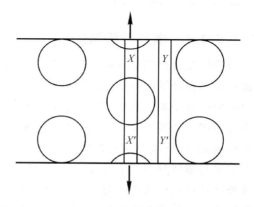

图 2.25　单向层板当承受横向载荷时应变放大示意简图

这一点。用弹性力学分析,可求得更为精确的答案,但应用不方便。

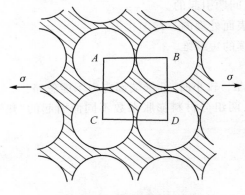

图 2.26　纤维呈正方形排列

哈尔平(Halpin)和蔡(Tsai)提出了一个简单公式:

$$\frac{E_T}{E_m} = \frac{1 + \xi^* \eta_0 V_f}{1 - \eta_0 V_f}$$

其中

$$\eta_0 = \frac{E_f/E_m - 1}{E_f/E_m + \xi^*}$$

当纤维截面呈圆形和正方形,且纤维呈正方形在基体中排列(见图 2.26)时,ξ^* 值取 2。对于矩形截面的纤维,ξ^* 按式(2.35)计算:

$$\xi^* = 2\frac{d_a}{d_b} \qquad (2.35)$$

其中,d_a 是与加载方向相同的一边(AB)的长度;d_b 是另一边(AC)的长度。式(2.35)的计算结果与精确的弹性力学计算值接近,且更接近实测值。王震鸣建议用式(2.36)计算 E_T:

$$\frac{V_f + \eta_2 V_m}{E_T} = \frac{V_f}{E_f} + \eta_2 \frac{V_m}{E_m} \qquad (2.36)$$

亦即

$$E_T = \frac{E_f E_m (V_f + \eta_2 V_m)}{V_f E_m + \eta_2 V_m E_f}$$

其中

$$\eta_2 = \frac{0.2}{1 - V_m}\left(1.1 - \sqrt{\frac{E_m}{E_f}} + \frac{3.5 E_m}{E_f}\right)(1 - 0.22 V_f) \qquad (2.37)$$

式(2.37)的计算精度比其他人提出的多种计算公式的计算精度要高。

当单向连续纤维增强复合材料受横向拉伸时,高模量纤维可以限制基体变形,而当它受纵向拉压时,纤维限制基体变形的能力没有受横向拉伸时这么显著。复合材料横向弹性模量高于基体弹性模量,各种缺陷对横向弹性模量的影响也比对纵向弹性模量的影响显著得多。

2.5.2　横向强度

2.5.2.1　横向拉伸强度

当单向复合材料受横向拉伸时常常出现如图 2.27 所示的脆性破坏,其中包括基体开裂、界面开裂和在纤维的薄弱面上沿纤维方向开裂。纵向拉伸强度几乎完全取决于纤维强度,而横向拉伸强度受基体强度、界面结合强度、空隙的存在和分布以及纤维与空隙相互作用引起的内应力与内应变等因素的控制。横向拉伸强度通常低于基体强度,相反,横向弹性模量高于基体弹性模量,即纤维对横向拉伸强度不仅没有贡献,反而有削弱作用。此外,复合材料的断裂应变似乎与基体材料没有关系,并且断裂应变都很小(小于基体材料)。图 2.28 是三种聚酯树脂及玻璃纤维增强聚酯树脂复合材料的横向拉伸应力-应变曲线。显然,复合材料的断裂应变比聚酯树脂基体的断裂应变小得多。应力-应变曲线的非线性部分表示基体已发生了黏弹性或塑性流动。

作为一种最极端的情况,设界面完全没有结合,纤维不能承载并将它们看作一个个圆形孔

图 2.27　单向复合材料的横向拉伸破坏

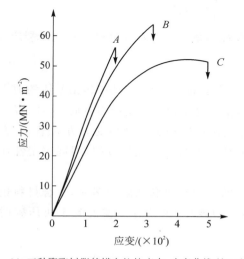

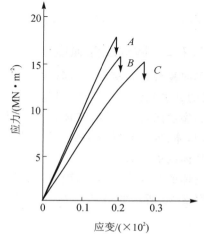

(a) 三种聚酯树脂的横向拉伸应力-应变曲线(这三种
　　树脂的柔韧性与破坏应变逐个增大)

(b) 玻璃纤维/聚酯树脂(与(a)的系列相同复合材料)
　　单向板的横向拉伸应力-应变曲线(V_f=0.48)

注：(b)中的 A、B 与 C 对应 A、B 与 C，垂直箭头表示断裂(注意两个图的坐标轴上有不同的标尺)。

图 2.28　三种聚酯树脂及玻璃纤维增强聚酯树脂复合材料的横向拉伸应力-应变曲线

洞。对于如图 2.3 所示的纤维作简单正方形排列,当纤维中心间距为 $2r_0 = 2r_f + s$(r_f 为纤维半径)时,在横向拉伸中,基体的横截面面积较原来面积按下面的因子减少,即

$$\frac{s}{2r_0} = 1 - 2\left(\frac{V_f}{\pi}\right)^{\frac{1}{2}}$$

当 $s/2r_0 = 0$(即 $V_f = 0.785$)时,纤维相互接触;当 $s/2r_0 = 1$ 时,$V_f = 0$,即无纤维。若基体对圆形孔洞切口不敏感,则复合材料横向拉伸强度 σ_{Tu} 为

$$\sigma_{Tu} = \sigma_{mu}(1 - 2\sqrt{V_f/\pi}) \tag{2.38}$$

式(2.38)表明,随纤维体积分数(V_f)增加,复合材料横向拉伸强度不断下降。实际上,复合材料界面总存在着结合,横向拉伸强度与界面结合强度有关,同时,由于基体存在如图 2.25 所示的应变集中和应力集中,因此横向拉伸强度也应减小。减小的程度与应力或应变集中的程度有关,即

$$\sigma_{Tu} = \frac{\sigma_{mu}}{s_\sigma} \tag{2.39}$$

其中，s_σ 称为叫应力集中因子，可表示为

$$s_\sigma = \frac{1 - V_f\left(1 - \dfrac{E_{mT}}{E_{fT}}\right)}{1 - \sqrt{\dfrac{4V_f}{\pi}\left(1 - \dfrac{E_{mT}}{E_{fT}}\right)}} \tag{2.40}$$

或

$$\varepsilon_{Tu} = \frac{\varepsilon_{mu}}{s_e} \tag{2.41}$$

其中，s_e 称为应变增大因子，可表示为

$$s_e = \frac{1}{1 - \sqrt{\dfrac{4V_f}{\pi}\left(1 - \dfrac{E_{mT}}{E_{fT}}\right)}} \tag{2.42}$$

以上各式中 E_{mT} 和 E_{fT} 分别表示基体与纤维横向弹性模量，ε_{Tu} 表示复合材料横向断裂应变。

2.5.2.2　横向压缩强度

当单向复合材料横向受压时常常出现如图 2.29 所示的剪切破坏，其中包括基体的剪切破坏、界面的开裂和纤维的压碎，以基体的剪切破坏为主。这是因为在受压力方向，基体、界面和纤维中的裂纹闭合了，这时基体作为塑性材料的特性显示出来了。当与受力方向呈 45°方向破坏时，基体、界面和纤维中的裂纹和缺陷作为薄弱环节参与这个破坏过程，但起决定性作用的还是基体的剪切破坏。

当基体的延伸率比较小，而基体、界面和纤维中的纵向裂纹和缺陷较多时，复合材料也可呈现如图 2.30 所示的破坏形态，包括横向开裂和剪切破坏，这就有点像混凝土块压碎时的情况。

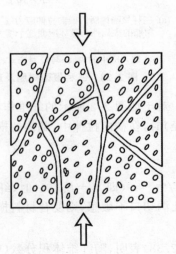

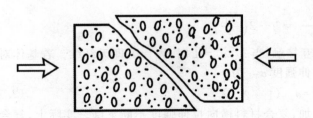

图 2.29　单向复合材料在横向压缩载荷下的破坏　　　图 2.30　当单向复合材料横向
受压时的横向开裂和剪切破坏

由于横向压缩破坏主要是基体剪切破坏，缺陷对应力集中的敏感性要比受拉时小得多，基体剪切面之间的相对滑动因压缩应力作用在宏观表面上难于进行，因此横向压缩强度实测值

通常要比横向拉伸强度高 3～7 倍。这种差别在各向同性材料中很少看到。显然,依照横向拉伸强度给出的表达式不能计算横向压缩强度。横向压缩强度既然取决于基体的抗剪切能力,那么基体强度和界面强度的增加会提高横向压缩强度。至今尚无很好的横向压缩强度计算公式。

2.6　主泊松比

当单向复合材料沿纤维方向受拉时,横向会发生收缩,收缩变形量为

$$\Delta t_T = t_T \varepsilon_T = -t_T \varepsilon_L \upsilon_{LT} \tag{2.43}$$

从细观来看,如图 2.6(b)所示,横向收缩变形量应等于纤维和基体横向收缩变形量之和,即

$$\Delta t_T = \Delta t_f + \Delta t_m = -t_f \varepsilon_{fL} \upsilon_f - t_m \varepsilon_{mL} \upsilon_m \tag{2.44}$$

比较式(2.43)与式(2.44)可得

$$t_T \varepsilon_L \upsilon_{LT} = t_f \varepsilon_{fL} \upsilon_f + t_m \varepsilon_{mL} \upsilon_m \tag{2.45}$$

由 2.2 节中基本假设(2)可知,$\varepsilon_L = \varepsilon_{fL} = \varepsilon_{mL}$,并注意到 $t_f/t_T = V_f$ 和 $t_m/t_T = V_m$,于是有

$$\upsilon_{LT} = V_f \upsilon_f + V_m \upsilon_m \tag{2.46}$$

由式(2.46)可知,主泊松比(υ_{LT})也符合混合律。按式(2.46)所得计算值与试验结果基本相同。由于纤维泊松比的测量在试验上比复合材料泊松比的测量更困难,因此可利用式(2.46)反算出纤维的泊松比,即

$$\upsilon_f = (\upsilon_{LT} - V_m \upsilon_m)/V_f$$

2.7　面内剪切性能

2.7.1　面内剪切模量

面内剪切模量(G_{LT})亦称作纵-横切变模量。图 2.6(b)所示的代表性体元剪切变形后如图 2.31 所示。单元的剪切变形量 Δt_L 为

$$\Delta t_L = \gamma_{12} t_T = \frac{\tau_{LT}}{G_{LT}} t_T \tag{2.47}$$

其中,γ_{12} 为剪切应变。

从细观上分析,单元的剪切变形量等于纤维剪切变形量与基体剪切变形量之和,即

$$\Delta t_L = \Delta t_f + \Delta t_m = \frac{\tau_{LT}}{G_f} t_f + \frac{\tau_{LT}}{G_m} t_m \tag{2.48}$$

其中,G_f 为纤维的切变模量。

由式(2.47)和式(2.48)得

$$\frac{1}{G_{LT}} = \frac{1}{G_f} V_f + \frac{1}{G_m} V_m \tag{2.49}$$

按式(2.49)计算的 G_{LT} 值往往较试验值要低些。哈尔平-蔡(Halpin-Tsai)给出一个预测 G_{LT} 的公式为

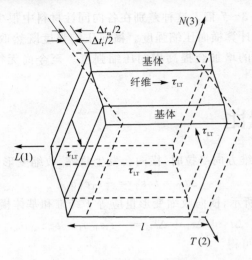

图 2.31 纯剪切变形

$$\frac{G_{LT}}{G_m} = \frac{1 + \eta_0 V_f}{1 - \eta_0 V_f} \tag{2.50}$$

其中

$$\eta_0 = \frac{G_f/G_m - 1}{G_f/G_m + 1} \tag{2.51}$$

按式(2.50)计算的 G_{LT} 值更接近于试验测定值。

王震鸣建议采用公式：

$$\frac{1}{G_{LT}}(V_f + \eta_{12}V_m) = \frac{V_f}{G_f} + \eta_{12}\frac{V_m}{G_m} \tag{2.52}$$

其中

$$\eta_{12} = 0.28 + \sqrt{\frac{E_m}{E_f}} \tag{2.53}$$

2.7.2 面内剪切强度

当单向复合材料受面内剪切时常常会出现如图 2.32 所示的剪切破坏。破坏的发生是由于基体剪切破坏、界面脱粘或者二者联合作用。当受剪时裂纹沿抗剪能力较差的部位扩展,有时还与纤维中的裂纹接通。单向复合材料力学性能的特点之一是抗剪强度很低,只有抗拉强度的 1/20(树脂基复合材料)。复合材料层合板的层间剪切破坏与面内剪切破坏类似,破坏也沿基体和界面发生,只不过前者剪切强度更低,问题的实质是相同的。剪切强度与基体的性质和界面强度有关,其中基体中应力集中与 V_f 有关。例如,对于 $G_f/G_m \approx 20$ 的材料体系,当 V_f 较低时,应力集中对 V_f 较不敏感;但当 $V_f > 0.6$ 时,应力集中迅速增长。因此,对于具有脆性基体的复合材料,其剪切强度比纯基体材料的剪切强度还低。

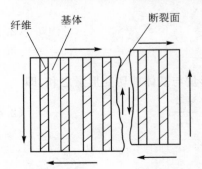

图 2.32 单向复合材料的面内剪切破坏

复合材料在制造工艺上有部分界面结合很好,设这部分界面占总界面百分数为 θ。显然,界面不结合部分占总界面百分数为 $1-\theta$。由于面内剪切破坏机理是界面脱粘,因此剪切强度 τ_s 可按混合律写为

$$\tau_\text{s}=\tau_\text{s}^0(1-\theta)+\tau_\text{s}^m\theta \tag{2.54}$$

其中,τ_s^0 为复合材料界面完全不结合的剪切强度;τ_s^m 为界面完全结合的剪切强度。

图 2.33 给出了两种纤维排列方式的横截面,设剪切应力平行于 DD'。对于正六角形排列单元,当界面不结合时,剪断迹线沿 $ADD'A'$ 或 $ABCC'B'A'$,迹线 BC、$B'C'$ 和 DD' 是纤维间最短的距离,并且有 $BC=B'C'=DD'=d_0-d_\text{f}$。若断裂沿 $ADD'A'$ 发生,则

$$\tau_\text{s}^0=\left(1-\frac{d_\text{f}}{d_0}\right)\tau_\text{mu} \tag{2.55}$$

若断裂沿 $ABCC'B'A'$ 发生,则有

$$\tau_\text{s}^0=2\left(1-\frac{d_\text{f}}{d_0}\right)\tau_\text{mu} \tag{2.56}$$

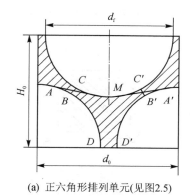 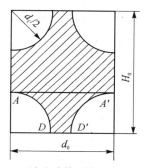

(a) 正六角形排列单元(见图2.5)　　　(b) 正向方阵排列单元(见图2.3)

图 2.33　复合材料单元体

其中,τ_mu 为基体剪切强度。比较式(2.55)与式(2.56)可知,用式(2.55)计算得到的剪切强度低,即断裂易发生在 $ADD'A'$ 路径上,因此,混合律中用式(2.55)估算剪切强度 τ_s^0。显然,当界面完全不结合时,正向方阵排列单元的剪切强度也应采用式(2.55)估算。现分析界面完全结合的情况,对于正六角形排列单元,断裂将沿 AMA' 发生,于是

$$\tau_\text{s}^m=\tau_\text{mu}\sqrt{1+4(d_\text{f}-H_0)^2/d_0^2} \tag{2.57}$$

其中,H_0 为纤维排列层间距。式(2.57)只能用于 $H_0<d_\text{f}$ 的情况,并且当 $H_0=d_\text{f}$ 时,AMA' 变为直线。对于正向方阵排列单元与正六角形排列单元,当 $H_0 \geqslant d_\text{f}$ 时,有

$$\tau_\text{u}^m=\tau_\text{mu} \tag{2.58}$$

将式(2.55)、式(2.57)、式(2.58)代入式(2.54),得

$$\frac{\tau_\text{s}}{\tau_\text{mu}}=[1-(d_\text{f}/d_0)](1-\theta)+\sqrt{1+[4(d_\text{f}-H_0)^2/d_0^2]\theta} \tag{2.59}$$

$$\frac{\tau_\text{s}}{\tau_\text{mu}}=[1-(d_\text{f}/d_0)](1-\theta)+\theta \tag{2.60}$$

式(2.59)适用于 $H_0<d_\text{f}$ 条件下的正六角形排列单元。式(2.60)用于正向方阵排列单元,以及 $H_0 \geqslant d_\text{f}$ 条件下的正六角形排列单元。对于正六角形排列单元,$d_\text{f}/d_0=1.05\sqrt{V_\text{f}}$,$H_0/d_0=$

0.68。于是,当 $V_f \geqslant 0.866$ 时,有

$$\frac{\tau_s}{\tau_{mu}} = (1 - 1.05\sqrt{V_f})(1 - \theta) + \sqrt{1 + 4(1.05\sqrt{V_f} - 0.866)^2} \qquad (2.61)$$

当 $V_f < 0.68$ 时,有

$$\frac{\tau_s}{\tau_{mu}} = (1 - 1.05\sqrt{V_f})(1 - \theta) + \theta \qquad (2.62)$$

对于正向方阵排列单元,$d_0 = H_0$,$d_f/d_0 = 1.128\sqrt{V_f}$,可得

$$\frac{\tau_s}{\tau_{mu}} = (1 - 1.128\sqrt{V_f})(1 - \theta) + \theta \qquad (2.63)$$

由式(2.61)~式(2.63)可知,剪切强度与纤维体积分数和界面结合都有关。因此,它们能反映剪切断裂的物理现象。应当指出,剪切应力方向不同,剪切强度也不相等。图 2.34(a)所示情况下的剪切强度要明显高于图 2.34(b)所示情况下的剪切强度。其重要原因是在图 2.34(a)所示情况下纤维纵向受拉、横向受压,而在图 2.34(b)所示情况下纤维纵向受压、横向受拉。根据前几节的讨论不难理解其剪切强度会有很大差别。

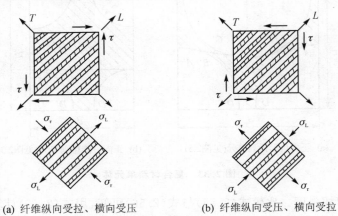

(a) 纤维纵向受拉、横向受压   (b) 纤维纵向受压、横向受拉

图 2.34 剪切应力方向不同

2.8 与界面相关的断裂韧度理论

界面是复合材料特有的而且是极其重要的组成部分。复合材料组分之间的界面是两相(至少两相)通过物理和化学作用把两种或两种以上异质、异形和异性的材料复合起来所形成的。界面由于具有传递、阻挡、吸收和散射、诱导等功能,因此使复合材料组分之间产生叠加效应(组分各自性质的叠加)以及乘积效应(两种具有不同能量转换性能的原材料复合以后产生新的能量转换性能)。

人们一般把基体和增强物之间化学成分有显著变化的、构成彼此结合的、能传递载荷作用的区域称为界面。界面是有层次的,上述界面概念只是一种层次上的理解。若以金属纤维作为增强体,金属纤维内部还有晶界,则这又是更细一个层次的界面问题,讨论复合材料界面不涉及晶界这种问题。界面并不是一个几何面,而是一个过渡区域。一般来说,这个区域从增强物内部性质不同的那一点开始到基体内与基体性质相一致的某点为止。该区域材料的结构与

性能不同于组分中的任何一个,称此区域为界面相(interphase)或界面层(interlayer)。界面和界面相是有区别的(见图 2.35),但习惯上把界面相的研究统称为界面问题。界面厚度是很小的,树脂基复合材料的界面厚度从几埃到几百埃,而金属基复合材料的界面厚度有几千埃甚至更高。测量界面厚度的主要困难并不是界面厚度不均匀,而是测定界面的手段。

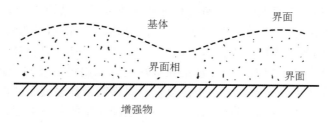

图 2.35　界面和界面相

界面在复合材料中所占面积比例很大,如在碳纤维复合材料每 $100\ \mathrm{cm^3}$ 体积中,界面面积为 $89\ \mathrm{m^2}$。因此,界面的性质、结构、完整性等对复合材料的力学性能影响很大。界面的形成和作用机理很复杂,迄今对界面的认识还很不充分,更没有一种完善的理论解释各种界面现象。复合材料的制造工艺、界面以及宏观性能三者之间有不可分割的联系。

对于纤维增强复合材料,其最基本的构成是纤维和基体。纤维的形状、性质及排列和基体的性质固然对它所构成的复合材料性质影响很大,但纤维与基体如果只是简单地形状拼合,中间以气相过渡,也不能成为真正意义上或实用的复合材料。其根本原因在于二者间无相互作用,如图 2.36 所示。

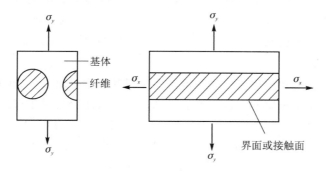

图 2.36　纤维复合材料受力示意图

当 y 轴方向受力时,该复合材料所能承受的力值取决于基体的强度和有效承力面积。只有纤维与基体的界面粘结强度提高,有效承力面积才可能增大。可以想象,当纤维及界面粘结强度大于基体强度时,y 轴方向的最高承力值才可能达到完全充满基体的最大承力值。

当 x 轴方向受力时,因纤维与基体间不存在任何作用力,只是气相过渡,故其强度受夹持方式的影响。若夹持较松,则只能是基体受力产生变形,其中纤维因基体变形作用无法传递而不起作用;若夹持较紧,则纤维与基体间会发生一定的机械摩擦作用,基体变形作用传递给纤维,使纤维也开始承力,从而导致 x 轴方向强度提高和模量变化。

在纤维增强复合材料中,纤维和基体都保持它们自己的物理和化学特性,然而,二者之间界面的存在,使得复合材料产生出组合的力学性能,这个组合的力学性能是二者单独存在时所不具备的。纤维增强复合材料界面的定义为"增强相纤维和基体互相接触结合而形成的共同边界,这个边界可进行载荷传递"。一个界面通常被认为具有零厚度或零体积并且结合良好。二维界面的概念现在已被三维区域界面的概念所替代。施加在这个区域的工艺条件可以允许有化学反应、残余应力和体积变化。

要控制界面来使复合材料提供优越的性能和完善的结构,就必须了解粘结的机制,这对每一个纤维-基体系统和在界面上的力传递机制是非常重要的。已建立了大量用来分析界面性质的理论和实验的方法,归结起来有其实用性也有其局限性。特别强调的是,在复合材料制备过程中,注意对纤维的各种表面处理技术可用以改善纤维与基体的相容性、稳定性及其结合强度。根据纤维增强复合材料的断裂韧性理论和微观疲劳机制可以发现,高的结合强度通常不能导致高的断裂韧度产生。通常需要一个使复合材料得到最佳强度和韧性的界面结合强度的协调方案。已有的方法通过控制界面来提高横向和层间断裂的断裂韧度。

2.8.1　界面上力的传递

纤维与基体界面的结构与性能对复合材料的力学性能和结构形态起着重要的作用。从载荷传递机制的观点来看,有意义的工作是涉及界面应力状态的实验和理论分析。这里将用粘结理论来讨论纤维与基体之间结合的本质。根据简单的剪滞模型,对载荷传递的微观机制用相应的应力分布解来表达。已有的用来表征界面性能的各种实验技术可以用相应的处理实验数据的分析模型来讨论,并分析每一种方法的优点和局限性。

2.8.1.1　粘结理论

因为界面结合的本质取决于纤维的原子排列与化学性能和基体的分子结构与化学组成以及每一组元元素的扩散性,所以对每一种纤维-基体体系而言,其界面都是独特的。粘结可以归属于下面要讨论的 6 种机制,即在界面区域发生组合而产生出一种最终的结合状态。

1. 吸附与润湿

对聚合物基复合材料和使用液体金属浸渗的金属基复合材料而言,在其制备工艺过程中,基体对纤维的润湿是非常重要的。这里说的粘结是指当各组分的原子彼此接近到几个原子直径距离时,发生在一个原子尺寸上的电子短程相互作用。润湿可以用热力学术语粘合功 w_a 来描述。这里 w_a 代表不同相之间的局部分子相互弥散分布的物理结合:

$$w_a = \gamma_{SV} + \gamma_{LV} + \gamma_{SL} \tag{2.64}$$

其中,γ_{SV}、γ_{LV} 和 γ_{SL} 分别为固-气表面能、液-气表面能与固-液表面能。

若要发生正常的润湿,则纤维的表面能(γ_{SV})必须大于基体的表面能(γ_{LV})。因此,玻璃和碳纤维(表面能分别为 560 mJ/m² 和 70 mJ/m²)很容易被像环氧树脂和聚酯(表面能分别为 43 mJ/m² 和 35 mJ/m²)一类热固性树脂所润湿,除非树脂的黏度太大。然而,用这些树脂去润湿聚乙烯纤维是困难的,除非这些纤维经过表面处理。基于相同原因,碳纤维经常要用气相化学沉积进行表面涂覆 Ti - B 层来达到让 Al 基体润湿的目的。

2. 交互扩散

两个表面的结合可以通过跨越界面的原子或分子的交互扩散来形成。聚合物基复合材料的结合强度将取决于分子缠结量、涉及的分子数量和分子间的结合强度。溶剂的存在将加剧交互扩散,而且扩散量取决于分子构形、所涉及的组元以及分子运动的难易程度。例如,玻璃纤维与聚合物树脂之间的结合是通过硅烷偶联剂结合的而不是化学结合,这种结合可以用相互扩散和在界面区域内形成互穿网络来解释,由此而形成的界面区域有一个具体的厚度,而且它的物理、化学和力学性能与纤维和基体二者都是不同的。对金属基复合材料来说,为了使每一组分的元素之间发生合适的反应,相互扩散也是非常必要的。然而,相互扩散并不总是有益的,因为经常形成不想得到的化合物,尤其是纤维上的氧化物膜在极高温下和在固态加工压力下常完全破坏。若欲防止或降低相互反应,则以纤维涂层的形式来建立一个有效的扩散障碍是很有必要的。

3. 静电吸引

界面上两组分间静电荷的差别可以贡献出吸引结合力。界面的强度将取决于电荷密度。尽管这个吸引力未必能构成对最终界面结合强度的主要贡献,但在纤维表面用一些偶联剂处理以后,静电吸引力将是很重要的。这种类型的结合能解释为什么硅烷涂层对具有一定酸性的或中性的增强体(如玻璃、二氧化硅和氧化铝)是特殊有效的,但对具有碱性表面的增强体(如镁、石棉、碳酸钙类的增强体)效果就不大。

4. 化学结合

化学结合理论是所有结合理论中最古老和最著名的。令人感兴趣的是,在玻璃纤维使用了偶联剂和在碳纤维表面氧化处理后,它提供了在大部分热固性及非晶态热塑性基体中能有效应用的主要解释。纤维表面化学基团和相容的基体的化学基团之间可实现结合,而且结合强度取决于反应结合数和结合的类型,这个结合通常由化学反应热激活。表 2.1 给出了一系列广泛使用的纤维体系的本体和表面的化学成分。令人感兴趣的是,注意到碳纤维表面的化学成分与纤维体的化学成分不相同,而且氧在所有纤维表面是常见的。

表 2.1　纤维的元素组成

纤　维	本　体	表　面	
		分析	可能的官能团
玻璃	Si、O、Al、Ca、Mg、B、F、Na	Si、O、Al	—Si—OH —Si—O—Si
硼 (硼-钨芯)	W_2B_5、WB_4(内部芯)、 B(外部芯)	甲基硼酸盐形式的 B_2O_3	B—OH B—O—B
碳化硅	Si、W(内芯)、 C(外芯)、O、N	Si、C	Si—O—Si Si—OH
碳	C、O、N、H、金属杂质	C、O、H	—COOH C—OH C=O

5. 反应结合

在非聚合物基复合材料组元中元素间的化学反应将以不同方式发生。在金属基复合材料界面上发生反应而生成新的化合物,这些化合物尤其容易在液体金属浸渗过程中生成。反应包括从一种或两种组分的原子到界面附近反应区域的传输,且这些传输过程受扩散过程的控制。反应结合的特殊情况包括相互反应结合和氧化结合。对一些金属基复合材料而言,反应结合对最终界面强度提供主要的贡献,而反应结合情况又取决于纤维与基体的组合情况(它决定了从一组分到另一组分之间元素的扩散)和工艺条件(特殊的温度和暴露时间)。根据已有结果,金属基复合材料界面分类的根本规则可以依据纤维与基体之间发生的化学反应来划分。表 2.2 给出了每一种类型的一些例子。在第Ⅰ类中,纤维和基体相互不反应并且互相不溶解;在第Ⅱ类中,纤维与基体相互不反应但互相溶解;在第Ⅲ类中,纤维与基体在界面处反应生成化合物。明确区分不同类别的定义不太容易做到,但这个分类方法为判断这些复合材料的特点提供了一个系统背景。

表 2.2　纤维增强金属基复合材料的分类

第Ⅰ类	第Ⅱ类	第Ⅲ类
W－Cu	W－Cu(Cr)	W－Cu(Ti)
Al_2O_3－Cu	W－Cb	C－Al(>700 ℃)
Al_2O_3－Ag	C－Ni	Al_2O_3－Ti
B－BN 涂层	W－Ni	B－Ti
B－Mg		SiC－Ti
B－Al		
不锈钢－铝		
SiC－Al		

6. 机械结合

机械结合仅涉及在界面上的机械连接。这种界面的强度在横向拉伸力下不是太高,除非在纤维表面有大量的凹槽,但其剪切强度非常显著地取决于其粗糙度。除了机械结合的简单几何形态外,在复合材料中还存在着许多内应力和残余应力,这些应力状态是由复合材料在制备过程中基体的收缩和纤维与基体热膨胀差异所造成的。在这些应力当中,纤维上的残余应力在许多陶瓷基复合材料中对界面结合提供了主要的贡献,而且在控制这些材料的断裂阻力方面起着决定性作用。

2.8.1.2　界面上的载荷传递机制

对于纤维增强复合材料,在一根纤维断裂或基体开裂的附近处存在纤维与基体间的载荷传递。目前已有大量的模型被用来分析纤维增强复合材料这些相应的载荷传递机制,而且这些模型是在各种载荷和环境条件下,以宏观力学性能、热性能和微观断裂性能等形式建立的。剪滞模型被广泛用于研究界面上力传递的微观机制,尤其是纤维断头附近应力分布的模型。它首先假设纤维和基体都是弹性的、界面是无限薄的且是完整的,同时假设纤维排列是正常阵列。这些假设对获得简单合适的解非常必要。假设嵌入基体的纤维长度为 l_e,它在如图 2.37(a)所示的无穷远处有 ε_m 的应变量。又假设纤维与基体之间在纤维方向的不同位移与界面处的剪切应力成正比,界面上沿纤维方向(z)的纤维轴向应力 σ_f 和剪切应力 τ_i 为

$$\sigma_f(z) = E_f\varepsilon_m\left\{1 + \frac{[(\sigma_t/E_f\varepsilon_m) - 1]\cosh\beta_0 z}{\cosh(\beta_0 l_e/2)}\right\} \tag{2.65}$$

$$\tau_i(z) = E_f\varepsilon_m\beta_0(r_f/2)\left\{\frac{[1 - (\sigma_t/E_f\varepsilon_m)\sinh\beta_0 z]}{\cosh(\beta_0 l_e/2)}\right\} \tag{2.66}$$

其中

$$\beta_0 = \left[\frac{2G_m}{E_f r_f^2 \ln(r_m/2)}\right]^{1/2} \tag{2.67}$$

其中，σ_t 为纤维的端部应力（$z = \pm l_e/2$）；E_f 和 E_m 分别为纤维与基体的弹性模量；G_m 为基体的剪切模量；r_f 和 r_m 分别为纤维与基体的等效半径。应力 σ_f 和 τ_i 沿纤维长度的分布如图 2.37(b) 所示。当剪切应力在纤维端部是极大值而在中部降到几乎为零的情况下，纤维中部的拉伸应力为极大值。然而，在强结合纤维的端部 σ_t 不可能是零。图 2.37(b) 表示的结果说明在纤维端部或附近处有一些区域不能承受满载荷，因此，在给定长度 l_e 上纤维的平均应力总是小于承受相同外部载荷的连续纤维的应力。平均轴向纤维应力 $\bar{\sigma}_f$ 由式 (2.68) 给出：

$$\bar{\sigma}_f = (2/l_e)\int_0^{1/2}\sigma_f \mathrm{d}z = E_f\varepsilon_m\left\{1 + \frac{[(\sigma_t/E_f\varepsilon_m)-1]\tanh(\beta_0 l_e/2)}{(\beta_0 l_e/2)}\right\} \tag{2.68}$$

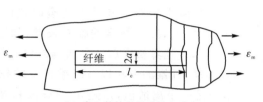

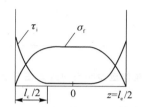

(a) 嵌入基体且承受轴向应力
的不连续纤维周围的变形

(b) 纤维轴向应力σ_f与界面剪切
应力τ_i之间的变化

图 2.37　剪滞模型

由于沿纤维长度的大部分位置不会是满载荷的，因此平均纤维应力和其增强水平随着纤维长度的减小而降低。要获得最大的应力，纤维长度应大于临界值 l_c，临界值 l_c 的求法将在下面给出。尽管这种类型的剪滞分析不能完全准确和合适地去预测给定载荷条件下复合材料的整体力学性能，但它有助于理解大部分纤维-基体系统界面上载荷传递的微观机制及确定在纤维断裂、纤维拔出和纤维推出（顶出）试验中的界面性能。

　　纤维临界长度测量法又称拉伸碎段法，是将纤维包埋于一"工"字形的基体模块中，如图 2.38 所示。当基体模块受拉伸时，基体会伸长，由此将伸长形变以剪切应力的形式通过基体与纤维界面传递给纤维，使纤维伸长，直到当作用于纤维上的剪切应力 τ 大于纤维某部位的

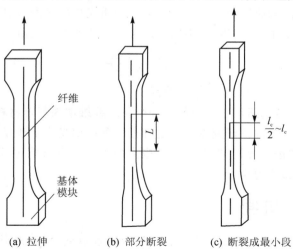

(a) 拉伸　　　　　(b) 部分断裂　　　　(c) 断裂成最小段

图 2.38　纤维临界长度试验模块及作用

拉伸断裂应力σ_f时,纤维发生断裂,形成一些碎段,如图 2.38(b)所示,连续纤维成为L长度的短纤维。图中L长度的短纤维上的拉伸应力(σ)和剪切应力(τ)随位置不同而变,理论上的分布如图 2.39 所示。

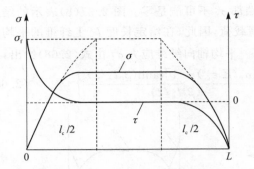

图 2.39　拉伸应力和剪切应力在纤维段上的分布

如果基体模块被继续拉伸,且界面的粘结作用足够强,则纤维所受的拉伸应力(σ)会继续增大,如图 2.39 的虚线部分所示。只要σ能达到σ_f,该段纤维就可能继续发生断裂,直到在纤维段上作用的剪切应力对纤维所产生的拉伸应力(σ)无法达到$\sigma_f(l=0)$,这时纤维就不再发生断裂。该最小断裂碎段的长度应为$l_c/2 \sim l_c$,l_c是纤维的临界长度,如图 2.38(c)所示。临界长度(l_c)显然与纤维-基体的粘结性质、纤维的形状以及纤维自身的拉伸强度有关,实测中的最小碎段长度应为$l_c/2$。而l_c本身是一个离散值,是随σ_f的离散和界面粘结强度($\bar{\tau}$)的离散性而变的量。实测中应寻找最短的碎段求l_c值。碎段长度的离散性越大,反映出σ_f和$\bar{\tau}$的离散性越大。

　　反映界面粘结性的常用参数为界面剪切应力(τ),可由纤维的临界长度(l_c)导出。当纤维受线性应力分布时,可设

$$\tau(l) = -\frac{r_f}{2}\frac{\mathrm{d}\sigma}{\mathrm{d}l} \tag{2.69}$$

其中,r_f为纤维半径;σ为纤维中的拉伸应力;$\tau(l)$为l长度处的界面剪切应力。显然$\tau(l)$为常数,则l_c段上的积分得

$$\tau = \frac{\sigma_f r_f}{l_c} \tag{2.70}$$

这样由实测的l_c、已知的纤维半径(r_f)和纤维拉伸断裂应力(σ_f)就可求得剪切应力(τ)。

　　近十年来,这一方法的研究发展很快。人们应用激光拉曼光谱、微探针技术检测模型中纤维轴向各点应变(ε)的变化,给出当ε_m不同时纤维各点的实测应变值。并由此曲线按式

$$\tau = E_f \frac{r_f}{2}\frac{\mathrm{d}\varepsilon}{\mathrm{d}l} \tag{2.71}$$

求得纤维与树脂基体界面的剪切应力分布曲线。

　　临界长度测量方法特别适用于聚合物基和金属基纤维增强复合材料的界面剪切强度的测量,这也是目前广泛应用的理论研究方法。这种方法配以偏光或干涉显微镜和图像处理技术,可对剪切应变干涉条纹进行分析,以确定剪切应力的大小。也可将短纤维随机取向包埋于基体块中,分析其整体和微观力学行为等。

2.8.2　增韧机制

　　为了使先进的纤维增强复合材料在工程应用中更加有效,需要对其断裂过程如何开始和进行至最后的破坏有一个基本的了解,尤其重要的是,纤维-基体复合材料在断裂过程中界面的局部情况。如果希望界面能够控制复合材料破坏并在破坏前增加耐受性方面发挥有效的作

用,则必须确定此复合材料体系中的基本破坏机制或断裂韧度的增韧原因,而后探索去利用和控制这些机制。关于纤维增强复合材料断裂和如何增韧的机制的研究已经有许多理论和实验上的尝试。当含有缺陷或裂纹的复合材料在加载时,在裂纹尖端处存在一个高应变区域。同时在断裂之前,在裂纹尖端处发生各种各样的断裂机制。这个局部化区域通常被称为断裂过程区(FPZ)或破坏区。由断裂过程区的发展可得出一条裂纹扩展阻力曲线(R 曲线)。

当一条裂纹通过含有纤维或晶须的基体时,下列破坏机制可望能起作用:基体断裂、纤维-基体界面脱粘、脱粘后的摩擦、纤维破坏、应力重分布、纤维拔出等。在这些机制中,纤维桥联、裂纹偏转和微裂纹的发生取决于与界面有关组元的强度。所有这些微观破坏机制主要应用于大部分短或连续纤维增强的聚合物基、陶瓷基、金属基及水泥基复合材料,但应用的程度对不同的纤维-基体系统是不同的。对于一个给定的体系,没有必要要求所有这些断裂机制同时起作用。对于某些场合,某一机制对韧性的贡献将决定整体的断裂韧度。这就是为什么在任何给定的复合材料体系中对整体断裂韧度的相关贡献有时是综合效应。实际上,没有简单而确定的理论能用来预测所有类型的纤维增强复合材料的断裂韧度。迄今为止,许多纤维增强复合材料的断裂韧度理论仅涉及单向纤维(尽管它们能经过适当修正应用于短而乱的纤维增强复合材料)。这些复合材料中断裂韧度的各种起源的特征,可以通过单向加载下发生的宏观裂纹扩展及微观断裂等现象获得(见图 2.40)。下面将给出各种增韧机制,尤其是与界面相关的机制,并且给出相关的公式。

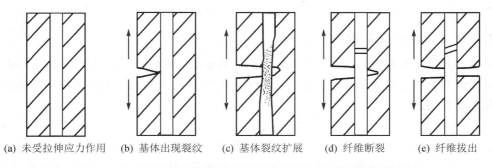

(a) 未受拉伸应力作用　(b) 基体出现裂纹　(c) 基体裂纹扩展　(d) 纤维断裂　(e) 纤维拔出

图 2.40　承受单向拉伸应力的简单复合材料中纤维断裂的模型

2.8.2.1　纤维-基体脱粘

当纤维断裂应变大于基体断裂应变(即 $\varepsilon_f > \varepsilon_m$ 时),在基体中应力集中点起源的裂纹或是被纤维阻挡(局部应力不是足够高)或是绕过纤维扩展而不破坏界面结合(见图 2.40(b))。随着施加的载荷增加,纤维和基体倾向于发生局部形变从而在界面形成较大的剪切应力。当这个剪切应力大于静态界面剪切强度时,在断裂面上开始的界面脱粘将沿着纤维方向扩展一定距离(见图 2.40(c))。由奥特沃特(Outwater)和墨菲(Murphy)[158]给出的脱粘韧度(R_d)可以由下面的方法获得,即用大于脱粘长度 l_d 且承受断裂应力 σ_f^* 的纤维上储存的全部应变能除以复合材料的横截面积:

$$R_d = \frac{V_f \sigma_f^{*2} l_d}{2E_f} \tag{2.72}$$

这种脱粘韧度是玻璃纤维-热固性基体复合材料(GFRP)整体断裂韧度的一个主要来源。奥特沃特-墨菲(Outwater-Murphy)分析考虑的是剪切中纤维与基体的分离,而式(2.72)所表

达的 R_d 是脱粘的结果而不是脱粘本身。根据这一点后人建议应重新修正 R_d，即用纤维脱粘应力 σ_d 来代替 σ_f^*（σ_d 是脱粘长度（即 l_d）的函数，且一般小于 σ_f^*）。以上讨论考虑了 I 型剪切纤维-基体脱粘形式。如果结合强度 τ_b 远小于基体拉伸强度 σ_m，即对于各向同性材料，强度比（τ_b/σ_m）的值应小于 1/5，对于各向异性材料，强度比（τ_b/σ_m）的值应小于 1/50，则拉伸脱粘会如库克（Cook）和戈登（Gordon）于 1964 年提出的方式在裂纹尖端前面的界面上发生，如图 2.41 所示。实际上，许多研究者已经认识到，单向纤维增强复合材料中会发生这种破坏机制，而且一些人已用实验证明。然而，在弱界面上的轴向分裂可能是由裂纹尖端区域发展起来、由平行于纤维的剪切应力分量引起的，而不是由横向拉伸应力分量引起的，这种现象发生在高度各向异性且高纤维体积分数的复合材料中。即使断裂的发生仅由一定条件下的拉伸应力分量所致，那它对整个断裂韧度的贡献也是显著的。因此，库克-戈登（Cook-Gordon）模型主要可应用于层板结构及其增韧机制。该增韧机制效果由沿轴向分裂或分层使裂纹尖端变钝所致，而这个钝化作用可降低垂直于界面方向的应力集中，并降低分层裂纹数量的进一步增加。然而，还应认识到库克-戈登脱粘机制也增加了纤维拔出长度。

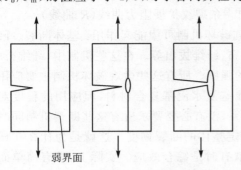

图 2.41　弱界面处拉伸脱粘机制

2.8.2.2　脱粘后的摩擦

纤维与基体在界面脱粘后存在彼此之间的相对运动。此脱粘后的摩擦功等于摩擦剪切应力乘以纤维和基体之间的位移差。此位移差大约为平均 l_d 值和纤维与基体应变差值的乘积，则脱粘后摩擦韧度

$$R_{df} = 2V_f \tau_f l_d^2 \Delta\varepsilon / d_f \tag{2.73}$$

其中，τ_f 是界面处的摩擦剪切强度。由于 ε_m 在脆性基体复合材料中可以忽略，因此 $\Delta\varepsilon \approx \varepsilon_f$。可以看出，$R_{df}$ 对玻璃纤维增强复合材料（GFRP）和芳纶（Kevlar）纤维-热固性树脂基复合材料的整体断裂韧度有实际贡献。

2.8.2.3　应力重分布

当连续纤维被加载到大于脱粘长度时，纤维将在靠近主断裂平面区域内的薄弱点处断开。在破坏处，纤维本能地向后松弛而两端被基体抱住（见图 2.40(d)）。由于纤维断裂后储存在纤维内的应变能将重分布，因此这个机制提供了韧度的另一个来源。假设应力从距离断裂端 $l_c/2$ 处线性分布，则由于应力重新分布而得到的断裂韧度

$$R_r = \frac{V_f \sigma_f^{*2} l_c}{3E_f} \tag{2.74}$$

它是（$2l_c/3l_d$）乘以式（2.72）中奥特沃特-墨菲的脱粘韧度。很明显，R_r 对硼纤维-环氧树脂基体复合材料（BFRP）的整体断裂韧度会作出显著贡献。

2.8.2.4　纤维拔出

当裂纹扩展时会从基体中拔出破断的纤维并产生连续的脱粘后摩擦功（见图 2.40(e)）。

该断裂功分量被科特雷尔(Cottrell)[159]和凯利(Kelly)[160]称为拔出功。设摩擦剪切应力 τ_f 做功,且假设 τ_f 在拔出距离 l_{p0} 上是恒定的,则纤维拔出韧度

$$R_{p0} = 2V_f \tau_f l_{p0}^2 / d_f \tag{2.75}$$

由于断裂平面的不均匀性,尤其是在高纤维体积分数情况下,精确地确定长度值 l_{p0} 比较困难,因此以复合材料的固有性能体系来表达 R_{p0} 是可取的。当纤维长度小于临界传递长度(即 $l < l_c$)时,所有的纤维都被拔出。假设 l_{p0} 在 $0 \sim l/2$ 变化且具有 $l/4$ 的平均值,则

$$R_{p0} = \frac{V_f \tau_f l^2}{6 d_f}, \quad (l < l_c) \tag{2.76}$$

当 $l = l_c$ 时,R_{p0} 是最大值,即

$$R_{p0} = \frac{V_f \tau_f l_c^2}{6 d_f}, \quad (l = l_c) \tag{2.77}$$

如果复合材料含有长度大于 l_c 的纤维,则被拔出纤维分数是 l_c/l(基于正常可能性),l_{p0} 的范围为 $0 \sim l_c/2$,因此

$$R_{p0} = \frac{V_f \tau_f l_c^2}{6 d_f}\left(\frac{l_c}{l}\right), \quad (l < l_c) \tag{2.78}$$

对大部分连续纤维增强热固性基体复合材料来说,尤其是碳纤维增强复合材料,纤维拔出是断裂韧度的一个主要来源。即使是像碳纤维-Al 基体系统那样具有韧性金属基体的复合材料,R_{p0} 仍对测量到的断裂韧度作出主要贡献。

2.8.3　整体断裂韧度理论

马斯顿(Marston)[161]和阿特金斯(Atkins)[162]等人基于三种主要的韧度来源,即应力重分布得到的断裂韧度(R_r)、纤维拔出得到的断裂韧度(R_{p0}),以及在纤维断裂韧度(R_f)、基体断裂韧度(R_m)及界面断裂韧度(R_i)基础上新创造的表面断裂韧度(R_a),发展了整体断裂韧度理论。因此,整体断裂韧度

$$R_g = R_r + R_{p0} + R_a \approx \frac{V_f \sigma_f^*}{\tau_f}\left[\frac{d\sigma_f^*}{6}\left(\frac{1}{4} + \frac{\sigma_f^*}{E_f}\right) + \frac{R_m}{2}\right] + (1 - V_f)R_m \tag{2.79}$$

其中

$$R_a = V_f R_f + (1 - V_f)R_m +$$
$$V_f(l_d/d)R_i \approx V_f(l_c/d - 1)R_m \tag{2.80}$$

此处应注意到式(2.72)中的脱粘韧度(R_d)已包括在式(2.79)的 R_a 内,同时 R_f 可忽略不计而 R_i 近似等于 R_m。再者,对第一近似来说,摩擦剪切强度 τ_f 可能为给定的临界转换长度 $l_c (l_c = d\sigma_f^*/2\tau_a)$ 条件下界面上的表观剪切脱粘强度。在使用式(2.79)预测某给定系统 R_g 的过程中,很重要的是需要确认上述破坏机制确实存在。如果任何一种机制不存在,则对应的增韧量不能包括在内。式(2.79)假定 R_g 与界面摩擦剪切强度的倒数呈线性关系,即 $1/\tau_f$ 在 $\tau_f \rightarrow \infty$ 情况下具有 $(1 - V_f)R_m$ 的下限值。图 2.42 是根据马斯顿等人

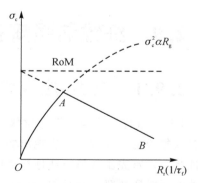

图 2.42　复合材料拉伸强度(σ_c)与整体断裂韧度(R_g)或等效的摩擦剪切度强度(τ_f)倒数之间的关系

1974 年的工作描绘的复合材料拉伸强度(σ_c)随 R_g 或 $1/\tau_f$ 的变化情况。他们认为对某给定的脆性纤维-脆性基体复合材料而言,高的复合材料拉伸强度(即需要一个高的结合强度 τ_a)和高的断裂韧度(即需要一个低的结合强度 τ_a)不能同时获得,尽管这些性能可以优化到图 2.42 中标出的 A 点。因此,需要控制表面去生产出高强度-高断裂韧度的复合材料。

2.8.4 断裂韧度图

在分析单向纤维增强复合材料的能量吸收过程中,威尔斯(Wells)和博蒙特(Beaumont)于 1982 年与 1985 年使用了"断裂韧度图"去建立复合材料韧性与纤维、基体及纤维-基体界面等性能之间的关系。这种方法类似于已熟知的"材料性能图",此图是由阿什比(Ashby)于1989 年第一次提出的。这些图不仅能描述材料性能对断裂韧度的影响,而且能用来解释加载速度、疲劳及不利环境对某个给定的复合材料系统实际性能的影响。从已知的复合材料组分中已估计出 l_d、l_{p0} 和其他像在脱粘和拔出过程中纤维应力等参数,并基于三个主要破坏机制(即界面脱粘、应力重分布和纤维拔出),预测出单向连续碳、玻璃及芳纶纤维增强热固性基体复合材料的总体断裂韧度。图 2.43 是玻璃纤维增强复合材料的断裂韧度预测。其中,断裂韧度(单位为 kJ/m^2)是纤维强度(S_f)和摩擦剪切强度(τ_f)的函数。虚线和箭头表示从脱粘后的摩擦到界面脱粘中主要破坏机制的变化以及湿度对 σ_t^* 和 τ_f 变化的影响。τ_f

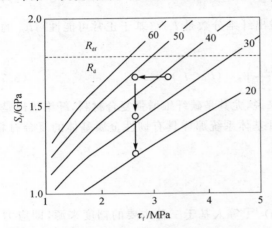

图 2.43 玻璃纤维增强复合材料的断裂韧度预测

减小的优势可由整体断裂韧度的提高来清楚地表达,其中的整体断裂韧度符合马斯顿等人的理论[161]。然而,延长在潮湿环境下的暴露时间会使 σ_t^* 减小,从而导致复合材料总体韧性的降低(见式(2.79))。

2.9 纤维增强陶瓷基复合材料

2.9.1 应力-应变特性

4 种纤维增强陶瓷基复合材料的拉伸应力-应变曲线与温度的关系如图 2.44 所示[163-166]。大多数复合材料在拉伸时表现出非线性应力-应变行为,类似于金属合金在室温和高温下的弹塑性行为。首先出现偏离线性行为的现象是由于形成了完全贯穿基体的裂纹,但该裂纹仍由完整的纤维所桥联。马歇尔(Marshall)等[30]提出了一种详细的断裂力学分析方法,将基体开裂应力与微观结构特性联系起来。这种分析基于这样一个事实,即桥联纤维通过纤维-基体界面上的摩擦力阻止基体开裂。稳态基体开裂应力 σ_{cr} 下限的推导结果如下:

$$\sigma_{cr} = [6E_f V_f^2 \tau_{fi} \Gamma_m E_c^2 / (1 - V_f) E_m^2 r_f]^{1/3} - E_c \sigma_0 / E_m \tag{2.81}$$

其中，V_f 是纤维体积分数，E_c、E_f 和 E_m 分别为复合材料、纤维与基体的弹性模量，r_f 为纤维半径，τ_{fi} 为界面滑移应力，Γ_m 为基体韧性，σ_0 为残余应力。此外，为了允许纤维桥联裂纹，纤维-基体界面脱粘必须发生在基体裂纹前缘。贺（He）和哈钦森[62]的分析表明，在纤维和基体具有相似弹性模量的系统中，只要界面断裂能小于纤维断裂能的 $1/4$（$\gamma_i/\Gamma_f < 1/4$）就会发生脱粘。然而，这一准则尚未得到实验验证。

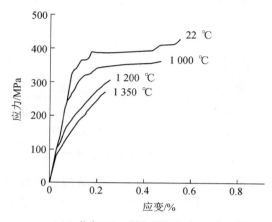

(a) 单向SCS-6纤维增强热压Si₃N₄复合材料

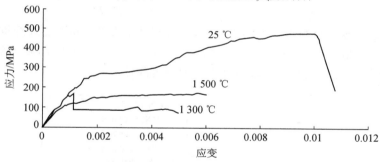

(b) 单向SCS-6纤维增强反应烧结Si₃N₄复合材料

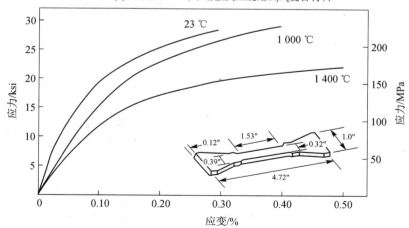

(c) 二维尼卡隆织物增强SiC_CVI复合材料

图 2.44　拉伸应力-应变曲线[163-166]

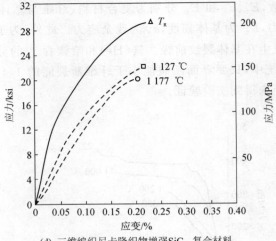

(d) 三维编织尼卡隆织物增强SiC$_{CVI}$复合材料

图 2.44   拉伸应力-应变曲线[163-166]（续）

当应力升高到大于第一基体开裂应力时,进一步的开裂会发生,并导致出现周期性的裂纹阵列。曹(Cao)等[7]的研究表明,饱和裂纹间距 d_s 的大小由界面滑移应力 τ_{fi} 决定,而 τ_{fi} 和 d_s 的关系由式(2.82)给出:

$$\tau_{fi} = 1.34 \left[(1-V_f)^2 E_f E_m r_f^2 / V_f E_c d_s^3 \right]^{1/2} \tag{2.82}$$

在多重基体开裂后,复合材料可以继续承受载荷,直到纤维失效。6 种连续纤维增强陶瓷基复合材料的极限拉伸强度与温度的关系如图 2.45 所示[105,163-167]。很明显,随着温度的升高,这些复合材料的极限拉伸强度和第一基体开裂应力显著降低。

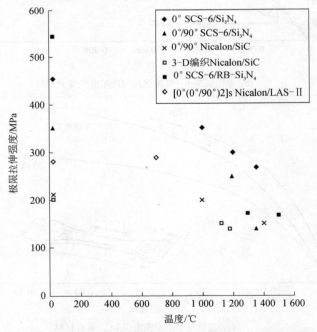

图 2.45   6 种连续纤维增强陶瓷基复合材料的极限拉伸强度与温度的关系

　　单向 SCS－6 纤维增强锆石复合材料在不同温度下的典型载荷-位移曲线如图 2.46 所示[168]。室温下的载荷-位移曲线首先体现出线弹性行为，随后当第一次基体开裂开始时载荷突然下降。在此之后，复合材料还保持着对更高载荷的承载能力，基体开裂密度继续增加，直到达到极限强度。在达到最大负载后，随着更多的完整纤维开始失效并从基体中拔出，载荷会逐渐降低。随着温度的升高，应力-应变曲线变化很大。测试表明，复合材料在 1 150 ℃ 和 1 315 ℃ 下也显示出初始线弹性行为；然而，复合材料的最大承载能力非常接近第一基体开裂应力。图 2.47 给出了 6 种纤维增强陶瓷基复合材料的抗弯强度与温度的关系[166,168-170]。三点或四点抗弯强度也随着温度的升高而迅速降低，尤其是在空气中。在非氧化气氛中，复合材料强度可以保持到的温度，可至基体蠕变导致其强度损失或纤维强度损失。

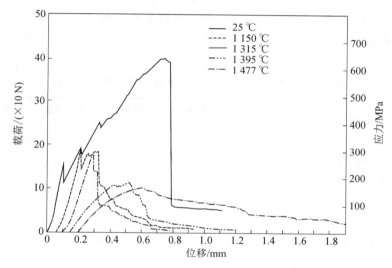

图 2.46　不同温度下单向 SCS－6/锆石复合材料的载荷-位移曲线[168]

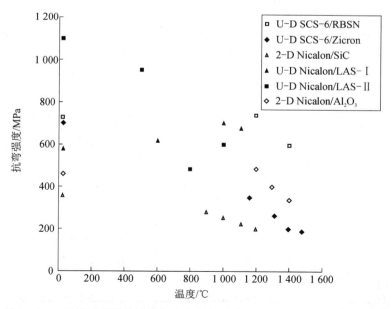

图 2.47　6 种纤维增强陶瓷基复合材料的抗弯强度与温度的关系[166,168-170]

2.9.2 强度退化机制

高温下的强度退化主要是由纤维强度退化、化学反应引起的界面退化或环境侵蚀和基体微裂纹引起的。目前,陶瓷基复合材料的实际使用温度限制主要是由于缺乏在 1 000 ℃ 以上具有良好性能的可用陶瓷纤维。在该温度范围,现有陶瓷纤维的退化或蠕变会很严重。表 2.3 列出了 14 种市售陶瓷纤维[171-176]的化学成分、物理和力学性能。图 2.48~图 2.50 给出了这些纤维的抗拉强度与温度的关系及其蠕变行为[171-172,174]。SCS-6 纤维是通过化学气相沉积法(CVD)将碳化硅沉积在热解碳芯上的,并涂上从碳到碳化硅的梯度双涂层,在高温下显示出极大的强度保持率。然而,由于它的直径较大(143 μm),因此其应用局限于叠层平板。在高温下也观察到了蠕变;然而,在低于 1 400 ℃ 的温度下观察到[177]其蠕变应变比尼卡隆纤维的要小一个数量级。表 2.3 中列出的所有其他纤维在 1 000~1 200 ℃ 下显示出强度的显著下降。

表 2.3 14 种市售陶瓷纤维的化学成分、物理和力学性能

制造商	纤维类型	化学成份及其质量分数	抗拉强度/GPa	应变损坏/%	杨氏模量/GPa	密度/(g·cm⁻³)	直径/μm
日朋碳素 (Nippon Carbon)	尼卡隆 (Nicalon)	65％SiC 15％C 20％SiO₂	2.7	1.4	185	2.55	15
株式会社化工 (Ube Chemicals)	泰伦诺 (Tyranno)	Si、C、O Ti<5％	3	1.5	200	2.4	9
道康宁(Dow Corning)/塞拉尼斯(Celanese)	MPDZ	47％Si 30％C 15％N 8％O	1.9	1.1	180	2.3	12
	HPZ	59％Si 10％C 28％N 3％O	2.2	1.5	150	2.35	10
	MPS	69％Si 30％C 1％O	1.2	1.6	190	2.65	11
美国杜邦 (Du Pont de Nemours)	FP	＞99％α-Al₂O₃	1.40	0.4	380	3.9	20
	PRD-166	80％α-Al₂O₃ 20％ZrO₂	2.07	0.6	380	4.2	20
住友化工 (Sumitomo Chemicals)	阿尔夫 (Alf)	85％Al₂O₃ 15％SiO₂	2	1.1	180	3.2	18

续表 2.3

制造商	纤维类型	化学成份及其质量分数	抗拉强度/GPa	应变损坏/%	杨氏模量/GPa	密度/(g·cm⁻³)	直径/μm
ICI	Safimax	$96\%\delta-Al_2O_3$ $4\%SiO_2$	2.0	0.7	300	3.3	3
3M	Nextel 312	$62\%Al_2O_3$ $24\%SiO_2$ $14\%B_2O_3$	1.75	1.1	154	2.7	11
	Nextel 440	$70\%Al_2O_3$ $28\%SiO_2$ $2\%B_2O_3$	2.1	1.1	189	3.05	11
	Nextel 480	$70\%Al_2O_3$ $28\%SiO_2$ $2\%B_2O_3$	2.3	1.0	224	3.05	11
德事隆（Textron Saphikon）	SCS-6	SiC	4.0	0.9	406	3.0	143
	蓝宝石	Al_2O_3	3.5	0.7	524	3.9	75～150

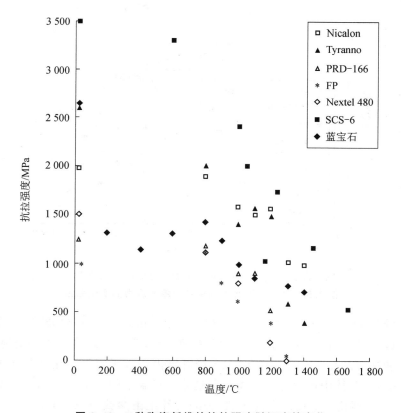

图 2.48　7 种陶瓷纤维的抗拉强度随温度的变化

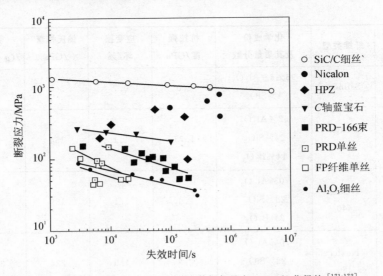

注：除 C 轴蓝宝石外（1 700 ℃），所有数据都是在 1 200 ℃获得的[171-172]。

图 2.49　8 种陶瓷纤维的断裂应力

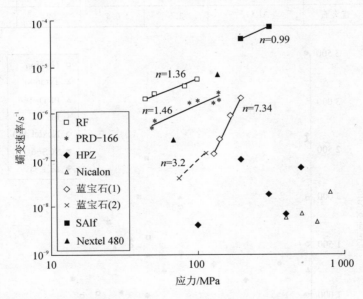

注：除蓝宝石（1 700 ℃）外，其他数据均在 1 200 ℃获得。

图 2.50　8 种陶瓷纤维的蠕变速率随应力的变化曲线

　　尼卡隆纤维是聚碳硅烷衍生的 SiC，由日朋碳素（Nippon Carbon）公司[178]生产。它不是化学计量的 SiC，含有大量的游离碳、过量的硅和氧，导致高温下组分和微观结构会发生变化，包括晶粒生长和蠕变的加速。已经证明，尼卡隆纤维由嵌入无定形碳化硅基体中的无定形或微晶碳化硅组成，该基体中也含有游离碳的聚集体。高温下的强度退化归因于 CO 和 SiO 的析出，伴随着 β-SiC 颗粒的生长。泰伦诺（Tyranno）纤维由掺钛（1.5～4.0 w/o）[179]聚碳硅烷制备，使用了与制备尼卡隆纤维相同的方法。由于存在抑制结晶的钛，因此它是无定形的，具有类似于尼卡隆纤维的性质，尽管在 1 000 ℃以上的强度退化不太突然。与梯度陶瓷尼卡隆纤维相比,它含有更多的氧(质量分数为 17%)和游离碳。当高于 1 400 ℃时,游离碳可能与 Si—O 键反应,从而生成 CO,并导致拉伸强度下降。还有两种用于高温环境的 Si-C-N-O 纤维也在研发中:HPZ 和 MPDZ 纤维[173,180]。HPZ 纤维由氢化聚硅氮烷前驱体加工而成并在无氧气氛中热解,为无定形硅碳氮化物,含碳量约为 10 w/o。MPDZ 纤维由甲基聚二硅氮烷前驱体加工而成,碳含量高于 HPZ 纤维。如图 2.49 和图 2.50 所示,HPZ 纤维的高温强度和抗蠕变性仍然不如尼卡隆纤维。

市场上还有许多直径为 10~150 μm 的氧化物纤维。氧化物纤维的使用很可能仅限于具有氧化物基体的复合材料,这可以避免在复合材料界面处发生化学反应、避免基体和界面之间相互扩散。由 3M 公司制造的奈克斯泰(Nextel)系列纤维是溶胶-凝胶衍生的,具有微晶莫来石结构。奈克斯泰纤维在 1 000 ℃以下可以保持至少 75%的拉伸性能,然而,它在 1 000 ℃及以上会发生蠕变。杜邦公司(Du Pont)生产的(FP)小晶粒多晶 α - Al₂O₃ 纤维,在高达 1 000 ℃的温度下仍能很好地保持其强度。然而,它在高于 1 000 ℃的温度下表现出晶粒生长和蠕变。同样由杜邦公司生产的 PRD-166 纤维是一种 α - Al₂O₃ 纤维,含有约 20 w/o 的 Y₂O₃、用 ZrO₂ 作为第二相来部分稳定其性能[174]。ZrO₂ 的加入抑制了晶粒生长,并改善了室温强度,提高了暴露于高温后的强度保持率。与多晶陶瓷纤维相比,通过熔融提拉技术生产的单晶 Al₂O₃ 纤维具有许多优点。这些优点包括高温下的微观结构稳定性(晶粒生长不是问题)、高温下的高弹性模量保持率和良好的抗蠕变性。如图 2.48 所示,蓝宝石纤维的抗拉强度在室温下相当高,但当大约 400 ℃时突然下降到初始最小值,然后略微增加,并在 800 ℃以上开始下降[181]。导致蓝宝石纤维的抗拉强度在低温下快速损失的机制,目前尚未确定。

化学反应、氧化或热膨胀引起的残余应力导致的界面退化是陶瓷基复合材料强度在高温下退化的另一个关键因素。尽管编织复合材料可能表现出有限的界面结合,具有可接受的室温特性,但是暴露在高温和氧化环境下会导致扩散,伴随着 O₂、N₂ 等从环境中进入,导致在界面上形成化学键。这种反应可能会显著提高界面剪切强度,导致脆性破坏或纤维强度下降。研究表明,尼卡隆/LAS(硅酸铝锂)复合材料的界面剪切阻力从室温下的 2 MPa 增加到 1 000 ℃下的约 40 MPa[182]。加工材料的低界面剪切强度是由复合材料制造过程中形成的富碳夹层造成的,然而,在空气中长时间热处理会在纤维和基体之间形成连续的 SiO₂ 层。基体开裂的断裂力学分析表明,界面摩擦应力的增加会使基体开裂应力高于纤维束应力。复合材料相应的失效行为从室温下的纤维控制失效(耐损伤的),转变为高温下的基体控制失效(灾难性的)。纤维强度和界面剪切强度对单轴纤维增强陶瓷基复合材料断裂行为的影响总结在图 2.51 所示的断裂机制映射中[182]。

纤维与基体热膨胀不匹配产生的残余应力是影响陶瓷基复合材料界面性能、基体开裂应力和力学性能的另一个因素。研究表明,与在室温下 5~18 MPa 的界面剪切强度相比,反应结合的 SCS - 6 纤维增强氮化硅基复合材料的界面剪切强度当温度升高到 1 300 ℃时增加到大约两倍,达到 12~32 MPa[183]。由于纤维的热膨胀高于基体的热膨胀,因此纤维-基体界面在环境温度下会产生残余张力。随着温度升高,这种残余张力会逐渐减小,导致纤维和基体之间的机械互锁增加。界面性质的增加将改变裂纹扩展行为,从室温下沿纤维-基体界面的裂纹偏转,变为高温下垂直于纤维的裂纹扩展[184]。阿贝(Abbe)和切蒙特(Chermont)进行了一项类似的研究,表明尼卡隆/SiC 复合材料的界面摩擦应力随着温度的升高而降低,如图 2.52 所示[185]。界面的弱化可能是由于热残余应力的释放:因为纤维的热膨胀系数低于基体的热膨

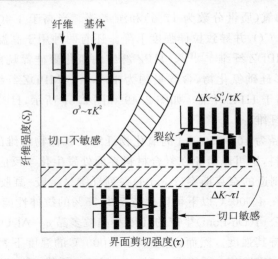

图 2.51　单向纤维增强陶瓷基复合材料在拉伸载荷下的断裂机制映射[182]

胀系数,所以残余应力释放会导致界面处的切向压应力变小。马歇尔和伊文斯[186]总结了残余应力对陶瓷基复合材料基体开裂应力和抗断裂性能的影响。

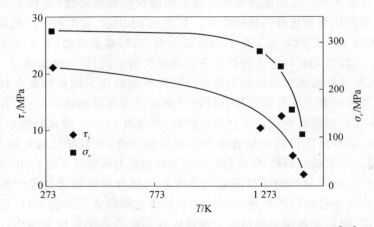

图 2.52　尼卡隆/SiC 复合材料的界面摩擦应力随温度的变化[183]

　　基体微裂纹也可能对陶瓷基复合材料的工程应用造成重要限制,因为它会对处于中高温度氧化气氛下的复合材料强度产生影响。这是因为裂纹为氧气向内进入界面提供了一条通道,导致界面发生氧化脆化。研究表明,尼卡隆/LAS-Ⅱ复合材料在 700~800 ℃下的强度快速降低,这是由于基体微裂纹促进了纤维和基体之间富碳界面的大气侵蚀[167]。在 SCS-6 纤维增强陶瓷基复合材料中,一旦发生基体开裂,纤维表面的富碳层也容易受到氧化侵蚀。由于基体开裂应力在高温下显著降低,因此将基体开裂应力提高到接近极限强度的水平,或者形成抗环境侵蚀的稳定界面是十分重要的。

2.9.3　断裂行为和增韧机制

　　许多学者已经证明,多晶陶瓷在室温下的断裂韧性可以通过连续纤维增强来显著提高。如图 2.53 所示,已经确定了许多不同的增韧机理[187],包括裂纹偏转、纤维桥联、微裂纹和纤维拔出。还描述了几种纤维增强陶瓷基复合材料在环境温度下上升的 R 曲线行为（随着裂纹扩展断裂韧性增加）[21,188-190]。这主要是由于裂纹尾迹中的纤维桥联和基体微裂纹。由于纤维不会因基体开裂而失效，因此当裂纹扩展时，复合材料可以承受额外的载荷。因此，桥联效应导致阻抗明显增加，使得裂纹能够稳定扩展。界面滑移应力、纤维束强度和基体中残余应力的大小已被证明是控制单向纤维增强陶瓷基复合材料在单调载荷下断裂特性的关键参数[21]。

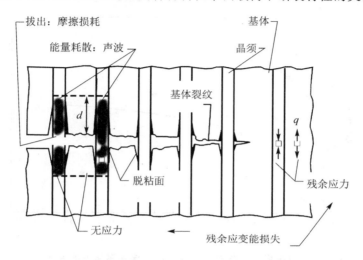

图 2.53　对稳态韧性有贡献的各种因素[187]

对这些复合材料在高温下的破坏模式和增韧机制细节的深入理解仍然非常有限。5 种纤维增强陶瓷基复合材料的断裂韧性与温度的关系如图 2.54 所示[21,188-191]。韧度值是在四点弯曲下使用单边切口梁试样获得的。2D-C_f/SiC_{CVI} 和 2D-Nicalon/SiC_{CVI} 复合材料的断裂韧度在为 $20\sim30$ MPa·$m^{1/2}$，在惰性气氛中可以保持到 1 400 ℃。然而，在氧化气氛中，其断裂韧性也随着温度的升高而迅速降低。奈尔（Nair）和 Wang[192] 进行的一项研究表明，在空气中当

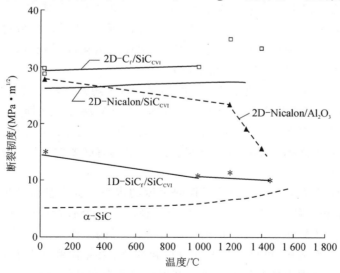

图 2.54　5 种纤维增强陶瓷基复合材料的断裂韧性随温度的变化

温度为 1 200 ℃时,编织尼卡隆增强 SiC 复合材料在环境温度下的 R 曲线效应显著降低,如图 2.55 所示。高温下的断裂韧度为 $12\sim18$ MPa·m$^{1/2}$,仍然高于单相碳化硅的断裂韧度。微观结构检查表明,主裂纹的扩展与分层断裂的显著程度相关,分层断裂会导致显著的裂纹分岔。由于高温下尼卡隆纤维退化,因此在裂纹尾迹处仅可观察到很少的纤维桥联。裂纹分岔和微裂纹似乎是这种复合材料在高温下可能的增韧机制。

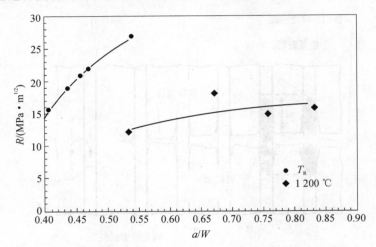

图 2.55　编织尼卡隆/SiC 复合材料在室温和高温下的 R 曲线行为

2.9.4　研发高温纤维增强陶瓷基复合材料的前景

如上所述,至今还没有获得在高温下具有令人满意的强度和韧性的纤维增强陶瓷基复合材料。其主要原因似乎是高温下纤维和基体的结构退化或氧化,以及高温、氧化气氛下各成分的不相容性。因此,需要继续研究以解决以下关键问题:

(1)需要开发在高温下具有更好的显微结构稳定性的纤维,并能在 1 000~2 000 ℃保持其性能。迪卡洛(DiCarlo)[193]已经讨论了高强度和韧性陶瓷基复合材料对纤维性能的需求。通过化学气相沉积或聚合物热解制备的小直径、化学计量碳化硅纤维,以及微观结构稳定、抗蠕变的氧化物纤维,似乎是最有希望的增强材料。

(2)需要通过涂覆或原位反应制备稳定的界面。鉴于陶瓷基复合材料性能对界面性能的强依赖性,通常需要考虑高温应用中纤维的涂层和/或反应层。伊文斯[187]的研究表明,最有希望的方法似乎是使用双涂层:内涂层满足脱粘和滑移的要求,而外涂层提供在加工过程中对基体的保护。主要的挑战是要找到一种内涂层,它既具有必要的力学性能,又能在高温空气中具有热力学稳定性。

(3)需要将基体开裂应力提高到接近极限强度的水平。提高基体开裂应力,需要提高界面结合强度、纤维体积分数、E_f/E_m 或减小纤维直径。另一个有希望的方法是通过加入纳米相陶瓷颗粒来提高基体的断裂强度。尼阿拉(Nihara)[194]的工作表明,在基体晶粒内或晶粒边界添加纳米尺寸陶瓷弥散相,可显著改善 Al_2O_3 和 Si_3N_4 在室温和高温下的力学性能。因此,陶瓷纳米复合材料可以作为具有优异抗基体开裂性能的潜在基体材料。

第3章　连续纤维增强陶瓷基复合材料的高温蠕变行为

3.1　概　述

在过去的十多年中,已经针对连续纤维增强陶瓷基复合材料做了大量研究工作[76,137,189,195-200]。与其他用颗粒或晶须增强的陶瓷基复合材料相比,纤维增强陶瓷基复合材料明显具有更高的断裂韧性,以及以非灾难性方式失效的能力(通常称为"优雅"失效)。对于涉及多轴加载的应用,复合材料可以用二维交叉铺层、二维编织或三维纤维编织结构制造。纤维增强陶瓷基复合材料发展的主要动力是,需要用低密度的高温材料来替代动力设备中使用的镍基高温合金。典型陶瓷基复合材料的密度为 $2\sim3\ \text{g/cm}^3$,是镍基高温合金的 $1/4\sim1/3$。此外,当用于先进的燃气轮机时,当前一代镍基高温合金经受的温度可超过其初始熔点的 90%,该熔点通常为 $1\,250\sim1\,400\ ℃$[201]。发动机和热交换器的热力学效率的进一步提高,需要使用熔点明显更高的材料,例如陶瓷基复合材料。在过去的几年里,纤维增强陶瓷基复合材料已经成功地应用于航空航天领域,包括先进燃气轮机的火箭喷管和排气襟翼[202]。这些材料的未来应用包括燃气轮机燃烧室和翼型、热交换器、飞机和天基结构的结构件与隔热罩,以及核电厂乏燃料的安全壳[203-205]。高温蠕变和疲劳寿命是大多数这些应用的重要设计考虑因素。

本章从理论和实践的角度讨论纤维增强陶瓷基复合材料在高温蠕变领域的研究现状。3.2 节是蠕变行为的理论分析,采用一个简单的一维模型,深入研究组分的蠕变行为如何影响宏观瞬时蠕变行为和微观结构损伤累积。3.3~3.4 节对用于研究蠕变行为的实验技术做简要的概述,并讨论一些有助于深入了解宏观蠕变行为和微观结构损伤模式的典型实验结果。3.5 节介绍针对纤维增强陶瓷基复合材料循环蠕变行为的最新研究成果。3.6 节将蠕变行为的理论分析和实验研究结果结合起来,为抗蠕变复合材料的微观结构设计提供实用的指导;同时也强调纤维增强复合材料微观结构设计中存在一个重要难题:高单调韧性所需的微观结构参数(如低界面剪切强度)、基体微裂纹和裂纹的纤维桥联,通常对蠕变和抗疲劳性有负面影响。在讨论上述内容之前,先概要介绍一下陶瓷基复合材料的蠕变行为。

3.1.1　基本行为

蠕变行为及与本构属性的关系,受到纤维失效、基体裂纹和界面脱粘的严重影响。一些基本的应变-时间特性如图 3.1 和图 3.2 所示。当纤维和基体完好无损且界面粘合时,复合材料的蠕变变形和组分性能直接相关[206-207]。当一种组分是弹性的(纤维或基体)而另一种组分发生蠕变时,纵向蠕变应变是瞬态的,并且当所有应变转移到弹性材料上时就会停止蠕变(见图 3.1 和图 3.2)[206]。描述这种行为所需的蠕变定律是

$$\dot{\varepsilon}_{ij} = \frac{1}{2G}\dot{s}_{ij} + \frac{1}{9K}\delta_{ij}\dot{\sigma}_{kk} + \frac{3}{2}B_c\sigma_e^{n-1}s_{ij} + \alpha\delta_{ij}\dot{T} \tag{3.1}$$

其中,$\dot{\varepsilon}_{ij}$ 是应变率,$\dot{\sigma}_{kk}$ 是应力率,δ_{ij} 是克罗内克(Kronecker)符号,n 是蠕变指数,s_{ij} 是偏应力,有效应力 σ_e 定义为

$$\sigma_e = \left(\frac{3}{2}s_{ij}s_{ij}\right)^{1/2} \tag{3.2}$$

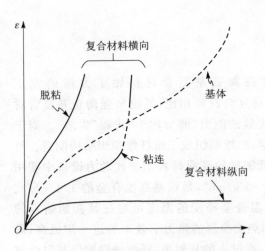

图 3.1　单向陶瓷基复合材料
各向异性蠕变示意图

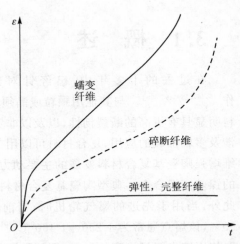

图 3.2　完整纤维、蠕变纤维以及纤维
失效对纵向蠕变的影响示意图

B_c 是稳态蠕变的流变参数:

$$B_c = \dot{\varepsilon}_0/\sigma_0^n \tag{3.3}$$

其中,σ_0 是参考应力,$\dot{\varepsilon}_0$ 是参考应变率。如果纤维是弹性的且基体发生蠕变,则基体中的应力 σ_m 在恒定施加应力下的演变函数为($n \neq 1$)[206,208]

$$\sigma_m(t) = \left\{\frac{(n-1)V_fE_fE_mB_ct}{E_L} + \frac{1}{[\sigma_m(0)^{n-1}]}\right\}^{1-n} \tag{3.4}$$

其中,$\sigma_m(0)$ 是 $t=0$ 时刻的基体应力。当基体应力 $\sigma_m \to 0$ 时,纤维上的应力增加至 $\sigma_m = \sigma/(1-V_f)$,于是瞬态应变 ε_t 为

$$\varepsilon_t = \sigma/E_f(1-V_f) \tag{3.5}$$

当纤维发生蠕变但基体是弹性的时,会得到类似的结果。

当纤维和基体都蠕变时,复合材料在初始瞬变后会形成稳态蠕变(见图 3.2)。基体应力的演变规律为[206]

$$\left(\frac{E}{V_fE_mE_f}\right)\dot{\sigma}_m = B_m\sigma_m^{n_m} - B_f\left[\frac{\sigma - (1-V_f)\sigma_m}{V_f}\right]^{n_f} \tag{3.6}$$

其中,n_m 和 n_f 分别是基体和纤维的蠕变指数。当达到稳态($\dot{\sigma}_m = 0$)时,σ_m 和 σ_f 的关系为

$$[\sigma_m^{n_m}(B_m/B_f)]^{1/n_f} + \frac{(1-V_f)}{V_f}\sigma_m = \frac{\sigma}{V_f} \tag{3.7}$$

以及

$$\dot{\sigma}_m(1-V_f) + \sigma_fV_f = \sigma \tag{3.8}$$

求解上述公式可以得到特定 n_m 和 n_f 下的 σ_m 和 σ_f。在已知应力的情况下,容易获得复合材料的蠕变速率。

　　对于纤维粘合良好的复合材料,横向蠕变通常由基体主导,因此,假设纤维刚性粘合所得结果是具有实用性的。所有这些结果表明,复合材料的稳态蠕变速率低于基体自身的蠕变速率(见图 3.1)。此外,使用幂律硬化基体(见图 3.3)求得的横向变形,也适用于幂律蠕变基体的稳态解(只须将应变换成应变率即可)。蠕变速率的降低取决于基体的幂律指数和纤维的空间排列。对于具有方形纤维排列的复合材料和受扩散蠕变($n_m=1$)影响的基体,因为在纤维方向(z)上没有蠕变[206],所以有

$$\dot{\varepsilon}_{yy}=-\dot{\varepsilon}_{xx}=(\sigma_{yy}-\sigma_{xx})k_1(V_f) \tag{3.9}$$

其中
$$k_1(V_f)=(3/4)\left[(1-V_f)/(1+2V_f)\right] \tag{3.10}$$

本质上,k_1 表示考虑了粘合纤维时的蠕变速率降低。对于非线性基体,有如下形式的等价结果:

$$\dot{\varepsilon}_{xx}=-\dot{\varepsilon}_{yy}=B_m(\sigma_{xx}-\sigma_{yy})^{n_m-1}(\sigma_{xx}-\sigma_{yy})k_n(V_f) \tag{3.11}$$

其中,k_n 是纤维体积分数和空间排列的函数。例如,当 $n_m=5$ 且纤维方形排列时,有

$$k_n=0.42\left[(1-V_f)/(1-V_f^2)\right]^5 \tag{3.12}$$

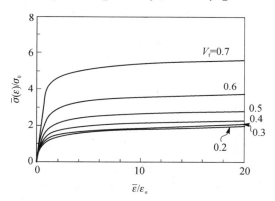

图 3.3　基体遵循幂律硬化的单向复合材料的横向强度

3.1.2　纤维失效的影响

　　当含蠕变基体的复合材料受沿纤维轴向的外力时,纤维上随时间变化的应力可能会导致一些纤维失效。纤维断裂后,界面处会开始滑移,基体也会进一步蠕变。由于这个过程的时间常数比上面描述的初始瞬态的时间常数要大得多,因此可以将该过程看作一个独立的蠕变问题进行分析[206]。虽然该过程较复杂,但有几个因素很重要。如果纤维上的应力达到其强度 S_f,则复合材料将失效。此外,与界面蠕变滑移相关的很小的 τ_{fi} 可能也与 S_f 相关。在极限情况下,复合材料可能在应力高于纤维的干束强度 S_b(见式(1.23))时失效。反之,复合材料不能在低于 S_b 的应力下破裂,除非纤维因蠕变而退化。因此,干束强度代表一个"阈值"。当应力低于 S_b 时,蠕变只能是瞬态的。

　　在较高应力下,纤维可能会断裂成碎段。如果界面固结且纤维与基体的蠕变速率比合理,则仍然可能发生稳态蠕变(见图 3.1)。这种行为可用米莱科(Mileiko)模型来表示[208]。非滑

移界面的解为[206,209]

$$\dot{\varepsilon} = B_m \sigma^{n_m} (r_f/L_f)^{n_m+1} \mathcal{L}(n_m, V_f) \tag{3.13}$$

其中,L_f是片段长度,并且

$$\mathcal{L}(n_m, V_f) = 2^{n_m+1} 3^{1/2} \left[\frac{3^{1/2}(2n_m+1)}{2n_m V_f} \right]^{n_m} \frac{(1-V_f)^{(n_m-1)/2}}{(n_m-1)} \tag{3.14}$$

然而,片段长度随着应力的增加而减小,具体比例关系如下[14]:

$$L_f/r_f \sim (S_c/\sigma)^\beta \tag{3.15}$$

将式(3.15)代入式(3.13),可得稳态蠕变速率在幂律指数 $n_m + \beta + \beta n_m$ 很大时出现[206]。这种行为在非连续纤维增强复合材料中已有报道[210]。整体行为如图3.4所示。实际上,由于当应力高于 S_b 时的应力指数较大,因此只有当应力低于 S_b 时,才能确保复合材料具有足够的蠕变性能。

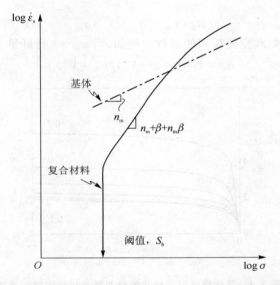

注:基体本构方程的幂律指数为 n_m;该复合材料的幂律指数更高,

使其阈值应力高于纤维破碎的阈值应力。

图 3.4　纵向蠕变阈值和阈值以上行为示意图

3.1.3　界面脱粘

对于界面脱粘时的横向蠕变,目前这方面的研究成果很少,但与上述幂律变形和稳态蠕变的类比给人们提供了思路。针对界面粘结和脱粘时的横向变形计算(见图3.5)表明,当界面脱粘时会发生明显的强度下降[211-212]。此外,复合材料的行为与含圆柱孔隙的物体接近。因此,当界面脱粘时,多孔体的蠕变结果可用于粗略估计界面脱粘时复合材料的横向蠕变强度。

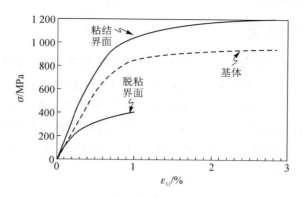

图 3.5　有无界面脱粘的横向性能对比

3.1.4　基体开裂

在某些陶瓷基复合材料中,纤维比基体更容易蠕变。此类材料包括 SiC_f/SiC 和 SiC_f/Si_3N_4 复合材料。在这种情况下,纤维蠕变和基体开裂可能是同步进行的,从而加速蠕变并导致过早发生蠕变破裂。如上所述,纤维蠕变会增加基体上的应力。当超过阈值时,基体上的应力会超过 σ_r(见式(1.88)),从而导致在 90°层中形成多个基体裂纹。这些裂纹会逐渐扩展到 0°层中,因为纤维的蠕变松弛了桥联牵引力。于是,这些位置的应力需要完全由纤维承担,纤维会无阻碍地蠕变,最终导致复合材料破裂(见图 3.6)。由于沿晶界形成空隙,因此多晶陶瓷纤维的断裂延展性通常非常低。基体开裂通常会导致蠕变破裂,并且具有脆性蠕变特征。因此,将该蠕变应力与条状开裂应力 σ_r(见式(1.88))进行类比,可得到阈值应力。当应力大于 σ_r 时,基体裂纹会穿过复合材料,使得复合材料因纤维断裂而失效。

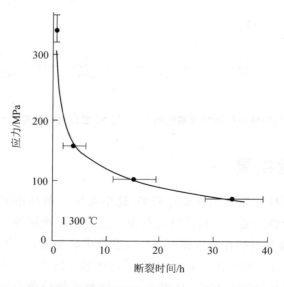

图 3.6　SiC_f/C 复合材料(易受纤维蠕变和基体开裂的影响)的蠕变断裂数据

3.1.5　应变恢复

由于复合材料中的蠕变会重新分布基体和纤维之间的应力,因此当移除载荷时必然会发生应变恢复[213]。对于由弹性和黏塑性组分组成的系统,开尔文(Kelvin)已给出成熟的求解方法。值得注意的是,当移除负载时,某一种组分的弹性拉伸会逐渐松弛。当然,具体过程取决于黏塑性组分。该现象可通过一个简单例子来说明。针对具有弹性纤维和蠕变基体的复合材料,沿纤维方向加载,一直蠕变直到基体中的应力基本为零(见图 3.7),然后移除负载。这时瞬时弹性收缩 $\Delta \varepsilon$ 必然满足

$$\Delta \varepsilon = \frac{\sigma_m}{E_m} = \frac{\Delta \sigma_f}{E_f} \tag{3.16}$$

因此,弹性卸载后的应力为

$$\sigma_m = -\frac{V_f \sigma E_m}{(1 - V_f) E_L} \tag{3.17}$$

$$\sigma_f = \sigma E_m / E_L$$

此后,保持该温度会导致 σ_m 按式(3.4)松弛,其中 $\sigma_m(0)$ 由式(3.17)给出。

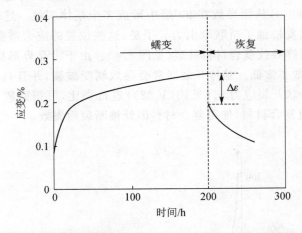

图 3.7　具有弹性纤维和蠕变基体的 SiC_f/Si_3N_4 复合材料的应变恢复效果[213]

3.1.6　实验结果

为了说明上述一些特征并预测可能的趋势,这里给出一系列不同复合材料的实验数据。首先介绍当纤维具有弹性时复合材料的纵向行为。蓝宝石纤维增强 TiAl 基复合材料的结果(见图 3.8)表明,当纤维具有弹性且完整但基体也会发生蠕变时,复合材料的纵向存在瞬态蠕变[74]。在更高的载荷下,一些纤维会失效,蠕变也会继续并最终发生整体断裂,正如 SiC 纤维增强钛基复合材料数据所证明的那样(见图 3.9)。蠕变后卸载会导致反向变形,如图 3.7 所示。当使用单相 $Si_3N_4(n=2)$ 的蠕变指数时,基体应力会以如下方式松弛:

$$\sigma_{m} = \left[\frac{V_f E_f E_m B t}{E_L} - \frac{(1 - V_f) E_L}{V_f \sigma E_m} \right]^{-1} \qquad (3.18)$$

注意：其中 B 的单位为（应力）$^{-2}$。

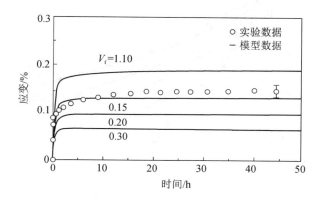

图 3.8　蓝宝石纤维增强 TiAl 基复合材料的瞬态纵向蠕变[74]

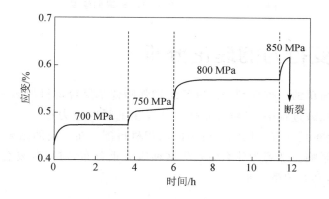

图 3.9　受增量加载的 SiC$_f$/Ti 复合材料的瞬态蠕变和断裂数据[214]

　　在某些陶瓷基复合材料中，相反的情况也可能很重要，其中纤维会蠕变，但基体是弹性的[215]。典型的例子包括 SiC$_f$/SiC 和 SiC$_f$/Si$_3$N$_4$ 复合材料，其中的 SiC 纤维的晶粒很细（如尼卡隆纤维）。在这些材料中，当加载超过阈值应力 σ_τ 时，会产生基体裂纹。当这些裂纹存在时，纤维蠕变会导致继续变形直至蠕变破裂（见图 3.6）。然而，如果应力低于阈值，则蠕变将以瞬态方式发生[215]。

　　当基体和纤维均蠕变且没有基体裂纹时，复合材料会一直沿纵向变形[11]。SiC$_f$/CAS 复合材料的结果（见图 3.10）证实蠕变仍在继续。然而，由于纤维中发生的微观结构变化导致蠕变硬化，因此复合材料的行为会变得复杂一些。因此，在本质上变形起着主导作用。这些结果表明，微观结构稳定性是选择纤维的重要标准。

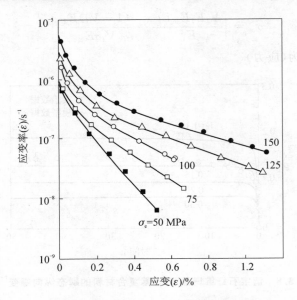

图 3.10　SiC$_f$/CAS 复合材料的纵向蠕变[11]

3.2　蠕变行为的理论分析

本节将用一个简单的一维模型来研究纤维增强陶瓷基复合材料的蠕变变形。该模型有助于深入理解在蠕变加载过程中,纤维和基体之间发生的瞬时应力重分布。如下文详细讨论的那样,这种应力重分布是具有不同蠕变行为的两相材料耦合在一起的结果,对蠕变损伤模式和蠕变寿命具有重要影响。理解为什么会发生这种应力重分布,对提高复合材料抗蠕变性的微观结构设计来说,是必要的第一步。

3.2.1　蠕变行为和组分间应力瞬时重分布模拟

3.2.1.1　背　景

在高温下,对纤维增强陶瓷基复合材料快速施加持续蠕变载荷通常会产生瞬时弹性应变,随后是随时间变化的蠕变变形。因为纤维和基体的弹性常数、蠕变速率和应力松弛行为通常不同,所以在蠕变期间,纤维和基体之间的应力会发生随时间变化的重分布。即使在没有施加载荷的情况下,如果纤维和基体的热膨胀系数存在差异,则当某个部件被加热时会产生残余应力,从而也会发生应力重分布。对于足以引起任一组分蠕变变形的温度,这种抗蠕变性的不匹配会导致抗蠕变性较高的组分内的应力逐渐增大,而抗蠕变性较低的组分内的应力减小。图 3.11 说明了在复合材料初始加载、持续蠕变和卸载过程中纤维和基体应力的瞬时变化。在图 3.11 中假设纤维比基体具有更高的抗蠕变性,这是比较典型的情况。如图 3.11 所示,蠕变载荷的快速施加,导致了纤维和基体的初始弹性变形。当加载瞬时结束时,每种组分的应力水平由施加的载荷以及纤维和基体的弹性模量与体积分数决定。需要重点关注的是,基体中的应力当初始加载结束时达到最大值,然后逐渐衰减。如果基体应力足够高,则在初始加载过程中可能会发生基体断裂。可以通过降低初始加载速率来降低基体应力,这允许基体应力在初始加载期间通过蠕变而松弛(参见后续 3.2.5 节的讨论)。在开始发生蠕变后,载荷从基体转移到纤维上;基体应力逐渐松弛,纤维应力逐渐增大。当卸载时,复合材料的弹性收缩使基体处于压缩状态,而纤维处于残余张力状态。对于给定的复合材料和温度,卸载后产生的残余应力状态取决于蠕变温度、应力和先前蠕变应变的影响。如 3.5 节蠕变应变恢复部分所述,这种残余应力状态为应变恢复提供了驱动力,而这种驱动力在单相陶瓷材料中是不存在的。随着时间的推移,会发生内在的恢复和应力松弛,纤维和基体中的应力也因此会逐渐降低。总的来说,蠕变载荷倾向于增大具有不同蠕变速率的组分之间的轴向应力差,而应变恢复会减小这个应力差。

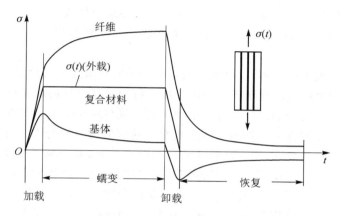

注:为了清楚起见,加载和卸载瞬时被放大了。

图 3.11　在纤维增强陶瓷基复合材料等温拉伸蠕变和蠕变恢复过程中
纤维和基体应力瞬时变化的理想化表示[216]

在蠕变加载过程中发生的应力重分布的程度和速率取决于许多参数,包括复合材料的初始残余应力状态、纤维和基体的弹性常数与蠕变速率的失配,以及沿纤维-基体界面的载荷传递程度。初始残余应力状态取决于加载历史,以及组分的弹性常数和热膨胀系数的不匹配。在给定的温度下,纤维和基体的弹性常数也将在施加和移除蠕变载荷期间影响纤维与基体中的应力分布;而应力的瞬时重分布由蠕变速率失配所控制。

上述讨论仅涉及在单轴蠕变加载过程中,纤维和基体中轴向应力的重分布。应当理解,纤维-基体界面处的径向应力,以及基体中的静应力(这些应力是由于基体变形受到纤维的限制而产生的)也发生与时间相关的变化。这是一个值得关注的问题,因为径向应力直接影响界面的脱粘特性和组分之间的载荷传递程度。如果发生脱粘,则蠕变变形将导致沿纤维-基体界面的摩擦剪切应力随时间变化。许多物理性质受沿纤维-基体界面的摩擦剪切应力的影响。界面脱粘或摩擦剪切应力的变化,会直接影响到纤维增强陶瓷基复合材料的强度、韧性和阻尼性能。取决于纤维和基体之间接触程度的热物理性质(例如横向热导率),也会受到径向应力随时间变化的影响。由于纤维和基体之间的局部约束而在基体中产生的静水应力,也会影响到基体气蚀等蠕变变形机制。

3.2.1.2　理论分析和数值模拟

在理想情况下,人们希望通过对纤维、基体和界面蠕变行为的了解,来模拟复合材料的蠕变行为。这些模型可以为改善复合材料抗蠕变性能的微观结构设计提供指导,并且可以帮助理解在持续的循环蠕变载荷作用下,复合材料的微观结构损伤是如何累积的。然而,由于纤维、基体和近界面区域之间的泊松比不匹配,以及纤维堆积的不均匀性,即使一维复合材料的单向加载,也会导致复合材料中出现多轴应力-应变状态。此外,纤维和基体的蠕变变形是与时间相关和非线性的。这使得精确的理论解几乎不可能,或非常难以获得。因此,通常需要用有限元方法等数值模拟技术来全面分析蠕变加载过程中产生的与时间相关的应力和应变分布。例如,帕克(Park)和霍姆斯(Holmes)[217]使用二维和三维有限元模型,预测了一维 SCS-6 SiC$_f$/HPSN 复合材料在持续的循环蠕变载荷下发生的轴向和径向应力变化,发现来自相邻纤维的约束导致形成垂直于纤维的非对称应力,法向应力的这种局部化在纤维和基体之间发生的界面脱粘和载荷传递中起着重要作用。对于等温循环蠕变加载,有限元分析还表明,在试样卸载过程中产生的瞬时应力状态,为蠕变应变随时间的恢复提供了强大的机械驱动力(见3.5 节的讨论)。

由于难以获得精确的理论解,以及进行与时间相关的有限元分析所需要的时间和成本,简化的一维同心圆筒模型已被广泛用于研究组分蠕变行为对复合材料蠕变行为的影响。对连续纤维增强复合材料蠕变行为的最早分析是由德·席尔瓦(De Silva)[218-219]完成的,他研究了单向金属基复合材料蠕变过程中纤维和基体之间发生的应力瞬时重分布。在他的模型中,纤维和基体被视为两个平行的单元,包含串联的弹性和蠕变单元,并受到单轴拉伸。结果表明,载荷会从抗蠕变性较低的组分逐渐转移到抗蠕变性较高的组分。其他学者的后续工作[209,220-226]基本上遵循了类似的方法,但材料特性(例如蠕变基体和弹性或蠕变纤维)的组合不同、界面特性不同或数学处理不同。特别值得注意的是麦克林(McLean)及其同事[223-225]的细致研究工作,他们模拟了单轴金属基复合材料的蠕变行为,该复合材料在具有幂律蠕变的基体中嵌入了短或长弹性纤维。他们的分析将界面视作第三相,即滑移(非相干界面)或非滑移(相干界面);假设纤维表现出弹性行为,这是在金属基体中陶瓷纤维的典型情况。麦克林及其同事的工作,强调了界面流变性在复合材料蠕变响应中的重要作用。

克尔瓦德克(Kervadec)和谢尔蒙(Chermant)[227-228]、阿达米(Adami)[229]、Wu 和霍姆斯(Holmes)[216]将上述一维同心圆筒模型扩展到纤维增强陶瓷基复合材料;这些分析在基本概念上与之前对金属基复合材料的建模工作相似,但它们结合了纤维和基体蠕变的时间依赖性,在某些情况下,还包括界面蠕变。迈耶(Meyer)等人[230-232]、Wang 等人[233]、Wang 和 Chou[234]将一维模型进一步扩展到多轴应力状态。在迈耶等人的工作中,对一维纤维增强复合材料在"离轴"加载(加载方向与纤维轴成一个角度)下进行了分析,假设纤维和基体在纯剪切下表现为非线性麦克斯韦(Maxwell)固体,并且界面遵循与速率相关的库仑摩擦定律,没有内聚强度。他们的模型与有限元模型结合使用,用于预测尼卡隆/CAS 复合材料的"离轴"压缩蠕变行为,表现为加载方向和纤维之间夹角的函数。在 Wang 和 Chou 的工作中,利用多轴蠕变本构关系和剪滞模型建立了单向排列的短纤维增强陶瓷基复合材料的离轴拉伸模型,并利用该模型对短纤维 SiC$_f$/Al$_2$O$_3$ 复合材料的蠕变行为进行了预测。该模型考虑了纤维-基体界面滑移效应、体积分数和纤维长径比,引入界面因子来解释界面行为对蠕变变形的影响。

3.2.2 单向纤维增强陶瓷基复合材料蠕变的一维模型

为了更好地理解纤维增强陶瓷基复合材料的蠕变行为,这里使用一种简单的一维分析方法来检查组分行为对复合材料蠕变变形和内应力变化的影响。由于该模型的推导过程对研究影响复合材料蠕变行为的参数很有价值,因此将首先概述一维同心圆筒模型的推导。

将连续纤维增强陶瓷基复合材料看作一个多相系统,其中各相彼此平行、沿着单轴加载方向。纤维(或纤维束)、基体和界面区被视为独立的相。通常,每个阶段都会经历弹塑性(蠕变)变形。在目前的分析中,假定每个阶段的蠕变速率 $\dot{\varepsilon}_i$ 遵循如下形式的一般蠕变定律:

$$\dot{\varepsilon}_i = A_i(T,t)\sigma_i^{n_i}, \quad i = 1,2,\cdots,N \quad (N \text{ 是相数}) \tag{3.19}$$

其中,σ_i 是第 i 相在复合材料中所经历的原位应力,n_i 是第 i 相的应力指数。如果需要,则方程(3.19)中的因子 $A_i(T,t)$ 可分为三个项,分别对应于初级蠕变、次级蠕变(稳态)和三级蠕变。

复合材料中的每一相通常具有不同的弹性和蠕变特性。然而,假设强界面结合为极限情况,相容性要求每个组分的总应变和总应变率相等。各组分的总应变率 $\dot{\varepsilon}_{i,\text{tot}}$ 由弹性应变率 $\dot{\varepsilon}_{i,\text{el}}$ 与蠕变速率 $\dot{\varepsilon}_i$ 之和给出。为了满足相容性,这个总和必须等于复合材料的总应变率 $\dot{\varepsilon}_{c,\text{tot}}$:

$$\dot{\varepsilon}_{i,\text{tot}} = \dot{\varepsilon}_{i,\text{el}} + \dot{\varepsilon}_i = \dot{\sigma}_i/E_i + \dot{\varepsilon}_i = \dot{\varepsilon}_{c,\text{tot}} \tag{3.20}$$

或

$$\dot{\sigma}_i = E_i(\dot{\varepsilon}_{c,\text{tot}} - \dot{\varepsilon}_i) \tag{3.21}$$

根据混合律,各组分的应力可以用组分的体积分数和外加应力 σ_c 来表示:

$$\sum_{i=1}^{N} V_i\sigma_i = \sigma_c \tag{3.22}$$

或者,用应力速率表示为

$$\sum_{i=1}^{N} V_i\dot{\sigma}_i = \dot{\sigma}_c \tag{3.23}$$

把式(3.21)代入式(3.23)并消去 $\dot{\sigma}_i$,可得复合材料的总应变率为弹性分量和蠕变分量的总和:

$$\dot{\varepsilon}_{c,\text{tot}} = \frac{1}{E_c}\left(\dot{\sigma}_c + \sum_{i=1}^{N} V_iE_i\dot{\varepsilon}_i\right) = \dot{\varepsilon}_{c,\text{el}} + \langle\dot{\varepsilon}_i\rangle_i \quad (i = 1,2,\cdots,N) \tag{3.24}$$

其中,$\dot{\varepsilon}_{c,\text{el}} = \dot{\sigma}_c/E_c$,是复合材料总应变率的弹性分量$\left(E_c = \sum_{i=1}^{N} V_iE_i \text{ 为复合材料的轴向模量}\right)$;$\langle\dot{\varepsilon}_i\rangle_i$ 是复合材料总应变率的蠕变分量,$\langle\dot{\varepsilon}_i\rangle_i = \sum_{i=1}^{N}\left[V_i(E_i/E_c)\dot{\varepsilon}_i\right]$,表示所有组分蠕变速率($\dot{\varepsilon}_i = A_i\sigma_i^{n_i}$)的中间值,$V_iE_i/E_c$ 为加权因子。这个表达式允许用组分蠕变行为表示复合材料的蠕变行为。对于平行于加载方向的连续多相结构,当它受弹性/蠕变变形时,复合材料的整体蠕变速率等于各组分蠕变速率 $\dot{\varepsilon}_i$ 的加权平均值,加权因子为 V_iE_i/E_c。

为了通过 $\dot{\varepsilon}_i$ 求得 $\dot{\varepsilon}_c$,需要通过施加的应力确定局部应力 σ_i(或应力分布)。这可通过求解组分应力的动力学方程来实现。将式(3.24)代入式(3.21)并消去 $\dot{\varepsilon}_{c,\text{tot}}$,可得如下一阶微分方程组:

$$\dot{\sigma}_i = E_i(\dot{\varepsilon}_{c,\text{el}} + \langle\dot{\varepsilon}_i\rangle_i - \dot{\varepsilon}_i) \quad (i = 1,2,\cdots,N) \tag{3.25}$$

由于 $\dot{\varepsilon}_i$ 是 σ_i 的幂律函数(由方程(3.19)给出),而 $\dot{\varepsilon}_{c,\text{el}}$ 可通过加载历史 $\dot{\sigma}_i(t)$ 求得,因此式(3.25)的形式为 $\dot{\sigma}_i = f_i(\sigma_1,\sigma_2,\cdots,\sigma_N,t)$,在初始条件已知的情况下,可用迭代法求解。该迭代计算包括如下步骤:

（1）在给定初始条件（$\sigma_c = \sigma_i = 0$，$\varepsilon_c = \varepsilon_{i,tot} = 0$ 和 $\dot{\varepsilon}_c = \dot{\varepsilon}_i = 0$）下，方程（3.25）的右侧是已知的，从而可以确定各相的初始应力变化速率 $\dot{\sigma}_i$。

（2）在时间增量 dt 之后，可求得在任意时刻 $t + dt$ 纤维和基体中的局部应力 $(\sigma_i, \varepsilon_i, \dot{\varepsilon}_i)_t$。利用这一信息，根据方程（3.20）～方程（3.24）可通过组分参数 $(\sigma_i, \varepsilon_i, \dot{\varepsilon}_i)_t$ 求得复合材料的应力、应变和应变率 $(\sigma_c, \varepsilon_c, \dot{\varepsilon}_c)_t$。通过迭代计算，可以预测任何加载历史下复合材料和构件的蠕变行为，包括循环蠕变。

如果将复合材料视为两相体系（仅含纤维和基体），则公式（3.25）可化简为

$$\dot{\sigma}_f = \frac{E_f}{E_c}[\dot{\sigma}_c + V_m E_m(\dot{\varepsilon}_m - \dot{\varepsilon}_f)]$$

$$\dot{\sigma}_m = \frac{E_m}{E_c}[\dot{\sigma}_c + V_f E_f(\dot{\varepsilon}_f - \dot{\varepsilon}_m)]$$

（3.26）

其中，下标"f"和"m"分别表示纤维与基体。

应力重分布的驱动力：分析式（3.25）（或式（3.26））可知，在瞬态蠕变过程中，应力重分布的驱动力来源于各组分弹性和蠕变特性的失配。在蠕变载荷的快速施加过程中，应力根据其弹性性质（杨氏模量）分布在每个构件上。在随后的持续（静态）加载中，应力倾向于根据其蠕变特性在各组分之间重新分布。在施加蠕变载荷后，应力会逐渐重新分布，并一直持续至达到稳态，此时各组分中 $\dot{\varepsilon}_i = \langle \dot{\varepsilon}_i \rangle_i$，$\dot{\sigma}_i = 0$。这就要求在稳定状态下，应力的分布方式使所有组分的内在蠕变速率相等（$\dot{\varepsilon}_i = \dot{\varepsilon}_{c,tot}$），应变率的弹性分量等于零（$\dot{\varepsilon}_{i,el} = 0$）。这种应力重分布过程是复合材料瞬态蠕变行为的一个特征，可能发生在很长一段时间内（如数百小时），也可能只发生在很短一段时间内（如几分钟）；重分布的精确动力学将取决于各组分的弹性性质（E_i）、蠕变性质（A_i、n_i）和体积分数（V_i）的组合。

上述一维模型可用于研究加载历史和微观结构变化对复合材料蠕变行为的影响。例如，根据方程（3.25）中的弹性应变率项（$E_i/E_c）\dot{\sigma}_c$，可以在不改变计算过程的情况下模拟各种加载模式。利用该模型可以研究组分蠕变行为、弹性性能和体积分数的影响，从而在给定的温度和加载历史下优化复合材料的微观结构。模型中组分的数量是任意的，每个组分的行为也是任意的。如果把纤维、基体和界面区看作三组分复合体系，则方程（3.25）简化为阿达米[229]的纤维增强陶瓷基复合材料单轴蠕变模型，或麦克林[225]的长纤维金属基复合材料模型（在他的推导中，麦克林假设纤维以弹性方式变形）。如果只考虑纤维和基体，则该模型简化为德·席尔瓦[218-219]的双组分模型。

3.2.3　一维模型的应用：瞬态蠕变和应力重分布

本小节使用式（3.25）对纤维增强陶瓷基复合材料的瞬态蠕变行为和发生在纤维与基体之间的应力重分布进行进一步分析。为简单起见，考虑一种两相复合材料系统，其纤维沿加载方向排列。假设对复合材料以无限高的速率加载到恒定的蠕变应力 σ_c。利用 SiC 纤维（SCS-6）和热压 Si_3N_4（HPSN）的数据，采用一维模型（ROM）研究外加蠕变应力对 0° SCS-6 SiC_f/HPSN 复合材料（纤维体积分数为 40%）蠕变应变和蠕变速率的影响，计算蠕变试验过程中纤维和基体应力的瞬态变化，并与二维有限元（FEM）分析结果进行比较（见图 3.12）。在这两种分析中，都忽略了微观结构损伤（它对蠕变行为的影响稍后讨论）。同时假设蠕变温度为

1 200 ℃,蠕变应力是瞬时施加的,各组分只经历稳态蠕变,并具有完美的界面结合。在有限元分析中,纤维的泊松比为 0.17,基体的泊松比为 0.27。虽然假设纤维和基体只表现出稳态蠕变行为,但应力的瞬态重分布产生了如图 3.12(a)和图 3.12(b)所示的瞬态蠕变响应[235]。

一维混合律和二维有限元分析结果的相似性表明,横向应力(在一维分析中没有考虑)对 0°复合材料的单轴拉伸蠕变行为的影响很小。这种情况通常发生在没有显微结构损伤的情况下(例如施加的蠕变应力相对较低)。在这种情况下,泊松比不匹配的影响不那么重要,因为在横向应变等于所有相的轴向应变的一半的情况下,塑性变形在所有阶段服从体积守恒;只有弹性应变分量才对泊松比失配引起的横向应力有影响。因此,考虑泊松收缩效应的一维和二维有限元分析之间的微小差异是可以理解的。虽然横向应力对 0°/90°复合材料的蠕变行为没有显著影响,但稍后将会有大量的实验证据表明,在 0°/90°复合材料单轴加载过程中产生的横向应力对蠕变行为和微观结构损伤有显著影响。

为了说明关于纤维增强陶瓷基复合材料蠕变行为的一个重点,在上述分析中有意忽略了各组分的主要蠕变行为。如图 3.12 所示,即使假设各组分只经历稳态蠕变,也预测了一个长期的瞬态蠕变状态。这是纤维增强陶瓷基复合材料蠕变行为的一个普遍特征,是由发生在纤维和基体之间的应力随时间变化的重分布引起的(见图 3.12(c))。

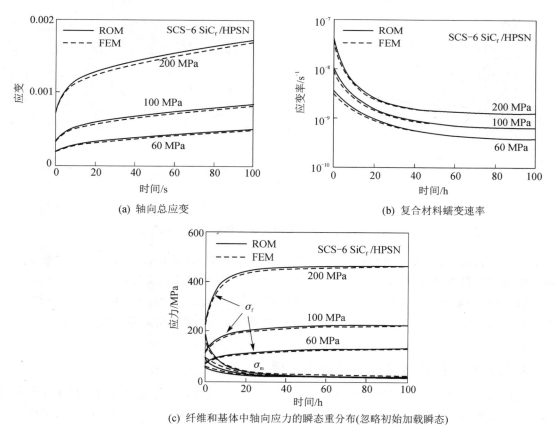

(a) 轴向总应变

(b) 复合材料蠕变速率

(c) 纤维和基体中轴向应力的瞬态重分布(忽略初始加载瞬态)

图 3.12　一维同心圆柱模型预测和二维有限元分析结果的对比

在没有基体或纤维断裂的情况下,复合材料中的组分必须以相同的总应变率蠕变。在瞬态蠕变过程中,各组分的蠕变速率会发生变化;两种组分间蠕变速率的不匹配会由纤维和基体的弹性应变率来补偿。这一概念如图 3.13 所示,图 3.13 表明总应变率和单相(纤维和基体)的弹性/蠕变应变率是时间(见图 3.13(a))和局部应力(见图 3.13(b))的函数。在初始施加蠕变载荷后,纤维和基体上的局部应力主要由两个相的杨氏模量所决定(作为一个极端,当加载速率是瞬态施加的时,纤维和基体的应力分别是 $\sigma_c E_f/E_c$ 与 $\sigma_c E_m/E_c$)。各组分的本征蠕变速率一般不同,导致应力的持续重分布;相容性是通过改变组分的弹性应变率来维持的。参照图 3.13(b),组分的蠕变速率由特定组分的本征蠕变速率(显示为直线)所决定,而为了保持相同的总蠕变速率,各组分的总蠕变速率偏离了假设的各组分的稳态蠕变曲线。每个组分的本征蠕变速率和总蠕变速率之间的差异给出了该组分的弹性应变率(见图 3.13(b))。经过很长一段时间后,各组分应变的弹性分量将趋近于零(在无微观结构变化的情况下,复合材料在这一阶段将趋近于稳态蠕变速率)。在图 3.13 中,阴影部分显示了弹性应变分量,它补偿了各个阶段蠕变速率的不匹配,这样各组分的总蠕变速率保持相等。

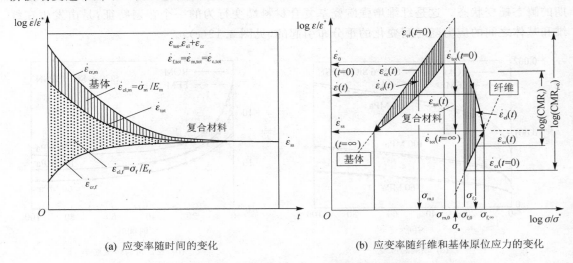

(a) 应变率随时间的变化　　　　(b) 应变率随纤维和基体原位应力的变化

图 3.13　复合材料蠕变过程中各组分的应变率和弹性/蠕变应变的变化示意图

由上述讨论可知,复合材料存在一个过渡时期,在此期间,复合材料的初始蠕变速率主要由各组分的弹性性质决定(如果加载速率较快),然后蠕变速率逐渐变化,最后采用稳态蠕变速率(假设各组分表现出稳态蠕变行为,且微观结构变化对蠕变行为没有显著影响)。因此,瞬态蠕变行为可以用初始蠕变速率 $\dot\varepsilon_{c,0}$、最终蠕变速率 $\dot\varepsilon_{c,ss}$ 和过渡动力学表征,下面将进一步讨论。

3.2.3.1　初、终蠕变速率及瞬态过程

式(3.24)可用于比较零时刻和无限长时间蠕变行为的变化。考虑复合材料以无限快的速率初始加载到恒定蠕变应力 σ_c。根据式(3.24),并结合 $t=0$ 时 $\dot\varepsilon_i=A_i(E_i/E_c)\sigma_c$,可得复合材料的应力-应变率$(\sigma_c,\dot\varepsilon_i)$关系为

$$\dot\varepsilon_{c,0}=\sum_{i=1}^{N}V_i\frac{E_i}{E_c}\left(\frac{E_i}{E_c}\sigma_c\right)n_i \quad (t=0^+) \tag{3.27}$$

经过较长一段时间后,复合材料趋于稳定状态,纤维和基体的应力不再发生变化($\dot{\sigma}_i = 0$)。根据式(3.21)并结合 $\sigma_{i,ss} = (\dot{\varepsilon}_{i,ss}/A_i)^{1/n_i}$,可得复合材料的稳态蠕变速率 $\dot{\varepsilon}_{c,ss}(=\dot{\varepsilon}_{i,ss})$ 应由如下条件决定:

$$\sum_{i=1}^{N} V_i(\dot{\varepsilon}_{c,ss}/A_i)^{1/n_i} = \sigma_c \quad (t = \infty) \tag{3.28}$$

在 $\dot{\varepsilon}_{c,0}$ 和 $\dot{\varepsilon}_{c,ss}$ 这两个极限之间,复合材料的应力-应变状态可以用前面所述迭代法计算。

为了更清楚地理解在式(3.27)和式(3.28)的极限之间的组分应力与应变率的瞬态变化,图 3.14 用 σ_i/σ^* 和 $\dot{\varepsilon}_i/\dot{\varepsilon}^*$ 的函数关系给出了纤维与基体的瞬态蠕变及应力变化曲线。为方便表示各组分之间的相互作用,对各组分采用归一化蠕变方程:

$$\dot{\varepsilon}_i/\dot{\varepsilon}^* = (\sigma_i/\sigma^*)^n \quad (\text{对于纤维和基体,} i = 1, 2) \tag{3.29}$$

其中,参考应力 σ^* 和应变率 $\dot{\varepsilon}^*$ 被选为两组分蠕变曲线的交点(这只适用于两相体系)。在图 3.14 中,假定各组分只发生稳态蠕变。如果同时考虑主蠕变和稳态蠕变,或不考虑稳态蠕变,则参考应力-应变率的值将随时间变化。参考应力对应纤维和基体具有相同蠕变速率与应力时的平衡点(见图 3.14)。在这个平衡点,有 $\dot{\varepsilon}^* = A_1^{n_2/(n_2-n_1)} A_2^{n_1/(n_1-n_2)}$ 和 $\sigma^* = A_1^{1/(n_2-n_1)} A_2^{1/(n_1-n_2)}$;这里 A_i 是用各相的蠕变速率与应力的一般幂律方程($\dot{\varepsilon}^* = A_i\sigma_i^{n_i}$)给出的。

在图 3.14(a)和图 3.14(b)中,各相的初始蠕变速率(见式 3.27)由该阶段整体蠕变曲线与弹性应力-应变的交点(竖直线)表示。初始加载后,各相的总应变率(弹性+蠕变)与复合材料的总应变率相等(由于相容性),但均有所降低。当 $\dot{\varepsilon}_{1,0} = \dot{\varepsilon}_{2,0}(=\dot{\varepsilon}_{c,0})$ 时唯一的例外出现,这时 $\dot{\varepsilon}_{c,0} = \dot{\varepsilon}_{c,ss}$(见图 3.14(c))。在这种情况下,初始条件符合稳态条件——复合材料应变率保持不变。此条件下的外加应力

$$\sigma_c = E_c\left(\frac{A_1 E_1^{n_1}}{A_2 E_2^{n_2}}\right)^{1/(n_2-n_1)} \tag{3.30}$$

如图 3.14 所示,对于远离 σ^* 的应力($\sigma_c \gg \sigma^*$ 或 $\sigma_c \ll \sigma^*$),复合材料的初始蠕变行为(应力依赖)主要由具有较高蠕变速率的组分决定。另外,复合材料的最终蠕变行为取决于蠕变速率较低的组分。当施加的蠕变应力接近 σ^* 时,蠕变应力指数 n 从 n_1 逐渐变化到 n_2(反之亦然)。

虽然在上述讨论中使用了参考应力和应变率,但实际的复合材料可能在远离这个平衡点的状态下工作;这并不影响上述讨论的结果。正如在其他地方详细讨论的那样,图 3.14 是有用的,可以通过复合材料的初始和最终蠕变行为的实验结果算出组分蠕变行为。

3.2.3.2　参数研究:组分模量和蠕变应力指数对复合材料蠕变行为的影响

应力重分布过程受各组分(包括界面)的弹性和蠕变特性、纤维/基体结构、纤维体积分数、温度和加载历史的影响。通过参数化研究材料和微观结构的变化,对纤维与基体间应力重分布的研究具有指导意义。例如,研究改变纤维和基体的弹性模量如何影响一维复合材料的瞬态蠕变行为。图 3.15(a)显示了在 0.2~5 改变弹性模量比($E_1/E_2 = E_f/E_m$)对复合材料应力重分布和初、终蠕变速率的影响(这是一个实际的例子,因为通过消除玻璃相,目前正在开发的化学计量 SiC 纤维的弹性模量将显著高于当前的 SiC 纤维,如尼卡隆和 SCS-6)。两相的模量比决定了复合材料在纤维和基体中的初始应力分布,影响了复合材料的初始蠕变速率,但对

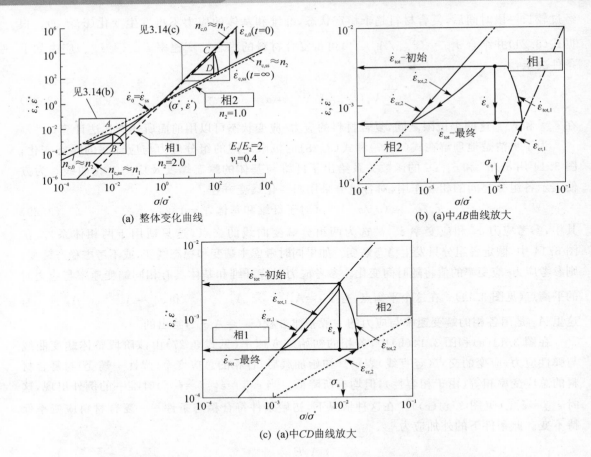

(a) 整体变化曲线

(b) (a)中AB曲线放大

(c) (a)中CD曲线放大

注：假设复合材料初始和最终（稳态）应变率是归一化应力的函数。虚线表示各组分的蠕变速率。
(b)和(c)分别表示(a)中两个框区，给出了复合材料及其组分在 $\sigma > \sigma^*$ 和 $\sigma < \sigma^*$
两种对应应力状态下的应力-应变率的瞬态路径，其中的虚线表示各组分（不含弹性组分）的
蠕变速率，遵循各阶段整体蠕变行为；复合材料和各组分的总应变率必须保持相等。

图 3.14　纤维与基体的瞬态蠕变及应力变化曲线

长期蠕变速率无影响（假设基体不发生开裂）。

　　当模量比固定（$E_1/E_2 = 2$）时，图 3.15(b)给出了改变各组分的蠕变应力指数的影响。在 $\sigma > \sigma^*$ 的区域，复合材料的蠕变应力指数（决定复合材料蠕变速率的应力依赖性）由初始值 n_2 变化到最终值 n_1。在 $\sigma < \sigma^*$ 的区域，复合材料的 n 值由初始值 n_1 变化到最终值 n_2。在这两种情况下，复合材料的初始应力指数由应变率较高的相决定，最终应力指数由应变率较低的相决定。在 $\sigma \approx \sigma^*$ 的中间区域，n_1 和 n_2 之间发生了"优雅"的转换。可以进行类似的参数研究，以检查其他参数变化对复合材料行为的影响。

3.2.4　蠕变失配比

　　定义一个参数来描述应力重分布的驱动力的方向和大小是很有用的。与其使用蠕变速率的差值，不如将该参数定义为各组分蠕变速率之间的比值更为方便。为此，可以将随时间变化的蠕变失配比（CMR）定义为纤维与基体蠕变速率的比值：

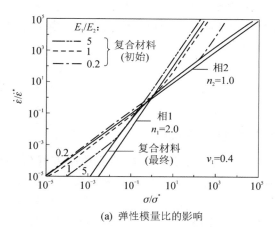

(a) 弹性模量比的影响

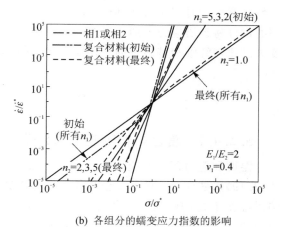

(b) 各组分的蠕变应力指数的影响

注：虚线表示复合材料的行为，细实线表示组分行为；在计算中，假定蠕变荷载是瞬时施加的。

图 3.15　弹性模量比和各蠕变应力指数对拉伸蠕变加载一维复合材料总应变率的影响[216]

$$\mathrm{CMR}(t,T,\sigma) = \frac{\dot{\varepsilon}_{\mathrm{f}}(\sigma_{\mathrm{f}})}{\dot{\varepsilon}_{\mathrm{m}}(\sigma_{\mathrm{m}})} \tag{3.31}$$

方程(3.31)中的蠕变速率指复合材料中纤维和基体所经历的原位蠕变速率。由于应力重分布过程中纤维和基体的蠕变速率是时间的函数，因此原位蠕变失配比与时间有关。正如这里所定义的，蠕变失配比的值可以大于、等于或小于单位值。当纤维的蠕变抗力大于基体的蠕变抗力时(CMR<1)，纤维的应力会出现瞬态增加，同时基体的应力也会并行松弛。如果基体具有较高的抗蠕变性能(CMR>1)，则拉伸蠕变过程中基体应力逐渐增大。当 CMR=1 时，不存在应力重分布的驱动力；CMR 距离单位值越远，驱动力越高。

3.2.4.1　初始和最终蠕变失配比

在低温或当快速加载时，纤维和基体中的应力可以用简单的混合律估计，从而可得到纤维和基体之间的弹性应力分布。在蠕变过程中，应力分布是随时间变化的，既受初始弹性应力分布的影响，又受各组分蠕变特性的影响。在施加瞬时蠕变载荷后(即当 $t=0^{+}$ 时)，可将 $\dot{\varepsilon}_{\mathrm{f,0}} = A_{\mathrm{f}}\left[(E_{\mathrm{f}}/E_{\mathrm{c}})\sigma_{\mathrm{c}}\right]^{n_{\mathrm{f}}}$ 和 $\dot{\varepsilon}_{\mathrm{m,0}} = A_{\mathrm{m}}\left[(E_{\mathrm{m}}/E_{\mathrm{c}})\sigma_{\mathrm{c}}\right]^{n_{\mathrm{m}}}$ 代入式(3.31)，得

$$\mathrm{CMR}_{t=0^{+}} = \frac{A_{\mathrm{f}}E_{\mathrm{f}}^{n_{\mathrm{f}}}}{A_{\mathrm{m}}E_{\mathrm{m}}^{n_{\mathrm{m}}}}\left(\frac{\sigma_{\mathrm{c}}}{E_{\mathrm{c}}}\right)^{n_{\mathrm{f}}-n_{\mathrm{m}}} \tag{3.32}$$

对于极长时间的另一极端，蠕变失配比趋于统一：

$$\mathrm{CMR}_{t=\infty} = 1 \tag{3.33}$$

在这两个极端之间的时间范围内，蠕变失配比是与时间相关的，可以用方程(3.24)和方程(3.25)通过迭代来确定。由于在一般情况下(即当 CMR≠1 时)，在所有纤维增强陶瓷基复合材料中，纤维与基体之间的载荷随时间变化而重新分布是一种普遍现象。

原位蠕变失配比(CMR$_t$)可以定量估计各组分间载荷传递的驱动力。然而，它是应力重分布过程的一个相当复杂的函数。为了表明应力重分布的基本特征，可以直接用各组分所经历的初始弹性应力来比较其固有(无约束)蠕变速率。由式(3.32)可得：

$$\mathrm{CMR} = \mathrm{CMR}(\sigma_{\mathrm{applied}}) = \dot{\varepsilon}_{\mathrm{f}}(\sigma_{\mathrm{f,initial}})/\dot{\varepsilon}_{\mathrm{m}}(\sigma_{\mathrm{m,initial}}) \tag{3.34}$$

虽然没有包括时间相关性,但高蠕变速率的构件最终将经历低于施加载荷的应力,而低蠕变速率的构件将经历应力增加。举个简单的例子,若纤维和基体具有相似的体积分数和模量,则蠕变失配比与纤维和基体中的长期应力之间的关系如下:

$$\text{CMR} \begin{cases} <1, & \sigma_f > \sigma_c > \sigma_m \\ =1, & \sigma_f = \sigma_c = \sigma_m \\ >1, & \sigma_f < \sigma_c < \sigma_m \end{cases} \tag{3.35}$$

3.2.4.2 复合材料中应力重分布的应力和温度依赖性

温度和应力都影响应力重分布的程度和动力学过程。对于大多数蠕变速率方程(如公式(3.19)),蠕变行为的温度依赖性包含在指数前因子中,该因子通常表示为蠕变活化能 Q 与绝对温度 T 之间的阿伦尼乌斯(Arrhenius)关系(如 $A = A_0 \exp(-Q/r_f T)$)。通过确定蠕变应力,在不同温度下进行试验,可确定材料蠕变变形的活化能。以类似的方式,蠕变的应力指数是通过固定温度和在不同应力下进行蠕变试验来确定的。一般来说,纤维和基体对蠕变变形具有不同的激活能和应力敏感性。由于这些差异,载荷传递的方向可能会随着温度和施加的蠕变应力的变化而变化(即对于不同的温度和应力组合,CMR 可以大于 1、小于 1 或是单位值)。

假设进行一系列试验来确定纤维与基体蠕变行为的应力和温度依赖性,这些试验将提供如图 3.16(a)和图 3.16(b)所示的曲线。在一定温度和应力范围内进行这些试验将提供一系列曲线,这些曲线可以组合在一起,以提供应变率、应力和温度之间的关系。本征蠕变速率与本征蠕变失配比之间的温度和应力依赖关系如图 3.16(c)所示,在给定温度和应力下,两个组分的蠕变方程可用 $(1/T, \log \sigma, \log \dot{\varepsilon})$ 空间中的平面表示,其不同斜率是用 Q_f、Q_m 和 n_f、n_m 描述的。两个平面的交点表示 CMR = 1 的条件,该条件将温度和应力分为 CMR < 1 和 CMR > 1 两种状态。一般情况下,载荷从蠕变速率高的区域转移到抗蠕变强度高的区域。

复合材料蠕变速率的应力和温度依赖性取决于各组分的活化能与应力指数的大小。复合材料蠕变速率的初始应力和温度依赖关系受蠕变速率较高的材料的 n 和 Q 值的影响;对于蠕变速率最低的组分,其最终应力和温度依赖关系由 n 和 Q 值决定。图 3.16(d)对比了各组分蠕变速率与复合材料初始、最终蠕变行为的应力和温度依赖性。

3.2.4.3 蠕变失配比对微观结构损伤模式的影响

组分之间应力重分布的性质对微观结构损伤累积有直接影响。应力重分布导致在持续蠕变载荷作用下作用于其中一个组分的应力逐渐增加,这种应力的增加可能导致被迫承受大部分蠕变载荷的组分断裂。如果纤维的轴向蠕变速率低于基体的轴向蠕变速率(CMR = $\dot{\varepsilon}_f/\dot{\varepsilon}_m < 1$),且超过纤维蠕变的阈值应力,则纤维中的轴向应力将在拉伸蠕变期间持续增加。这种纤维应力的增加会导致复合材料中周期性的纤维断裂(即断裂发生在沿每根纤维长度的多个位置,如图 3.17 所示)。这种损伤模式已经在 SCS - 6 SiC_f/HPSN[236]、尼卡隆 SiC_f/MLAS[228,237]和尼卡隆 SiC_f/CAS - Ⅱ 复合材料[216,238]的实验中观察到了。如果纤维的蠕变速率超过基体的蠕变速率(CMR = $\dot{\varepsilon}_f/\dot{\varepsilon}_m > 1$),则基体中的轴向应力将随着基体向纤维转移载荷而逐渐增加。在这种情况下,可能达到足以引发基体开裂的应力水平,导致形成垂直于施加载荷的周期性基体裂纹,如图 3.17 所示。正如 3.4 节中详细讨论的那样,在 1 300 ℃ SCS - 6 SiC_f/RBSN 复合材料的拉伸蠕变中,已经观察到了这种损伤模式[239]。这种蠕变损伤模式只有当桥联纤维上的

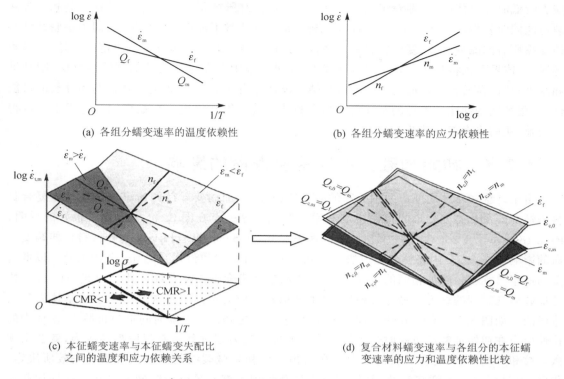

(a) 各组分蠕变速率的温度依赖性　　　　(b) 各组分蠕变速率的应力依赖性

(c) 本征蠕变速率与本征蠕变失配比　　　(d) 复合材料蠕变速率与各组分的本征蠕
　　之间的温度和应力依赖关系　　　　　　　变速率的应力和温度依赖性比较

注：标为 $\dot{\varepsilon}_f$ 和 $\dot{\varepsilon}_m$ 的平面分别代表纤维和基体的本征蠕变速率。

图 3.16　复合材料蠕变速率与各组分蠕变参数的应力和温度依赖关系

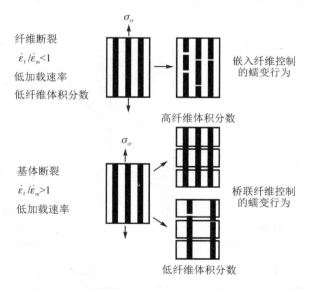

注：假设在蠕变载荷的初始施加过程中，避免了基体或纤维的损坏(见 3.2.5 节对加
　　载速率效应的讨论)。假设在施加蠕变载荷过程中，避免了初始微观结构损伤。

图 3.17　纤维增强陶瓷基复合材料在拉伸和弯曲蠕变过程中出现的微观结构损伤模式

应力较低时才可能出现(即对于低外加蠕变应力或高纤维体积分数);否则,基体开裂和纤维断裂可能同时发生。一般来说,周期性基体断裂是一种非常不理想的损伤模式,因为桥联纤维必须支撑所有的蠕变载荷;复合材料的寿命也因此由纤维的蠕变断裂强度所决定。此外,纤维和纤维-基体界面也将直接暴露于周围环境中,如果环境中存在氧气或其他腐蚀性物质,则纤维和纤维-基体界面会迅速退化。这给微观结构设计提出一个要点,即为了降低基体开裂的可能性,使用抗蠕变性比纤维低的基体可能是有利的。这使得基体应力在蠕变加载过程中可以得到松弛,从而将大部分载荷转移到纤维上。

3.2.5 初始加载速率对蠕变寿命的影响

由于纤维和基体之间应力重分布的时间依赖性,施加蠕变载荷的速率对脆性基体复合材料的蠕变寿命和蠕变变形的控制机制有重要影响。这一点在图 3.18 中得到了很好的说明,图 3.18 显示了 1 200 ℃ 条件下初始加载速率对 0° SCS‑6 SiC$_f$/HPSN 复合材料拉伸蠕变寿命的影响。在 2.5 s 内将蠕变应力快速加载至 250 MPa,导致试样在约 0.1 h 内失效。以低得多的速率(1 000 s)施加相同的蠕变应力,可以将蠕变寿命提高两个数量级,为120~170 h。快速加载后观察到的蠕变寿命缩短现象,是由施加蠕变应力期间或不久之后发生的基体微裂纹造成的。如图 3.19 所示,在快速加载下,纤维和基体之间的应力随时间重分布最小,基体中的拉伸应力在初始加载结束瞬时达到最大值。如果该应力超过基体断裂所需的应力,就会出现微裂纹和纤维桥联;复合材料的蠕变寿命就由桥联初始微裂纹的高应力纤维的失效所决定。相反,通过缓慢施加蠕变载荷,基体应力在加载过程中就有足够的时间来松弛。根据加载速率,如果基体中的拉伸应力永远不会达到足以使基体断裂的水平则纤维和基体对整体的抗蠕变性都是有帮助的。如该实例所示,纤维增强陶瓷基复合材料可表现出蠕变行为和蠕变断裂时间的强加载路径依赖性。

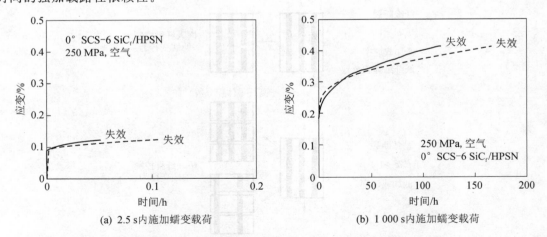

(a) 2.5 s内施加蠕变载荷   (b) 1 000 s内施加蠕变载荷

注:蠕变曲线包含着加载时的弹性应变。对每个加载速率进行重复测试,
以获得结果分散度的粗略指标。详情请参考霍姆斯(Holmes)等人[236]的工作。

图 3.18 初始加载速率对 0° SCS‑6 SiC$_f$/HPSN 复合材料拉伸蠕变寿命的影响(1 200 ℃)

如果要测量残余强度或韧性,则卸载速率和卸载后样品冷却的速率同样很重要。对这一点的理解,可以通过检查试样卸载时纤维和基体应力的瞬时变化来获得(见图 3.11)。在先前

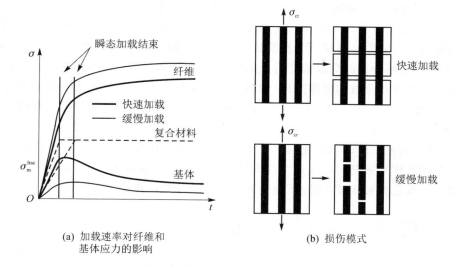

(a) 加载速率对纤维和
基体应力的影响

(b) 损伤模式

图 3.19　在 CMR＜1 的材料中初始加载速率对纤维和基体应力以及微结构损伤模式的影响

蠕变变形后卸载时,纤维和基体中的残余应力状态将发生瞬时变化。应力变化的程度取决于试样保持在足以发生黏性恢复的温度下的时间长度。值得注意的是,内应力的松弛将影响复合材料整体的微裂纹阈值应力、比例极限和残余强度。

3.2.6　小　结

上面介绍的描述瞬态蠕变行为的一维模型,忽略了微结构损伤累积。迄今为止,对具有微观结构损伤的纤维增强陶瓷基复合材料的蠕变行为的模拟研究不多。通常观察到的微观结构损伤过程包括基体的微裂纹和孔隙、缓慢的裂纹扩展和随时间变化的相变(例如,在 MLAS 基体复合材料中)[237]。与金属相比,脆性材料对微观结构损伤演化更为敏感。此外,在纤维增强陶瓷基复合材料中,额外的损伤过程(如界面脱粘和纤维断裂/拔出)也有助于蠕变加载过程中发生的应变积累。

为了研究微观结构损伤累积对复合材料蠕变行为的影响,可能需要模拟 3 种损伤过程:①基体裂纹和伴随的纤维桥联的发展;② 纤维断裂和未受损基体中孤立基体空腔的逐渐发展;③ 受界面径向蠕变影响的界面间脱粘。只有少数模型考虑了这些损伤模式对蠕变行为的影响。其中,Chuang[240]研究了 SiC 晶须增强 Si_3N_4 复合材料由于相邻微裂纹沿纤维-基体界面的聚结而发生的蠕变断裂。奈尔和亚库斯(Jakus)[184,241-242]采用断裂力学方法研究了热激活裂纹-尾迹增韧过程,并将它应用于连续 SiC 纤维增强 RBSN 基复合材料的裂纹扩展。在他们的模型中,纤维被允许在完全刚性或允许蠕变的基体中弹性变形;允许界面以牛顿黏性方式滑移。该过程包括裂纹尾迹张开和裂纹尖端扩展。这些模型侧重于纤维的增韧效果,并没有将损伤模式与复合材料的整体蠕变行为直接联系起来。对于第二类损伤过程(周期性纤维断裂),可以采用短纤维复合材料模型,如麦克林等人[225]和 Wang 等人[234]提出的模型。然而,这些模型需要进一步扩展,以便包含纤维断裂的统计性质。

尽管理论模型对于理解复合材料组分的弹性和蠕变行为的变化、如何影响其整体蠕变行为是一个非常有效的工具,但是人们不能盲目地假设基于对单个组分进行的蠕变试验可以获得对复合材料蠕变行为的准确预测。例如，即使在相同的条件下加工单相陶瓷和复合材料，单相陶瓷的断裂和蠕变行为也可能与它在复合材料中受到约束变形时发生的行为大不相同。换句话说，基体或纤维的原位蠕变行为和断裂特征可能不同于基于对单个组分进行测量获得的数据的预测。耦合组分的断裂或蠕变行为的改变程度，取决于弹性常数失配、界面条件和填充参数，例如纤维的体积分数和纤维结构（例如，0°或0°/90°）；加工条件也会对此有很大的影响。简单的一维模型没有考虑90°纤维施加的横向约束，在这种情况下，必须采用数值方法，例如有限元分析。为了充分理解复合材料中组分的断裂行为，可能有必要使用受到不同程度约束的单相陶瓷进行蠕变试验（例如，使试样受到多轴载荷或使用各种厚度的深槽试样来改变约束程度）。化学相互作用还会影响基体和纤维的蠕变行为与断裂特性，以及界面结合度随时间的变化，模拟这些变化比较困难（精确测量这些变化更是极其困难的）。

3.3　蠕变的实验测试技术

与单相陶瓷一样，鉴于纤维增强陶瓷基复合材料蠕变试验的成本和复杂性，需要精心设计试样和选择设备。拉伸蠕变试验尤其如此，基体的脆性要求当加载夹具未对准时施加在试样上的弯曲应变保持最小。纤维和基体之间应力重分布的瞬态特性，需要精确控制蠕变载荷的施加和移除速率。此外，由于可能遇到蠕变速率低的情况，因此必须确保实验装置周边没有温度变化；否则，伸长计和测力传感器读数的波动会模糊真实的蠕变速率。

图3.20为用于纤维增强陶瓷基复合材料拉伸蠕变（或疲劳）测试的典型实验装置。它带有安装在伺服液压加载框架上的等温测试室。测压元件和引伸计安装在测试室内，以减小传感器读数的波动。环境温度是通过使用一个恒温水浴来控制的，水浴使水通过室壁循环（液压油缸的部分也被冷却）。采用伺服液压加载框架，可精确控制加载和卸载速率。此外，负载框架的刚性特性以及自对准测试夹具，使人们可以很容易地获得低弯曲应变。通过使用恒温水浴将温度保持在（20±0.1）℃（使用城市水作为冷却源通常是不可行的替代方案；在早期的实验中，测量到在24 h内5～10 ℃的波动）。为了防止由环境温度变化引起的测压元件和引伸计读数的波动，将这些传感器完全封装在测试室内是有利的。

用于试样加载的夹紧装置的类型是需要考虑的重要因素。纤维增强陶瓷基复合材料的蠕变试验一般采用边缘加载或面加载夹头。用于单片陶瓷和陶瓷基复合材料蠕变测试的典型边缘加载夹具如图3.21所示。正如在其他地方讨论过的，边缘加载夹头将施加的载荷完全沿着锥形边缘转移到试样上，夹具里没有可移动的部件。对于大多数纤维增强陶瓷基复合材料，简单的边缘加载夹具已被证明是非常有效的拉伸蠕变测试夹具。由于这些夹具不依赖于摩擦来传递施加的负载，因此可以测试截面面积大或小的试样。相反，面装式夹具依靠摩擦力来传递蠕变载荷，通常只对截面面积小的试样有用（注意，防止面加载试样滑移所需的横向载荷随着截面面积的增加而增大，这增加了试样在夹具附近被破坏的可能性）。与面加载试样相比，边缘加载试样有许多优点，已成功地用于测试各种一维和二维纤维增强陶瓷基复合材料。因为没有使用液压元件，所以夹具可以不用直接冷却。如果需要冷却，则可以在靠近试样末端的夹具处设置水通道。如果夹具是由镍基合金或陶瓷（如SiC）加工而成的，则可以在不冷却的情况下使用（通常用于表面加载的液压夹具需要在夹具表面附近进行水冷却，这可能会使样品中形成很大的温度梯度）。后一点很重要，因为试样末端的温度可以影响在试样截面上发生的损

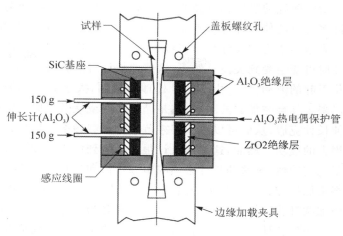

(a) 实验装置　　　　　　　　(b) 感应加热炉示意图

注:任何能保证温度长时间均匀稳定的炉子都可以[243]。

图 3.20　用于纤维增强陶瓷基复合材料拉伸蠕变测试的典型实验装置

伤(例如,沿试样轴的热应力梯度)。最后一点是必要的,即不管使用哪种夹具装置,重要的是夹持的温度分布是对称的。不均匀的夹持温度可以很容易被一些容易忽视的因素引起,如不正确放置的炉子绝缘或液压线路进入夹具的一侧。这一因素很重要,因为如果夹具的一部分比相邻区域略热,则夹具的不均匀热膨胀可以直接引入测试样品的弯曲应变。由于试件的夹持通常是通过在室温下使用应变测量计来确定的,因此当试样被加热到一个较高的温度时,弯曲应变通常是未知的。

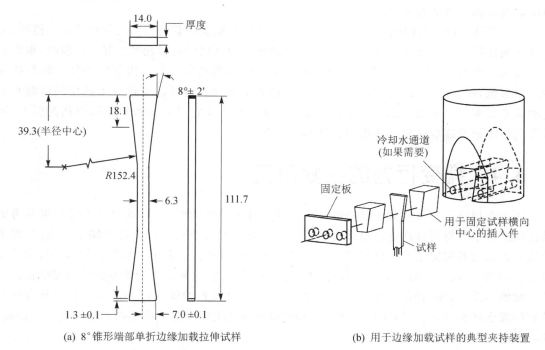

(a) 8°锥形端部单折边缘加载拉伸试样　　　　(b) 用于边缘加载试样的典型夹持装置

图 3.21　用于纤维增强陶瓷基复合材料拉伸蠕变试验的边缘加载试样及典型边缘加载夹具

　　由于陶瓷的脆性和较高的测试温度,伸长计的选择成为实验设计过程中的一个关键因素。有许多类型的伸长计可用于高温机械测试,包括机械、光学和激光系统。没有一个系统是完美的。光学和激光伸长计是非接触式的,消除了样品中引入的弯曲应变,这在使用机械接触式伸长计时可能会受到关注。然而,这些伸长计可能容易受到激光窗口和测试样品之间空气密度变化引起的波动[244]。由于信号处理的限制,大多数商用激光伸长计有一个低频率响应和一般局限于几赫兹加载的频率,这是循环蠕变或疲劳试验的常见范围(这些频率限制可以利用光学伸长计克服,从而可以在千赫兹范围的加载频率下使用)。用廉价的机械伸长计也可以取得相当大的成功。然而,这些伸长计很容易受到用来冷却伸长计的水的温度和流速变化的影响;为了稳定读数,这些伸长计必须与恒温水浴和流量控制器一起使用。作者利用商业上可用的水浴来保持伸长计冷却水的温度在设定值 0.1 ℃ 以内。此外,当使用机械伸长计时,必须确保陶瓷加载杆在试样加载和卸载过程中,或者当基体或纤维断裂引起试样的力学扰动时不会滑移。由于伸长计杆的接触力必须很低,以避免引入弯曲应变,因此可能有必要在试样表面使用凹坑,以减少伸长计滑移的可能性。对于 SiC_f/CAS、$SiC_f/HPSN$ 和 $SiC_f/RBSN$ 等复合材料,使用金刚石镶头工具加工的浅凹窝($50 \sim 100 \ \mu m$ 深)已被证明是非常有效的。对于机织复合材料,首选非接触式伸长计;另外,对于机械伸长计,伸长计杆的尖端可以用陶瓷黏合剂附着在试样上(假设黏合剂与复合材料不发生反应)。

　　在试样加载和卸载过程中,纤维和基体之间的应力分布随时间变化,这使得确定蠕变试样的精确加载历史变得至关重要。这一点值得特别关注,因为蠕变载荷最初施加到试样上的速率会对随后的蠕变行为和破坏模式产生深远的影响(见 3.2.5 节的讨论)。同样,蠕变试验后试样在卸载和冷却过程中发生的应力重分布也会影响复合材料的强度与韧性。如果在蠕变试验期间对试样进行定期检查,人们也必须小心;在试样卸载和炉内冷却过程中应力的重新分布可能会改变随后再加载时的损伤机制。

　　综上所述,纤维增强陶瓷基复合材料的弯曲和拉伸蠕变试验是目前的常规试验。然而,为了确保测试数据的有效性,需要采取一些预防措施。当测试任何脆性基体复合材料时,重要的是尽量减少由载荷-应变不对应或设计不良的夹具引入的弯曲应变。由于陶瓷复合材料的蠕变速率极低,在实验装置附近的环境温度波动必须最小化。这可以通过一个连接到恒温水浴的测试室来实现。前面讨论过的应力重分布的瞬态性质及它对初始微观结构损伤的影响,要求人们仔细记录蠕变试验中使用的加载和热历程。

3.4　蠕变行为的实验研究

　　表 3.1 提供了到目前为止已经研究过的复合材料系统的概要,以及测试条件和可参考的其他信息。本节将更详细地讨论标有星号的复合材料的蠕变行为。当讨论蠕变行为时,对不同蠕变失配比的陶瓷基复合材料进行广义分类具有指导意义。由于个别组分的蠕变行为并不总是已知的,因此这种分类有点主观;然而,正如本节所述,这种分类与观察到的蠕变损伤模式是一致的。此外,如前所述,应该记住的是,陶瓷基复合材料的蠕变行为强烈依赖于复合材料的初始损伤状态,而初始损伤状态受加工和先前加载历史以及蠕变载荷初始施加速率的影响,这一信息并不适用于所有的研究。

表 3.1　到目前为止所研究的复合材料体系

复合材料及其制造商	加　载	环境及温度/℃	应力/MPa	参考文献
（CMR＜1） * Nicalon SiC$_f$/CAS （Corning）	拉伸	1 100～1 300 （氩，＜10×10^{-6} O$_2$）	60～250	[216,238]
Nicalon SiC$_f$/1723 （Textron）	拉伸	600,700,800	25～400	[245]
* Nicalon SiC$_f$/MLAS	弯曲(3‐pt)	900～1 200 （真空）	50～150	[228,237]
* Nicalon SiC$_f$/CAS （Corning Glass Works）	弯曲(4‐pt)	1 200(氩)	50～150	[246]
	压缩	1 200(氩)	20～75	
Nicalon/CAS‐Ⅲ （Corning Glass Works）	压缩	1 300,1 310(氩)	35	[231]
* 3‐D T‐300 C$_f$/SiC （DuPont）	拉伸	1 400 （氩,100×10^{-6} O$_2$）	30～100	[247]
* SCS‐6 SiC$_f$/HPSN （dry powder lay-up） （Textron）	拉伸	1 200(空气) 1 350(空气)	99～135	[213,248]
SCS‐6 SiC$_f$/HPSN[a] （tape cast）（Textron）	拉伸	1 200(空气) 1 315(空气)	60～250 30～150	[236]
（CMR＞1） * SCS‐6 SiC$_f$/RBSN （BASA-Lewix）	拉伸	1 300 （N$_2$,＜5×10^{-6} O$_2$）	90～150	[239]
（CMR～1） * 2‐D‐Al$_2$O$_{3f}$/CVD‐SiC （SEP,Bordeaus,France）	拉伸	950～1 100 （真空＜10^{-4} Pa）	90～200	[229]
（CMR-not easily identified） * Nicalon SiC$_f$/SiC[b] （SEP,Bordeaux,France）	弯曲	900～1 200 （真空）	50～300	[215,249]

由于篇幅限制,不可能对已发表的文献进行全面的综述,因此重点选择一些研究蠕变行为和微观结构损伤累积的成果加以介绍。为方便起见,本节按增强纤维和基体类型分别介绍尼卡隆纤维/玻璃陶瓷基复合材料、尼卡隆 SiC$_f$/SiC 复合材料、SCS‐6 SiC$_f$/Si$_3$N$_4$ 复合材料、二维 Al$_2$O$_{3(f)}$/SiC 复合材料和三维 C$_f$/SiC 复合材料。3.4.6 节给出了几种复合材料在 1 200 ℃时的蠕变速率比较。

3.4.1 尼卡隆纤维/玻璃陶瓷基复合材料

3.4.1.1 尼卡隆 SiC_f/CAS 复合材料的弯曲蠕变

韦伯(Weber)等人[246]在 1 200 ℃的温度下研究了[0°]₁₆-尼卡隆 SiC_f/CAS 复合材料(纤维体积分数为 40%)的弯曲蠕变行为。试样截面为 3 mm×4 mm,大/小跨径比约为 0.5(21 mm/39 mm),受四点弯曲加载。蠕变试验在氩气中进行,弯曲应力为 50~150 MPa,通常在 50 h 内(破坏前)终止,以表征蠕变损伤。

图 3.22 显示了弯曲蠕变速率随累积蠕变应变的应力依赖关系。在所有测试的应力水平上观察到瞬态减速蠕变速率(注意:当绘制蠕变速率与蠕变应变关系时,恒定的蠕变速率表明存在稳态蠕变)。在 0°和 0°/90°尼卡隆 $SiC_f/CAS-Ⅱ$ 复合材料的拉伸蠕变过程中也观察到了类似的瞬态蠕变行为(下面将讨论)[216,238]。在 1 200 ℃基体对复合材料的整体抗蠕变能力的贡献很小(在 1 200 ℃和上面讨论的弯曲载荷下,韦伯等人[246]估计约 95%的蠕变载荷是由纤维承担的)。

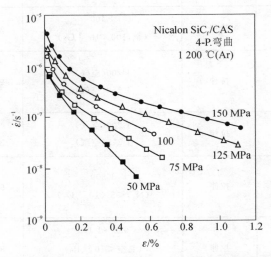

图 3.22 [0°]₁₆-尼卡隆 SiC_f/CAS 复合材料在 1 200 ℃氩气中蠕变速率与累积蠕变应变和蠕变应力的关系

在试验过程中,纤维内部出现异常晶粒生长,形成从纤维-基体界面向内延伸的壳状结构,这种异常生长是由纤维中多余的碳向外扩散造成的。在这种外壳内,平均晶粒尺寸从原始纤维和爬行纤维内部的几纳米范围增加到 10~15 nm。马赫(Mah)等人[250]在确定热处理对尼卡隆纤维显微组织影响的实验中也发现了类似的异常晶粒长大现象。对于扩散蠕变机制,平均晶粒尺寸的增加会降低纤维的蠕变速率,这与复合材料蠕变速率的瞬态下降相一致。因此,除了影响瞬态蠕变行为外,尼卡隆纤维中的晶粒生长也会改变纤维与基体之间应力重分布的速率和程度。

3.4.1.2 尼卡隆 SiC_f/CAS 复合材料的横向压缩蠕变

很难将复合材料中的钙铝硅酸盐(CAS)加工成具有相同结构的整体形式。为了避免这些困难,并提供关于 CAS 基体的原位蠕变行为和损伤机制的细节,韦伯等人[246]对[0°]₁₆-尼卡隆 SiC_f/CAS 复合材料进行了横向压缩蠕变试验。所有试验都是在氩气中进行的。

横向压缩蠕变速率的应力依赖关系如图 3.23 所示，为累积蠕变应变的函数。在压缩蠕变过程中，基体蠕变控制着复合材料的整体蠕变速率。请注意，"刚性"纤维往往会约束较软和抗蠕变性较差的基体的蠕变流动。应变率的初始减速瞬态是由纤维间静水应力引起的，从而减小了应变的偏量。在 20 MPa 的弯曲应力、0.4% 的应变下，蠕变速率接近 6×10^{-8} s^{-1} 的恒定值。相比之下，当弯曲应力为 50 MPa 和 75 MPa 时，蠕变速率分别在应变约为 2% 和 1.5% 达到最小值后有所增加。蠕变速率的增加（在 75 MPa 蠕变速率的增加最为明显）主要是由复合材料中额外损伤模式的形成造成的，其中主要是因为在纤维基体界面附近形成的孔隙的合并，这会导致界面分离。这些空隙会在纤维间的高剪切区合并，这些纤维与压缩加载轴成 45°角。

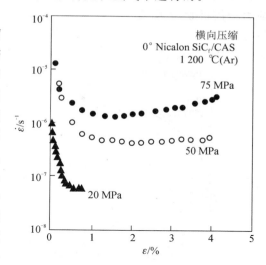

图 3.23　横向压缩蠕变速率与累积蠕变应变的关系

3.4.1.3　0°和 0°/90°尼卡隆 SiC_f/CAS-Ⅱ复合材料的拉伸蠕变

Wu 和霍姆斯[216,238] 对 0°和 0°/90°尼卡隆 SiC_f/CAS-Ⅱ复合材料的拉伸蠕变行为进行了详细研究。所用复合材料含纤维的体积分数为 40%，由热压（纽约康宁玻璃工厂（Corning Glass Works, Corning, NY））制造。在 1 100 ℃、1 200 ℃和 1 300 ℃的高纯氩气气氛下进行蠕变试验。在 1 200 ℃及更高的温度下，基体对蠕变变形的阻力很小。因此，该研究提供了蠕变失配比远小于单位值的复合材料蠕变损伤机制的信息。

1. 应力、温度和总层数对蠕变行为的影响

图 3.24(a) 显示了 1 200 ℃ 16 层和 32 层的单向试样在 60～250 MPa、100 h 的蠕变应力下的蠕变行为（这些应力范围为 1 200 ℃单调强度的 13%～52%）。16 层和 32 层试样的蠕变行为无显著差异。当应力达到 200 MPa 时，所有试样都能经受 100 h 的蠕变试验；在这些应力作用下，复合材料呈现减速蠕变速率，未观察到稳态蠕变。将蠕变应力提高到 250 MPa，复合材料可在约 70 min 内被迅速破坏。图 3.24(b) 为当固定应力为 100 MPa 时蠕变行为的温度依赖性。有趣的是，在 1 200 ℃和 1 300 ℃下的蠕变应变累积明显高于文献中通常引用的尼卡隆纤维的破坏应变（如下面所讨论的，这是由于复合材料内部纤维的破碎，这允许相当大的应变而不破坏复合材料）。

2. 0°和 0°/90°复合材料的蠕变行为对比

如图 3.24(c) 所示，发现了几个意想不到的趋势，有助于深入理解纤维增强复合材料的蠕变行为。例如，在 60 MPa 和 100 MPa 的蠕变试验中，0°和 0°/90°复合材料的整体应变累积相似，即使 0°/90°复合材料在轴向实际上只有 1/2(V_f=20%)的纤维（当意识到在加载时的初始弹性应变在较低的 0°/90°复合材料中要高得多时，这个结果甚至更加明显）。当温度为 1 200 ℃时，两种复合材料 100 h 的蠕变速率如图 3.24(d) 所示。与累积应变相比，100 h 的蠕变速率非常相似。0°和0°/90°复合材料在100 h时的蠕变应力指数均约为1.3,与尼卡隆纤维的蠕变应力指数相似,表明复合材料的蠕变速率主要受尼卡隆纤维的蠕变控制。

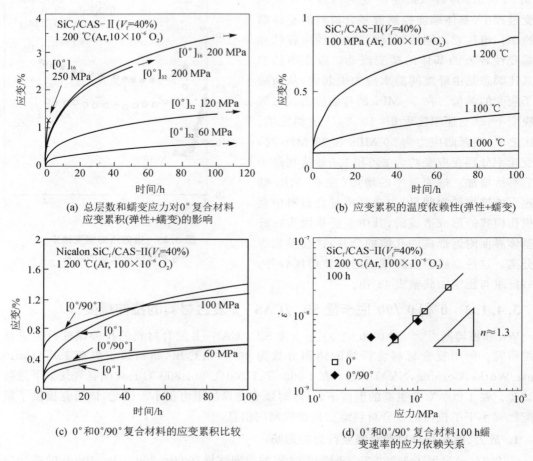

(a) 总层数和蠕变应力对0°复合材料
应变累积(弹性+蠕变)的影响

(b) 应变累积的温度依赖性(弹性+蠕变)

(c) 0°和0°/90°复合材料的应变累积比较

(d) 0°和0°/90°复合材料100 h蠕
变速率的应力依赖关系

图3.24 尼卡隆 SiC$_f$/CAS-Ⅱ复合材料在高纯氩气气氛下的蠕变行为

如上所述,对于0°/90°试样,只有20%的纤维在轴向加载方向,因此,与0°复合材料相比,在相同的外加应力水平下,人们会期望有更高的蠕变速率和应变累积。这种相似的应变累积是由于90°取向的刚性(非蠕变)纤维对基体蠕变的约束(这种影响已通过0°/90°复合材料蠕变行为的有限元分析模型得到验证)。实际上,横向纤维通过减少基体中的蠕变流动,增加了基体的轴向蠕变阻力。结果表明,横向纤维对整体抗蠕变性能有显著的贡献。此外,这些结果清楚地表明,横向纤维的影响在蠕变分析模型中是不可忽视的。如3.5.2节循环蠕变行为中所讨论的,0°/90°复合材料也比0°复合材料表现出更明显的应变恢复,这进一步增加了蠕变变形分析建模的复杂性。

3. 显微结构损伤与讨论

对在1 200 ℃条件下蠕变的试样进行了损伤累积的微观组织研究。在60 MPa条件下蠕变100 h后,没有发现纤维或基体断裂的迹象。然而,在基体中形成了孔隙;在纤维丰富的区域内,孔隙的密度要高得多。这种孔隙的形成与韦伯等人[246]对0°尼卡隆 SiC$_f$/CAS 复合材料孔隙形成的观察相一致,该复合材料在 1200 ℃下弯曲蠕变,将蠕变应力提高到 120 MPa,会发现基体微裂纹和纤维断裂较少。这种随机的显微结构损伤可以归因于纤维分布的不均匀性,因为微裂纹通常发生在基体丰富的区域。在 200 MPa 的蠕变过程中,基体孔隙开始连接,在试样的富纤维区域内形成网状结构。还观察到更为广泛的基体开裂,以及周期性的纤维断裂(见图 3.25(a))。主要位于复合材料的基体富集区的基体裂纹,最可能是在施加蠕变载荷之初形成的。由于基体应力在初始加载瞬态后迅速松弛,裂纹不会进一步扩展,但当桥联纤维发生蠕变时,裂纹会在平行于施加载荷的情况下张开。

在 200 MPa 的拉伸蠕变过程中,纤维的周期性断裂是载荷从基体转移到抗蠕变纤维的直接结果,导致纤维应力随时间变化而增大。这种蠕变损伤发生在基体的蠕变速率显著超过纤维的蠕变速率时。在 200 MPa 蠕变过程中,纤维发生周期性断裂,但复合材料的蠕变速率呈现持续减速。蠕变减速的原因有两个:① 纤维中晶粒的生长;② 偏离轴的纤维在蠕变加载方向上的重新排列。纤维中晶粒的生长将导致蠕变阻力随时间的变化而增大,蠕变速率相应降低。在测试的复合材料中,并不是所有的纤维在拉伸加载方向上都排列得很好,因此,与完全排列的纤维相比,最初对抗蠕变性的贡献没有那么大。在足够高的温度下,基体的蠕变变形允许这些离轴纤维平行于施加的载荷"拉直"。当附加纤维开始充分分担蠕变荷载时,复合材料的整体抗蠕变能力增加,导致复合材料蠕变速率下降。

在 250 MPa 下蠕变寿命较短,这时在施加蠕变载荷的过程中基体微裂纹会明显增多。桥联这些基体裂纹的高应力纤维的断裂,似乎是导致蠕变寿命显著降低的可能机制。图 3.25(b)显示了基体断裂和桥联纤维断裂的显微照片。由于蠕变寿命较短,因此没有观察到远离这些初始裂纹的周期性纤维断裂。综上所述,蠕变损伤的应力和时间依赖性可归纳为三种状态:① 低应力/长持续时间蠕变,导致孔隙形成;② 中等应力/长持续时间蠕变,其特征是孔隙形成和纤维周期性断裂(无基体断裂);③ 高应力/短持续时间蠕变,其特征是当初始加载时导致桥联基体裂纹的纤维断裂。

3.4.1.4　0°尼卡隆 SiC_f/MLAS 复合材料的弯曲蠕变

克尔瓦德克(Kervadec)和谢尔曼(Chermant)[228,237]研究了单向尼卡隆 SiC_f/MLAS 复合材料的弯曲蠕变。用 $0.5\ MgO - 0.5\ LiO_2 - 1.0\ Al_2O_3 - 4.0\ SiO_2$ 浆料浸润纤维预制体,通过热压法制备试样。基体中残余孔隙度低于 1%。蠕变试验是在真空中进行的三点弯曲试验,温度范围为 900~1 273 ℃,应力为 25~400 MPa。

1. 弯曲蠕变的应力和温度依赖性

弯曲蠕变的应力和温度依赖性如图 3.26 所示。克尔瓦德克和谢尔曼指出,对于低温和低应力水平,弯曲蠕变的应力指数在 0.3~0.6 相对恒定。目前还不清楚为什么 n 值这么低,但这可能是在弯曲蠕变过程中产生的非均匀应力分布的伪迹。

2. 显微结构损伤和讨论

对蠕变加载过程进行研究,发现三种微观结构损伤模式。在 900 ℃、1 000 ℃和低蠕变应力下,沿纤维-基体界面的脱粘和平行于纤维的基体开裂是主要的损伤模式。这种裂纹是由受弯载荷产生的剪切应力引起的。在 1 100 ℃下,弯曲试样拉伸表面的纤维断裂并发生分层。在高温(1 200 ℃)下,蠕变变形由尼卡隆纤维的蠕变控制,蠕变失配比会明显小于单位值;基体通过蠕变流动来适应纤维应变的大幅度增加。

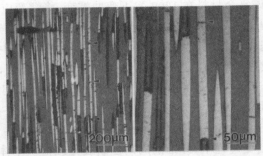

(a) 在200 MPa下蠕变100 h后出现周期性纤维断裂(试样的蠕变速率持续下降,
箭头表示沿其中一根纤维周期性断裂的位置)

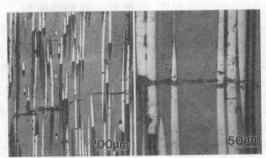

(b) 在250 MPa下蠕变70 min后观察到基体断裂和桥联纤维断裂
(显微照片摄于距离失效位置约5 mm处)

图 3.25　0°尼卡隆 SiC_f/CAS-Ⅱ复合材料在 1 200 ℃氩气中蠕变时显微组织损伤的应力依赖关系[216]

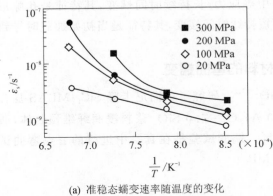

(a) 准稳态蠕变速率随温度的变化

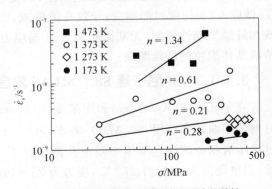

(b) 准稳态蠕变速率的应力和温度依赖性
(显示出蠕变应力指数随温度的变化特性)

图 3.26　0°尼卡隆 SiC_f/MLAS 复合材料在 900～1 200 ℃真空下的弯曲蠕变行为

阿伦尼乌斯图分析表明,在低温(900～1 000 ℃)下,热活化能保持恒定,约为 80 kJ·mol⁻¹。由于蠕变的热激活能较低,因此克尔瓦德克(Kervadec)和谢尔曼(Chermant)提出低温蠕变变形是由基体中的微裂纹控制的。在较高温度(1 100～1 200 ℃)下,热活化能随着温度和蠕变应力的增大而增大,最大值为 400 kJ·mol⁻¹,与邦塞尔(Bunsell)等人[251]对 SiC 纤维蠕变的研究结果同数量级。因此,对于高温和外加应力,复合材料的蠕变速率主要由 SiC 纤维的蠕变决定。

3.4.2　尼卡隆 SiC_f/SiC 复合材料：$0°/90°SiC_f/SiC$ 复合材料的弯曲蠕变

阿贝等人[215,249]研究了 $0°/90°$ 尼卡隆 SiC_f/SiC 复合材料在 1 100～1 400 ℃和应力水平 50～300 MPa 下的弯曲蠕变行为。采用化学气相渗透法将碳化硅渗透到机织尼卡隆纤维预制体中制备复合材料。复合材料的残余孔隙率为 10%～15%。在真空中进行了三点弯曲蠕变试验。测试持续时间为 50～200 h，根据作者的说法，这足以达到测试应力范围内的稳态蠕变速率（在 1 200℃下为 30～100 MPa）。

1. 蠕变速率的应力和温度依赖性

弯曲蠕变速率的应力和温度依赖性如图 3.27 所示。当温度为 1 100 ℃、应力为 100 MPa 时，复合材料的蠕变速率约为 $2×10^{-9}$ s^{-1}；在 1 400 ℃和相同应力下，蠕变速率增加到 $4×10^{-8}$ s^{-1}。在相似的温度和应力水平下，其蠕变速率高于 SiC 的蠕变速率。当应力为 150 MPa、温度为 1 500 ℃时，单相 α - SiC 的蠕变速率仍比复合材料的蠕变速率低一个数量级。由于复合材料是在真空中蠕变的，因此复合材料的高蠕变速率很可能是由于 CVI - SiC 基体的高孔隙率增加了基体断裂的可能性。从本质上说，复合材料的蠕变速率是由桥联基体裂纹的纤维的蠕变速率控制的。还应注意，在纤维束相互交叉的位置附近，基体和纤维中有一个高应力集中。由于编织纤维复合材料在交点附近的应力集中，桥联基体裂纹的纤维束的实际应力和蠕变速率可能相当高（在这些位置桥联纤维所经历的应力状态将是弯曲和拉伸的结合）。

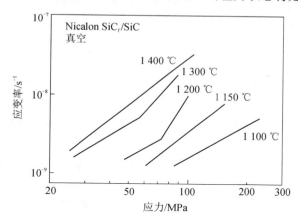

图 3.27　在 1 100～1 400 ℃下 $0°/90°$ 尼卡隆 SiC_f/SiC 复合材料的弯曲蠕变速率[215,249]

2. 显微结构损伤与讨论

根据阿贝和谢尔曼（Chermant）的观点，基体中的微裂纹扩展和桥联纤维的蠕变是复合材料体系中主要的蠕变机制。在 1 200 ℃和 1 300 ℃下，蠕变曲线的双线性性质似乎是由基体中的裂纹扩展以及随着蠕变应力增加而出现的桥联纤维蠕变引起的。在 1 200 ℃及以上的温度下，尼卡隆纤维发生晶粒长大。在 1 400 ℃下，蠕变的应力指数下降，在 1 200 ℃和 1 300 ℃观察到的蠕变曲线的双线性性质不存在。阿贝和谢尔曼（Chermant）将这种行为变化归因于表面扩散使基体裂纹的钝化；这种钝化降低了基体中裂纹进一步扩展的可能性。

虽然当前 SiC_f/SiC 复合材料的蠕变速率高于单相 SiC，但应该认识到，单相碳化硅不适用于需要高韧性材料的结构应用。在工程应用中,尼卡隆 SiC_f/SiC 复合材料相对较低的蠕变强度将限制它在低应力结构中的应用,在这些结构中的重要设计参数是,低密度材料应具有较高的单调韧性和抗热震性。这些应用包括航空航天结构的防热罩和燃气轮机部件,如排气襟翼;在低内部压力下工作的热交换器是另一个潜在的应用。与其他陶瓷基复合材料相比,SiC_f/SiC 复合材料在循环加载过程中对摩擦生热的敏感程度较低。因此,在遇到高频疲劳的结构应用中,它们是很好的候选者(摩擦生热将在第 4 章中讨论)。由于对这种复合材料中使用的 CVI - SiC 基体的蠕变行为知之甚少,因此目前尚不清楚降低基体孔隙率是否会显著提高抗蠕变能力,因为进一步降低基体抗蠕变能力可能对蠕变失配比不利(CMR>1),最终导致基体因纤维的载荷传递而断裂。另外,降低基体孔隙率可以降低初始蠕变荷载作用时基体断裂的可能性,同时还具有通过封闭基体互联孔隙率来提高抗拉强度和抗氧化性能的额外优势。要回答这些问题,还需要进行更多的研究。

3.4.3 SCS - 6 SiC_f/Si_3N_4 复合材料

3.4.3.1 0° SCS - 6 $SiC_f/HPSN$ 复合材料的拉伸蠕变

霍姆斯[213,248]研究了 0° SCS - 6 $SiC_f/HPSN$ 复合材料在 1 200～1 350 ℃空气中的拉伸蠕变行为。该复合材料含纤维的体积分数为 28%～30%,在 1 700 ℃热压制备(美国马萨诸塞州洛厄尔(Lowell)德事隆(Textron)特种材料公司)。对两种类型的该热压复合材料进行了研究,早期类型采用干粉铺层工艺,成熟类型采用胶带浇注工艺;胶带浇铸复合材料的纤维分布更加均匀,基体组分也更加均匀。为了简单起见,本小节的大部分内容将专门讨论胶带浇铸复合材料的蠕变行为,不过也将重点讨论一些有趣的结果,这些结果来自对 1 350 ℃下干粉堆积复合材料蠕变行为的研究。

当蠕变应力为 0～200 MPa 时,胶带浇铸复合材料在 1 200 ℃的拉伸蠕变行为如图 3.28(a)所示。当应力为 75 MPa 或更高时,瞬态(主蠕变)持续 50～75 h,随后是一个几乎恒定的蠕变速率区域。100 h 的蠕变速率的应力依赖关系如图 3.28(b)所示。从这项研究中得到的有趣结果如下:

(1) 在 1 200 ℃和 1 315 ℃分别观察到 60 MPa 和 30 MPa 的阈值应力(在此应力下,复合材料的蠕变速率降至可检测水平以下(10^{-12}～10^{-11} s^{-1} 的数量级))。

(2) 蠕变速率的应力依赖性较低,1 200 ℃时应力指数约为 1.0,1 315 ℃时应力指数约为 3。

(3) 当应力超过 250 MPa 时,蠕变速率急剧增大(即使当施加蠕变应力时为避免基体初始断裂而缓慢加载试样,蠕变速率也会急剧增大)。这是由纤维和基体在蠕变过程中发生的断裂综合作用的结果。

与前面讨论的尼卡隆 SiC_f/CAS 复合材料的蠕变一样,周期性纤维断裂(不伴有基体断裂)被确定为 0° SCS - 6 $SiC_f/HPSN$ 复合材料拉伸蠕变的主要微观结构损伤模式。在 150 MPa 和 200 MPa 应力下,纤维周期性断裂(不伴有基体断裂)是主要的蠕变损伤模式。这种损伤模式在蠕变失配比($\dot{\varepsilon}_f/\dot{\varepsilon}_m$)小于单位值的复合材料中是可以预期的。如 3.2.5 节所述,当蠕变应力为 250 MPa 时,蠕变寿命受到施加蠕变应力速率的强烈影响。在 2.5 s 内快速施加蠕变应力,复合材料在约 0.1 h 内被破坏;施加 1 000 s 的蠕变应力显著提高了其蠕变寿命(达到

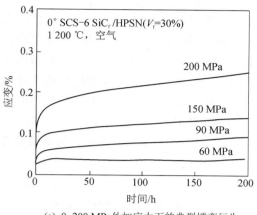

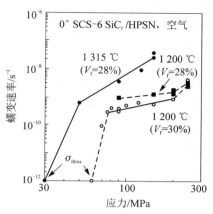

(a) 0~200 MPa外加应力下的典型蠕变行为　　　(b) 100 h的蠕变速率与外加应力的关系(1315 ℃的
(曲线中包含加载时的初始弹性应变)　　　　　　数据来自霍姆斯未发表的研究)

图 3.28　胶带浇铸复合材料的拉伸蠕变行为

117~167 h)。加载速率对蠕变寿命的影响可以从加载过程中发生的瞬态应力重分布来理解。快速加载没有足够的时间松弛基体应力,导致初始加载时基体裂纹的形成。

如果复合材料的蠕变起始应力受纤维中蠕变起始应力的控制,则可以通过增加纤维掺量来提高其蠕变起始应力。若设计一个构件,使设计应力低于复合材料蠕变的阈值,则构件的寿命将不受蠕变的限制。同时,通过设计使它低于某一应力阈值,从而避免外推短期蠕变数据的潜在风险(当然,这种设计方法忽略了其他可能的破坏模式,如冲击或环境损伤,不管复合材料的蠕变特性如何,这些因素必须加以考虑)。

综上所述,在无基体断裂的情况下,热压 SCS‑6 SiC$_f$/HPSN 复合材料的蠕变速率以纤维为主。因此,在相同的基体组成和工艺参数下,提高 SCS‑6 SiC$_f$/HPSN 复合材料抗蠕变性能的最有效途径是提高纤维的体积分数。由于增加纤维体积分数也会增加比例极限,因此这种方法具有降低基体开裂引起的环境敏感性的额外优势。另外,氮化硅的抗蠕变性能可以通过减少用于实现固结的烧结氧化物的数量或采用不同的工艺路线(如反应粘结)来提高。然而,将 HPSN 基体的抗蠕变性能提高到高于增强纤维的水平是错误的;反之,如果不同时改善纤维的抗蠕变性能,则在拉伸蠕变或弯曲蠕变过程中,不利的蠕变失配比将导致基体裂纹的扩展。

3.4.3.2　0° SCS‑6 SiC$_f$/RBSN 复合材料的拉伸蠕变

希尔马斯(Hilmas)等人[239]研究了 0° SCS‑6 SiC$_f$/RBSN(反应粘结氮化硅)复合材料在 1 300 ℃高纯氮环境下的拉伸蠕变行为。在 1 200 ℃制备的复合材料中含有 V_f=24% 的 SCS‑6 SiC 纤维。由于加工过程中不需要基体氧化物,因此 RBSN 基体的蠕变速率本质上低于当前 SiC 纤维(如 SCS‑6 SiC 或尼卡隆 SiC 纤维)的蠕变速率。本研究的结果为蠕变失配比大于单位值的复合材料蠕变损伤机制提供了参考。

拉伸蠕变试验分别在 90 MPa、120 MPa 和 150 MPa 的应用应力下进行。试验时间最长为 100 h(为了确定蠕变损伤随时间的演化规律,在 120 MPa 下进行了 1 h 和 50 h 的额外试验)。当应力分别为 90 MPa、120 MPa 和 150 MPa 时的拉伸蠕变曲线如图 3.29(a)所示。在 90 MPa 和 120 MPa 下,复合材料表现出不断降低的蠕变速率,直到最大蠕变时间 100 h 为止。在 150 MPa 下,蠕变速率急剧上升(超过 20 h),样品失效发生在 40 h 以内。100 h 的蠕变速率对应力的依赖关系如图 3.29(b)所示。为了与 RBSN 基复合材料进行比较,本小节还研究了 $V_f = 28\%$ 的 0° SCS-6 SiC$_f$/HPSN 复合材料 100 h 的蠕变速率(HPSN 基复合材料的蠕变试验是在略高于 1 315 ℃ 的温度下进行的)。在 90 MPa 下,RBSN 基复合材料的蠕变速率低于 HPSN 基复合材料。然而,在较高的应力下,RBSN 基复合材料的蠕变速率相当于或高于热压复合材料(还应注意的是,HPSN 基复合材料在 150 MPa 下"存活"了 100 h,而 RBSN 基复合材料在同样应力下的"存活"时间小于 40 h)。如下所述,RBSN 基复合材料的低蠕变寿命归因于基体开裂,这显著增加了桥联裂纹纤维部分的应力。

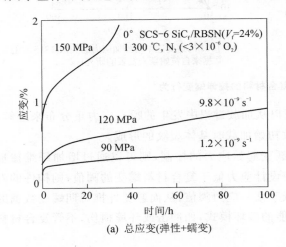

(a) 总应变(弹性+蠕变)

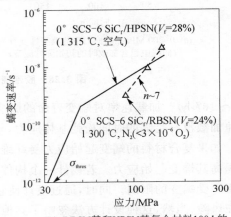

(b) RBSN基和HPSN基复合材料100 h的
蠕变速率与外加应力的关系

图 3.29　拉伸蠕变行为

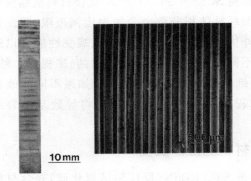

**图 3.30　高纯氮气气氛、1 300 ℃ 下蠕变 100 h 后
单向 SCS-6 SiC$_f$/RBSN 复合材料的典型基体损伤**

在 90 MPa 下蠕变 100 h 后,没有观察到纤维或基体的损伤。在 120 MPa 下,整个试样截面均出现周期性基体开裂(见图 3.30)。从 1 h、50 h 和 100 h 的试验中可以确定,基体开裂始于蠕变的前 1 h,在 50 h 内达到饱和裂纹间距(50 h 时的平均裂纹间距约为 1.3 mm)。100 h 时的裂纹间距与 50 h 时的相似;损伤状态的主要变化是基体裂纹的明显张开。额外的裂纹张开是由桥联纤维的蠕变引起的(在 120 MPa 蠕变时未观察到纤维断裂)。蠕变在 150 MPa 也导致基体周期性断裂(在这个应力下不到 40 h 就会发生失效)。在较高的蠕变应力下,基体裂纹间距较细,约为 0.5 mm,而在 120 MPa 下蠕变后的平均裂纹间距为 1.2~1.3 mm。

值得注意的是,HPSN 基复合材料的蠕变速率低于 RBSN 基复合材料,HPSN 基体的抗蠕变性能较差。这可以从两种复合材料在蠕变损伤模式上的根本差异来解释。在拉伸蠕变加载过程中,RBSN 基体的高蠕变抗力导致基体应力随着纤维脱落而逐渐增大,如图 3.31 所示。基体应力的增大导致周期性基体裂纹扩展,载荷通过桥联纤维在裂纹间传递。对于长时间蠕变应用来说,这是一种不希望出现的损伤模式,因为复合材料的蠕变寿命将由高应力桥联纤维的断裂强度控制。相比之下,HPSN 基复合材料由于其较低的蠕变抗力(CMR<1),避免了基体断裂。在抗蠕变设计时,应尽量使蠕变失配比小于单位值。

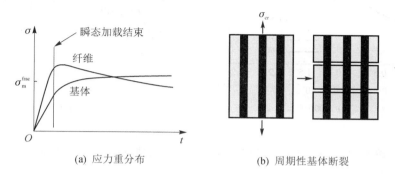

（a）应力重分布　　　　　　　　　（b）周期性基体断裂

注：当基体应力达到临界应力时,就会形成周期性的基体裂纹。上述应力重分布曲线保持在基体裂纹扩展之前。

图 3.31　蠕变失配比大于单位值的复合材料(如 SCS - 6 SiC$_f$/RBSN 复合材料)中应力的瞬态增大示意图

　　RBSN 基复合材料的成功应用需要具有更高抗蠕变性能的纤维。在新一代纤维中,通过添加氧化镁(MgO)等氧化物降低基体的蠕变阻力,可以使纤维的蠕变速率与基体的蠕变速率更接近。为了降低桥联纤维上的应力,增加纤维的体积分数也可能是有益的。此外,RBSN 基复合材料固有的高孔隙率虽然从密度的角度来看很有吸引力,但需要使用氧化保护方案。

3.4.4　二维 Al$_2$O$_{3(f)}$/SiC 复合材料

　　阿达米[229]研究了一种 Al$_2$O$_{3(f)}$/CVD - SiC 复合材料的拉伸蠕变行为,该复合材料具有二维交叉铺层纤维结构(由欧洲推进公司(Société Européenne de Propulsion,SEP)制造)。这是迄今为止对氧化物纤维- SiC 基体系统进行的唯一研究。由于该研究比较系统,包含了蠕变损伤机制的建模,因此值得关注。蠕变试验是在高真空(<10^{-4} Pa)下进行的;蠕变应力为 90~200 MPa,高于基体第一开裂应力。由阿达米[229]给出的纤维和基体无约束蠕变速率的数据可知,CMR≈1。

　　二维 Al$_2$O$_{3(f)}$/CVD - SiC 复合材料拉伸蠕变的典型蠕变曲线如图 3.32 所示。对于所有测试的温度和应力水平,都观察到了一次、二次和三次蠕变状态。蠕变破裂应变通常在 1% 以上;一个重要的发现是,稳态蠕变速率根据蠕变应力表现出两种截然不同的状态。在低应力下,得到了蠕变的高应力指数(n)约为 9.5,阿达米将它归因于基体蠕变和非饱和基体开裂状态下的应力重分布。在高应力下,n 值为 4.5(见图 3.33),与单相 Al$_2$O$_3$ 纤维的蠕变应力指数相似,表明复合材料的蠕变速率受桥联纤维的蠕变控制。

　　阿达米发现,在所有试验条件下,基体微裂纹都发生在初始施加蠕变应力时。在低蠕变应力下,基体开裂和伴随的应力重分布持续发生,直至达到恒定的组织损伤状态,形成明显的恒定蠕变速率。阿达米将三次蠕变状态归因于纤维的统计断裂。对于高蠕变应力,基体开裂更广泛,这允许基体裂纹完全桥联;Al$_2$O$_3$ 纤维的蠕变控制着其蠕变速率和蠕变寿命。

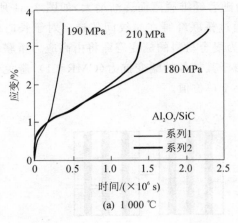
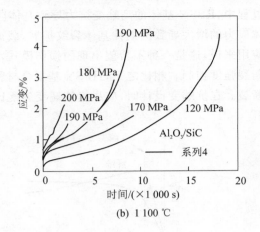

注：系列号代表不同的坯料。

图 3.32　二维 $Al_2O_{3(f)}/CVD$ – SiC 复合材料拉伸蠕变的典型蠕变曲线[229]

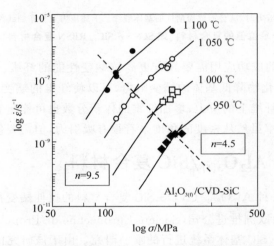

图 3.33　$Al_2O_{3(f)}/CVD$ – SiC 复合材料拉伸蠕变速率的应力和温度依赖性

在室温下，Al_2O_3 纤维处于残余拉伸状态，SiC 基体处于压缩状态。在初始加载过程中观察到的基体断裂现象可能与试验中所采用的加载速率有关，也可能与二维编织复合材料在纤维束交点附近存在较大的应力集中有关。为了充分发挥复合材料系统的潜力，使用 0°和 90°层热压制备复合材料可能是有利的。这将降低基体在加载过程中断裂的可能性；此外，正如前面讨论的热压尼卡隆 SiC_f/CAS 复合材料，如果可以避免基体断裂，则 90°纤维可以显著提高抗蠕变性能。

3.4.5　三维 C_f/SiC 复合材料

霍姆斯和莫里斯（Morris）[247]研究了三维 T – 300 C_f/SiC 复合材料在 1 400 ℃下的拉伸蠕变行为。为了确定蠕变寿命对测试环境中氧气水平的敏感性，在空气和含 100×10^{-6} O_2 的氩气气氛中进行了试验。采用化学气相法将碳化硅渗透到 T – 300 碳纤维的三维组织中制备复合材料。经向采用 3K 纤维束，充填方向采用 1K 纤维束。总纤维体积分数为 45%。从坯料上切割试样,使拉伸加载轴与翘曲或填充方向对齐。样本平均密度为(2.05 ± 0.1) g·cm^{-3}。
图 3.34 给出了复合材料在经向和填充方向上$(1\ 400\ ℃)$的单调拉伸行为。与其他 C_f/SiC 复合材料一样,该含微裂纹复合材料的单调加载曲线从加载开始即表现为非线性。

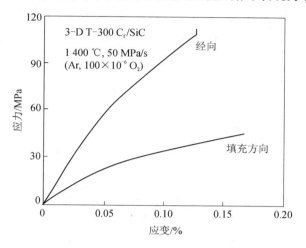

注:从浸透的板上取下试样,使拉伸加载轴与翘曲或填充方向对齐。

图 3.34　三维 C_f/SiC 复合材料在 1 400 ℃ 下的单调拉伸行为

图 3.35(a)显示了平行于经向加载的试样在应力为 45 MPa、60 MPa 和 90 MPa 与氧气水平为 10×10^{-6} 时的典型拉伸蠕变曲线。当应力为 60 MPa 及以下时,出现准稳态蠕变状态,随后出现试样的突然破坏(即不存在三级蠕变)。在 90 MPa 下只观察到瞬态蠕变,破坏时间小于 2 h。当氧气水平为 10×10^{-6} 时,从经向移除的试样准稳态蠕变速率的应力依赖关系如图 3.35(b)所示。30 MPa 时的蠕变速率约为 1.5×10^{-6} s^{-1},60 MPa 时的蠕变速率约为 7.5×10^{-6} s^{-1}。假设蠕变速率与外加应力呈幂律关系,在 10×10^{-6} O^2 气氛下蠕变的应力指数约为 2.3。没有足够的数据来确定测试环境对应力指数的影响。

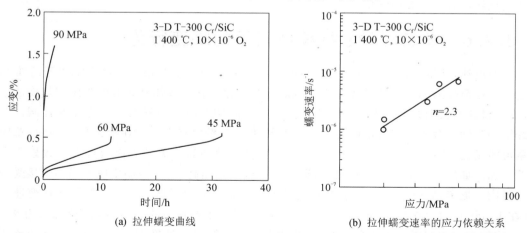

(a) 拉伸蠕变曲线　　　　　　　(b) 拉伸蠕变速率的应力依赖关系

图 3.35　三维 C_f/SiC 复合材料在 1 400 ℃ 下的典型拉伸蠕变行为

图 3.36 为试验气氛中含氧量对蠕变断裂时间的影响。与没有涂层的碳纤维复合材料一样,随着含氧量的降低,断裂时间显著增加。在 50 MPa 的应力水平下,断裂时间从 $10\times$

10^{-6} O_2 时的 10 h 左右增加到 1×10^{-6} O_2 时的 100 h 以上。在相同的应力水平下,复合材料在空气中的断裂时间小于 0.1 h。在所有的测试环境中,复合材料的最终失效均发生在纤维束的破裂。在空气中进行的试验中,可观察到明显的纤维氧化。如果能够开发出合适的表面涂层或内部氧化保护方案,则复合材料在 1×10^{-6} O_2 时的蠕变寿命可以显著提高,这表明该复合材料系统的潜力。

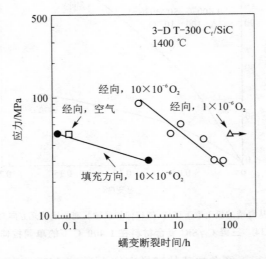

图 3.36 含氧量对三维 C_f/SiC 复合材料蠕变断裂时间的影响

这些结果也表明,当在惰性气氛中进行蠕变试验时,测量含氧量是非常重要的。测试室内的氧气水平很少与存在于氩气或氮气中的氧气水平相对应,因为氧气很容易通过调节器、气体管道和密封条的泄漏引入,从炉子隔热层放气也可以改变氧气水平。在 C_f/SiC 复合材料中,当含氧量从 1×10^{-6} 增加到 10×10^{-6} 时,它在 1 400 ℃下的蠕变寿命降低了一个数量级。由于 CVI 复合材料的高孔隙率和与工艺相关的基体开裂,这些复合材料在高温氧化环境中需要内部氧化保护方案或表面涂层。

3.4.6 总结讨论:持续载荷下的蠕变行为

如前所述,纤维增强陶瓷基复合材料的初始瞬态蠕变速率在很大程度上取决于纤维与基体之间的载荷传递和纤维与基体之间的微观组织演化。在无基体断裂等微观组织损伤的情况下,复合材料的长期蠕变速率和应变累积由具有较高蠕变阻力的材料的蠕变速率控制。基体和纤维的弹性常数和各组分的蠕变速率都对整体应变累积有贡献。在给定的时间内,总应变积累可能是比应变速率更重要的设计参数,因为基体断裂和相关的界面脱粘会导致累积应变显著增加。如果纤维的蠕变速率较低,即使累积应变相当高,则总体蠕变速率仍在可接受的设计极限内。尼卡隆 SiC_f/CAS 复合材料的拉伸蠕变试验证明了这一点。虽然整体蠕变速率较低(在 1 200 ℃ 和 120 MPa 下为 10^{-8} s^{-1} 量级),但在 100 h 内的总应变累积很高,为 2%~3%。这种大的应变累积主要是由 CAS 基体在 1 200 ℃ 时的低蠕变阻力造成的,这导致了较大的初始瞬态应变。另外,SCS - 6 SiC_f/HPSN 复合材料表现出低蠕变速率和极低的总应变累积水平(见图 3.37)。

比较当代纤维增强陶瓷基复合材料的拉伸蠕变速率与当代镍基高温合金的拉伸蠕变速率

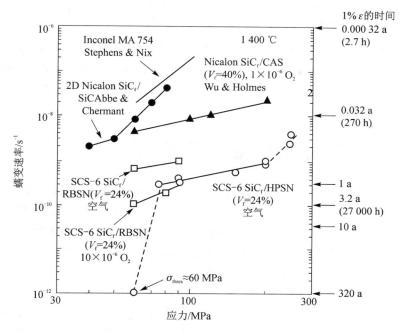

注：二维尼卡隆 SiC_f/SiC 复合材料的数据来自阿贝等[215,249]。

图 3.37　不同陶瓷基复合材料与镍(Ni)基高温合金 MA 754 在 1 400 ℃下 100 h 拉伸蠕变速率的对比

是很有意义的。图 3.37 对比了 MA 754(一种氧化物弥散增强高温合金)与四种陶瓷基复合材料(二维尼卡隆 SiC_f/SiC、一维尼卡隆 SiC_f/CAS、SCS – 6 SiC_f/RBSN 和 SCS – 6 SiC_f/HPSN)100 h 的拉伸蠕变速率。陶瓷基复合材料的蠕变速率低于 MA 754 的蠕变速率；事实上，SCS – 6 SiC_f/HPSN 复合材料的蠕变速率比 SCS – 6 SiC_f/RBSN 复合材料的蠕变速率低三个数量级。虽然陶瓷基复合材料的蠕变速率低于 MA 754 的蠕变速率，但在实际工程应用中是否可以接受？要回答这个问题，最好从总累积蠕变应变的角度来考虑。可接受的蠕变应变水平将主要由复合材料的最终用途决定。最广泛引用的要求之一，是汽轮机设计时代遗留下来的，那就是部件的总蠕变应变在部件的使用寿命内不应超过 1%。虽然这可能不是陶瓷基复合材料的适当参考应变，但比较各种复合材料达到 1% 的蠕变应变所需的时间仍然是有趣的。为了方便讨论，以 70 MPa 的压力为参考，假设 100 h 的蠕变速率能够一直维持下去(这取决于复合材料微观结构的稳定性)，1% 蠕变应变的时间从二维 SiC_f/SiC 复合材料的 300 h 左右，到 HPSN 基复合材料的 300 多年。虽然像火箭喷管这样的应用只需要短期的抗蠕变能力，但大多数实际工程设计可能需要从 100 h 到几千小时的蠕变寿命。

　　当分析纤维增强陶瓷基复合材料的蠕变行为时，重要的是要记住，迄今为止所进行的大多数试验的持续时间都相当短。因此，在 100～200 h 的试验中可能出现的稳态蠕变实际上代表了长期试验中的瞬态行为。此外，当在氧化气氛中进行同样的试验时，在惰性气氛中看似合适的蠕变寿命可能会非常短。同样重要的是要记住，大多数数据是由静载荷蠕变试验产生的。许多组件在使用时可能会发生意外过载。不幸的是，关于复合材料在经受拉伸或弯曲过载后的蠕变速率如何变化的信息目前几乎没有(关于基体开裂如何影响蠕变寿命的指标在 3.4.3 节中已经讨论过)。此外，大多数复合材料都以单调韧性作为主要设计目标；然而，如后面所讨论的,提供最佳复合材料韧性的微观组织需要基体开裂和界面脱粘,这与抗蠕变所需的微观组织是不一致的。

迄今为止进行的蠕变研究清楚地表明,纤维增强陶瓷基复合材料在高温结构应用中具有相当大的应用前景,在某些情况下,使用温度可高于镍基高温合金的起始熔点(通常为 1 300～1 375 ℃)。正如 3.6 节所讨论的,这些材料成功应用的关键是同时考虑高单调韧性和抗蠕变性的竞争性微观结构设计。

3.5 循环蠕变和蠕变应变恢复

纤维增强陶瓷基复合材料的许多潜在应用涉及高温下的循环加载。有趣的是,最近的试验结果表明,与持续加载相比,高温循环加载可以减少纤维增强陶瓷基复合材料中的总应变累积;当其中一种组分具有高玻璃相含量时,这种效果通常会增强。应变减少是在疲劳循环的卸载部分发生的黏性应变恢复造成的。虽然在单相陶瓷中应变恢复的发生早已被发现,但是针对纤维增强陶瓷基复合材料的这种现象后来才有记录[216-217,236,238]。本节概述纤维增强陶瓷基复合材料的应变恢复机制,以及加载历史对其蠕变应变恢复的影响。

在单相陶瓷中,在实际温度下的位错运动非常低,蠕变通常通过晶界滑移和扩散机制发生。这种晶界运动伴随着内应力的产生。如果存在玻璃态晶界相,则晶界附近发生的变形会导致沿晶界产生弹性和毛细应力,这会阻碍在蠕变加载过程中的进一步变形。这些内应力为陶瓷纤维和单相陶瓷在循环蠕变加载过程中固有应变的恢复提供了驱动力。

因为纤维和基体的蠕变速率和弹性常数通常不同,所以在最大应力下的保持时间内,纤维和基体之间会发生应力重分布。这种应力重分布会影响卸载时组分的残余应力状态,从而对复合材料的恢复行为产生深远的影响。因此,除了上述单相陶瓷的固有恢复过程之外,纤维增强陶瓷基复合材料中产生的残余应力可以为应变恢复提供额外的驱动力。本节讨论外加应力、循环加载历史和最大应力保持时间对尼卡隆 $SiC_f/CAS-\text{II}$ 和 $SCS-6\ SiC_f/Si_3N_4$ 复合材料循环蠕变行为的影响以及蠕变应变恢复在实际应用中的意义。

3.5.1 蠕变应变恢复的术语和定义

采用两种恢复比来量化某一加、卸载周期内的应变恢复量:① 总应变恢复比(包括加、卸载时的瞬时弹性应变和非弹性应变);② 蠕变应变恢复比(只考虑加、卸载时的非弹性应变)。参考图 3.38,总应变恢复比(R_t)由式(3.36)定义,即给定循环中恢复的弹性应变和蠕变应变($\varepsilon_{el,R}+\varepsilon_{cr,R}$)除以卸载前的总累积应变($\varepsilon_t$)(注意,其中包括弹性应变):

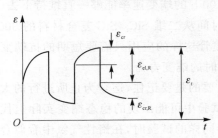

图 3.38 用于描述纤维增强陶瓷基
复合材料应变恢复行为的变量定义

$$R_t = (\varepsilon_{el,R} + \varepsilon_{cr,R})/\varepsilon_t \tag{3.36}$$

同样,蠕变应变恢复比(R_{cr}),定义为某一循环卸载段恢复的蠕变应变($\varepsilon_{cr,R}$)除以所考虑循环加载段累积的纯蠕变应变(ε_{cr})(不包括加载和卸载时的瞬时弹性应变):

$$R_{cr} = \varepsilon_{cr,R} / \varepsilon_{cr} \tag{3.37}$$

注意 R_t 和 R_{cr} 都是时间的函数。在循环卸载部分，$\varepsilon_{cr,R}$ 为零或随时间增加，ε_{cr} 和 ε_t 在一定卸载时间内保持恒定。式(3.36)和式(3.37)表明，在每个循环的卸载段，R_t 和 R_{cr} 均随时间增加。然而，由于 ε_t 通常在随后的蠕变加载过程中增大（除非存在蠕变阈值），因此 R_t 随加、卸载循环次数的增加而减小。

3.5.2　尼卡隆 SiC$_f$/CAS－Ⅱ 复合材料的蠕变恢复

Wu 和霍姆斯[216,239]研究了 0° 和 0°/90° 尼卡隆 SiC$_f$/CAS－Ⅱ复合材料的等温拉伸蠕变恢复行为。复合材料用 $V_f = 40\%$ 的纤维增强。循环蠕变试验在氩气中进行，温度分别为 1 000 ℃、1 100 ℃ 和 1 200 ℃。

如图 3.39 所示，尼卡隆 SiC$_f$/CAS－Ⅱ复合材料经过拉伸蠕变，在卸载后呈现黏滞应变恢复。由图 3.39(a)可知，蠕变应变恢复比(R_{cr})总体上随温度的降低而增大。在 1 000 ℃ 下卸载 100 h 后，基本恢复了之前所有的蠕变应变。低温下 R_{cr} 增加的部分原因是随着蠕变温度的降低，显微组织损伤显著降低。在一定温度下，恢复量受蠕变应力和纤维铺设量的影响。从图 3.39(b)可以看出，对于给定的铺层，R_{cr} 随着先前蠕变应力的增大而减小。这种减小的部分原因是卸载前的主应变累积大得多，以及高蠕变应力导致的额外微观结构损伤的发展。对比 0° 和 0°/90° 试样可以发现，0°/90° 复合材料的应变恢复明显更多。在 60 MPa 下蠕变 100 h、2 MPa 下保持 100 h 的加载过程中，0° 复合材料 100 h 的蠕变应变恢复比(R_{cr})约为 27%，0°/90° 复合材料 100 h 的 R_{cr} 约为 49%。正如前面所讨论的，90° 纤维对轴向蠕变变形提供了相当大的约束（请注意，这种约束的形成是由于复合材料在轴向蠕变过程中会导致横向收缩）。试样卸载后，沿横向(90°方向)产生的残余应力为复合材料的轴向收缩提供驱动力（直观地说，当复合材料卸载时，90° 纤维将充当弹性压缩弹簧）。

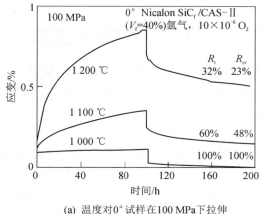

(a) 温度对 0° 试样在 100 MPa 下拉伸
100 h 后应变恢复的影响

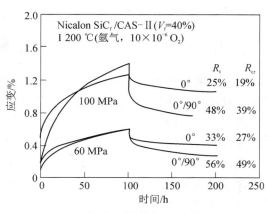

(b) 0° 和 0°/90° 试样在 60 MPa 和 100 MPa
下拉伸蠕变 100 h 后的恢复

图 3.39　温度和应力对[0°]$_{16}$ 和[0°/90°]$_{4S}$ 尼卡隆 SiC$_f$/CAS－Ⅱ复合材料应变恢复的影响

图 3.40 为 0°/90° 试样在 60 MPa 下蠕变 40 min、2 MPa 下蠕变 40 min 后的应变恢复行为。与上述 100 h 蠕变/100 h 恢复试验相比，较短蠕变周期的应变恢复比要高得多。对于第一个周期，$R_{cr} = 57\%$，$R_t = 73\%$；在第二轮中，这两个比值分别为 80% 和 70%（注意：R_t 降低

是因为累积应变量增加；两个循环中恢复的应变量是相似的）。在热压 SCS-6 SiC_f/Si_3N_4 复合材料的循环蠕变试验中，也观察到了短时间循环加载时 R_{cr} 的类似增加（在 3.5.3 节讨论）。从图 3.40 中可以看出，第二循环 R_{cr} 的增加是由蠕变应变和瞬态蠕变持续时间显著降低所致；这是由于在第一个加、卸载循环之后，复合材料的残余应力状态发生了变化（也要注意，随着基体蠕变的进行，更多的纤维会倾向于平均分担蠕变载荷，也就是说，最初并不是所有的纤维都会承受相同的蠕变应力，因为许多 0° 纤维可能不完全与轴向加载方向对齐）。

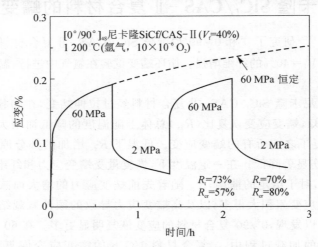

图 3.40　[0°/90°]$_{4S}$ 尼卡隆 $SiC_f/CAS-II$ 复合材料
在 1 200 ℃ 短期循环蠕变加载下的应变恢复行为[216]

使用类似于 3.2 节中描述的方法，应变恢复过程可以用简单的弹簧/黏滞阻尼器模型进行解析建模。如 3.5.4 节所讨论的，纤维增强复合材料中的应变恢复及它对累积蠕变应变的依赖对循环蠕变行为和蠕变寿命具有重要意义。

3.5.3　SCS-6 SiC_f/Si_3N_4 复合材料的循环蠕变/蠕变恢复

本小节研究单向 SCS-6 SiC_f/Si_3N_4 复合材料在 1 200 ℃ 空气中的等温蠕变恢复行为（这些复合材料的拉伸蠕变行为如前所述）。这些研究表明循环时间对蠕变速率、应变累积和应变恢复的影响。试样先在 200 MPa 下进行拉伸蠕变，蠕变时间为 300 s～200 h；然后在 2 MPa 下恢复，保持时间为 0 s～50 h。

快速卸载和重新加载没有有限的保持时间，导致累积应变或蠕变速率没有明显的变化。在包含有限恢复保持时间的所有加载历史中，观察到显著的应变恢复。如图 3.41(a) 所示，在多次 50 h 蠕变/50 h 恢复循环中，蠕变应变恢复比(R_{cr})从第一次循环的 38% 提高到后续循环的 82%。这种恢复率比典型的单片氮化硅要高得多。例如，在 1 204 ℃ 下使用 NC-132 Si_3N_4 进行的单周期恢复试验中，阿龙斯（Arons）和 Tien[252] 观察到总应变恢复比不到 10%。黑格（Haig）等人[253] 报道了在 1 100 ℃ 下经历拉伸蠕变的细粒单相 Si_3N_4 的最大单周期恢复率为 40%。除了基体固有的恢复，SCS-6 SiC 纤维也被认为具有显著的非弹性恢复[177]。

恢复保持时间的长度在随后的加载循环中影响蠕变行为。与持续蠕变加载相比，在每个循环中允许 300 s 的恢复时间会导致主蠕变持续时间显著缩短，从持续加载时的约 75 h 到循环蠕变试验时的不到 10 h(见图 3.41(b))。在 200 MPa→2 MPa,经过 200 h 的短周期循环加载(300 s 蠕变/300 s 恢复)后,总累积蠕变应变也比 200 MPa 持续蠕变加载时降低了 60%。即使将 300 s 蠕变/300 s 恢复曲线外推至 400 h(对比 200 MPa 应力下等效时间的结果),其蠕变应变仍明显低于持续加载 200 h 后的蠕变应变。

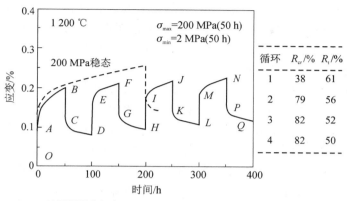

(a) 长周期蠕变行为(200 MPa下50 h/2 MPa下50 h)

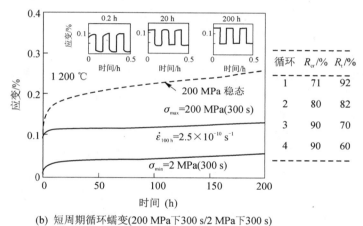

(b) 短周期循环蠕变(200 MPa下300 s/2 MPa下300 s)

注:为了比较,在 200 MPa 持续蠕变加载 200 h 时的蠕变行为也显示在每个图中。

特别要注意的是,在短期循环加载期间,主要蠕变行为发生了显著变化[236]。

图 3.41　0° SCS-6 SiC_f/Si_3N_4 复合材料在 1 200 ℃ 的等温拉伸蠕变/应变恢复曲线

3.5.4　循环蠕变行为的讨论

蠕变恢复的机理:残余应力的影响。如前所述,对于单相陶瓷(包括碳化硅纤维),蠕变变形过程中的晶界滑移会导致内应力的积累,内应力本质上可能是弹性力或表面张力。这些内应力提供了外加载荷部分或全部减少后固有应变恢复的一种机制。除了组分的固有恢复行为,卸载后纤维增强复合材料中存在的残余应力状态可以为应变恢复提供进一步的驱动力。对于给定的复合材料,忽略微观结构损伤,卸载时存在的残余应力受温度、外加应力、累积蠕变应变和纤维与基体之间弹性常数不匹配的影响。由于载荷传递产生的残余应力状态的历史相关性,应变恢复量取决于先前加载历史的细节。残余应力是如何产生的? 参考前面对蠕变失配比和组分间载荷传递的讨论,假设基体的蠕变速率比纤维的蠕变速率高得多。对于这种极限情况,在拉伸蠕变期间,基体中的轴向应力向零松弛,而纤维中的应力会增加,因为它们现在必须承担更多的外加载荷。移除外载荷后,纤维的弹性收缩使基体处于压缩状态,而纤维处于拉伸状态(纤维中的拉伸应力会降低,降低量与弹性卸载应变成比例。注意,基体约束不允许纤维的弹性应变完全恢复)。用纯力学术语来说,如果卸载后复合材料的温度保持不变,则纤维和基体中的残余应力将通过纤维和基体的原位松弛而降低。例如,如果假设(出于讨论目的)卸载时的纤维应力低于纤维蠕变的阈值应力,并且基体处于压缩状态,则基体应力将松弛;为了应力平衡,通过纤维的弹性卸载,纤维应力也会同时降低(这一论点假设基体中的压缩应力超过了基体压缩蠕变的阈值)。因此,基体和纤维会发生净收缩。当接近基体压缩蠕变的阈值应力时,这一恢复过程将变得非常缓慢。该描述仅给出了力学元件应力恢复的定性解释。事实上,实际的恢复过程要复杂得多,并且取决于界面间粘合程度等因素,而界面间的粘合又控制着纤维和基体之间的载荷传递。此外,应力状态绝不是单轴的;内部残余应力也存在于径向方向(垂直于纤维轴)。纤维附近的静水应力也会影响它在卸载时的恢复行为,这些应力又受到诸如纤维和基体模量、界面粘合、纤维堆积分布和纤维直径等参数的影响。

上述论点与拉伸蠕变变形有关。重要的是要认识到压缩蠕变后卸载时产生的残余应力会有很大不同,弹性卸载会使基体处于拉伸状态。这可以通过分析基体的压缩蠕变速率远高于纤维的压缩蠕变速率的情况来理解。在长时间压缩蠕变加载过程中,基体中的轴向应力会松弛(变得不那么压缩),纤维将承受越来越大百分比的压缩载荷(假设来自基体的约束足以防止纤维屈曲)。当卸载时,纤维会弹性伸长。如果假设界面结合完美,则这种弹性卸载将使基体承受残余张力;根据蠕变期间基体的微观结构/成分的变化,这种张力可能足以促使基体断裂。如果不发生基体断裂,则纤维和基体将发生原位蠕变,从而降低压缩应变的大小。

蠕变应变恢复对于受循环载荷作用结构的寿命预测,有两个实用的结论:

(1)在恒定或接近恒定的温度下,经历周期性载荷变化的部件的蠕变速率和总应变累积,会显著低于持续蠕变载荷下观察到的值。对于结构部件,累积蠕变应变是一个重要的设计考虑因素。不考虑应变恢复的寿命预测,可能会严重低估部件的寿命。许多部件会在恒定或波动的温度下承受变化的应力。一个温度恒定的例子便是在恒定温度下运行但内部压力波动的热交换器。一个温度波动的例子是商用飞机中的燃气涡轮机翼或燃烧室,两者在巡航期间在接近恒定的应力和温度下运行,随后在涡轮怠速或停机期间在较低的应力和温度下运行。在热机械疲劳加载过程中(温度和应力同相或异相变化),试样卸载过程中会出现一定程度的应变恢复。对于应力和温度同时增加或降低的同相热机械疲劳载荷,卸载期间的恢复会发生在温度高于蠕变阈值应力的循环部分。影响卸载时残余应力状态及随后热机械疲劳循环期间的应力-应变响应的应变恢复量,取决于载荷和温度降低的速率。如果部件被快速冷却,则尽管不会发生应变恢复,但是在先前高温变形期间发生的内应力重分布会直接影响部件的室温强度和断裂特性。加载历史对复合材料残余性能的影响是一个很少受到关注的研究领域,但对于复合材料在循环载荷结构中的成功使用至关重要。

(2)对停止使用的部件进行等温热处理,可能会延长承受持续或周期性蠕变载荷部件的寿命。从使用中移除部件,然后无应力地暴露在高温下,可以减少在长时间拉伸蠕变加载过程中在纤维或基体中积累的残余应力。类似于对冷加工金属进行退火以释放内应力,可以将由纤维增强陶瓷基复合材料制成的结构部件定期停止使用并放入炉子中,以促进应变恢复并降低随后加载过程中蠕变断裂的可能性。

3.6　满足单调韧性和抗蠕变性竞争要求的微观结构设计

蠕变加载过程中出现的损伤模式的理论分析和实验观察,提供了对微观结构在蠕变变形中所起作用的深入理解,并提出了可能改善蠕变寿命的微观结构调整。

迄今为止,纤维增强陶瓷基复合材料领域的绝大多数研究都集中在理解和提高单调韧性上。虽然这无疑是一个重要的研究领域,但遗憾的是,人们很少关注复合材料微观结构设计的更广阔前景。当优化特定性能(例如韧性)时,不能忽视其他期望的性能可能受到不利影响的事实。对于陶瓷基复合材料来说尤其如此,它可能会有多种多样的加载历史。为了在大多数工程应用中成功使用,设计的纤维增强陶瓷基复合材料可能必须能够承受意外过载,同时能够在可能涉及蠕变、循环蠕变或疲劳载荷的不利条件下持续工作。纤维增强陶瓷基复合材料进一步发展的关键是,了解在一个加载历史(如单调加载)下微观结构损伤的发生,将如何影响复合材料在不同加载历史(如蠕变)下的行为。遗憾的是,如下所述,针对单调韧性进行的微观结构优化通常与长期抗蠕变性不相容。

从广义上讲,宏观蠕变损伤与组分之间的蠕变特性不匹配有关。图 3.17 中总结了蠕变失配比对蠕变损伤模式的影响。如果纤维是抗蠕变性更强的组分(CMR<1),则在拉伸或弯曲蠕变加载期间,纤维会发生周期性的断裂。如果基体比纤维具有更高的抗蠕变性(CMR>1),则通过从纤维到基体的载荷传递,基体会发生断裂。如前所述,尽管人们希望避免任何一种组分的断裂,但周期性纤维断裂是比基体断裂更理想的失效模式。如果发生基体断裂,则桥联纤维上的蠕变应力可能相当高,并可能导致纤维断裂(对于低纤维体积分数的复合材料尤其如此)。此外,基体开裂导致环境和纤维-基体界面之间的直接相互作用,这会进一步降低蠕变寿命。此外,如第 4 章关于纤维增强陶瓷基复合材料疲劳行为的内容所述,如果部件在蠕变的同时承受高频循环载荷,则基体开裂和界面脱粘会导致摩擦生热。还应提及使用编织复合材料的一个问题。也就是说,由于纤维束交叉点附近的应力集中较大,因此在这些位置容易发生基体开裂。这种断裂在单轴和双轴蠕变载荷下都可能发生。从这个意义上说,将 0°/90°复合材料加工成具有单个 0°和 90°层的叠层材料可能是有利的。如 Wu 等人[235]所述,交叉铺层复合材料具有优异的抗蠕变性(在某些情况下优于相同纤维体积分数的 0°复合材料)。

当设计具有长期抗蠕变性的复合材料微观结构时,应该争取接近统一的蠕变失配比,或者如果纤维具有比基体高得多的抗蠕变性,则应该确保纤维强度在加工或长期暴露期间不会降低。在蠕变失配比小于 1 的复合材料中,使纤维断裂概率最低的一种方法是增加纤维体积分数,这具有降低纤维平均应力的效果。然而,当设计具有最佳抗蠕变性的复合材料微观结构时,重要的是在最佳抗蠕变性和高韧性的竞争性要求之间取得平衡,以防意外过载发生。

单调加载下的韧性是通过基体微裂纹、受控的界面脱粘和纤维与基体之间的相对滑移来实现的。这些过程可以消耗机械能。遗憾的是,与这些增韧模式相关的微观结构损伤会对蠕变寿命产生负面影响。例如,如前所述,桥联基体裂纹的纤维上的应力会显著增加,这可能导致纤维的早期断裂。界面脱粘限制了纤维和基体之间的载荷传递程度,从而导致脱粘区内纤维应力增大;这种应力的增大增加了纤维断裂的可能性。此外,载荷传递的减少会增加蠕变期间纤维应变的累积量。

在理想情况下,如果只考虑抗蠕变性,则可以提高基体的微裂纹阈值应力。界面间粘合程度的增加也会提高抗蠕变性。然而,由于这些变化会降低韧性,因此人们必须在最佳韧性和抗蠕变性之间达成妥协。作者认为,首先应设计高单调韧性(这是使用纤维增强复合材料所追求的首要属性),但同时应确保微观结构即使在复合材料存在微裂纹的情况下,也能具有足够的抗蠕变性。在作者看来,后一种微观结构设计方法是应该被优先选择的,因为它考虑了部件在使用过程中遭受意外过载的可能性。微观结构设计的指导方针相对较简单。例如,参考图3.42,并假设复合材料已经因拉伸过载产生部分微裂纹,人们希望在随后的蠕变加载期间限制微裂纹的进一步扩展。如果裂纹尖端后面的桥联应力减小,则将会发生裂纹扩展,导致裂纹尖端的应力强度因子增大。例如,桥联应力可以通过桥联纤维的断裂或蠕变、界面磨损(如果是循环蠕变载荷,则参阅第4章疲劳方面的内容)和界面脱粘来降低。重要的是,不利的蠕变失配比(纤维的抗蠕变性低于基体)也会导致基体应力增大,从而导致裂纹扩展的驱动力增大。或者,裂纹尖端应力可以通过基体中的应力松弛来降低。

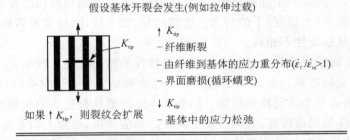

图 3.42　韧性和抗蠕变性结合的微观结构设计

如果裂纹尖端后面的桥联应力减小(例如,通过桥联纤维的断裂),沿界面的法向压力减小(例如,通过界面磨损或者通过从纤维到抗蠕变基体的载荷重分布(CMR>1)),则在耐损伤微观结构加载过程中形成的初始微裂纹将在随后的蠕变加载过程中扩展。如果应力松弛发生在裂纹尖端,则由于从基体到纤维的瞬时载荷传递(CMR)等因素,裂纹扩展的驱动力会降低。为了适应单调韧性和抗蠕变性的竞争要求,建议设计的复合材料可以满足如果发生意外拉伸过载,则桥联纤维可以支撑整个蠕变载荷的要求。对于长期蠕变寿命,还建议蠕变失配比大于1,这可以确保基体应力保持较低。

上述讨论为微观结构设计提供了建议。也就是说,人们希望提供设计使得基体的抗蠕变性比纤维更低,允许基体裂纹附近的应力松弛。假设不可避免地发生了基体开裂,人们希望确保桥联纤维能够支撑整个蠕变载荷,这可能需要增加纤维体积分数。这一要求也进一步强调了研发抗蠕变纤维的重要性。最后,作者认为,应变恢复是复合材料的一个非常理想的属性,因为它可以在循环蠕变或疲劳加载期间显著减少累积蠕变应变(它还允许承受循环载荷的裂纹尖端附近的应力松弛)。此外,如3.5节所述,应变恢复减少了部件中残余应力的累积。因此,当开发通过完全消除玻璃态晶界相来提高抗蠕变性的纤维时,应谨慎一些;在承受疲劳载荷的复合材料中,少量的残余玻璃相可能是有益的。

图 3.42 中给出的概念并不完整,随着额外的实验和理论研究的开展,这些概念无疑会进一步发展。例如,蠕变损伤的模式也受到组分的断裂应力和蠕变断裂应变的影响。在发生基体或纤维断裂之前,组分中的应变是相等的(除非沿界面的摩擦剪切应力为零,即没有载荷传递)。因此,如果基体的失效应变比纤维高得多,则可能出现基体支撑大部分蠕变载荷的情况,但是具有较低失效应变的纤维会首先断裂。实际情况当然要复杂得多,人们还必须考虑组分的缺陷敏感性,这可以用裂纹扩展的临界应力强度因子来表征。此外,纤维和基体的应力状态绝不是单轴的,这会影响到组分的断裂特性。应该理解的是,依赖于时间的微观结构损伤或化学相互作用可以改变组分的断裂特性,特别是在许多玻璃–陶瓷和陶瓷基体中会发生气穴现象。人们还必须考虑部件在初始加载过程中发生的损伤状态,图 3.18 清楚地说明了这一点,从中可以看出初始加载速率对 SCS - 6 SiC$_f$/HPSN 复合材料随后蠕变寿命的影响。此外,正如苏雷什(Suresh)及其同事[254]所指出的,含有玻璃态晶界或界面相的陶瓷可能表现出固有的速率敏感性,这种速率依赖性是由玻璃相黏性变形引起的。

第4章 连续纤维增强陶瓷基复合材料的疲劳行为

4.1 概 述

连续纤维增强陶瓷基复合材料的发展,受到了它在高温结构陶瓷中获得耐损伤性能前景的推动。普莱沃(Prewo)和布伦南(Brennan)[76,136-137]首次记录了纤维增强陶瓷基复合材料的耐损伤行为,他们对 SiC 纤维增强(LAS)玻璃基复合材料进行了弯曲测试。尽管已证明许多陶瓷基复合材料在单调加载下具有耐损伤性能,但这些材料的大多数应用涉及循环加载历史[255],尤其是在高温下。因此,在陶瓷基复合材料可以被用作结构件之前,需要彻底了解疲劳加载过程中的损伤机理和微观结构稳定性。此外,如本章所述,提供高单调韧性的微观结构特征和损伤机制(如低界面摩擦剪切应力、基体微裂纹和长纤维拔出长度),往往与最佳抗疲劳性的微观结构要求相冲突。

与单相陶瓷和晶须增强陶瓷基复合材料相比,纤维增强陶瓷基复合材料的疲劳行为表现出独有的特征。例如,单相陶瓷的疲劳失效通常是由单个裂纹的扩展引起的。相比之下,在连续纤维增强陶瓷基复合材料中,基体开裂分布更广;对于低疲劳应力,这些裂纹的纤维桥联可防止复合材料失效。正如后面将要讨论的,基体开裂发生在疲劳损伤过程的早期;纤维增强陶瓷基复合材料的疲劳寿命主要由界面和纤维损伤决定,而不是由基体裂纹扩展决定。此外,与单相陶瓷相比,纤维增强陶瓷基复合材料的疲劳寿命对加载频率表现出非常明显的敏感性。疲劳寿命的这种频率依赖性,与脱粘纤维相对于基体滑移时发生的显著内部加热有关。这种反复的纤维-基体滑移会导致复合材料(如单向碳化硅纤维增强的 CAS)的整体温度升高超过100 ℃。

本章的目的是对连续纤维增强陶瓷基复合材料的疲劳行为进行概述。虽然重点将放在实验结果上,但提供的数据将与疲劳损伤机制和模型相关,这些机制和模型有助于深入理解微观结构损伤如何决定疲劳寿命。由于篇幅限制,这里提供的信息假设读者熟悉疲劳术语和陶瓷疲劳行为(关于这些专题的一般介绍,读者可以参考苏雷什(Suresh)[256]关于工程材料疲劳的综合专著)。

下面将讨论以下主题:单调拉伸行为和微观结构损伤(4.2 节)、等温疲劳寿命(4.3 节)、疲劳损伤机制(4.4 节)、应力比对等温疲劳寿命的影响(4.5 节)、温度和试验环境对等温疲劳寿命的影响(4.6 节)、加载频率对等温疲劳寿命的影响(4.7 节)、热疲劳(4.8 节)、热机械疲劳(4.9 节)和结语(4.10 节)。在讨论上述内容之前,先概要介绍一下陶瓷基复合材料的疲劳行为。

4.1.1 基本行为

在循环加载下,脆性基体复合材料会发生基体开裂和纤维破坏[10,80,105,257-258],形式上与

图 1.2 所示单调加载下的三类破坏行为相同。前面的基体开裂和纤维破坏模型仍然适用,只是需要引入一些新的参数[258]。建立针对陶瓷基复合材料特定疲劳机制所需的实验结果还很稀少。然而,类似的机制同样存在于金属基复合材料和聚合物基复合材料中。对这些材料进行的观察、建模和测试,有助于加深对脆性基体复合材料在循环载荷下力学行为的理解。

在循环加载下出现的新特性中,首先是退化机制,在某些情况下,还包括修正的裂纹扩展准则。与退化机制相关的宏观特征是疲劳寿命($\sigma - N$)曲线(见图 4.1)和柔度变化(见图 4.2)。此外,迟滞回线随着疲劳的演化而变化(见图 4.3)。对柔度和迟滞回线的变化以及纤维拔出差异的分析表明,界面滑移应力在疲劳过程中会发生变化。因此,循环滑移函数 $\tau_{fi}(N)$ 成为一个新的组分属性[258]。在高温及热机械疲劳情况下,可能会出现特别低的疲劳阈值应力(与极限拉伸强度相比),这意味着纤维强度出现下降。因此,可能还需要一个循环纤维强度函数 $S_f(N)$ 来预测疲劳寿命。

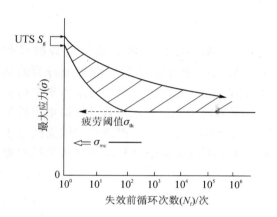

图 4.1　陶瓷基复合材料的典型等温疲劳数据示意图

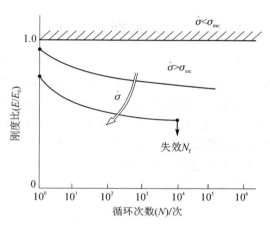

图 4.2　循环载荷下陶瓷基复合材料中发生的模量变化示意图

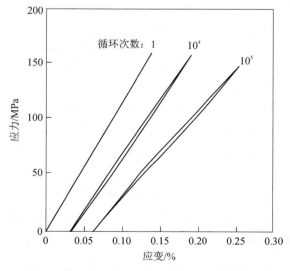

图 4.3　单向 SiC_f/CAS 复合材料的疲劳迟滞回线

有几种基体裂纹扩展准则可能适用于陶瓷基复合材料的疲劳。这些准则与裂纹前端条件有关。当基体本身易受循环疲劳影响时,帕里斯(Paris)公式通过式(4.1)将基体裂纹扩展与裂纹前缘的应力强度增量 ΔK_{tip} 联系起来[109]:

$$da/dN = \beta_0 (\Delta K_{tip}/E)^{n_f} \tag{4.1}$$

其中,N 是循环数,n_f 是幂律指数,β_0 是一个与材料属性相关的系数。在某些情况下,n_f 足够大,以至于基体裂纹扩展由 K_{tip} 或 $\wp_{tip}$ 的峰值主导。此时单调加载所使用的准则(见式 1.31)可能是更优选择。最后,当主要机制是应力腐蚀时,裂纹扩展可以通过常用的幂律表示[259],即

$$\frac{da}{dt} = \dot{a}_0 \left(\frac{\wp_{tip}}{K_{MC}} \right)^{\eta} \tag{4.2}$$

其中,$\dot{a}_0$ 是参考速度;η 是幂律指数;K_{MC} 是基体韧度,取为 $\Gamma_m(1-V_f)$。

4.1.2 基体裂纹扩展

当界面较弱时,纤维可以在裂纹尾迹处保持完整,循环摩擦耗散会抵抗疲劳裂纹扩展[109]。后者已在用 SiC 纤维增强的钛基复合材料中得到广泛验证[260-263]。弱界面行为的基本特征如下:裂纹尾迹处的完整滑移纤维可以保护裂纹尖端,使得裂纹尖端的应力集中增量 ΔK_{tip} 小于施加载荷的预期值 ΔK。使用该方法,单调加载时的裂纹扩展参数可以简单地转换为循环载荷对应的参数,并用于解释和模拟基体裂纹的疲劳扩展。需要用到的关键变换基于加载和卸载过程中界面滑移之间的关系,该关系可以将单调载荷的结果与循环载荷的结果等价联系起来[109],即

$$\left(\frac{1}{2} \right) \Delta \sigma_b (x/a, \Delta \sigma) = \sigma_b (x/a, \Delta \sigma/2) \tag{4.3}$$

其中,$\Delta \sigma$ 是施加应力的增量。值得注意的是,由施加应力增量 $\Delta \sigma$ 引起的纤维牵引应力的变化幅度 $\Delta \sigma_b$ 是纤维牵引应力 σ_b 的两倍,其在先前未开裂材料受单调加载时产生。这一结果是所有后续推导的基础[109]。

受循环载荷条件影响的桥联纤维的应力强度因子为

$$\Delta K_b(\Delta \sigma) = -2 \left(\frac{a}{\pi} \right)^{1/2} \int_0^a \frac{\Delta \sigma_b(x, \Delta \sigma)}{(a^2 - x^2)^{1/2}} dx \tag{4.4}$$

结合式(4.3),式(4.4)变为

$$\Delta K_b(\Delta \sigma) = 2 K_b^{max}(\Delta \sigma/2) \tag{4.5}$$

其中,上标 max 是指在加载循环中参数达到的最大值。因此,K_b^{max} 是当裂纹受到等于 $\Delta \sigma/2$ 的加载时桥联纤维的贡献。此外,因为 ΔK 是线性的,所以式(4.3)也适用于裂纹尖端的应力强度因子:

$$\Delta K_{tip} = 2 K_{tip}(\Delta \sigma/2) \tag{4.6}$$

当纤维保持完整、裂纹较长,且满足条件 $\Delta \mathfrak{I} \leqslant 4$[109],可获得稳态循环(即 ΔK 与裂纹长度无关),其中 $\Delta \mathfrak{I}$ 的定义见表 1.3。所得结果是(对于周期载荷,残余应力 σ_0 对 ΔK_{tip} 没有影响)

$$\Delta K_{tip} = \Delta \sigma r_f^{1/2} (12^{1/2} \Delta \mathcal{T})^{-1} \tag{4.7}$$

其中,$\Delta \mathcal{T}$ 的定义见表 1.3。

相应的裂纹扩展速率需要用裂纹扩展准则来确定。当帕里斯公式已知时,由式(4.1)和式(4.7)可得[109]

$$\frac{\mathrm{d}a}{\mathrm{d}N} = \beta_0 \left(\frac{\Delta\sigma r_\mathrm{f}^{1/2}}{6^{1/2}\Delta \mathcal{T} E_\mathrm{m}} \right)^{n_\mathrm{f}} \tag{4.8}$$

当基体不疲劳时,式(1.31)给出了裂纹扩展准则,这时只有当 τ 随循环而减小时,第一个循环后疲劳裂纹才可能扩展。这在后面会详细介绍。

对于短裂纹 $(\Delta \mathcal{T} > 4)$,有

$$\Delta K_\mathrm{tip} = \Delta\sigma(\pi a)^{1/2} \times \left[1 - \frac{4.31}{\Delta \mathcal{T}}(\Delta \mathcal{T} + 6.6)^{1/2} + \frac{11}{\Delta \mathcal{T}} \right] \tag{4.9}$$

因此,当 $\Delta\sigma$ 固定时,$\Delta\sigma_\mathrm{tip}$ 随着裂纹扩展而增加,根据帕里斯公式知基体裂纹扩展在加速。然而,桥联基体疲劳裂纹的扩展速度,总是低于相同长度的未桥联裂纹。因此,复合材料的抗裂纹扩展性总是优于单相材料。

为了将纤维断裂的影响纳入疲劳裂纹扩展模型,常常采用基于 S_g 的纤维失效准则[264]。为了进行计算,一旦纤维开始失效,就不断地调整未桥联裂纹长度,以保证未桥联裂纹尖端处的应力等于纤维强度。这些条件可用来确定当第一根纤维失效时的裂纹长度 a_f,该长度是纤维强度和最大施加载荷的函数(见图 4.4)。注意,由于当纤维强度高或施加的应力较低时,无法确定相应的 a_f 值,因此纤维不会失效。

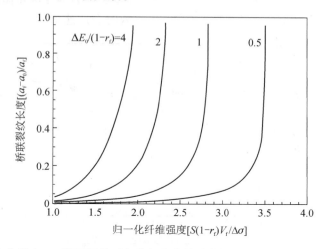

图 4.4　当应力幅度 $\Delta \mathcal{T}$ 取不同值时纤维初始失效的基体裂纹长度 a_f 与纤维强度的关系

在第一次纤维断裂后,随着裂纹扩展纤维会继续断裂。持续的纤维断裂会产生一个比原始缺口尺寸更大的未桥联段。然而,只有当前未桥联基体裂纹长度 $2a_\mathrm{u}$ 和当前总裂纹长度 $2a$ 是相关的(见图 4.5)[264]。

如果纤维较弱并在裂纹尖端附近断裂 $(a_0/a \rightarrow 1)$,则桥联区总是裂纹总长的一小部分。在这种情况下,纤维几乎起不到保护作用。如果纤维强度适中,则纤维最初会保持完整。但是当第一根纤维失效时,随着裂纹扩展,随后的失效会很快发生。未桥联基体裂纹长度的增加速度比总裂纹长度增加得还快,并且 ΔK_tip 也随着裂纹的增长而增加。当纤维强度更高时,第一次纤维失效会延迟。但是一旦发生这种失效,许多纤维会同时失效,并且未桥联基体裂纹长度会迅速增加,这将导致裂纹扩展速率突然增加。当纤维强度超过某一临界值时,它们永远不会

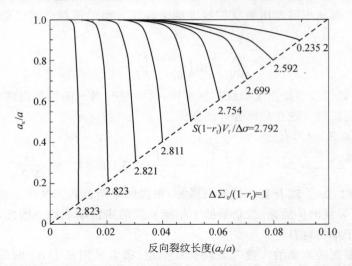

图 4.5　当前未桥联基体裂纹长度为 $2a_u$ 时纤维断裂分数与总裂纹长度 $2a$ 的关系（其中 $n=2$，$\Delta\mathfrak{I}_0=4$）

断裂，疲劳裂纹扩展速率总是随着裂纹的增长而减小。这些类型的行为对纤维强度的敏感性非常明显（见图 4.5），不同类型的行为发生在很窄的纤维强度范围内。使用这种方法预测的一些典型裂纹扩展曲线绘制在图 4.6 中。该图显示了裂纹扩展量 Δa 随循环次数 N 的变化方式，图中对 N 进行了无量纲化。注意：Δa 当纤维失效时会加速增大。

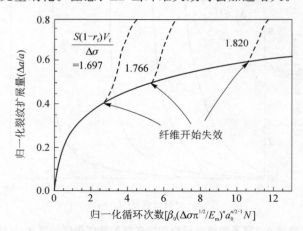

图 4.6　预测的基体裂纹扩展曲线

　　图 4.4 所示结果可用于确定阈值应力 $\Delta\sigma_t$ 的标准，当低于该值时对于任何裂纹长度都不会发生纤维破坏。在该范围内，裂纹扩展速率接近式（4.8）给出的稳态值，裂纹尾迹处的所有纤维都保持完整。该阈值应力随纤维强度的变化如图 4.7 所示，其纵坐标是由纤维强度 V_fS_c 归一化后的峰值应力，而横坐标是缺口尺寸 a_0 由 $\Delta\mathfrak{I}$（见表 1.3）中包含的项归一化后的结果。请注意，在该曲线以下，无论疲劳循环次数如何，都不会发生材料失效。在该曲线以上，材料必然会失效。图 4.7 还给出了钛基复合材料的实验结果（$S=4.0$ GPa，$\tau=15\sim35$ MPa）：●表示纤维失效，○表示没有纤维失效。

　　由上述预测得到的一个重要结论是，应力比 $\mathscr{R}_s$ 对复合材料行为有重要影响。在纤维失效

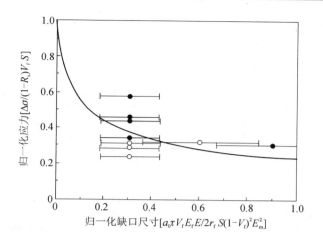

图 4.7　阈值应力

之前,裂纹扩展速率与 $\mathfrak{R}_s$ 无关(除了对基体本身疲劳性能的影响)。然而, $\mathfrak{R}_s$ 对纤维失效的转变有很大影响,这体现在它对最大应力的影响上。因此,它在疲劳寿命中起主导作用。

在大多数情况下,陶瓷基复合材料中会发生多次基体开裂,这会导致卸载模量 $\bar{E}$ 降低,并改变迟滞行为。除了必须改变基体裂纹扩展准则外,其中的力学规律与单调加载情况基本相同。

4.1.3　多裂纹扩展与失效

随着循环的进行,迟滞回线测量表明界面滑移应力 τ_{fi} 在减小。当这种情况发生时,基体开裂应力 $\bar{\sigma}_{mc}$(见式(1.43))和全局载荷分配下的极限拉伸强度(见式 1.21)都相应地降低。前者会产生永久应变并使得模量减小。如果纤维强度不发生退化,则后者会决定疲劳阈值应力 S_{th} 的具体值。只要 $\tau_{fi}(N)$ 已知,容易通过相应的单调加载模型预测二者的行为。

使用图 4.8(a)所示的 SiC_f/SiC 复合材料[258]的滑移函数:

$$\tau_{fi} = \tau_0 N^{-\zeta}, \quad 1 < N < N_s$$
$$\tau_{fi} = \tau_{ss}, \quad N > N_s \tag{4.10}$$

可以得到以下预测结果。当全局载荷分配条件满足时,疲劳阈值应力 S_{th} 可由式(1.14)代入式(1.21)然后用 τ_0 代替 τ_{ss} 得到,即

$$S_{th}/S_g = (\tau_{ss}/\tau_0)^{1/(\beta+1)} \tag{4.11}$$

该阈值在 N_s 个周期后出现。当在中间循环(即 $N < N_s$)时,可推导得保留强度 S_R 为

$$S_R/S_g = N^{-\zeta/(\beta+1)} \tag{4.12}$$

将这些结果结合起来可以求得疲劳($\sigma - N$)曲线(见图 4.8(b))。通过与测量的疲劳曲线进行对比,这些预测公式提供了一个确定纤维退化是否发生的直接方法。

由式(1.62)可知,在裂纹密度固定的情况下,在疲劳过程中卸载模量会发生变化。例如,当滑移阻力减小到稳态值 τ_{ss} 时,卸载模量减小量 $\Delta \bar{E}$ 为

$$\frac{\Delta \bar{E}}{\bar{E}_i} = \frac{(1 - \bar{E}_i/\bar{E}^*)(\tau_0/\tau_{ss} - 1)}{1 + (1 - \bar{E}_i/\bar{E}^*)(\tau_0/\tau_{ss} - 1)} \tag{4.13}$$

其中，$\bar{E}_i$ 是初始卸载模量。

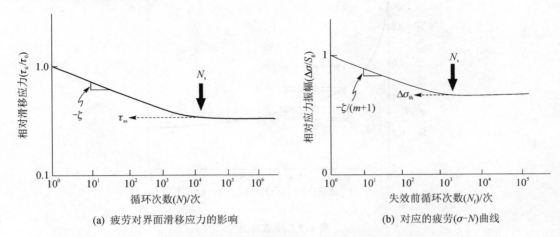

(a) 疲劳对界面滑移应力的影响   (b) 对应的疲劳(σ-N)曲线

图 4.8   疲劳对界面滑移应力的影响及对应的疲劳曲线

4.1.4   热机械疲劳

基体裂纹扩展模型可以推广到热机械疲劳中。这可以通过另一种转换来实现，即将式(4.3)~式(4.6)中的所有应力项(即 $\Delta\sigma$ 和 $\Delta\sigma_b$)替换为牵引力 Δt 和 Δt_b，具体如下[264]：

$$\Delta\sigma \Rightarrow \Delta t = \Delta\sigma + V_f E_f (\alpha_f - \alpha_m)\Delta T$$
$$\Delta\sigma_b \Rightarrow \Delta t_b = \Delta\sigma_b + V_f E_f (\alpha_f - \alpha_m)\Delta T \tag{4.14}$$

其中，ΔT 代表温度循环，而 $\Delta\sigma$ 代表应力循环。通过这些转换，便可以用代表应力循环和温度循环的两个无量纲参数 $\Delta\mathfrak{I}_0$ 和 $\Delta\mathfrak{I}_T$(见表 1.3)来表示裂纹扩展。很明显，异相和同相热机械疲劳的基体裂纹扩展和纤维失效会有很大不同，但都可以给出很好的预测结果。

对于 $\alpha_m > \alpha_f$ 的材料，同相热机械疲劳使得 ΔT 小于仅有应力循环时的预期值，反之亦然。从应力强度增量 ΔK_{tip}(见图 4.9)的趋势中可以明显地看出这些影响，该增量是通过假定没发生纤维断裂计算的。一个关键结论是，虽然无论对于仅有应力循环的情况还是同相热机械疲

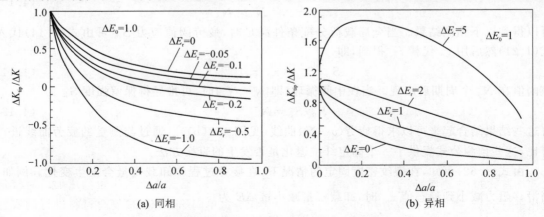

(a) 同相   (b) 异相

图 4.9   热机械疲劳对裂纹尖端应力强度因子的影响

劳情况，ΔK_{tip} 总是在裂纹扩展初始阶段降低，但它在异相热机械疲劳中一定会增加。此外，如果 $\Delta \mathfrak{I}_T$ 与 $\Delta \mathfrak{I}_0$ 的比值极大，则 ΔK_{tip} 可能会超过没有纤维的单相基体的方应值。这意味着裂纹扩展速率也超过了单相情况（在等效 ΔK 下）。因此，复合材料的抗裂纹扩展性会不如单相基体。这些结论对纤维的选择和温度增量 ΔT 的允许值的影响是直接的。

当考虑纤维破坏效应时，同相和异相循环导致的行为与基体裂纹扩展的效应相反，即同相加载时纤维开始失效的裂纹尺寸 a_f 比异相加载时小（见图 4.10）。因此，为了确保不超过阈值，材料应在纤维完整的条件下使用。因此，同相热机械疲劳中的问题更严重。

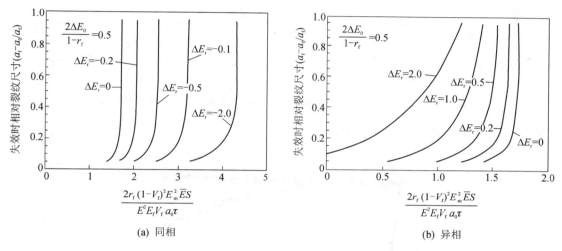

图 4.10　热机械疲劳对纤维失效时裂纹尺寸的影响

4.1.5　实验结果

针对陶瓷基复合材料和钛基复合材料进行的实验测量，反映了界面滑移应力和纤维强度的循环退化特征，并且还验证了裂纹扩展准则。从单个裂纹的扩展特性到疲劳曲线中模量变化等各种现象，都对这些特征有所体现。

目前已针对钛基复合材料研究了单个裂纹的扩展行为，但未针对陶瓷基复合材料进行相关研究。使用适用于基体的帕里斯公式（见式（4.1））预测的钛基复合材料中的裂纹扩展趋势与基体裂纹扩展模型（见图 4.11）的预测大体一致。结果表明，由于在纤维涂层内存在"磨损"机制，因此界面滑移应力 τ_{fi} 随循环而降低[261-263,265]。在相对较少的循环数（<1 000）之后 τ_{fi} 会减小，此后保持在基本恒定的值 τ_{ss}，这与式（4.10）是一致的。对于这些材料，即使在 $>10^5$ 次循环后，纤维强度也不会因界面的循环滑移而退化。

在产生多重裂纹的条件下对陶瓷基复合材料进行了拉伸疲劳测试，研究发现模量和迟滞回线宽度会发生变化，而这会影响疲劳寿命。这些结果虽然对基体裂纹扩展准则的确定起不到关键作用，但清楚地说明循环加载对界面滑移应力和纤维强度有影响。在固定应力幅度下发现卸载模量 $\bar{E}$ 会降低（见图 4.12）[10,266]，但在某些情况下，后续还会有少量的增加。对模量变化进行分析，可以获得疲劳期间的组分性能。例如，对单向 SiC_f/CAS 复合材料进行的实验测量（频率<10 Hz）表明，模量降低与裂纹密度相关，且疲劳使 τ_{fi} 值降低（见图 4.13），该结果与基于式（4.13）的理论结果是吻合的。理论分析表明界面滑移应力会显著降低，从原始复合

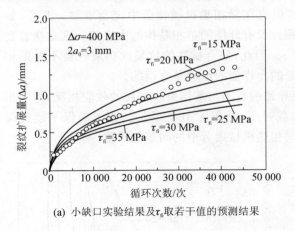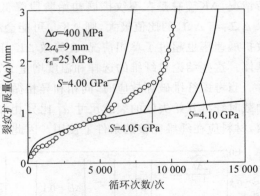

(a) 小缺口实验结果及 τ_{fi} 取若干值的预测结果

(b) 大缺口实验结果及 $\tau_{fi}=25$ MPa、纤维预测
强度 S 取若干值的预测结果

图 4.11　单向 SiC_f/Ti 复合材料裂纹扩展的实验结果与预测结果的比较

材料的 $\tau_0=15$ MPa 降到了 $\tau_{ss}=5$ MPa。

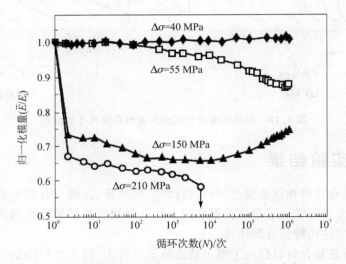

图 4.12　玻璃基复合材料疲劳时的模量降低[10]

从 SiC_f/SiC_{CVI} 复合材料的疲劳寿命数据可得到类似结论[258]。在假设纤维没有退化的前提下，可以用式(4.11)对 S_{th} 进行分析。分析表明，$\tau_{ss}/\tau_0 \approx 0.38$。这里 τ_{fi} 降低的原因类似于前文所述的 SiC_f/CAS 复合材料和钛基复合材料。因此，疲劳时发生的界面滑移变化看起来是有共性的。值得注意的是，当疲劳导致界面退化而纤维不退化时，疲劳阈值应力 S_{th} 占全局载荷分配下的极限拉伸强度的比例相对较大（$S_{th}/S_g \approx 0.7$）。复合材料 S_{th}/S_g 的值通常比金属的对应值大。

在更高的频率（50 Hz）下，还会发生摩擦生热，与之相随的是 τ_{fi} 减小得更多[248]。发生该现象的原因应该是摩擦生热导致纤维的 C 涂层消失，这与等温热处理发生的行为一致[82]。

已经发现在高温下，特别是当热机械疲劳时，可能会在峰值应力显著低于极限拉伸强度（见图 4.14）时发生循环疲劳失效。这样的结果表明，对于某些循环热力载荷，纤维强度会系统性地降低。纤维弱化存在三种主要机制：磨损、氧化和应力腐蚀。这些机制可以通过以下

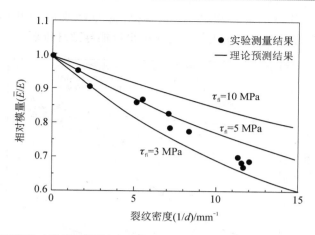

图 4.13　循环载荷对模量(是裂纹密度的函数)降低的影响(单向 SiC_f/CAS 复合材料)

方式加以区分。应力腐蚀引起的强度下降会在峰值载荷下累积一定时间后突然发生[259]。磨损会随着界面处的循环滑移系统性发生(见图 4.15),而且可能因异相热机械疲劳而增强,因为后者会加剧滑移位移。氧化具有严格的时间和温度依赖性。异相热机械疲劳对高温疲劳寿命的强烈影响表明[2],磨损导致的纤维退化机制很重要,而且可能因高温下氧化物的形成而加剧。对于这个问题还需要更深入地研究。

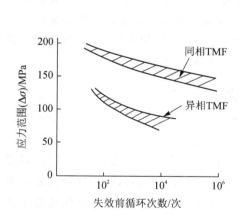

图 4.14　玻璃基复合材料的等温疲劳和
热机械疲劳数据[2]

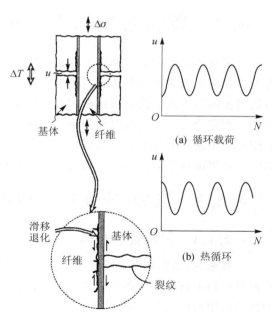

图 4.15　疲劳和氧化导致
纤维退化的机制

在一些陶瓷基复合材料中,模量变化和断裂发生在恒定应力下[266]。在单调拉伸试验中发现,在低于短时间内产生裂纹所需的应力下,基体裂纹会发生显著增长。此外,长时间负载(约 10^6 s)后的裂纹密度,要高于短时间测试中获得的裂纹密度。裂纹随时间和应力的扩展

（见图 4.16）被认为与基体的应力腐蚀有关。该行为与修改后的基体裂纹扩展准则（见式（4.2））一致，滑移应力没有任何变化。应力腐蚀也可能导致纤维弱化。

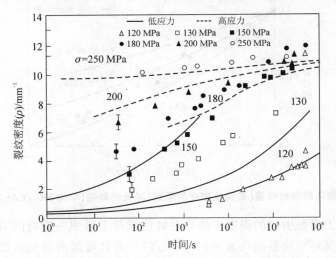

图 4.16 由恒定应力下的应力腐蚀引起的 SiC_f/CAS 复合材料中基体裂纹演化的实验测量结果和模拟结果

4.2　单调拉伸行为和微观结构损伤

在最初施加疲劳载荷期间形成的微观结构损伤会对随后的疲劳行为和疲劳寿命产生重要影响。如果疲劳载荷和单调载荷的加载速率相似，则第一个疲劳循环中出现的损伤原则上可以通过相同应力水平的单调拉伸试验来确定。因此，有必要简要回顾纤维增强陶瓷基复合材料的单调应力−应变行为，以及在单调加载过程中控制微观结构损伤的变量。这部分综述也为介绍本章中使用的参数和术语提供了一个机会。读者可参考第 1 章（伊文斯等人）对基体开裂力学以及界面性质对纤维增强陶瓷基复合材料单调性能影响的详细讨论。

4.2.1　应力−应变行为和损伤机制

4.2.1.1　单向复合材料

一般来说，当测试具有非线性应力−应变行为的材料时，测试应在均匀应力场下进行，以便在测量材料响应的测量截面上相关的损伤演化也是均匀的。因为在弯曲试验中应力场随着离中性轴的距离而变化，所以当表征纤维增强复合材料的强度和破坏行为时，应该优先选择单轴拉伸或压缩试验。

图 4.17 给出了单向尼卡隆 $SiC_f/CAS-Ⅱ$ 复合材料在平行于纤维方向的单轴拉伸载荷作用下的典型应力−应变曲线。该曲线的特征对于许多陶瓷基复合材料具有代表性。为了区分复合材料所经历的各种损伤状态，依次将应力−应变曲线分成四个阶段会比较方便。

在第一阶段，没有微观结构损伤发生，应力−应变响应应为线弹性的。随着持续加载，开始出现基体裂纹，表明第二阶段开始。基体开裂本质上是统计性的，不会发生在特定的应力水平，而是一种渐进现象,取决于基体强度和微观结构特征(如纤维体积分数和分布、界面剪切应力和残余应力状态)的统计性质。随着继续加载,裂纹密度最终达到饱和水平,并随着施加载荷的进一步增加而保持相对恒定。单调加载过程中形成的初始基体裂纹或多或少随机分布在整个标距长度上,但是它们通常从复合材料的基体丰富区域开始[267-270]。当裂纹尖端到达纤维-基体界面时,裂纹扩展会停止,这是因为纤维-基体界面通常被设计得断裂韧性较低,使得界面脱粘容易发生(裂纹偏转方向通常平行于纤维轴向)。这种特性对于损伤容限行为至关重要。如果不发生纤维-基体脱粘,则基体裂纹可能穿透纤维,导致脆性断裂、几乎没有能量耗散。微裂纹萌生时的外加应力水平通常被称为微裂纹阈值应力(σ_{mc})。对于单向 SiC$_f$/CAS 复合材料,纤维的体积分数为 35%,室温下的微裂纹阈值应力约为 120 MPa(0.1%应变),这大约是该复合材料体系室温极限强度的 20%(见图 4.17)。对于名义上相同的材料,通常会观察到 σ_{mc} 有相当大的分散性。σ_{mc} 的变化可归因于加工条件、复合材料微观结构(例如,界面条件和孔隙率分布的差异)的变化,以及影响试样弯曲应变的试样排列差异。伴随初始基体微裂纹的微小柔量变化,σ_{mc} 通常无法用传统的载荷和应变传感器检测到。然而,可以通过声发射[6,135,268]、表面复型[6,79,135,267-270]和内部加热测量[79]来确定 σ_{mc}。

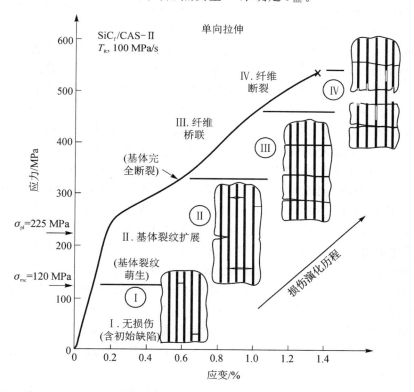

图 4.17　单向尼卡隆 SiC$_f$/CAS-Ⅱ 复合材料的单调拉伸应力-应变行为

当拉伸试样中的应力水平超过微裂纹阈值应力(σ_{mc})时,会形成额外的基体裂纹;纤维桥联的基体裂纹也开始在试样的宽度和厚度上扩展。基体裂纹密度的增加导致应力-应变曲线变得非线性;对于某些复合材料,可以观察到切线模量的急剧下降(见图 4.17)。工程应力-应变曲线上首次出现的非线性应力水平通常被称为比例极限(σ_{pl})。遗憾的是,这不是一个明确的定义(尽管被广泛使用),因为非线性的检测在很大程度上取决于拉伸试验中使用的载荷和应变传感器的分辨率。普莱沃[105]提出了一个有用的工程定义,他建议σ_{pl}应计算为对应于平行于拉伸曲线初始线性部分的 0.02% 应变偏移的应力水平(这类似于金属的"偏移屈服应力")。对于图 4.17 所示的尼卡隆 SiC$_f$/CAS - Ⅱ 复合材料,比例极限约为 225 MPa(与微裂纹阈值应力一样,给定复合材料系统的比例极限可能因坯料而异——这些变化主要是由加工条件、纤维分布和测试技术的差异引起的)。需要注意的是,比例极限受温度和加载速率等外部参数的影响,这将在 4.2.2 节详细说明。一般来说,使用比例极限作为第一基体开裂应力的指标,对于大多数陶瓷基复合材料来说是一种并不好的做法(对于图 4.17 所示的尼卡隆 SiC$_f$/CAS - Ⅱ 复合材料,比例极限为 225 MPa,高于 120 MPa 的微裂纹阈值应力)。然而,对于某些复合材料系统,如 SCS - 6 SiC$_f$/HPSN(热压氮化硅),利用大直径纤维并具有相对均匀的纤维分布,其比例极限和初始基体开裂应力大致重合。

当第二阶段接近结束时,会形成一系列等距(特征距离)基体裂纹。基体裂纹间距取决于基体的强度特性、微观结构的均匀程度和界面滑移摩擦[14,30,70,83,99,111,271-274]。一旦基体开裂饱和(基体现在完全开裂,纤维完全脱粘),应力-应变曲线再次变为线性的(第三阶段),但切线模量低于复合材料的初始模量。在这个阶段,复合材料的刚度主要由纤维的模量决定。基体开裂造成的刚度损失的大小,取决于纤维堆积、纤维体积分数、基体和纤维的模量之比以及残余应力的符号和大小。如果纤维与基体相比具有非常高的刚度,则由基体开裂引起的刚度变化会很小,因为在基体开裂之前,纤维将支撑大部分外部载荷。应力-应变曲线在第三阶段是线性的这一事实表明,在这一阶段分布式纤维失效的数量非常有限。索伦森(Sorensen)和塔利加(Talreja)[268]已经证实了这一点,他们使用声发射和表面复型研究了尼卡隆 SiC$_f$/CAS 复合材料从无应力状态到最终失效的整个损伤演化过程。在第三阶段几乎没有记录到声学事件,表明在第三阶段没有发生额外的基体开裂或显著的纤维失效。这一结果意义重大,因为它表明在单调加载下基体开裂和纤维断裂是两个独立的现象。当接近最终失效时,观察到声学事件的数量急剧增加,表明纤维失效的数量显著增加;在某些情况下,可以检测到应力-应变曲线轻微的非线性,这表明分布式纤维失效(第四阶段)发生在最终失效之前。对于图 4.17 所示的尼卡隆 SiC$_f$/CAS - Ⅱ 复合材料,破坏强度(σ_u)为 550 MPa,破坏应变为 1.4%。

对于为优化单调损伤容限而设计的复合材料微观结构,最终断裂通常伴随着明显的纤维拔出,表明纤维在结构最终失效前不会断裂。请注意,尽管纤维应力在直接桥联裂纹面的纤维部分最高,但只有当纤维具有确定的强度时,才能在最终破坏面观察到纤维断裂。重要的是,陶瓷纤维固有的强度变化[100,275-278]使得复合材料具有有限的拔出长度和耐损伤性能。这导致了一个有趣的结论,即如果高单调韧性是主要的设计标准,则人们不希望使用强度分布窄(高威布尔模量)的纤维(如后面所讨论的,最佳的抗疲劳性是由具有高基体开裂阈值应力和低纤维强度可变性的微观结构获得的)。

上述讨论针对的是最初没有基体开裂的单向复合材料,例如尼卡隆 SiC$_f$/CAS、尼卡隆 SiC$_f$/1723 玻璃、尼卡隆 SiC$_f$/LAS 和 SCS - 6 SiC/HPSN。对于像 C$_f$/硼硅酸盐这样的复合材料,基体的热膨胀系数比纤维的热膨胀系数大得多,在制造过程中基体中会产生微裂纹。这些复合材料不会表现出线性应力-应变响应(第一阶段),即使是对于较小的外部载荷也是如此。

4.2.1.2 叠层和编织复合材料

在交叉铺设叠层材料中,第一种损坏模式是垂直于拉伸载荷方向的 90° 铺层开裂(称为横向裂纹或条状裂纹)[87,167,257,267,279-280]，这种损伤模式在聚合物基复合材料的研究中是众所周知的[281-282]。对于编织复合材料，特别是通过化学气相渗透技术加工的材料，通常都包含由现有孔隙率引发的基体裂纹。例如，碳纤维增强的 SiC(C_f/SiC)复合材料就包含与加工相关的密集基体裂纹网[283-284]。对于这种材料体系，其基体的热膨胀系数大于碳纤维的热膨胀系数；随着复合材料在加工后冷却，这种热不匹配产生的拉伸应力会在相对多孔的 SiC 基体中产生广泛的微裂纹(通常制造这些复合材料的 CVI 工艺会导致基体孔隙率水平为 8% ~ 15%)。在室温和高温条件下，初始基体开裂和相关的界面脱粘的存在将导致材料从加载开始时就出现非线性应力-应变响应(第二阶段)(见图 4.18)。在编织复合材料中，开裂也可能发生在纤维束交叉点附近存在的应力集

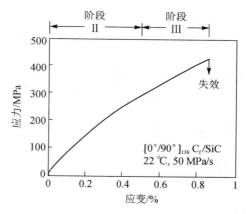

图 4.18　编织复合材料
($0°/90°$ C_f/SiC)的室温应力-应变行为

中处；这种开裂允许 $0°$ 纤维束在施加载荷的方向上延伸(见舒勒(Shuler)等[284]的研究)。对于图 4.18 中所示的 C_f/SiC 复合材料，观察到近似线性的应力-应变响应(第三阶段)发生在 0.5% 和 0.9% 的应变之间，这表明在编织复合材料中也会出现基体裂纹饱和的现象。与其他复合材料系统一样，当剩余纤维或纤维束上的净应力超过其组合承载能力时，交叉铺层和编织复合材料就会失效。

4.2.2　单调应力-应变行为的加载速率依赖性

即使在室温下，加载速率也会对比例极限和极限强度产生深远的影响，随着加载速率的降低，比例极限和极限强度通常会降低[285]。对于玻璃或玻璃陶瓷基体的复合材料，单调拉伸行为的加载速率依赖性是由应力腐蚀导致的缓慢裂纹扩展造成的[286]，这导致与时间相关的基体开裂(也可能发生与时间相关的界面脱粘和纤维断裂)。针对 $0°$ 尼卡隆 SiC_f/CAS-II 复合材料，加载速率对单调拉伸行为的影响如图 4.19 所示，加载速率为 0.01 MPa/s(约 35 000 s 失效)、1 MPa/s、10 MPa/s、100 MPa/s 和 500 MPa/s(约 1.0 s 失效)。当加载速率降低到 100 MPa/s 以下时，比例极限和极限强度明显降低(在 100 MPa/s 和 500 MPa/s 下，时间相关效应可以忽略不计，应力-应变行为基本类似)。索伦森(Soresen)和霍姆斯[286]的工作表明，随着加载速率的降低，基体裂纹密度通常会增加。这些结果对研究纤维增强陶瓷基复合材料的疲劳行为有重要意义。例如，在 0.1 Hz 和 100 Hz 下进行不同的疲劳试验，第一次加载循环后的初始损伤状态会有所不同(在第一次循环后，加载频率为 0.1 Hz 的试样的裂纹密度更高)。

在高温下，蠕变变形和纤维与基体之间的瞬时应力重分布会对单调拉伸行为产生显著影响。图 4.20 显示了加载速率对单向 SCS-6 SiC_f/HPSN 复合材料在 1 350 ℃ 的单调拉伸行为的影响，该复合材料以 1 MPa/s(约 300 s 失效)、10 MPa/s、100 MPa/s 和 500 MPa/s(约 0.6 s 失效)的速率加载至失效。对于 100 MPa/s 和 500 MPa/s 的加载速率，拉伸行为基本相似，这说明当加载速率较快时，与时间相关的变形最小。在较低的加载速率下，初始蠕变开始影响拉

伸行为。例如,加载速率从 100 MPa/s 降低到 1 MPa/s 导致比例极限降低约 50%,失效应变从加载速率为 100 MPa/s 时的约 0.2% 增加到加载速率为 1 MPa/s 时的 0.3%。

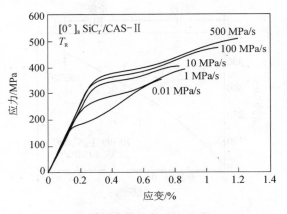 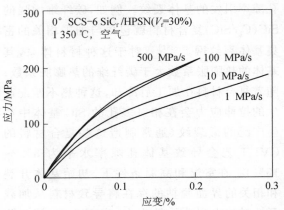

图 4.19　加载速率对单向尼卡隆 SiC_f/CAS-Ⅱ 复合材料在 20 ℃ 空气中单调应力-应变行为的影响[286]　图 4.20　加载速率对单向 SCS-6 SiC_f/HPSN 复合材料在 1 350 ℃ 空气中单调应力-应变行为的影响[285]

　　基于用 0° SCS-6 SiC_f/HPSN、0°/90° C_f/SiC 和 0°尼卡隆 SiC_f/CAS-Ⅱ 复合材料进行的单调拉伸试验的结果,舒勒和霍姆斯[285]建议加载速率为 20~100 MPa/s,从而实现室温和高温单调拉伸或弯曲试验期间与时间相关变形的最小化。位移控制的试验应该使用等效失效时间。

　　艾伦(Allen)和鲍文(Bowen)[287]研究了弯曲载荷下加载速率对 SiC_f/CAS 复合材料室温和高温行为的影响。室温测试都显示出显著的纤维拔出量。在 600 ℃ 和 800 ℃ 下,对于低加载速率,失效模式为无纤维拔出;在高加载速率下,断裂模式有纤维拔出。断裂模式的这种变化似乎是由富碳界面层的氧化和界面粘合的增加(由 SiO_2 层的形成)引起的。这两个过程都与时间有关,并为高温下断裂行为的加载速率相关性提供了可能的机制。

4.2.3　小　结

　　通过分析常规载荷和位移传感器获得的单调拉伸曲线,难以获得复合材料的微裂纹阈值应力。受加载速率和温度影响的比例极限很少与微裂纹阈值应力一致。然而,比例极限确实提供了应力水平的有用指示,在该应力水平下基体开始出现显著损伤。在高温下,基体成分的变化或纤维与基体之间的应力重分布,可能导致基体的抗断裂性能随时间变化(见第 3 章),这可能同时改变微裂纹阈值应力和比例极限。正如 4.3 节所讨论的,很难根据单调拉伸数据对纤维增强陶瓷基复合材料的疲劳寿命进行定量预测。

4.3　等温疲劳寿命

4.3.1　陶瓷基复合材料的一般疲劳行为

　　普莱沃及其同事首先研究了纤维增强陶瓷基复合材料的疲劳行为[9,288]。他们使用 0°尼卡隆 SiC_f/LAS-Ⅱ 复合材料在室温下进行了拉伸-拉伸和弯曲疲劳试验。疲劳试验在空气中以 10 Hz 的正弦加载频率进行。当在 0.02% 应变偏移的比例极限(280 MPa)以下的最大拉伸应力水平下进行疲劳试验时,试样可以经历 10^5 次循环。循环应力-应变曲线显示出非常有限的滞后(如果有的话)。当经历循环后的该试样静态加载至破坏时,其剩余强度(500～600 MPa)和破坏应变(0.85%)与原始材料的相似(见图 4.21)。对于弯曲测试的试样,比例极限和疲劳极限较高(约 500 MPa)。超过这个应力水平,材料就会发生疲劳失效,疲劳寿命会随着最大应力的增大而降低。基于这些结果,普莱沃[9]建议可以使用 σ_{pl} 来估计该复合材料系统的疲劳极限(σ_{fl})(即最大应力水平,当低于该应力水平时预计不会出现疲劳失效)。

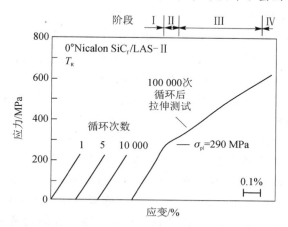

图 4.21　室温下单向尼卡隆 $SiC_f/LAS - II$ 复合材料在最大拉伸应力低于疲劳极限
(加载频率为 10 Hz,$\sigma_{min}/\sigma_{max} = 0.1$)的疲劳期间的循环应力-应变行为[9]

对于在 10 Hz 或更低的加载频率下疲劳的其他复合材料系统,也观察到比例极限(σ_{pl})和疲劳极限(σ_{fl})之间的一致性。例如,如图 4.22 所示,在 1 000 ℃ 的拉伸-拉伸疲劳下,0° SCS - 6 $SiC_f/HPSN$ 复合材料[289]在 200 MPa 的单调比例极限下表现出疲劳极限(5×10^5 次循环)。

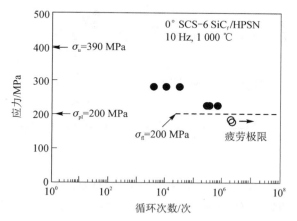

图 4.22　单向 SCS - 6 $SiC_f/HPSN$ 复合材料
在 1 000 ℃ 下($\sigma_{min}/\sigma_{max} = 0.1$)的拉伸-拉伸疲劳寿命[289]

扎瓦达(Zawada)等人[290]的研究表明以应变(0.3%)而不是应力表示的比例极限对于 $SiC_f/1723$ 复合材料的单向和正交叠层板是相同的。此外,以应变表示的单向复合材料的疲劳极限与测量的正交叠层板的疲劳应变极限非常吻合。这表明正交叠层板的疲劳极限主要由 0°层决定,而 90°层的影响是最小的(这个结果预计仅适用于室温疲劳,详见第 3 章关于横向层如何影响循环蠕变行为的讨论)。90°层在疲劳寿命早期会产生横向裂纹,并且承受的施加载荷很小。在 SiC_f/LAS 和 SiC_f/CAS 复合材料中也发现了类似的疲劳行为。然而,90°层可以阻止 0°层的泊松收缩,使它承载双轴张力。双轴应力状态对纤维增强陶瓷基复合材料疲劳寿命的影响尚未得到系统研究。

还有许多复合材料的 10^6 次循环疲劳极限高于比例极限,示例包括尼卡隆 SiC_f/1723 复合材料(见图 4.23)、尼卡隆 SiC_f/CAS 复合材料(见图 4.24)和二维尼卡隆 SiC_f/SiC 复合材料(在 1 Hz 时疲劳寿命为 $2.5×10^5$ 次循环)(见图 4.25)。二维 T-300 C_f/SiC 复合材料不具备比例极限,其疲劳极限(10^6 次循环,10 Hz)略高于 300 MPa,接近该复合材料系统极限强度的 75%。对于 C_f/SiC 复合材料,经历疲劳极限后测量的拉伸强度高于原始材料的拉伸强度。此外,疲劳样品的应力-应变曲线几乎是线性的,与原始 C_f/SiC 复合材料的非线性单调应力-应变响应形成对比。正如舒勒等人[284]提出的,对于编织复合材料(例如 C_f/SiC 复合材料),循环加载实际上可以通过减少纤维束交叉点附近的应力集中来提供有益的效果(其机制涉及纤维束的交叉点附近的基体开裂和磨损)。C_f/硼酸复合材料也可能表现出与加工相关的基体开裂。尽管存在这种微裂纹,但是这些复合材料在 10 Hz 的加载频率下仍具有 265 MPa 的 10^6 次循环疲劳极限。存在初始微裂纹的 C_f/SiC 和 C_f/硼硅酸盐复合材料的结果表明,控制疲劳寿命的不是基体裂纹扩展。事实上,基体开裂通常在纤维增强陶瓷基复合材料的疲劳寿命早期就稳定下来。虽然基体开裂是疲劳失效的先决条件,但正如后面所讨论的,其他损伤模式(如界面磨损和纤维损伤)才是最终导致疲劳失效的原因。

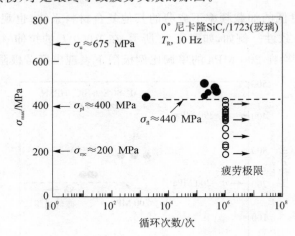

图 4.23　单向尼卡隆 SiC_f/1723 复合材料
在室温下($10\ \text{Hz},\sigma_{min}/\sigma_{max}=0.1$)的拉伸-拉伸疲劳寿命[290]

上述讨论引向以下问题:比例极限和疲劳极限之间有关系吗?根据上面回顾的试验结果,答案是否定的。正如索伦森和霍姆斯[291]所指出的,疲劳极限(在 10^8 次循环或更高)与任何和单调拉伸曲线直接相关的微观结构事件(例如基体初始开裂)都不一致,特别是当施加高载荷频率时。当然,同样重要的是要指出,一旦发生基体开裂,就可以认为材料开始疲劳损伤过程,因为这会导致界面滑移和磨损;在这些低应力水平下产生的损坏可能永远不会达到失效

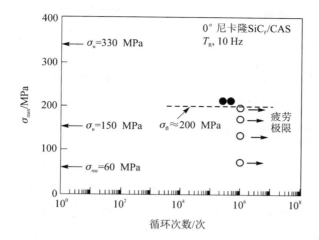

注：然而应该注意的是，低比例极限很可能是布特库斯(Butkus)等人在单调拉伸试验中使用缓慢加载
速率的结果(例如，图 4.19 表明该复合材料系统的比例极限和极限强度受到试验程序的强烈影响)。
这说明了试图将疲劳行为与时间相关参数(如 σ_{pl} 或 σ_u)关联起来是困难的。

图 4.24　单向尼卡隆 SiC_f/CAS 复合材料在室温下($10\ Hz, \sigma_{min}/\sigma_{max}=0.1$)的拉伸-拉伸疲劳寿命

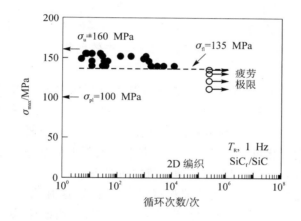

图 4.25　在 $1\ Hz(\sigma_{min}/\sigma_{max}=0)$ 下 $0°/90°$ CVI 尼卡隆 SiC_f/SiC 复合材料的室温疲劳曲线[258]

所需的临界状态。比例极限有时与疲劳极限一致这一事实并不令人惊讶，因为它对应着材料
微观结构一定程度的损伤，从而使得材料柔度发生了变化。

　　另一个关键问题涉及纤维增强陶瓷基复合材料中是否存在真正的疲劳极限：如果进行
10^8 次循环的疲劳测试会发生什么？索伦森和霍姆斯[291]的研究结果表明，$SiC_f/CAS-II$ 复合
材料存在 10^8 次循环的疲劳极限，但它是否适用于无限循环数是一个悬而未决的问题。10^8
次循环的疲劳极限可能大大低于比例极限。例如，尼卡隆 SiC_f/CAS 复合材料的疲劳极限仅
当最大疲劳应力低于单调比例极限 60% 时才会发生。同样重要的是，要注意上面讨论的所有
研究(除文献[291]外)都是在相对较低的负载频率(≤10 Hz)下进行的。然而，正如后面部分
所详述的，纤维增强陶瓷基复合材料的疲劳极限会随着加载频率的增大而急剧下降。事实上，
如 4.7 节所述，在 25 Hz 及更高的加载频率下，尼卡隆 SiC_f/CAS 复合材料的室温疲劳极限远
低于比例极限(这与图 4.23 中所示的结果形成鲜明的对比，图中在 10 Hz 下，疲劳极限大大高

于比例极限)。

总之,通过对疲劳行为的大量实验研究,已经确定纤维增强陶瓷基复合材料的拉伸-拉伸疲劳载荷存在疲劳极限(至少为 10^8 次循环)。通常,疲劳极限(σ_{fl})与比例极限(σ_{pl})无关。正如本章将进一步描述的那样,除了最大施加应力水平外,其他外部参数(例如最小施加应力、测试温度和加载频率)都会影响疲劳寿命。

4.3.2 疲劳损伤指标

有许多疲劳损伤指标引起了研究者的关注。在部件承受疲劳载荷的使用寿命期间,材料的模量、永久偏移应变、迟滞回线的形状和试样表面的温升会发生变化。可以通过表面复型获得基体裂纹密度的直接证据,而更详细的微观结构损伤分析需要使用扫描电子显微镜(SEM)。

在足够高的应力水平下,复合材料的模量将在疲劳期间(通常在前 1 000 次循环内,取决于施加的最大应力)降低到稳定水平,并保持很长时间(见图 4.26)。随着循环次数的增加,测量到了小的模量恢复。在最终失效之前,刚度可能会降低(见图 4.26),但这并不总会出现。模量的变化可以解释如下:模量的初始降低主要是由于多个基体裂纹和脱粘的形成,如霍姆斯和 Cho[79] 的研究所示,他们发现通过复制品测量的裂纹密度与初始模量降低之间存在良好的相关性(见图 4.26)。随着进一步循环,裂纹密度饱和并保持在同一水平。这可以解释为什么直到疲劳失效前不久,模量大致保持在同一水平。失效前的模量下降可归因于在标距截面内纤维失效数量的快速增加。

霍姆斯和 Cho[79] 提出,模量的轻微恢复是由摩擦剪切应力的增大引起的,例如由于粗糙度磨损导致的界面上的碎屑堆积(这些碎屑很容易被纤维-基体界面捕获)。舒勒等人[284] 在编织 C_f/SiC 复合材料中发现了更显著的模量恢复,指出对于编织复合材料,几何硬化是模量恢复的可能机制。几何硬化可以通过涉及纤维束交叉点附近的基体断裂和纤维/基体磨损的机制发生,这使得纤维能更好地相对于拉伸载荷方向对齐。

在最终疲劳失效之前并不总是能立即观察到模量降低,这有几个实际原因。由于存储完整的应力-应变循环需要消耗大量的内存,因此通常只进行定期记录;如果储存期太长,并且模量下降发生在相当短的循环次数内(见图 4.26),则很容易错过在复合材料最终失效附近预期的模量急剧下降。纤维失效也很可能是非常局部的(纤维拔出长度通常为 1 mm 或更短的数量级);如果应变是通过引伸计在 25~50 mm 的距离上测量的,则局部应变增强的位移与测量截面其余区域的整体位移相比可能非常小。如果使用应变仪测量应变,应变仪的长度通常约为 5 mm,则导致失效的局部事件可能发生在应变仪采样的区域之外。正如后面所讨论的,材料的损伤(如纤维断裂)当疲劳寿命结束时会在短时间内迅速局部化。因此,尽管刚度测量可用作分布式基体开裂和界面脱粘的指标,但模量测量不太可能作为剩余疲劳寿命的准确预测指标。

应力-应变迟滞回线的形状和斜率提供了有关材料在更精细尺度上如何表现的重要信息,因为它受基体裂纹密度、界面摩擦应力和纤维断裂数量的影响。迟滞回线的形状通常会在疲劳过程中发生变化,特别是在发生大部分初始微观结构损坏的疲劳初始阶段(见图 4.27)。

实验已经发现复合材料在从高于 σ_{pl} 的应力水平卸载时会出现永久偏移应变(ε^*)。在疲劳过程中,ε^* 可能会随着疲劳损伤的发展而增大(特别是在疲劳的初始阶段),如图 4.27 所

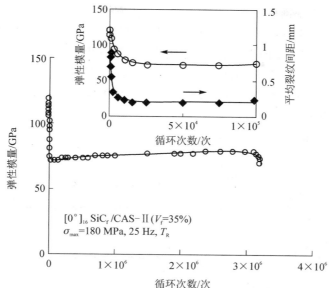

注：嵌入的插图显示了前 100 000 次疲劳循环期间模量和平均基体裂纹间距的变化。

模量在前 30 000 次循环内迅速衰减，然后趋于稳定；在失效前立即观察到模量急剧下降。

模量的稳定速率略低于基体开裂的稳定速率，这归因于持续的界面脱粘。

图 4.26　单向 SiC_f/CAS-Ⅱ 复合材料在 25 Hz 疲劳期间的

平均拉伸模量变化（载荷限制在 10～180 MPa）[79]

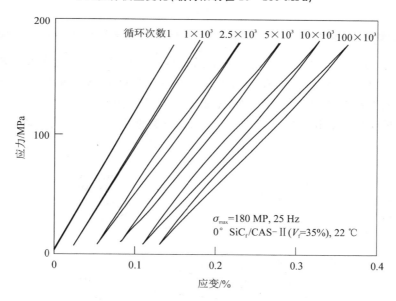

注：循环次数显示在每条曲线上方。平均模量、迟滞回线的面积和

永久偏移应变在疲劳期间都会发生变化。失效发生在 3.21×10⁶ 个周期。

图 4.27　单向 SiC_f/CAS-Ⅱ 复合材料疲劳过程中迟滞行为的变化[79]

示。这表明偏移应变可以用来表征疲劳损伤累积。然而，因为它依赖于测量应变变化技术的分辨率，所以应变偏移对复合材料损伤状态的微小变化并不敏感，例如纤维-基体脱粘或界面磨损损伤的微小增量。

迄今为止发现的用于确定疲劳损伤开始的最灵敏的技术,为测量纤维增强陶瓷基复合材料在疲劳加载过程中发生的温升。霍姆斯和舒勒[292]测量了编织 0°/90° CVI C_f/SiC 复合材料在疲劳过程中的温升,在给定的载荷水平和频率下,观察到表面温度会升高到一个稳定值(见图 4.28)。例如,在 10～250 MPa 的循环期间,在 25 Hz 的频率下温度升高了近 10 ℃,而在 85 Hz 的频率下温度升高了 30 ℃。霍姆斯和舒勒[292]认为能量耗散是由加载和卸载过程中沿纤维-基体界面的摩擦滑动引起的。

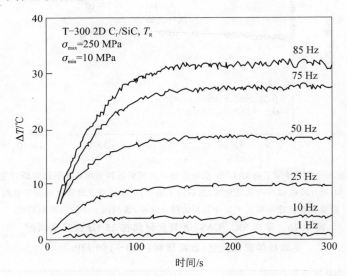

图 4.28　加载频率对编织 0°/90° CVI C_f/SiC 复合材料拉伸-拉伸疲劳过程中表面温升的影响[292]

Cho 等人[293]建立了一个将疲劳过程中的温升与界面摩擦滑动应力联系起来的分析模型。霍姆斯和 Cho[79]运用该模型表明,在 SiC_f/CAS-Ⅱ 复合材料中,界面剪切应力(τ)在前 25 000 个疲劳循环内从大约 15 MPa 减小到 5 MPa,此后 τ 几乎保持不变(超过 1×10^6 循环时的轻微增加归因于沿界面捕获的碎片)(见图 4.29)。从温升数据中确定 τ 的方法将在 4.3.3 节中更详细地描述。

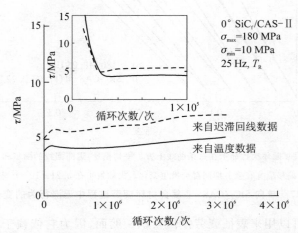

图 4.29　室温下 SiC_f/CAS-Ⅱ 复合材料疲劳过程中界面剪切应力的变化

4.3.3　循环迟滞回线和循环能量耗散模型

科蒂尔(Kotil)等人[72]模拟了断裂纤维和纤维-基体界面滑移剪切应力(τ)的变化对单向复合材料中循环应力-应变响应和偏移应变/应变偏移(ε^*)形成的影响。该模型被用于解释单向 SiC_f/HPSN 复合材料疲劳的试验结果,它在 1 000 ℃的拉伸-拉伸疲劳期间表现出逐渐增大的顺应性和应变偏移。假设在垂直于施加应力的方向上存在均匀分布的基体裂纹,则可以通过逐渐增加纤维在疲劳过程中的失效数量和脱粘长度来模拟疲劳损伤。正如直观预期的那样,当 τ 非常小或非常大时,应力-应变滞后的幅度可以忽略不计。在物理上,对于较小的 τ,纤维可以在基体内自由滑动,滑动消耗的能量最小;对于较大的 τ,导致缺乏迟滞机制的原因是不同的,这是因为纤维的滑移长度较小。从这些结果以及 Cho 等人[293]后来的模拟中可以看出,循环加载期间的能量耗散在中等摩擦剪切应力水平下达到最大值,即如果要绘制承受循环载荷期间发生的能量耗散(作为剪切应力的函数),则将获得钟形曲线(见 4.3.4 节中关于摩擦生热的讨论)。

普赖斯(Pryce)和史密斯(Smith)[294]建立了一种轴对称剪滞模型,用于预测具有规则基体裂纹间距和无损连续纤维的单向复合材料中迟滞回线的形状。假设模型具有恒定的界面剪切应力和部分滑移(即滑移长度 l_s 小于裂纹间距的一半),第一个疲劳循环的加载部分的应变-应力关系由式(4.15)给出:

$$\varepsilon = \frac{\sigma}{E_c} + \frac{d_f}{d_m \tau E_f} \left[\sigma \frac{E_m(1-V_f)}{E_c V_f} - \sigma_f^{res} \right]^2 \tag{4.15}$$

其中,E_c、E_f 和 E_m 分别是未损坏复合材料、纤维与基体的模量,d_f 是纤维直径,d_m 是基体裂纹间距,τ 是摩擦(滑移)界面剪切应力,V_f 是纤维体积分数,σ_f^{res} 是纤维中的残余轴向应力。复合材料模量由混合律给出:

$$E_c = V_f E_f + (1-V_f)E_m \tag{4.16}$$

卸载路径由式(4.17)给出:

$$\varepsilon = \frac{\sigma}{E_c} + \frac{d_f}{2d_m \tau E_f} \left[\left(\frac{E_m(1-V_f)}{E_c V_f} \right)^2 (\sigma_{max}^2 - \sigma^2 + 2\sigma\sigma_{max}) - 4\sigma_{max}\sigma_f^{res} \frac{E_m(1-V_f)}{E_c V_f} + 2\sigma_f^{res2} \right] \tag{4.17}$$

在式(4.17)中,σ 是施加的应力,σ_{max} 是卸载前施加的最大应力。在试样卸载过程中,以及随后重新加载到相同的应力水平 σ_{max},滑移将发生的距离等于第一个加载循环中滑移距离的一半。随后的加载循环的应力-应变关系由式(4.18)给出:

$$\varepsilon = \frac{\sigma}{E_c} + \frac{d_f}{2d_m \tau E_f} \left[\left(\frac{E_m(1-V_f)}{E_c V_f} \right)^2 (\sigma_{max}^2 + \sigma^2) - 4\sigma_{max}\sigma_f^{res} \frac{E_m(1-V_f)}{E_c V_f} + 2\sigma_f^{res2} \right] \tag{4.18}$$

在进一步循环期间,卸载和重新加载路径遵循方程(4.17)和方程(4.18)。注意到方程的预测应力-应变轨迹在循环加载期间是非线性的(抛物线),即切线模量不是恒定的。这种非线性是循环期间发生的纤维滑移长度变化的结果。在加载或卸载瞬态开始期间,滑移方向发生变化,使得滑移长度为零;切线模量由复合材料模量(E_c)给出。随着进一步加载,滑移长度增加,切线模量减小。请注意,回路宽度(卸载和加载期间的应变之间的差异)取决于施加的负载水平,而不取决于残余轴向应力。图 4.30 比较了 SiC_f/CAS 复合材料的测量和计算的迟滞回线。

两者的一致性很好,表明该模型很好地描述了微观机制,并且正确选择了固有材料参数。

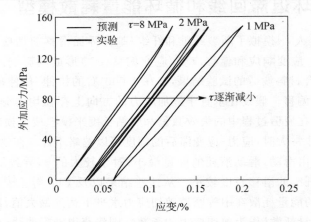

注:假设沿纤维–基体界面部分滑移的预测基于纤维中残余压应力为50 MPa,
τ 值为8 MPa、2 MPa 和1 MPa。迟滞回线宽度和永久偏移应变随着 τ 的减小而增大。

图 4.30 单向 SiC_f/CAS 复合材料的实验(粗线)和预测(细线)的迟滞回线[294]

永久偏移应变(ε^*)可以通过在方程(4.18)中令 σ 为零来计算:

$$\varepsilon^* = \frac{d_f}{2d_m\tau E_f}\left[\left(\sigma_{max}\frac{E_m(1-V_f)}{E_c V_f}\right)^2 - 4\sigma_{max}\sigma_f^{res}\frac{E_m(1-V_f)}{E_c V_f} + 2\sigma_f^{res2}\right] \quad (4.19)$$

SiC_f/CAS 复合材料的实验研究表明,应变偏移(ε^*)随着疲劳损伤的发展而增大。由于在低应力水平的疲劳过程中通常会实现稳定的裂纹间距(见图 4.26),因此从方程(4.19)可以看出,疲劳过程中 ε^* 的增加(见图 4.27)至少部分与循环加载期间发生的 τ 减小有关(见图 4.29)。然而,注意到只有当界面滑移长度小于平均基体裂纹间距的 1/2 时(即对于部分滑移),上述方程才有效。如果在初始加载循环中施加的应力超过

$$\sigma_{fs} = \frac{V_f}{1-V_f}\frac{E_c}{E_m}\left(\frac{2d_m}{d_f}\tau + \sigma_f^{res}\right) \quad (4.20)$$

则此时沿纤维–基体界面会发生全滑移。当发生全滑移时,应力-应变路径是线性的,斜率等于 $V_f E_f$。在随后的循环中,如果应力范围($\Delta\sigma = \sigma_{max} - \sigma_{min}$)超过

$$\Delta\sigma_{fs}^{cyc} = 4\frac{V_f}{1-V_f}\frac{E_c}{E_m}\frac{d_m}{d_f}\tau \quad (4.21)$$

则永久偏移应变与最大应力水平无关:

$$\varepsilon^* = \frac{d_m}{d_f}\frac{\tau}{E_f} - \frac{\sigma_f^{res}}{E_f} \quad (4.22)$$

式(4.22)预测的永久偏移应变将随着 τ 的减小而减小。

如上所述,当应力在特定疲劳循环期间增大时,会发生从部分滑移到全滑移的变化。由于在疲劳的初始阶段界面剪切应力降低,因此发生从部分滑移到全滑移的应力水平可能会发生变化。此外,对于足够低的界面剪切应力,在疲劳循环的大部分时间都可能发生全滑移。这种从部分滑移到全滑移的变化将导致疲劳期间应力-应变响应和能量耗散发生重要变化。例如,对于固定的裂纹间距,只要发生部分滑移,切线模量在加载过程中就会不断减小。然而,当全滑移开始时,应力-应变曲线将变为线性。τ 对偏移应变 ε^* 的影响也受到界面滑移模式的影

响。对于部分滑移,τ 的减小将导致 ε^* 增大;对于全滑移,ε^* 随着 τ 的减小而减小。

索伦森等人[295]已经使用轴对称有限元模型研究了纤维增强陶瓷基复合材料的循环应力-应变行为。他们的分析假设滑移区内应力传递存在库仑摩擦关系:$\tau = -\mu\sigma_{rr}$(其中 σ_{rr} 是垂直于界面的界面应力,μ 是摩擦系数)。对于固定载荷,发现 τ 沿滑移长度的变化不超过 25%。然而,由泊松效应引起的纤维收缩对疲劳循环过程中的界面滑移应力有很强的影响;当施加较高应力时,τ 可以减小到零。当纤维的泊松收缩超过热膨胀失配时,界面剪切应力消失。当施加的疲劳应力超过由式(4.23)给出的值时,纤维和基体之间的接触消失:

$$\sigma_{NC} = E_f \frac{V_f}{\upsilon_f}(\alpha_f - \alpha_m)\Delta T \tag{4.23}$$

在方程(4.23)中,σ_{NC} 是当界面失去接触时的应力水平,υ_f 是纤维的泊松比,α_f 和 α_m 分别是纤维与基体的热膨胀系数,ΔT 是与无应力状态之间的温差。当施加的应力超过 σ_{NC} 时,随着纤维因收缩脱离基体,纤维-基体接触消失;当大于此应力时,切线模量为 V_fE_f。有趣的是,索伦森等人[295]发现沿界面完全滑动的切线模量在加载过程中低于 V_fE_f、在卸载过程中高于 V_fE_f。这是采用库仑摩擦定律而不是常数 τ 值时发现的主要区别之一。事实上,使用库仑摩擦定律更准确,因为它考虑了泊松失配对摩擦剪切应力的影响。在应力增长期间,纤维在轴向伸长并在横向收缩(泊松效应),从而降低界面失配,继而降低 τ。随着 τ 在疲劳循环的加载部分减小,负载传递到基体的程度降低,结果导致纤维中的应力增长实际上高于增加的施加应力。这意味着纤维的总伸长率及复合材料的总伸长率也更大。索伦森和塔利加[268]推导出以下在整个滑移过程中切线模量的解析表达式:

$$E_{fs}^t = \frac{-V_fE_f}{-1 \pm V_f \dfrac{d_m}{d_f} \dfrac{d\tau}{d\sigma}} \tag{4.24}$$

其中　$$\frac{d\tau}{d\sigma} = -\mu \frac{\dfrac{\upsilon_f}{V_f}\dfrac{E_m}{E_f}}{(1-\upsilon_f)\dfrac{E_m}{E_f} + \dfrac{1+V_f}{1-V_f} + \upsilon_m \pm \mu \dfrac{d_m}{d_f}\left(\upsilon_f \dfrac{E_m}{E_f} + \dfrac{V_f}{1-V_f}\upsilon_m\right)} \tag{4.25}$$

式(4.24)和式(4.25)的分母中的正号为加载、负号为卸载。这里 υ_m 是基体的泊松比。尽管界面剪切应力的大小取决于测试温度(通过热失配),但全滑移期间的切线模量与热膨胀失配和温度无关。实验研究表明,加载轨迹末端的切线模量低于卸载轨迹末端的切线模量。这表明与恒定的界面剪切应力(与载荷水平无关)相比,库仑摩擦定律更好地描述了界面上的应力传递。实际上,具有恒定 τ 值的模型可能无法捕获循环应力-应变行为的所有细节。

4.3.4　循环加载过程中的摩擦生热

经历了基体开裂的纤维增强陶瓷基复合材料的应力-应变响应通常表现出迟滞现象,这是由脱粘纤维的摩擦滑移引起的。这种迟滞表明材料发生了能量耗散。摩擦能量耗散会导致剧烈升温,在尼卡隆 SiC_f/CAS 复合材料疲劳期间测得的温升超过 150 K。由于摩擦生热的基本机制不随温度变化,因此参考在室温测量的大多数实验结果来讨论摩擦生热概念是有益的。

根据对材料承受疲劳载荷期间测量的温升的观察结果,Cho 等人[293]建立了描述纤维增强陶瓷基复合材料循环加载过程中摩擦能量耗散的模型。该方法将纤维摩擦滑移中的功与疲劳试样中观察到的温升联系起来。摩擦功是通过对疲劳循环期间纤维和基体之间发生的相对位移进行积分获得的。将摩擦功乘以加载频率(f),得出每单位体积的能量耗散率:

$$\frac{\mathrm{d}w_{\mathrm{fric}}}{\mathrm{d}t} = \frac{f}{24} \frac{d_{\mathrm{f}}}{d_{\mathrm{m}}} \frac{\Delta\sigma^3}{\tau_{\mathrm{d}}E_{\mathrm{f}}} \left(\frac{E_{\mathrm{m}}}{E_{\mathrm{c}}} \frac{1-V_{\mathrm{f}}}{V_{\mathrm{f}}}\right)^2 \tag{4.26}$$

在式(4.26)中,τ_{d} 代表动态的界面剪切应力,可能不同于通常在低滑动速度下进行的纤维顶出试验所测得的值。方程(4.26)适用于沿界面的部分滑移。当最小外加应力为零时,迟滞回线的面积也可以计算为加载和卸载路径应变之差从零到 $\sigma_{\max}$ 的积分(见方程(4.17)和方程(4.18)):

$$\frac{\mathrm{d}w_{\mathrm{fric}}}{\mathrm{d}t} = \frac{f}{24} \frac{d_{\mathrm{f}}}{d_{\mathrm{m}}} \frac{\sigma_{\max}^3}{\tau_{\mathrm{d}}E_{\mathrm{f}}} \left(\frac{E_{\mathrm{m}}}{E_{\mathrm{c}}} \frac{1-V_{\mathrm{f}}}{V_{\mathrm{f}}}\right)^2 \tag{4.27}$$

上述分析仅适用于沿界面的部分滑移。当发生全滑移(施加的应力超过 $\Delta\sigma_{\mathrm{fs}}^{\mathrm{cyc}}$,见方程(4.21))时,每单位体积的能量耗散率可以表示为

$$\frac{\mathrm{d}w_{\mathrm{fric}}}{\mathrm{d}t} = 2f \frac{\tau_{\mathrm{d}}}{E_{\mathrm{f}}} \frac{d_{\mathrm{m}}}{d_{\mathrm{f}}} \Delta\sigma - \frac{8f}{3} \frac{d_{\mathrm{m}}^2}{d_{\mathrm{f}}^2} \frac{V_{\mathrm{f}}}{1-V_{\mathrm{f}}} \frac{E_{\mathrm{c}}}{E_{\mathrm{m}}} \frac{\tau_{\mathrm{d}}^2}{E_{\mathrm{f}}^2} \tag{4.28}$$

对方程(4.26)和方程(4.28)的检验表明,能量耗散率随着加载频率和应力范围的增加而增大,并且随着纤维体积分数和纤维模量的减小而增大。纤维体积分数的减小会导致更高能量耗散的机制可以解释为:对于固定的施加应力,单根纤维中的应力随着 V_{f} 的降低而增大;这导致纤维产生更大应变,使得纤维相对于基体滑移的距离更大。同样的解释也适用于纤维模量的降低。

值得注意的是部分滑移和全滑移的情况之间的显著差异。对式(4.26)的分析表明,当发生部分滑移时,能量耗散与 $\Delta\sigma^3$ 成正比增加。对于全滑移,能量耗散仅随 $\Delta\sigma$ 线性增加(见式(4.28))。界面剪切应力对能量耗散的影响也取决于界面滑移模式。在部分滑移的情况下,能量耗散随着 τ 的减小而增加(见式(4.26))。然而,能量耗散的增加是有限度的,即随着 τ 的减小,可能会发生全滑移(注意此时式(4.26)不再适用)。由式(4.28)可知,对于全滑移,能量耗散随着 τ 的减小先达到最大值,然后再减小;在极限的零界面摩擦条件下,式(4.28)正确预测了能量耗散也为零这一极限。纤维直径与基体裂纹间距比值对能量耗散的影响如下:只要存在部分滑移,总滑移面积就会随着活动滑移区数量的增加而增加,或随着平均裂纹间距的减小而增加。当发生全滑移时,情况却并非如此。相反,在全滑移过程中,纤维和基体之间的相对位移随着裂纹间距的减小而减小,从而导致能量耗散减少。

众所周知,τ 在疲劳的初始阶段会减小(见图 4.29)。这会如何影响能量耗散,从而影响疲劳期间的温升?假设应力范围是这样的,即在 τ 较高的前几个周期内会发生部分滑移(当应力范围低于 $\Delta\sigma_{\mathrm{fs}}^{\mathrm{cyc}}$ 时),随着 τ 的减小,由于界面磨损,摩擦产生的热量会增加,然而,与此同时,τ 的减小使得 $\Delta\sigma_{\mathrm{fs}}^{\mathrm{cyc}}$ 也减小(见式(4.21)),复合材料可能进入全滑移状态,随着 τ 的进一步减小,能量耗散达到峰值,并随着进一步循环而降低。因此,在所有其他参数固定的情况下,能量耗散与界面剪切应力的关系图将呈钟形——能量耗散在中等摩擦剪切应力水平达到最大值,而对于极高或极低水平的摩擦剪切应力,能量耗散接近于零。

如果可以通过实验测量由摩擦滑移引起的能量耗散率,则可以用方程(4.26)或方程(4.28)

确定界面摩擦剪切应力的平均水平(取决于是部分滑移还是全滑移)。正如 Cho 等人[293]所讨论的那样,有两种独立的方法可以确定能量耗散值。一种方法是将理论迟滞回线与实际测量的迟滞回线相匹配。例如,能量守恒方法通过使用数值积分测量迟滞回线的面积来确定每个周期的能量耗散。或者,摩擦能量耗散可以用试样疲劳期间测量的温升来估计。摩擦滑移的能量耗散导致试样发热。每单位体积的总热损失率($\mathrm{d}q/\mathrm{d}t$)是试样表面的对流和辐射热损失加上通过试样横截面传导的热量之和:

$$\frac{\mathrm{d}q}{\mathrm{d}t} = \left[k_\mathrm{h}(T_\mathrm{s} - T_\mathrm{a}) + \varepsilon\beta_\mathrm{S}(T_\mathrm{s}^4 - T_\mathrm{a}^4)\right]\frac{A_\mathrm{surf}}{V} + \frac{2k_\mathrm{p}A_\mathrm{cond}}{V}\left(\frac{\Delta T}{\Delta z}\right)_\mathrm{axial} \tag{4.29}$$

其中,k_h 为导热系数,T_s 和 T_a 分别为试样与周围空气的温度,ε 为发射率,β_S 为斯蒂芬-玻耳兹曼(Steffen-Boltzmann)常数(5.67×10^{-8} W·m^{-2}·K^{-4}),k_p 是平行于纤维的复合材料的热导率,A_surf 和 A_cond 分别是标距部分的表面积与横截面积,V 是标距截面体积,$\Delta T/\Delta z$ 是标距截面末端部分的温度梯度。因此,通过在纤维摩擦滑移功率和热损失率之间进行能量平衡,可以估计出沿纤维-基体界面存在的摩擦剪切应力。图 4.31 总结了用于确定室温或高温下疲劳载荷期间摩擦剪切应力的流程。

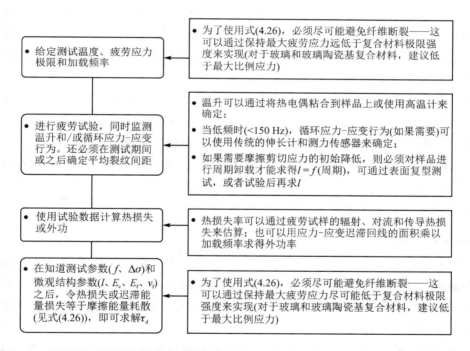

图 4.31　通过循环加载试验计算纤维增强陶瓷基复合材料中的动态摩擦剪切应力(τ_d)的流程

4.3.4.1　疲劳过程中界面剪切应力的变化

界面滑移和由此产生的界面磨损会导致界面摩擦剪切应力的变化。霍姆斯和 Cho[79]通过尼卡隆 SiC$_\mathrm{f}$/CAS 复合材料的疲劳试验获得了纤维增强陶瓷基复合材料中界面循环磨损的直接证据。试验在 $10\sim180$ MPa 的固定应力下以 25 Hz 的加载频率进行。如图 4.29 所示,在疲劳加载的初始阶段,摩擦剪切应力急剧下降,之后摩擦剪切应力近似达到一个平台(对于所示的例子,摩擦剪切应力在前 25 000 次疲劳循环中从大约 15 MPa 下降到 5 MPa,在 1×10^6

次循环中保持相对恒定,此后略有增大)。其最初的减小可归因于沿界面的磨损,这也有助于降低界面凹凸的高度。随着持续循环,界面剪切应力的轻微恢复似乎与沿界面堆积的碎屑有关。如果碎屑堆积得足够多,则剪切应力的恢复会导致沿界面从全滑移变为部分滑移。

前面关于摩擦生热的讨论和示例涉及的是材料的室温行为。在高温下情况将如何变化?摩擦剪切应力以及因此的能量耗散受到纤维和基体之间的热膨胀失配的影响。在库仑摩擦的情况下,界面剪切应力与法向界面应力的关系为 $\tau = -\mu\sigma_{rr}(\sigma_{rr} < 0)$。对于纤维的热膨胀系数低于基体的热膨胀系数的复合材料,σ_{rr} 为负(即压缩)。在这种情况下,由于温度升高会降低 σ_{rr} 的大小,因此摩擦剪切应力也会降低。当然,其他因素也会同时影响高温界面剪切应力。例如,蠕变变形会导致沿界面的径向应力出现依赖时间和加载历史的松弛。

对于基体的热膨胀系数大于纤维的热膨胀系数的复合材料系统,摩擦剪切应力将随着复合材料整体温度的升高而降低。这与摩擦生热引起的温度升高相结合,会降低纤维和基体之间的载荷传递程度,导致纤维承载的净应力增大。由于纤维断裂的可能性增加,这将导致材料疲劳寿命降低(当然,这取决于施加的应力,它决定了纤维所承受的应力是否超过纤维的蠕变断裂应力)。对于受摩擦剪切应力大小影响的力学特性,由摩擦生热引起的纤维和基体之间的热膨胀差异,可能导致材料的力学行为依赖于载荷频率,例如疲劳寿命便是如此。诸如韧性、强度和阻尼之类的材料性能也与加载频率相关,热物理性能也取决于复合材料中摩擦剪切应力的水平(如热膨胀和热导率)。

对于给定的纤维/基体系统和纤维铺层,控制摩擦生热的主要微观结构参数是:纤维体积分数、纤维的威布尔模量(这将决定纤维断裂的数量和纤维的失效位置——注意 Cho 等人[293]的模型没有考虑断裂纤维的存在)和界面摩擦剪切应力(受纤维涂层和纤维/基体粗糙度的影响)。值得注意的是,在单调加载期间提供高损伤容限的微观结构参数(例如,低界面脱粘强度、长纤维拔出长度)正是能加剧摩擦生热的参数。因此,对于不希望在应用时出现摩擦生热情况的材料,必须在高韧性和摩擦生热之间取得平衡。

4.3.4.2 摩擦生热的实际意义

摩擦生热对结构部件的设计具有重要意义。一个典型问题是燃气轮机翼型和燃烧器等部件承受与高频、低幅疲劳载荷相结合的蠕变载荷。由摩擦生热引起的额外温升可能会加速这些组件的微观结构损坏,而且如果损坏是局部的(例如,在安装孔周围的应力和微观结构损伤可能更高),则可能会导致组件的尺寸变形。此外,由内部生热引起的温度升高可能导致不可接受的尺寸变化。摩擦生热也会影响纤维增强复合材料的机械和热物理性能。疲劳过程中发生的温度升高可通过纤维和基体之间的热膨胀差异来改变界面剪切应力,从而导致力学行为的频率依赖性。

总而言之,在疲劳加载过程中,脱粘纤维的反复摩擦滑移会导致在复合材料中存在的众多界面上产生热量。随着加载频率和应力范围的增加,产热量变得更加明显。尽管大部分摩擦生热数据是在室温疲劳期间获得的,但在高温下也会发生摩擦生热。需要注意的是,高温疲劳过程中发生的温度升高可能会使组件的温度升高到加速失效的水平(例如,在设计用于 1 200 ℃的复合材料中,温度升高 50～100 ℃ 会显著增加蠕变变形率)。

4.4 疲劳损伤机制

4.4.1 疲劳损伤的演变

4.4.1.1 基本观点

塔利加[296]提出了四个关键问题,有助于理解疲劳损伤是如何在纤维增强陶瓷基复合材料中开始和累积的。这些问题是:① 在第一个疲劳循环中材料的微观结构发生了什么变化?② 什么原因导致在第一个循环中以最大载荷停止的裂纹在下一个循环中进一步扩展?③ 在随后的循环中微观结构以什么速率发生进一步的变化?④ 与疲劳失效相关的临界损伤状态是什么?本节的目的是汇集各种研究结果,尝试给出这些问题的答案。本节还将讨论循环加载过程中微观结构损伤的逐渐累积如何影响单调强度和模量等特性。

(1) 对于问题①,前面关于单调加载过程中发生的微观结构损伤的讨论(见 4.2.2 节)提供了回答这个问题所需的内涵。如果最大疲劳应力低于基体微裂纹开始的应力水平(第一阶段),则不会发生疲劳损伤。因此,忽略预先存在的缺陷可能导致的缓慢裂纹扩展,对于低于微裂纹阈值应力(σ_{mc})水平下的循环载荷,在室温下的疲劳寿命是无限的。如果第一个循环的最大疲劳应力高于基体微裂纹阈值应力(第二阶段),纤维-基体脱粘和界面滑移将在第一个加载循环中发生(如霍姆斯和 Cho[79]的摩擦生热实验所示,脱粘伴随着基体开裂)。在第三阶段主要的破坏机制是界面滑移。第一次加载循环中出现的损伤类型和程度为后续疲劳循环中出现的情况奠定了基础。

(2) 问题②的答案是理解纤维增强陶瓷基复合材料疲劳损伤的关键。由于陶瓷基复合材料是由线弹性的脆性成分制成的,因此如果温度低于这些组分发生蠕变的温度,则所有的变形和开裂都会瞬间发生。假设基体开裂发生在第一个疲劳循环中,第二个和后续循环中发生的摩擦滑移和伴随的界面磨损会改变摩擦剪切应力的水平和滑移区的长度。这种界面滑移是一种不可逆的能量耗散机制,会在每个疲劳循环中产生不同的损伤状态。这种损伤模式与路径相关,并且是不可逆的。当发生界面滑移时,脱粘纤维和基体之间的摩擦损伤会使得摩擦剪切应力逐渐降低(这会增加滑移区内的纤维应力),或者会直接因纤维表面磨损而导致纤维损伤。为了全面回答问题②,并给出问题③和问题④的答案,有必要更详细地研究纤维-基体界面,并理解界面损伤在裂纹扩展中的作用。

如图 4.32 所示,可以方便地从三个尺度上研究疲劳:宏观尺度、介观尺度和微观尺度。在宏观尺度上,复合材料被认为是一个连续体,其行为以本构定律体现,仅间接反映微观力学。使用该尺度的尺寸必须比任何影响微观力学的长度尺寸大得多。例如,工程应力-应变曲线是一个宏观尺度的概念,是在一个比基体裂纹间距大的体积上测量的(应力和应变概念不涉及任何长度尺度)。介观尺度考虑更精细一些的长度尺度,其长度尺度包括纤维和基体的特征。在这个水平上,考虑了基体裂纹、桥联、滑移和断裂纤维的影响。发生在更精细尺度上的效应(如界面滑移和磨损)只能用它们的平均值来处理,如平均界面剪切应力(τ)或摩擦系数(μ)。在宏观尺度和介观尺度上进行的观测可以提供影响疲劳基本机制的信息,但不一定能够提供引起疲劳的原因的细节,因为当从较细的尺度到较粗的尺度时,许多沿纤维-基体界面发生的变化的细节被忽略了。在微观尺度上,考虑了沿纤维-基体界面的事件。沿着纤维-基体界面会发生几种类型的微损伤(见图 4.32)。首先,会发生界面脱粘和纤维滑移。其次,磨损会降低界面粗糙度,从而会降低界面剪切应力和法向应力(由于纤维在介观尺度上的波纹,沿纤维轴向和环向可能存在不相等的应力)。

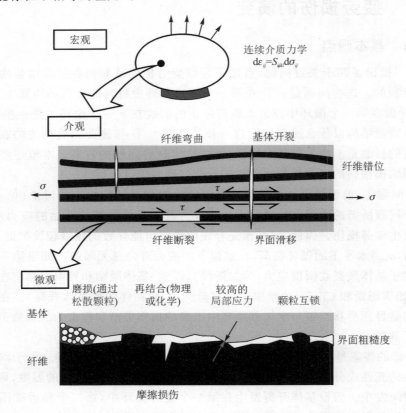

注:在三个不同的长度尺度上考虑损伤。微观尺度只关注纤维与基体的相互作用,
介观尺度关注有裂纹或其他缺陷的纤维与基体的相互作用。宏观性质与任何微观结构长度尺寸无关。
当从更细的尺度到更粗的尺度时,更细尺度的描述是通过量值的平均来进行的。

图 4.32　复合材料宏观、介观和微观尺度损伤的定义

界面磨损可能发生在界面层、基体内部,或直接发生在纤维表面(特别是对于"硬"玻璃或陶瓷基体中的"软"碳纤维更是如此)。磨损会产生松散的颗粒,这些颗粒可能会在现有的粗糙凹坑周围摩擦或锁定,这会改变纤维和基体之间的局部应力(例如,磨损碎屑可能会导致机械锁定并阻碍界面滑动,从而提高沿界面的局部应力(见图 4.32))。也有可能所有纤维表面存在的粗糙断裂会在纤维中引入额外的缺陷,从而降低其失效强度。应该注意的是,在编织 C_f/SiC 复合材料疲劳损伤的原位扫描电镜研究中,莫里斯等人[297]已经观察到疲劳加载过程中碳纤维的直接磨损。在沿着界面向前和向后滑移的过程中,纤维的相对摩擦滑移引起以热量形式的能量耗散。玻璃和玻璃陶瓷基体的热传递速率通常很低。对于足够高的加载频率,与摩擦滑移相关的温度升高可能足以促使界面发生化学变化或近界面的富碳层发生氧化,这可能改变界面摩擦或引起再粘合,从而改变复合材料的断裂和疲劳特性。

　　上述讨论使人们能够识别三种不同类型的疲劳损伤：基体开裂、界面磨损以及纤维失效（见图 4.33）。现在可以将发生在纤维-基体界面（微观尺度）的微机械损伤与发生在介观尺度的疲劳损伤的演化联系起来。具体来说，可以展示微观尺度的界面磨损是如何影响介观尺度的疲劳损伤的，从而影响复合材料的宏观性能。

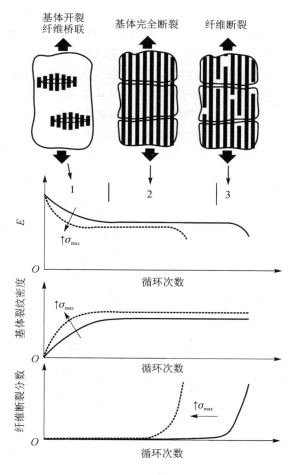

图 4.33　对疲劳损伤演化的理解

　　基体开裂和纤维-基体脱粘发生在疲劳损伤过程的早期。在这个阶段，纤维桥联效应控制着基体裂纹的扩展。随着界面剪切应力因摩擦磨损而降低，桥联应力降低，导致基体裂纹尖端的应力强度因子增加，裂纹进一步扩展。基体开裂和界面脱粘导致复合材料模量显著降低。当基体开裂和界面脱粘饱和时，界面磨损仍在继续，但总体应力-应变响应没有明显变化。最后，界面磨损或对纤维的直接机械损伤导致纤维开始失效，这导致复合材料刚度和强度进一步降低。当剩余强度等于施加的疲劳应力时，复合材料失效。

4.4.1.2　界面磨损引起的基体开裂

　　对于高于基体微裂纹阈值应力的应力水平，通常会在疲劳加载的早期阶段达到稳定的裂纹密度[79]。对于大多数复合材料来说，这种基体开裂在某种程度上是一种与时间相关的现象，即使在静态加载过程中也会发生。尽管基体裂纹的存在是疲劳失效所必需的，但它们的存在并不一定意味着会发生疲劳失效(即对于低疲劳应力和载荷频率,微裂纹复合材料仍可能不发生疲劳破坏)。相反,基体开裂只是疲劳损伤过程的第一步。换句话说,基体开裂和伴随的界面脱粘,为桥联基体裂纹的纤维的渐进损伤创造了条件。进一步的损伤可能涉及界面磨损,导致滑移区内纤维应力增大,或者可能涉及桥联纤维的机械损坏。最终的疲劳失效与纤维强度下降的速度有关。在发生蠕变的温度下,桥联纤维的蠕变断裂会限制疲劳寿命(注意,随着界面磨损和从基体到纤维的载荷传递,滑动区内的纤维应力增大,纤维断裂的可能性会增加——参阅第3章中关于连续纤维增强复合材料蠕变的讨论)。

微观损伤机制也可能在介观尺度上控制着基体裂纹的扩展。在循环载荷作用下,界面滑移应力的减小会导致基体裂纹扩展。由于纤维通过基体裂纹承担载荷,因此它们降低了基体裂纹尖端的应力强度因子(见图4.34)[30,108-109]。当裂纹尖端的应力强度因子(K_{tip})低于裂纹扩展的临界水平(K_c)时[298-299],基体裂纹将被阻止(在纤维处,裂纹可通过沿纤维-基体界面的偏折而被阻止)。如上所述,在循环加载过程中,纤维和基体之间发生界面磨损,导致界面摩擦剪切应力逐渐减小。摩擦剪切应力的减小也降低了裂纹桥联应力,导致裂纹尖端应力强度的增加[300-302]和基体裂纹的进一步扩展。然而,裂纹扩展是稳定的,因为新的裂纹区域包括一些新脱粘的纤维,这些纤维由于还没有经受循环磨损,因此具有更高的界面滑移应力(桥联应力也更高)。进一步的循环将导致新脱粘纤维的界面磨损,降低其桥联能力,并导致裂纹进一步扩展。因此,在反复的界面滑移过程中,界面滑移应力的降低为纤维桥联的基体裂纹的"循环"生长提供了一种机制。如果所施加的应力足够高,则可以沿着整个界面滑动,这一过程可以持续进行,直到纤维完全脱粘和磨损,产生饱和裂纹间距,正如实验中发现的那样[79]。

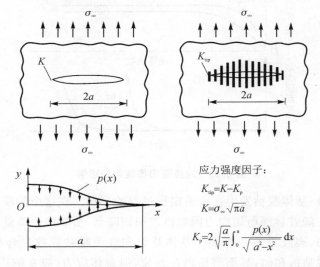

注:纤维在基体裂纹上承载着外部载荷,这会减小裂纹张开位移和基体裂纹尖端的净应力强度因子(K_{tip})。

如果界面剪切应力(τ)在疲劳过程中降低,则桥联应力[$p(x)$]会降低,从而使得K_p降低。

K_p减小导致K_{tip}增大,从而导致基体裂纹进一步扩展。

图4.34 界面磨损引起桥联应力降低从而导致基体裂纹扩展

4.4.1.3 界面磨损引起的纤维失效

如前所述,当复合材料的剩余强度等于最大循环应力时,将发生疲劳破坏。人们认识到,疲劳极限通常远高于基体裂纹产生时的应力水平。例如,对于 SiC_f/CAS 复合材料在 25 Hz 下的疲劳,霍姆斯等人[238]在 200 MPa 下观察到疲劳极限,这比该复合材料系统的微裂纹阈值应力高大约 60 MPa。200 MPa 的疲劳极限远低于在单调拉伸试验期间(第四阶段)[268]会导致显著纤维失效的应力水平。因此,循环加载必然会降低纤维的强度。更具体地说,在疲劳加载过程中,要么纤维中的(局部)应力必须增大,要么纤维强度必须降低。两种可能性都存在。雷纳德(Reynaud)等人[303]认为,疲劳期间界面摩擦剪切应力的降低,导致纤维中平均轴向应力的增大,这增加了纤维断裂的可能性。随着剪切应力(τ)的减小,滑移长度增加,使得应力传递到基体的效率变低,导致经历滑移的纤维部分的应力增大。这导致纤维断裂的可能性更高、复合材料的强度降低。鲁比(Rouby)和雷纳德[258]提出,当复合材料的剩余强度等于施加的疲劳应力时,就会发生疲劳破坏。由于这在理解疲劳破坏方面比较有用,因此 4.4.2 小节将给出鲁比和雷纳德[258]针对该模型的数学描述。

通过以上讨论,现在可以回答本节开头提出的四个问题:① 只有当第一个循环中的最大应力水平使得基体开裂、纤维-基体脱粘以及界面滑移发生时,才会发生疲劳破坏。② 在循环过程中,随着界面剪切应力的减小,基体裂纹会扩展,从而减小了桥联应力;裂纹扩展将会持续,直到基体完全开裂、出现规则间隔的裂纹。③ 持续的界面磨损可进一步降低界面剪切应力,并对纤维造成进一步的表面损伤;这两种微观结构的变化都会降低复合材料的强度。④ 当桥联纤维开始断裂时,与疲劳失效相关的临界损伤状态出现,这会将复合材料的剩余强度降低到等于施加的疲劳应力的水平。由剪切应力降低引起的纤维应力增大,以及由直接表面损伤引起的纤维固有强度降低,都是纤维断裂的可能机制。应该注意的是,纤维断裂的最终损伤过程可能很快,因为即使是很小百分比的桥联纤维断裂,也会大大增加剩余纤维承受的载荷(该过程预计会导致在相对较少的循环次数内,纤维断裂快速加速)。

4.4.2　重复加载强度下降模型

鲁比和雷纳德[258]的多重基体裂纹复合材料疲劳寿命介观尺度模型是基于实验发现建立的,即界面滑动剪切应力(τ)随循环次数而减小,这正如霍姆斯和 Cho[79]在单向 SiC_f/CAS 复合材料试验中观察到的那样。该模型的目的是找到由纤维桥联的基体裂纹可以支撑的最大施加应力(复合材料抗拉强度,σ_{Lu})。这需要考虑纤维的强度变化和断裂纤维体积分数。根据鲁比和雷纳德[258]的模型,作用于桥联基体裂纹的完整纤维内的轴向应力可以表示为

$$\sigma_f^0 = \frac{\sigma}{V_f(1-V_b)} \tag{4.30}$$

其中,σ 是施加的应力,V_f 是纤维体积分数,V_b 是断裂纤维体积分数。在等式(4.30)中,假设断裂的纤维不会通过基体裂纹传递任何载荷。对于大裂纹间距的情况,作用在完整纤维中的轴向应力在滑移长度(l_s)上线性减小,直到应力减小到没有基体裂纹存在时的水平(见图 4.35)。计算纤维失效的概率使用了与索利斯(Thouless)和伊文斯[98]相同的假设,即忽略发生在大于载荷传递长度的距离处的纤维失效。载荷传递长度

$$l_t = \frac{\sigma_f^0}{4\tau}d_f \tag{4.31}$$

其中,τ 是界面剪切应力,d_f 是纤维直径。当估计纤维失效的概率时,假设纤维应力在载荷传递长度上从 σ_f^0 的峰值应力线性减小到零(见图 4.35):

$$\sigma_f(\sigma_f^0, z) = \sigma_f^0 \left(1 - \frac{z}{l_t}\right) \quad (0 \leqslant z \leqslant l_t) \tag{4.32}$$

纤维失效的概率由威布尔统计描述。长度为 L 的测量截面内纤维失效的概率

$$P_f[L, \sigma_f(z)] = 1 - \exp\left\{-\frac{1}{L_0}\int_0^L \left[\frac{\sigma_f(z)}{\sigma_0}\right]^\beta dz\right\} \tag{4.33}$$

其中，σ_0 是在 L_0 标距长度内 63.2% 的纤维失效时的应力；β 是威布尔模量，描述了纤维强度的变化。抗拉强度（σ_{Lu}）可以通过将 σ 最大化得到。相对于最大化 V_b，最大化 σ 更方便（这两种方法是等价的，因为 σ、σ_f^0 和 V_b 之间存在一对一的关系）。将应力变化 $\sigma_f(\sigma_f^0, z)$（式（4.32））代入式（4.33），将 z 从 0 到 l_t 积分，乘以 2（注意应力分布式（4.32）仅适用于基体裂纹一侧的纤维），用 σ_f^0 表示 l_t（见式（4.31））来给出断裂概率

$$p_f = 1 - \exp\left[-\frac{\sigma_f^0}{\tau}\frac{d_f}{2L_0}\left(\frac{\sigma_f^0}{\sigma_0}\right)^\beta \frac{1}{\beta+1}\right] \tag{4.34}$$

在式（4.34）中，p_f 对应于 V_b，即 $2l_t$ 标距长度内断裂纤维的比例。用 σ_f^0 表示的 V_b 可以代入到式（4.30）中，这样施加的应力可以作为 σ_f^0 的函数给出。通过对 σ_f^0 的偏微分可以找到 σ 的最大值，即抗拉强度（σ_{Lu}）：

$$\sigma_{Lu} = V_f \exp\left(-\frac{1}{\beta+1}\right)\left(\frac{2L_0\sigma_0^\beta\tau}{d_f}\right)^{1/(\beta+1)} \tag{4.35}$$

当达到最大强度时，测量截面内断裂纤维的体积分数

$$V_u = 1 - \exp\left(-\frac{1}{\beta+1}\right) \tag{4.36}$$

通过这些方程可以看出强度是 τ 的函数。显然，随着 τ 减小，复合材料的强度将降低。如果复合材料强度降低到最大施加循环应力以下，则会发生疲劳破坏。鲁比和雷纳德[258]提出了 τ 变化的一阶模型：

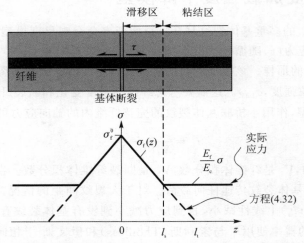

注：纤维中的轴向应力（σ_f）在滑移长度上线性减小，从基体裂纹边缘的峰值 σ_f^0 到滑移区末端（$z=l_s$）的值 $\sigma(E_f/E_c)$。其中假设裂纹间距 d 大于载荷传递长度 l_t 的两倍，假设纤维应力在载荷传递长度 l_t 上线性减小到零。

图 4.35　鲁比和雷纳德[258]介观尺度模型的基本原理

$$\tau(N) = \begin{cases} \tau_0 N^{-\Omega}, & N \leqslant N_1 \\ \tau_1, & N \geqslant N_1 \end{cases} \tag{4.37}$$

其中，τ_0 是界面剪切应力的初始值，N 是循环次数，Ω 是描述 τ 减小速率的常数，τ_1 是 τ 在 N_1 次循环后达到的极限值。将方程(4.37)代入方程(4.35)得出复合材料强度和疲劳循环次数之间的关系(见图 4.36)。

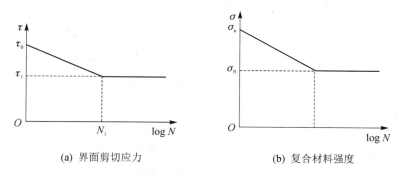

(a) 界面剪切应力　　　　　　　　　　(b) 复合材料强度

图 4.36　鲁比和雷纳德[258]提出的界面剪切应力、复合材料强度衰减与疲劳寿命之间的关系

根据鲁比-雷纳德(Rouby-Reynaud)模型，当复合材料强度降低到施加的最大循环应力水平时，将发生疲劳破坏。在前 N 个循环中 τ 的减小将导致复合材料的强度逐渐减小。如果 τ 在 $N > N_1$ 时保持不变，则复合材料强度不会进一步降低。根据该模型(见方程(4.37))，如果发生疲劳失效，则它将在 N_1 个循环内发生，否则只要最大疲劳应力不超过 σ_{fl}(见图 4.36)，就可以预测疲劳寿命是无限的。σ_{fl} 与单调抗拉强度之间的比率

$$\frac{\sigma_{fl}}{\sigma_{Lu}} = \left(\frac{\tau_1}{\tau_0}\right)^{1/(\beta+1)} \tag{4.38}$$

注意到如果疲劳寿命由界面剪切应力的降低来控制，像鲁比和雷纳德[258]所提出的那样，则疲劳损伤率由沿纤维-基体界面的平均磨损率控制。鲁比-雷纳德模型需要使用来自各种陶瓷基复合材料的疲劳数据进行验证。例如，对于 SiC_f/CAS 复合材料，τ 似乎在相对较短的循环次数内减小(见图 4.29)，并在剩余的疲劳寿命内保持在该水平，但即使在达到该恒定剪切水平后仍观察到疲劳失效。由于剪切应力保持恒定，因此必须采取其他机制来促进纤维失效。例如，纤维表面的摩擦损伤会导致平均纤维强度降低。从式(4.35)可以看出，σ_0 的减小会导致复合材料强度的降低。因此，通过将纤维强度 σ_0 的降低表示为疲劳循环次数的函数($\sigma_0 = \sigma_0(N)$)，可以对鲁比-雷纳德模型进行扩展，从而将纤维强度退化对疲劳寿命的影响考虑进来。

鲁比-雷纳德模型忽略了断裂纤维的承载能力。这包括在了科廷(Curtin)的单向复合材料极限拉伸强度模型中[14]。他的模型基于沿界面完全滑动的假设；在分析中考虑了平均纤维应力，忽略了沿滑移长度的纤维应力变化(鲁比-雷纳德模型考虑了纤维应力的这种变化)。然而，剪切应力仍然进入了载荷传递长度(l_t)的表达式。如果纤维在距发生最终分离的基体裂纹每一侧的距离大于 l_t 处断裂(失效轨迹)，则起到桥联裂纹作用的部分纤维在裂纹面之间承受的应力，与完整(未断裂)的纤维所承受的应力相同。因此，在科廷的模型中，标距也设置为 $2l_t$，抗拉强度

$$\sigma_{Lu} = V_f \frac{\beta+1}{\beta+2} \left(\frac{2}{\beta+2}\right)^{1/(\beta+1)} \left(\frac{2L_0 \sigma_0^\beta \tau}{d_f}\right)^{1/(\beta+1)} \qquad (4.39)$$

在最大施加应力(即极限拉伸强度 $S^* = \sigma_{Lu}$)下,厚度截面内断裂纤维的体积分数可以表示为

$$q_u = \frac{2}{\beta+2} \qquad (4.40)$$

有趣的是,尽管科廷和鲁比-雷纳德在推导模型时使用了完全不同的假设,但它们对失效的预测在形式上是相似的。唯一的区别在于最终失效是如何取决于纤维威布尔模量的。两者预测相似的主要原因是强度是根据取决于载荷传递长度的标距计算的。因此,随着 τ 的减小,载荷传递长度增加,如方程(4.31)所示,复合材料强度降低。因此,从鲁比-雷纳德模型得出的关于减小 τ 和 σ_0 对疲劳寿命的影响的结论也适用于全滑移的情况(科廷模型)。

在鲁比和雷纳德[258]所研究的加载频率(0.1 Hz 和 1 Hz)下,没有发现加载频率对二维尼卡隆 SiC_f/SiC 复合材料的疲劳寿命有影响。然而,确凿的实验证据表明,纤维增强复合材料的疲劳寿命受疲劳载荷频率的影响很大[238];随着加载频率的增加,疲劳寿命显著降低(见 4.7 节的讨论)。使用鲁比-雷纳德模型的内涵来推测造成这种疲劳寿命频率依赖性的机制是很有意义的。如果高频疲劳仅仅改变了界面磨损的速率和程度,则可以使用诸如鲁比-雷纳德模型来预测疲劳寿命。然而,与频率有关的现象(如摩擦生热),很可能会通过纤维和基体之间的不同热膨胀来改变摩擦剪切应力的水平。未来需要建立考虑这些变化因素的模型。

在用于了解微观结构损伤如何影响连续纤维增强陶瓷基复合材料的疲劳寿命方面,鲁比和雷纳德[258]提出的模型代表了第一个比较系统的方法。在本章的剩余部分将采用该模型来解释疲劳失效的各种影响因素。

4.5 应力比对等温疲劳寿命的影响

4.5.1 试验结果

苏雷什[304]针对晶须增强的 Al_2O_3 进行了应力比对高温疲劳寿命影响的试验研究。本节将讨论应力比对连续纤维增强陶瓷基复合材料疲劳寿命的影响。

艾伦和鲍文[287]通过 10 Hz 下 $\mathscr{R}$ 分别为 0.1 和 0.5 的弯曲测试,研究了单向尼卡隆 $SiC_f/$ CAS 复合材料在室温下的疲劳行为。试验发现当 $\mathscr{R} = 0.1$ 时测试的试样在一定的应力水平以上都发生失效。对于当 $\mathscr{R} = 0.5$ 时疲劳的试样,疲劳寿命存在相当大的分散性。尽管一些样本的失效寿命与 $\mathscr{R} = 0.1$ 的样本相似,但大约一半的样本在 10^6 次循环内没有失效。此外,当 $\mathscr{R} = 0.5$ 时的疲劳极限高于当 $\mathscr{R} = 0.1$ 时的疲劳极限。基于艾伦和鲍文[287]的结果,研究了应力比对相似的尼卡隆 SiC_f/CAS 复合材料的拉伸-拉伸疲劳寿命的影响。室温疲劳试验在 200 Hz 下进行,应力比为 0.05 和 0.5,将 10^8 次循环定义为疲劳跳出。如图 4.37 所示,当应力比从 0.05 增加到 0.5 时,10^8 次循环的疲劳极限增加了 40 MPa 以上。这些结果支持艾伦和鲍文的发现。

墨舍勒(Moschelle)[305]在室温下对 $\mathscr{R}$ 为 0.1 和 -1.0 的 $[45°, 90°, 0°, -45°]_s$(准各向同

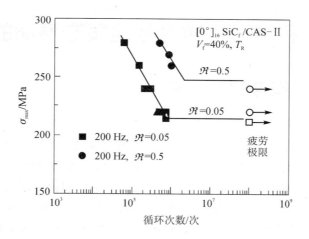

图 4.37　应力比对单向尼卡隆 SiC_f/CAS 复合材料室温拉伸疲劳寿命的影响

性)编织 SiC_f/SiC 复合材料进行了单轴疲劳试验。试验发现材料疲劳极限(10 Hz 下 10^6 次循环)为 105 MPa($\mathscr{R}=0.1$)和 90 MPa($\mathscr{R}=-1.0$),略高于单调比例极限($\sigma_{pl}=50\sim70$ MPa)。比较失效样本的失效周期数(疲劳寿命)发现,对于相同的最大载荷,加载应力比为 -1.0 的样本的疲劳寿命比加载应力比为 0.1 的样本的疲劳寿命要短。这些结果支持上述趋势。正如 4.6 节讨论的高温疲劳行为一样,迄今为止进行的有限数量的试验也表明,高温疲劳寿命可以在更高的应力比下增加。

4.5.2　理论考虑

从理论上讲,固定最大疲劳应力、改变应力比会影响纤维的滑移长度。滑移长度(l_s^{cyc})可以用纤维直径 d_f、应力范围($\Delta\sigma=\sigma_{max}-\sigma_{min}$)和摩擦剪切应力($\tau$)表示为

$$l_s^{cyc}=\frac{d_f}{8}\frac{(1-V_f)}{V_f}\frac{E_m}{E_c}\frac{(\sigma_{max}-\sigma_{min})}{\tau} \tag{4.41}$$

由此可见,在循环加载过程中,滑移长度不取决于绝对应力,而是取决于最大和最小施加应力之差,即应力幅。比较使用相同的最大施加应力但不同的最小应力(即不同的 $\mathscr{R}$)所进行的两个试验,具有最高 $\mathscr{R}$ 的测试具有更短的循环滑移长度(假设部分滑移)。在这种情况下,较大比例的界面始终存在粘着摩擦,即不会发生磨损损坏。比较两个相同的试样,经受最高 $\mathscr{R}$ 的试样的 τ(和 σ_0)的下降幅度最小,并且预计会表现出更长的疲劳寿命。这与上述试验结果一致。

如果疲劳损伤由界面磨损控制,则损伤与迟滞回线的面积(摩擦应力的功)成比例是合理的。Cho 等人[293]建立的模型表明,当沿界面发生部分滑移时,摩擦滑移引起的能量耗散与 $\Delta\sigma^3$ 成正比;而当沿界面发生全滑移时,摩擦滑移引起的能量耗散与 $\Delta\sigma$ 成正比。假设界面摩擦损伤也随着 $\Delta\sigma$ 而不是 σ_{max} 演变是合乎逻辑的,只要在第一个循环期间最大施加应力低于导致纤维失效的应力水平。但关于这方面的系统性研究目前还没有。

4.6 温度和试验环境对等温疲劳寿命的影响

4.6.1 高温疲劳试验研究

普莱沃等人[167]在 900 ℃下对正交叠层 SiC_f/LAS Ⅲ 复合材料进行单轴拉伸-拉伸疲劳试验($\mathscr{R}=0.1$)。试验分别在空气和氩气气氛中进行,加载频率为 7～10 Hz。试验发现在空气中试样的疲劳寿命明显低于室温下的疲劳寿命,疲劳极限接近 86 MPa。经受 10^5 次循环后试样的剩余强度降至 100 MPa 以下,纤维的拔出长度略短于单向拉伸测试的长度。这表明富碳界面层发生了氧化损伤,在纤维-基体界面上形成了强键(使用透射电子显微镜,比绍夫(Bischoff)等人[82]证实了 SiC_f/LAS 复合材料在加工过程中形成的弱富碳界面层当在高温下暴露于氧气时消失,被强 SiO_2 键取代)。相比之下,在氩气气氛中进行高温测试的试样具有更高的疲劳极限(100 MPa)。经受 10^5 次循环的试样的剩余强度与在单向拉伸下测得的强度(超过 200 MPa)相当,并且断裂表面表现出明显的纤维拔出。这表明,如果可以通过使用在高温下稳定的纤维涂层或通过表面涂层对复合材料的适当保护来避免界面层的变化,则可以在高温下保持材料的损伤容限行为和疲劳特性。

普莱沃等人[167]还使用 SiC_f/LAS-Ⅲ 复合材料进行了拉伸断裂试验,发现环境对材料性能的影响,例如,强度的降低和纤维拔出的减少在中间温度(900 ℃)比在高温下(1 100 ℃)更严重。这表明复合材料的性能实际上可能在高温(高于玻璃化转变温度)下更好,此时基体发生黏性变形,而在较低温度下,基体开裂允许环境中的空气直接进入来攻击纤维-基体界面。防止界面损坏的一种方法是在复合材料上涂上一层玻璃层,该层会发生黏性变形并封闭基体裂纹。然而,这些表面涂层是否可以作为氧化保护的主要来源是有争议的。相反,表面涂层应被视为能在本质上抗氧化的系统中提供二级保护。

艾伦和鲍文[287]在室温、600 ℃和 800 ℃下使用单向尼卡隆 SiC_f/CAS 复合材料进行了弯曲疲劳试验,在空气中以 10 Hz 的加载频率进行。试验发现强烈的温度效应:在高温下测试的试样的疲劳寿命比室温下疲劳的试样短得多。这种行为可能是由于界面的氧化损伤和形成强界面结合,基体裂纹不会使纤维脱粘,而是穿透纤维并导致脆化行为。

图 4.38 显示了 1 200 ℃下 $SiC_f/HPSN$ 复合材料疲劳寿命的最大应力和 $\mathscr{R}$ 依赖性,从中可以发现两个有意义的趋势:① 当最大应力低于比例极限的分散带时,应力比对疲劳寿命没有影响(所有试样都经受住了 5×10^6 次循环,或大约 138 h 的测试);② 在分散带之上,对于给定的最大应力水平,疲劳寿命随着应力比从 0.5 降低到 0.1 而降低。疲劳寿命随着应力比的增加而增加,这与疲劳寿命受蠕变损伤控制的预期相反。对于 270 MPa 的最大疲劳应力,平均应力从当 $\mathscr{R}=0.1$ 时的 148.5 MPa 增大到当 $\mathscr{R}=0.5$ 时的 202.5 MPa,当平均应力增大 50 MPa 时,疲劳寿命增加了一个以上数量级。这个结果可以用损伤演变的应力幅依赖性来解释。应力幅随着应力比的减小而增大。控制复合材料疲劳强度和寿命的界面磨损由于可能会受到相对滑移距离的影响,因此也受到应力范围的影响。由于复合材料具有固有的高抗蠕变性,因此通过裂纹扩展和纤维断裂来控制失效。早期复合材料中通过干粉叠层处理的基体包含烧结氧化物未完全分散的区域以及纤维贫乏区域,这些区域可以为裂纹的快速传播提供

路径。应该注意的是,在具有较低抗蠕变性或在较高温度下的复合材料系统中,疲劳寿命通常会随着平均应力的增大而降低。例如,Sorensen F 和 Holmes J W 未发表的工作表明 $[0°]_{16}$ - 尼卡隆 SiC_f/CAS-Ⅱ复合材料(比 HPSN 基复合材料的抗蠕变性低得多)在 1 200 ℃下的拉伸疲劳寿命随着应力比从 0.1 增加到 0.5 减小了一个数量级。

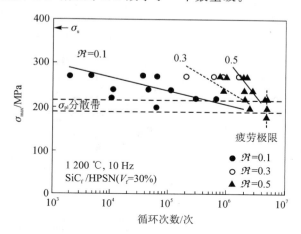

注:$\mathscr{R}$ 与疲劳寿命之间存在明确的联系:$\mathscr{R}$ 越高,疲劳寿命越长。

然而,对于所有载荷,疲劳极限几乎相同,约为 200 MPa,并且大致对应于比例极限。

图 4.38　$SiC_f/HPSN$ 复合材料的疲劳寿命[248]

当疲劳载荷低于比例极限时,可能会出现大量的棘轮应变。图 4.39(a)显示在低于比例极限的应力水平下,热压 0° SCS-6 $SiC_f/HPSN$ 复合材料在 1 200 ℃拉伸疲劳时的应变棘轮效应。应变棘轮效应主要归因于蠕变变形,因为循环应力-应变曲线没有显示出迟滞现象,模量没有滞后或变化,所以没有明显的基体损伤。图 4.39(b)给出类似的应力-应变曲线,应力-应变曲线出现迟滞现象(说明存在摩擦滑移)[248],但现在最大应力高于 σ_{pl}。滞后和降低的刚度表明渐进的基体开裂和界面滑动。图 4.40 比较了疲劳载荷与持续蠕变载荷的失效时间(其中的比较仅考虑了最大疲劳应力大于单调比例极限的疲劳试样,对于这种复合材料,这对应于

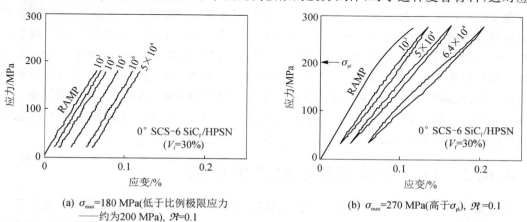

(a) σ_{max}=180 MPa(低于比例极限应力——约为200 MPa),$\mathscr{R}$ =0.1

(b) σ_{max}=270 MPa(高于σ_{pl}),$\mathscr{R}$ =0.1

图 4.39　1 200 ℃下 0° SCS-6 $SiC_f/HPSN$ 复合材料在拉伸疲劳过程中出现的应变棘轮现象

基体的起始开裂)。为了粗略模拟疲劳试样在初始加载过程中可能发生的初始基体损伤,首先将蠕变试样加载到 270 MPa,然后立即在 150 MPa、175 MPa 和 200 MPa 应力水平下进行蠕变(这些应力大致对应于最大应力为 270 MPa 和应力比为 0.1、0.3 与 0.5 的疲劳过程中出现的平均应力)。很明显,循环载荷下的失效时间更短。这种减少很可能是由界面磨损引起的,这会增加纤维上的应力。

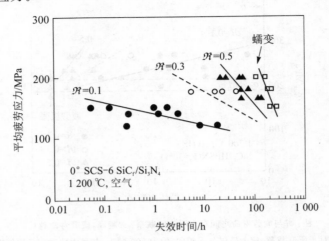

注:尽管循环加载期间的应变恢复可以减少整体应变累积(见第 3 章),但在中等加载频率(10 Hz)下,这种影响似乎很小(另请注意,循环期间的界面磨损可能会抵消应变恢复带来的任何益处)。
循环加载会缩短使用寿命,尤其是在低 $\mathcal{R}$ 时。

图 4.40　疲劳载荷和持续加载到大约等于主疲劳应力时材料的失效时间对比[248]

艾伦等人[306]研究了单向尼卡隆 SiC$_f$/CAS 复合材料在室温和 1 000 ℃下在空气与真空环境中的疲劳行为。疲劳试验是通过在 0.5 的应力比下以 10 Hz 的频率循环的单边缺口(SEN)试样进行的。通过定期获得加工槽口根部附近基体损伤的表面复型来监测裂纹生长。在室温下,有明显的证据表明材料发生了循环疲劳损伤,并观察到基体开裂和循环裂纹扩展。一般来说,与在相当于最大疲劳应力的应力下的持续静态载荷相比,循环载荷的基体损伤程度会增加。在 1 000 ℃时,静态和循环加载试样的失效时间几乎没有差异。与室温行为相比,疲劳失效主要受 I 型裂纹扩展的控制,该裂纹在加工缺口之前分岔。直接比较静态和循环载荷比较困难,因为相比于持续载荷,在最大疲劳应力下的总时间明显缩短。由于即使在 1 000 ℃下也会发生基体蠕变和循环应变恢复,因此蠕变变形的效应可能会超过 1 000 ℃下的任何疲劳损伤机制。因此,高温下缺乏明显的疲劳效应可能是基体中应力松弛的结果,这降低了额外基体损坏的驱动力。蠕变试验在 800 ℃下进行,此时蠕变变形最小。在这个较低的温度下,循环加载试样的寿命比持续加载试样的寿命要短得多。

4.6.2　室温疲劳与高温疲劳的区别

在室温和高温下发生的疲劳行为和损伤机制之间既有相似之处,也有重要区别。最明显的区别是环境中氧或钠盐等腐蚀性物质的攻击,沿基体裂纹或相互连接的孔隙网络渗透的氧气会导致碳界面层或碳纤维的直接氧化。艾伦和鲍文[287]的工作表明,在玻璃和玻璃陶瓷基复合材料中,界面处形成 SiO_2 是令人担忧的。此外,某些复合材料如 RBSN(反应键合氮化硅)会发生活性氧化,这在氧气分压非常低的情况下可能会变得更加明显,此时会形成 SiO,而不是保护性的 SiO_2 表面氧化膜。

试验还表明,在室温下,存在于 C_f/SiC 复合材料中的与初始加工相关的基体开裂在循环加载过程中会迅速稳定下来,并且不一定会损害材料的疲劳寿命。然而,在高温下,基体开裂在复合材料失效中的作用要大得多,尤其是在氧化气氛中。例如,基体开裂可以直接将纤维和纤维-基体界面暴露在氧气和其他腐蚀性物质中,如钠盐(关于纤维增强陶瓷基复合材料的氧化和耐腐蚀性的详细讨论可在文献[307-312]中找到)。如果单个裂纹由大量纤维桥联,则氧气或其他化学物质沿裂纹腐蚀可能导致纤维和界面的局部腐蚀,并可能成为部件失效的起始点。此外,当存在基体开裂时,桥联裂纹的纤维段中的应力和局部应变将显著高于嵌入部分中的应力。这种应力增大显著增加了纤维断裂的可能性——对于高温负载尤其如此,在这种情况下,高应力的桥联纤维可能会发生蠕变。

即使在没有氧化或蠕变的情况下,温度也可能对纤维增强陶瓷基复合材料的静态强度和疲劳强度产生影响。参考科廷[14]和鲁比与雷纳德[258]的模型,强度与以下参数成正比:

$$\left(\frac{2L_0\sigma_0^\beta\tau}{d_f}\right)^{1/(\beta+1)} \tag{4.42}$$

如果基体的热膨胀系数高于纤维的热膨胀系数(例如,在 SiC_f/CAS 复合材料中),则基体会夹住纤维,使界面处于径向压缩状态。随着温度的升高,τ 将减小,由于存在热失配,因此界面上的法向压力会降低。这将直接降低疲劳极限。此外,如果纤维含有玻璃相,则至少在纤维热不稳定的温度下,σ_0 可能会降低。如果 τ 和 σ_0 随温度降低,则复合材料强度在静态和循环试验中也会降低。然而,尚不清楚 τ 在室温和高温试验中是否会以相同的速率降低。

4.7　加载频率对等温疲劳寿命的影响

4.7.1　试验研究

目前关于加载频率对纤维增强陶瓷基复合材料疲劳寿命影响的资料非常少。迄今为止已经研究了加载频率对二维 C_f/SiC 复合材料和单向尼卡隆 SiC_f/CAS 复合材料室温疲劳寿命的影响。因为已经研究了更大的频率范围(25~350 Hz),所以这里的讨论将集中在霍姆斯等人[238]在尼卡隆 SiC_f/CAS 复合材料上获得的结果。在他们的研究中,霍姆斯等人使试样在 $\Re \approx 0.05$ 的应力比下经受拉伸-拉伸疲劳,所有试验均在室温下的空气中进行。图 4.41 显示疲劳寿命是加载频率和最大疲劳应力的函数。随着加载频率的增加,疲劳寿命急剧下降。例如,在 220 MPa 下,尼卡隆 SiC_f/CAS 复合材料的疲劳寿命从 25 Hz 时的 5×10^6 次循环下降到 350 Hz 时的不到 10^5 次循环。

通过对疲劳试验期间发生的试样温升的测量来进一步了解高频疲劳行为(这种温升是由沿纤维-基体界面的摩擦生热引起的)。图 4.42 显示了在 220 MPa 和 10 MPa 的固定应力下温升的频率依赖性。试样的温度曲线呈钟形,即温度先升高,达到最大值,然后再次降低。在疲劳的初始阶段,由摩擦滑动引起的能量耗散随着基体裂纹和脱粘界面数量的增加而缓慢增大。随着疲劳循环的继续,额外的基体开裂发生,界面滑移量增加,导致温度进一步升高。然

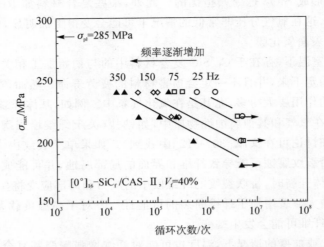

图 4.41　加载频率和最大疲劳应力对单向 SiC_f/CAS - II 复合材料拉伸-拉伸疲劳寿命的影响[238]

而,随着额外界面磨损的发生,能量耗散和温升达到峰值(在全滑移状态内)。对于在较高频率下测试的试样,温升要陡峭得多,并且温度会继续升高直至失效。这表明对于这些试样,损伤演化并没有稳定下来,而是逐渐增加。事实上,对于高负载频率或加载应力,温升似乎是自我持续的,即高界面温度会导致界面快速退化或进一步脱粘(通过不同的热膨胀),进而导致额外的温度增量。

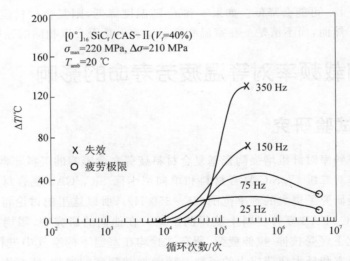

图 4.42　加载频率对 0° 尼卡隆 SiC_f/CAS - II 复合材料
在 220 MPa 和 10 MPa 固定应力下疲劳温升的影响[238]

　　需要注意的是,图 4.41 中的所有疲劳试验都是在最大应力低于单调应力-应变曲线的比例极限(对于这种纤维体积分数为 40% 的尼卡隆 SiC_f/CAS - II 复合材料而言,约为 285 MPa)下进行的。这再次表明,比例极限不能用作疲劳极限的指标。试验还发现加载频率会降低编织 C_f/SiC 复合材料的疲劳寿命。对于这种复合材料,疲劳极限(10^6 次循环)从 10 Hz 时的 325 MPa 降低到 50 Hz 时的 300 MPa。在 50 Hz 下疲劳样品的模量下降值也比在 10 Hz 下观察到的要大。

4.7.2 疲劳寿命频率相关性的合理机制

对陶瓷基复合材料疲劳寿命的频率依赖性机制的探索有重要意义。下面是一些可能的相关机制：

（1）假设疲劳寿命由界面磨损机制决定。一般来说，两种非润滑材料之间的磨损率随着界面压力和速度的增大而增大。尽管碳层可以作为初始润滑层，但这种影响预计是很小的，因为碳层会因磨损而迅速损坏。加载频率的变化会改变界面处的局部速度（注意界面处的局部速度取决于外部参数，如应力范围和加载频率，以及下述内部参数：界面滑移应力、循环过程中纤维与基体之间的相对位移等）。

（2）对于基体径向热膨胀超过纤维径向热膨胀的复合材料（如尼卡隆 SiC_f/CAS 复合材料），界面处的径向压应力随着整体温度的升高而降低，导致界面上的压应力降低，界面剪切应力降低。根据复合材料强度模型[14,258]，这将降低复合材料强度，即降低其疲劳极限。

（3）纤维和基体之间的不同热应变与界面附近的局部温度升高相关，可以为界面脱粘的传播提供进一步的驱动力。这种额外的脱粘会增加界面磨损的程度，从而通过降低载荷传递的程度来增大平均纤维应力。

（4）疲劳寿命的降低可能是由于热化学效应。由于 CAS 基体和其他玻璃或玻璃陶瓷基体的低热导率，纤维-基体界面附近的温度将显著高于整体温度。高界面温度会增大界面附近的化学扩散速率，或导致富碳界面层氧化。

必须进行进一步的研究来阐明这些影响。

4.8 热疲劳

4.8.1 热疲劳与环境影响的相互作用

扎瓦达和韦瑟霍尔德（Wetherhold）[313]通过使试样在 $250\sim700\ ℃$ 或 $250\sim800\ ℃$ 进行受控的加热-冷却循环，研究了 SiC_f/1723 复合材料的热疲劳。静应力对热疲劳寿命的影响是通过对一些试样施加 0 MPa、28 MPa 和 138 MPa 的静应力确定的。热疲劳的影响通过测量剩余弯曲强度和 SEM 断口来表征。静应力的影响很小（见图 4.43）。结果表明，尽管热疲劳后模量和尺寸变化有限，但与热疲劳至 800 ℃ 的试样相比，在 700 ℃ 下经受热疲劳的试样显示出明显的脆化和弯曲强度下降，如图 4.43 所示。微观结构观察表明，经过 800 ℃ 处理的试样表面形成了一层 SiO_2 氧化层。该层提供了基体裂纹愈合作用并降低了材料对脆性断裂的敏感性。这一观察结果证实了普莱沃等人[167]对 SiC_f/LAS-Ⅲ复合材料进行拉伸断裂试验的早期观察结果。在该项工作中发现，最大的环境影响作用发生在 900 ℃（强度较低且几乎没有纤维拔出）而不是 1 100 ℃（较高的剩余强度和仅在试样外表面有限的脆化）。

圣·希莱尔（St. Hilaire）和爱尔特克（Erturk）[314]在 $500\sim1\ 350\ ℃$ 的固定负载（110 MPa、125 MPa 和 168 MPa）下对 SiC_f/HPSN 正交叠层复合材料进行了热循环试验。试验的目的是比较 SCS-6 纤维和 SCS-9 纤维的热疲劳寿命。将试样快速加热（25 s 内），在最

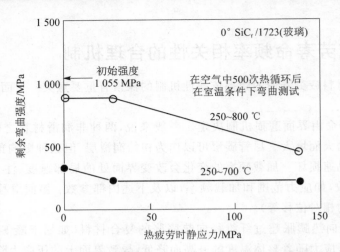

图 4.43 热循环单向 $SiC_f/1723$ 复合材料试样的剩余弯曲强度
(温度范围和热循环期间施加的静应力的函数)[313]

高温度保持 35 s,在 60 s 内冷却,这样一个完整的循环需要 2 min。对于 SCS-6 纤维增强复合材料,在低于 110 MPa 的施加应力水平下均在 10~40 次循环内失效,而 SCS-9 纤维增强复合材料在低于 125 MPa 的施加负载下均能承受 1 000 次循环。在较高施加应力下进行热循环试验的试样会发生疲劳失效,这些失效归因于纤维的蠕变。对于两种类型的纤维,断裂表面仅表现出轻微的拉出,表明界面结合强或摩擦剪切应力高。

4.8.2 热循环模型

考克斯(Cox)[315]提出一个理论模型,用于描述具有不同热和弹性特性的基体中纤维的复杂行为。所分析模型的几何形状是一个块状区域,包含一个在垂直于纤维方向切割而来的自由表面。载荷由随温度变化的界面剪切应力来传递。对于随温度线性变化的界面剪切应力,考克斯模型表明加热和冷却期间纤维滑移过程不同;热循环后的应变不会恢复到初始应变,即会出现棘轮应变。这种棘轮效应的起源可以解释如下:对于 $\alpha_m > \alpha_f$ 的情况,基体以与无应力状态(加工温度)的温度差成正比的压力夹住纤维。如果库仑摩擦控制应力从纤维到基体的传递,那么只要温度低于加工温度,界面剪切应力就会随着温度的升高而降低。此外,远离自由表面(即切口)的基体中存在残余拉应力,而纤维中存在压应力。在自由表面被切割后,残余应力松弛,纤维末端滑出基体。这种松弛发生在由类似于方程(4.41)给出的滑移长度上。在复合材料的主体内部,应力状态不受自由表面的影响,即应力等于残余应力。在加热过程中,基体比纤维膨胀得更多,导致纤维末端(在自由表面)滑入基体中。然而,在温度上升过程中由于 τ 减小,因此初始滑移长度也变长。在冷却过程中,因为基体比纤维收缩得更多,所以一个新的前滑区出现在界面(从自由表面)。然而,在剩下的界面上,没有发生滑移,因为现在 τ 也增加了,所以会存在粘结摩擦。该模型预测棘轮效应将饱和,并且迟滞回线会在多个周期内接近平衡。考克斯等人[316]使用该模型解释了 SiC 纤维增强金属间化合物的热循环测试数据。确实通过试验发现了棘轮行为,并且可以计算出界面摩擦系数的值。

索伦森等人[295]使用有限元方法模拟了完全断裂和脱粘的 SiC_f/CAS 复合材料的热循环。

界面剪切应力由库仑摩擦模型模拟。该模型给出了与考克斯模型相似的结果，在冷却过程中，发现沿基体裂纹附近的一小部分界面发生界面滑移。这些模型的结果表明，即使没有在试验中观察到热化学损伤[313]，热循环也可能导致复合材料的界面磨损损伤，从而影响热疲劳寿命。

4.9　热机械疲劳

研究纤维增强陶瓷基复合材料热机械疲劳的文献非常少。尽管仍然缺乏关于高温疲劳过程中微观结构损伤累积方式的精细细节，但这些早期研究为在疲劳应用中使用纤维增强陶瓷基复合材料提供了有价值的参考，并为未来的研究指明了方向。

4.9.1　热机械疲劳测试

热机械疲劳测试涉及同时改变试样的载荷和温度（见图 4.44）。在同相热机械疲劳测试中，温度和负载同时增加（和减少）。异相热机械疲劳测试涉及温度和施加的负载在相反方向的变化，例如，随着负载的降低，温度会升高。

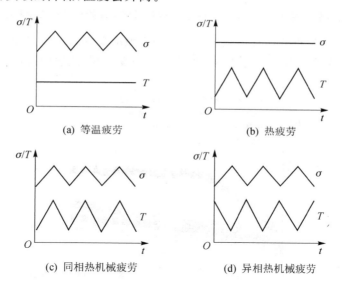

(a) 等温疲劳　　　　　　　　　　(b) 热疲劳

(c) 同相热机械疲劳　　　　　　　(d) 异相热机械疲劳

图 4.44　热机械疲劳组合概览

当首次研究纤维增强陶瓷基复合材料的热机械疲劳行为时，布特库斯等人[317]研究了单向尼卡隆 $SiC_f/CAS-II$ 复合材料的等温和同相热机械疲劳行为。在热机械疲劳试验中，试样在 500～1 100 ℃的温度范围内循环，最大施加应力低于在 1 100 ℃测量的比例极限。在完成热机械疲劳和等温疲劳试验后，立即将试样在 1 100 ℃下拉伸至破坏，以确定试样的残余强度和模量。图 4.45(a)将疲劳加载后的强度与使用原始试样测量的初始单向强度进行了比较。考虑到在尼卡隆 $SiC_f/CAS-II$ 复合材料的单调拉伸试验中通常遇到的分散性，剩余强度似乎没有显著变化。然而，如图 4.45(b)所示，在等温和同相热机械疲劳测试后，复合材料的拉伸模量确实出现了适度的降低（15%～20%）。

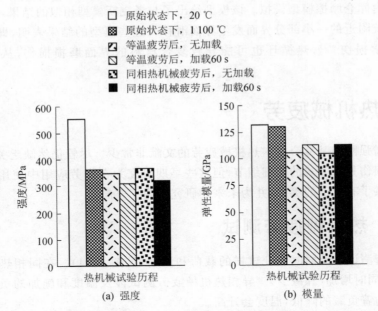

图 4.45　疲劳后的尼卡隆 $SiC_f/CAS-II$ 复合材料试样与原始试样的强度和模量比较[317]

图 4.46 显示了所检查的四种加载历史的平均机械应变$(\varepsilon_{max}-\varepsilon_{min})/2$。与等温疲劳相比，同相热机械疲劳加载显示出显著更高的应变率和总应变累积，这表明损伤累积率更高。

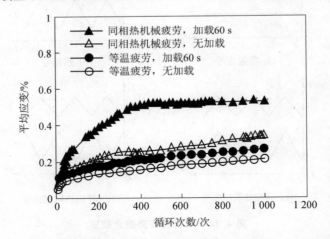

图 4.46　布特库斯等人[317]使用的四种加载历史在$[0°]_{16}$-尼卡隆
$SiC_f/CAS-II$ 复合材料($V_f=40\%$)的热机械疲劳测试中的平均应变

沃森（Worthem）和埃利斯（Ellis）[318]更细致地研究了同相和异相热机械疲劳负载对单向尼卡隆 $SiC_f/CAS-II$ 复合材料疲劳寿命的影响。该试验是在空气和氩气氛围中进行的，温度为 $600\sim1\,100$ ℃，时间为 6 min，研究了当 $\mathcal{R}=0.0$ 时的各种热机械疲劳加载历史。并且进行了额外的等温疲劳和蠕变试验，以与热机械疲劳试验结果进行比较；等温疲劳试验是在 5 min 的卸载周期内进行的。同相应变累积高于异相加载。图 4.47 显示了沃森和埃利斯[318]以及布特库斯等人[317]进行的热机械疲劳试验的疲劳寿命的应力和温度历史依赖性（请注意，布特库斯等人[317]进行的热机械疲劳试验并未失败,但支持沃森和埃利斯[318]发现的趋势)。对于尼卡隆 SiC_f/CAS - Ⅱ 复合材料的热机械疲劳行为,可以从图 4.47 中得出四个重要结论:

(1) 对于同相和异相加载,氩气中的疲劳寿命比在空气中进行类似测试观察到的疲劳寿命高一个数量级。这表明空气中的疲劳寿命受氧化损伤的支配。由于在加工过程中原位形成的富含碳的纤维-基体界面,尼卡隆 SiC_f/CAS 复合材料特别容易受到氧化损伤。

(2) 在空气中,同相热机械疲劳寿命比等温疲劳寿命和蠕变寿命短。

(3) 异相热机械疲劳在空气中加载的寿命最短。

(4) 热机械疲劳在空气中失效的阈值应力被确定为 65 MPa,大致对应于尼卡隆 $SiC_f/$CAS 复合材料单调拉伸加载过程中无基体裂纹产生的应力水平。

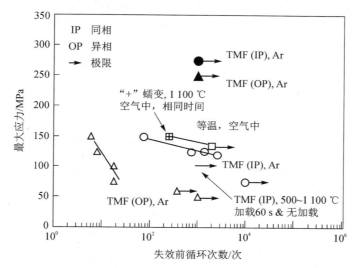

图 4.47　热机械疲劳加载和温度历史对尼卡隆 SiC_f/CAS - Ⅱ 复合材料疲劳寿命的影响

(蠕变试验的失效时间是根据等温疲劳循环的等效数量绘制的)[317-318]

4.9.2　热机械疲劳循环模拟

由于纤维和基体之间的热膨胀失配会改变组分所承受的内应力,因此在热机械疲劳负载下的疲劳损伤可能比在等温疲劳或热疲劳下观察到的更严重。例如,假设基体的热膨胀系数超过了纤维的热膨胀系数(如在尼卡隆 SiC_f/CAS 复合材料中)。在这种情况下,经过高温处理后,基体将处于轴向拉伸(沿纤维方向)状态,而纤维将处于残余压缩状态。忽略蠕变引起的应力重分布,残余应力在较低的测试温度下最高。任何外部载荷都会在复合材料中引起额外的应力。因此,在基体中产生最大轴向拉伸应力的应力组合是最大施加载荷与最低温度叠加的情况(即异相热机械疲劳)。然而,请注意,对于基体的热膨胀系数小于纤维的热膨胀系数的复合材料(例如,在尼卡隆(Nicalon) SiC_f/LAS 复合材料中),基体将在纤维方向上处于残余压缩状态。对于这种复合材料,同相热机械疲劳是在基体中产生最高应力的载荷-温度组合。

热机械疲劳寿命的趋势与应变累积的趋势并不对应。沃森和埃利斯[318]发现,对于 $SiC_f/$CAS 复合材料,同相加载应产生最高的应变累积。对于异相加载,当温度高时施加的载荷较低,从而导致应变累积少得多。在基体中产生最高轴向应力的载荷组合将是异相加载情况,即温度最低和施加应力最高。这是可能发生基体破裂的点。此外,在较低温度下,基体可能更脆,即它可能对裂纹更敏感。一旦形成基体裂纹(尽管在低温下),氧气就会渗透到复合材料的内部并在高温下破坏界面层。

索伦森[238]通过有限元方法模拟了 SiC_f/CAS 复合材料的热机械疲劳循环。在他的模型中,最高温度低于 800 ℃(由于温度低,因此忽略了蠕变变形)。对于库仑摩擦定律,发现异相热机械疲劳加载产生最大的迟滞回线(表示摩擦滑移)和棘轮效应。同相热机械疲劳加载表现出比等温疲劳更小的迟滞行为。出现这种现象的原因是滑移不仅是由伴随施加应力变化的应变变化引起的,还是由温度变化引起的。在发生界面滑移的区域,纤维中的轴向应变(而不是基体中的轴向应变)随着负载的增加而增大。如果 α_m 高于 α_f,则温度升高将导致基体中的应变(热膨胀)超过纤维中的应变。对于同相循环,这两种应变变化趋于相互平衡,而在异相循环中,应变变化是相加的,导致滞后和应变棘轮效应增强。模型中关于棘轮效应的趋势与试验结果不一致,表明蠕变是试验中的主要变形机制。综上所述,虽然热机械疲劳过程中的应变累积主要是由蠕变引起的,但疲劳寿命受基体开裂控制,从而导致不同相层间的高温损伤。同相或异相热机械疲劳加载的严重程度通常取决于组分的弹性和非弹性行为,以及弹性-非弹性行为失配的温度依赖性,因此,现在推测热机械疲劳负载对其他复合材料系统寿命的影响还为时过早。事实上,对于具有不同热膨胀系数的复合材料,例如 SiC_f/LAS 和 SiC_f/CAS 复合材料,对同相和异相热机械疲劳加载的响应可能不同。对习惯使用金属材料进行设计的工程师,重要的是要记住,陶瓷基复合材料中组分的热弹性性能的微小差异可能会在脆性基体复合材料的热机械疲劳加载过程中导致不希望的基体开裂或断裂。如图 4.47 所示,对于惰性气氛下的操作(或可能使用合适的纤维或复合材料涂层),同相和异相热机械疲劳寿命将显著提高到高于许多结构部件的设计应力(例如,在氩气中,样品在 275 MPa 峰值应力的同相热机械疲劳和 250 MPa 峰值应力的异相热机械疲劳期间经受了 1 000 个热机械疲劳循环)。

应当理解,燃气轮机部件将在氧化环境中经受同相和异相热机械疲劳负载历史,即使使用了防护涂层,陶瓷基复合材料较差的热机械疲劳行为也令人担忧,因为表面涂层可能会因冲击、开裂或磨损而退化。避免热机械疲劳失效的一种方法是确保设计应力保持在热机械疲劳或蠕变失效的阈值应力以下。出于这个原因,重要的是进行额外的热机械疲劳研究,以进一步确定温度和负载历史的各种组合的故障包络。这些研究必须扩展到更长的时间,以确保阈值应力不受总疲劳循环累积或时间相关的微观结构变化的影响。未来在开展热机械疲劳研究方面,重要的是要考虑组件所经历的瞬态温度和负载。例如,在当前一代的燃气轮机中,第一级翼型可以在短短 4~8 s 内承受从 500 ℃(空闲)到 1 080 ℃或更高(峰值起跳)的温度瞬变。同样严重的冷却瞬变也会发生。由于大多数纤维增强陶瓷基复合材料的低导热性,这些快速的温度瞬变将导致组件中的温度和热应力不均匀,因此这可能会显著增加损伤,导致热机械疲劳寿命进一步缩短。

4.10　结　语

4.10.1　对疲劳损伤机制和疲劳寿命的理解

4.10.1.1　疲劳失效机制

对纤维增强陶瓷基复合材料疲劳损伤机制的理解正在深入。如图 4.33 所示,假设基体初始无裂纹,一种损伤模式是基体裂纹的产生,一般来说,这些裂纹会起始于微观结构中富含基体的区域。裂纹萌生之后是纤维-基体脱粘和摩擦滑移,形成纤维桥联的基体裂纹。基体开裂和界面脱粘的开始,引发了界面磨损和内部(摩擦)生热的过程。在反复的正向和反向滑移过程中,界面剪切应力因磨损而降低,这降低了桥联纤维对基体裂纹尖端的裂纹屏蔽效果。裂纹尖端屏蔽的减少,为基体裂纹的进一步生长提供了驱动力,并提供了明显的裂纹"循环"生长机制。根据最大疲劳应力,基体开裂可以持续到达到饱和裂纹密度(此时纤维完全脱粘)。除了纤维体积分数和纤维堆积等微观结构特征之外,最终裂纹密度将取决于所施加的疲劳应力及其范围,它们会影响界面磨损率。即使在基体开裂达到稳定水平后,由于仍可能发生额外的界面磨损——这会降低纤维和基体之间的载荷传递,从而使得复合材料模量仍可能继续略微下降。除了这种损伤状态之外,还有几种运行机制被认为会导致疲劳失效。界面滑移的继续,降低了界面滑移剪切应力;由循环滑移过程中产生的界面碎屑也可能对纤维(尤其是如碳纤维等"软"纤维)造成磨损损坏。τ 或纤维强度的降低,将降低复合材料的剩余强度。当剩余强度降低到最大疲劳应力时,就会发生疲劳破坏。虽然复合材料的疲劳寿命可能是几百万次循环,但是导致复合材料失效的强度降低似乎发生在紧接观察到的失效之前的相对少量的循环中(这已经通过模量测量和疲劳样品的剩余强度测量得到验证)[319]。强度衰减很可能是由少数纤维断裂引起的,这反过来又增加了剩余纤维上的净应力,这些纤维也被磨损削弱了。在高温下,基体开裂和界面磨损的整体损伤过程是相同的。然而,桥联纤维随时间变化的蠕变断裂,可以与纤维损伤的其他模式并行作用,导致其强度降低,从而导致复合材料疲劳失效。

在足以引起纤维或基体随时间变形的温度下,组分之间会发生瞬时应力重新分布,如第 2 章蠕变中所述。如果没有发生界面氧化损伤,并且蠕变量可以忽略不计,则疲劳损伤的基本机制可能保持不变(温度会影响界面处的磨损速率)。然而,如果发生了氧化,则疲劳寿命很可能会降低,这是因为纤维脱粘和桥联初始基体裂纹的能力会降低。然后,纤维会在基体裂纹尖端处断裂(如果没有发生脱粘,则基体裂纹会切断纤维),或者由于基体裂纹张开过程中的过应变而在基体裂纹尾迹处断裂。这与基体断裂有关,即会在少量循环中发生。这种情况的后果是,基体开裂会变成灾难性的,导致复合材料过早失效。迄今为止关于高温疲劳的工作清楚地表明,最重要的问题是开发在高温下热稳定的界面材料。这是陶瓷基复合材料设计中的一个基本问题,也是界面化学家面临的一个挑战。

4.10.1.2　疲劳极限

值得一提的是,迄今为止进行的大多数疲劳试验都使用了定义为 10^6 次或更少次循环的疲劳极限。这在文献中引起了一些混乱,并导致人们猜测单调性比例极限看来可以用于预测疲劳极限。如本章所述,这种假设通常是不正确的:疲劳极限和比例极限的相关性只出现在少数复合材料系统中,即使对于这些系统,这种相关性也只适用于低载荷频率的情况。没有根本的理由说明为什么造成疲劳损伤的机理应该依赖于比例极限。正如索伦森和霍姆斯[291]所述,对于在高于基体微裂纹阈值应力的应力下疲劳的纤维增强陶瓷基复合材料,如果不发生微观结构变化,则可能不会存在真正的疲劳极限(这主要是沿界面的循环磨损的结果,这种磨损原则上可以无限期地持续下去)。

4.10.1.3　加载历史对疲劳寿命的影响

纤维增强陶瓷基复合材料的疲劳寿命取决于许多外部参数,特别是$\mathcal{R}$、加载频率、温度和环境。现在有确凿的试验证据表明,室温疲劳寿命随着应力比的增加而增加[248]。这种增加可以用界面摩擦损伤来解释,而界面磨损取决于纤维和基体之间的相对位移。随着载荷范围的减小($\mathcal{R}$的增大),摩擦滑移量减小,从而摩擦损伤也减少。疲劳寿命也受到加载频率的强烈影响[238]。在高加载频率下,摩擦生热会导致界面磨损率和损伤的增加。与此同时,与温度升高相关的纤维和基体之间的热膨胀差异也会直接降低沿界面的法向压力,增加脱粘破坏的应力和纤维断裂的可能性。很明显,在高载荷频率下疲劳寿命的降低,是陶瓷基复合材料在结构应用中的一个严重问题。必须认识到,对于实际的设计应力,与摩擦生热相关的微裂纹在大多数纤维增强陶瓷基复合材料中是不可避免的(如 4.2.1 节所述,在室温下,尼卡隆 SiC_f/CAS 复合材料中的微裂纹发生在 $60 \sim 120$ MPa 的应力下)。

4.10.2　针对疲劳载荷的微观结构设计

基体微裂纹和界面脱粘会吸收能量,如果加以控制,则从韧性和损伤容限的角度来看是非常理想的。然而,桥联纤维上的高应力、基体裂纹的存在会对纤维增强陶瓷基复合材料的疲劳寿命产生负面影响。这突出了纤维增强复合材料微观结构设计中存在的一个关键难题。也就是说,如果需要最佳的抗疲劳性,则原来用于获得高单调韧性的微观结构参数(例如低界面剪切强度、基体微裂纹和纤维的裂纹桥联)在抗疲劳设计中通常是不利的。

作为一种"悲观"但保守的抗疲劳设计方法,最大疲劳应力可以保持在基体开裂应力以下。由于微裂纹阈值应力可能明显低于比例极限或复合材料强度,这种设计方法使得大多数当前一代陶瓷基复合材料无法使用,因此开发提高微裂纹阈值应力的方法十分必要。这可能涉及基体的颗粒增强(混合复合材料)或加工条件的改变。为了增加微裂纹阈值应力,希望选择合适的纤维-基体组合,其中纤维具有比基体更大的热膨胀系数,使得基体在轴向上处于残余压缩应力状态。这种方法类似于在混凝土中施加预应力。纤维和基体之间的热失配可能对疲劳寿命有重要影响,因为它可以降低或提高基体裂纹起始应力。在高温下,问题要复杂得多,因为蠕变纤维和基体之间的应力重分布会改变基体应力。由于纤维的模量通常比基体的模量更高,因此基体的微裂纹阈值应力也可以通过增加纤维体积分数来提高[320]。然而,由于基体裂纹通常发生在基体富集的区域[267-270],因此确保均匀的纤维分布很重要。实验结果表明,大直径的 SCS-6 纤维通常比较小的尼卡隆纤维分布更均匀,并且确实发现,与尼卡隆 SiC_f/CAS-Ⅱ复合材料相比,SCS-6 $SiC_f/HPSN$ 复合材料发生基体开裂的应力范围更窄。

对于大多数工程应用,设计应力可能高于基体的微裂纹阈值应力。因此,重要的是确保桥联纤维上的应力足够低,以避免纤维断裂,特别是在可能发生蠕变断裂的高温下。为了确保桥联纤维上的低应力,纤维体积分数应尽可能高。这也降低了摩擦滑移距离,可以减少摩擦生热。

随着热稳定界面材料的发展,以及对潜在疲劳机制的进一步理解,人们可能会逐渐接受基体裂纹和有限的疲劳寿命。因此,可能会出现不同的微观结构优化途径。如果热力学不稳定界面的问题可以成功解决,那么大量的基体开裂是允许的。显然,这需要更好地理解疲劳损伤的基本机制。科廷[14]、鲁比和雷纳德[258]的复合材料强度模型表明,重复加载(疲劳)过程中复合材料强度的降低,可由 τ 或 σ 的降低引起。显然,如果能防止这两个参数的变化,就能提高疲劳极限。如果像鲁比和雷纳德[258]提出的那样,疲劳寿命是由界面磨损控制的,那么微观结构设计归结为控制界面磨损速率(以保持 τ)和控制由磨损或蠕变损伤引起的纤维损伤。控制界面磨损对疲劳寿命的重要性,已经在一系列简单的实验中得到了证明,这些实验是在存在微裂纹的尼卡隆 SiC_f/CAS 复合材料上进行的,这些复合材料被浸入油中以便润滑界面,从而降低界面磨损率[321]。如图 4.48 所示,与未经处理的试样相比,界面经浸润处理的复合材料的疲劳寿命显著增加。这些结果强调了控制界面层的磨损行为的重要性。界面上的法向应力也很重要,因为它控制着界面剪切应力的大小,或许还控制着界面磨损率。这可以通过适当选择热失配来控制。关于 σ_0 的降低,建议综合考虑纤维/涂层/基体,使其中纤维的耐磨性高于基体和界面的耐磨性。使用更高强度的纤维会增加疲劳极限;然而,强度本身只是高温应用中的一部分,更重要的是纤维能够承受基体开裂时遇到的高蠕变应力。纤维的形态也很重要。例如,可以预期,如果纤维粗糙度降低,则疲劳寿命可能会提高。然而,应该记住的是,像尼卡隆(SiC)这样的纤维,在加工过程中不是热稳定的,并且后加工纤维的粗糙度可能与原始状态下的粗糙度有很大不同。

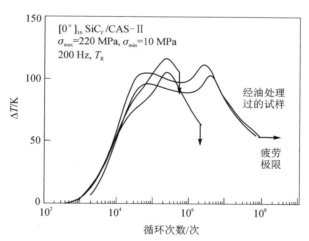

注:为了获得清晰的基体裂纹,首先在空气中以 220 MPa 的静态压力对试样加载 24 h。
其中两个样品随后在 90 ℃ 下在低黏度石油中浸 24 h;基体裂纹允许油进入纤维-基体界面。
如加热曲线所示,未处理(干燥)样品大约经 10^6 次循环就发生失效;经油处理的样品经受住了
10^8 次疲劳循环。经油处理的试样的温升曲线中的第二个峰值,被认为是在润滑层的有效性
降低时出现(在第二个峰值附近,测量到界面剪切应力和复合材料模量增加)。

图 4.48　界面条件对单向尼卡隆 SiC_f/CAS - Ⅱ 复合材料摩擦生热和疲劳寿命的影响[321]

目前对疲劳损伤机理的理解表明,以下微观结构优化是必要的:

（1）必须控制界面相的性质,以防止高温下界面发生化学变化;热力学稳定的界面是必要的。

（2）纤维粗糙度应尽可能低,以尽量减少纤维的摩擦损伤和 τ 的变化。界面相材料不应因循环滑移而容易磨损(这会降低 τ,从而降低复合材料强度)。为了避免损坏纤维,界面滑移最好发生在界面层内或基体-涂层界面,而不是纤维-涂层界面。在疲劳的初始阶段,也许黏性或润滑界面可以用来减少界面损伤。

（3）纤维的模量及其体积分数应尽可能高,以提高 σ_{mc},降低摩擦生热程度。

（4）纤维半径要大,如果可以更好地控制纤维分布,则可以提高 σ_{mc}。如果能达到全滑移条件,则这也将减少摩擦生热(这通常发生在 τ 值非常低的情况)。

（5）在高温下,应该使用具有高固有抗蠕变性的纤维。如果基体发生开裂,则这可以降低纤维因蠕变而断裂的可能性。或者,可以通过增加纤维体积分数来降低纤维应力。

第5章　复合材料的断裂

5.1　概　述

复合材料是一种非均质多相材料,其断裂过程要比均质的各向同性材料复杂得多。由于存在各向异性、细观不均匀性,因此受力后细观应力和应变就存在着明显的不均匀性,材料就可能在应力大、强度低或最为薄弱的环节发生局部破坏。有实验发现,在极限载荷的60%就有纤维发生断裂;继续增大载荷,纤维断裂数增加。在断裂过程中不仅仅是纤维断裂,还包括基体开裂、纤维拔出、界面脱粘和分层等,裂纹扩展和损伤累积的综合作用使材料最终在宏观上发生断裂。当单向复合材料受拉伸时,其断裂能远远大于纤维和基体的断裂能之和,有时甚至高达10倍的量级。这主要是因为有多种能量吸收过程:同一根纤维要在多处断裂;基体要产生大量微裂纹;纤维拔出和脱粘要克服摩擦,消耗大量能量;主裂纹常常不只一个,当断裂时有可能出现多个断裂面。这些因素都能增加断裂时的断裂能。

复合材料的不均匀性、不连续性,再加上各向异性等因素,使应用于连续介质的原理和方法不再适用,解决问题的难度要比各向同性材料大得多。因此,至今没有解决断裂这一复杂问题。

5.2　断裂的链式模型

单向复合材料在受力后,纤维断裂成许多段。图5.1(a)是硼/铝复合材料在受力后纵向截面的显微照片,图中白色部分为硼纤维,黑色部分为铝合金。当硼纤维体积分数不大($V_f \approx 10\%$)时易出现纤维断裂成一段一段的现象,而当体积分数较大($V_f = 0.43$)时不会出现这种现象。图5.1(b)是这种现象的示意图,其中1表示最先断裂的位置,2表示由先断裂处引起局部过载后的续断裂位置,3表示由最先断裂处引起的应力波导致的纤维断裂处。纤维断裂成短纤维后并没有完全失效,它对复合材料的强度仍然有贡献。因为基体能够把纤维断裂端的应力重新传递到纤维上去。端部附近的界面剪切应力是由于纤维和基体模量不同,因而受力时变形不同产生的。由第2章的分析可知,界面剪切应力在离开端部一定距离后是衰减的,如图5.2(a)所示。界面剪切应力是把基体应力传递到纤维上的承担者。纤维应力(σ_f)从断裂处的零增加到某处相当于远场应力(σ_{Lf})或σ_{Lf}的某一百分数(譬如90%)的特征长度被定义为无效长度(δ_i),如图5.2(a)所示。实际上δ_i与临界长度(l_c)的一半相当,通过测量从基体中拔出不同长度纤维所需要的力试验可获得这一长度(见第2章),断裂纤维承载能力下降,会使邻近纤维局部应力增大,如图5.2(b)所示。

若纤维与基体界面强度低,则断裂处的局部高剪切应力会使界面脱粘,如图5.3(a)所示。与断裂纤维相邻的纤维由于局部纤维应力增大也会发生断裂,并使裂纹以图5.3(b)所示的脆性方式穿透基体。往往在界面结合良好的情况或当组元很脆时易出现这种情况。若不是以上

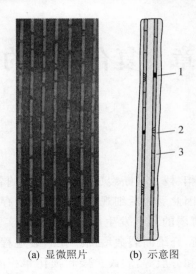

(a) 显微照片　　(b) 示意图

1—最先断裂处;2—局部过载断裂处;3—最先断裂处引起的应力波导致的断裂处。

图 5.1　硼/铝复合材料在纵向拉伸后的纵向截面

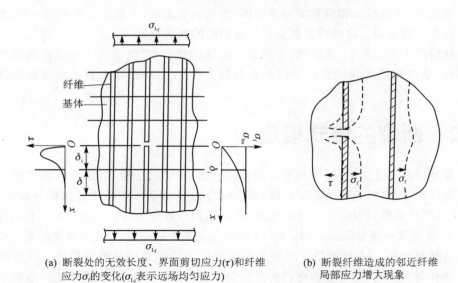

(a) 断裂处的无效长度、界面剪切应力(τ)和纤维　　(b) 断裂纤维造成的邻近纤维
　　应力σ_f的变化(σ_{Lf}表示远场均匀应力)　　　局部应力增大现象

图 5.2　纤维断裂模型

两种情况,则复合材料将在不断增加应力的条件下按累积损伤的方式破坏,纤维陆续断裂成许多段便是累积损伤的破坏模式,如图 5.1 及图 5.3(c)所示。

　　对于累积损伤破坏,罗森(Rosen)用纤维束链式模型模拟复合材料,如图 5.4 所示。该模型认为,复合材料中纤维断裂后(在低于复合材料极限断裂应力下),纤维承载能力下降,断裂纤维并未失效,仍然具有承载能力。只不过距断头 δ_i(无效长度)的纤维应力低于远场应力。把复合材料看作一层层重叠的材料,每层长度为 δ_i,如图 5.4(a)所示,L 长的试样中有 M 层,显然 $M=L/\delta_i$。再把复合材料简化作由 M 节链环组成,共 N 根纤维,亦即将 N 根长的纤维视为一节链环,如图 5.4(b)所示。若 M 节链环中有一节链环破坏,便意味着复合材料破坏。

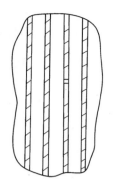
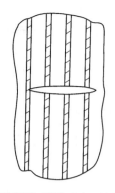
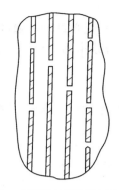

(a) 纤维断裂后界面　　　　(b) 纤维断裂后裂纹垂直于纤维方向　　(c) 一般情况是损伤累积过程
脱粘(界面结合弱)　　　　　　扩展(界面结合强或脆性组元)

图 5.3　可能的复合材料拉伸破坏模型

这样便将复合材料的破坏概率转化为至少有一节链环破坏的概率。这一节链环当然是最弱链环。该节链环中一根最弱的纤维先行断裂,由于这一根长的纤维不能承受应力,因此会导致这一节链环中未破坏的纤维中应力均匀地重分布。外加载荷增加,弱链环中的纤维断裂数累计到极限载荷为止。当这一节链环不能承受任何进一步增加的载荷时,该节链环破坏,复合材料也随之破坏。

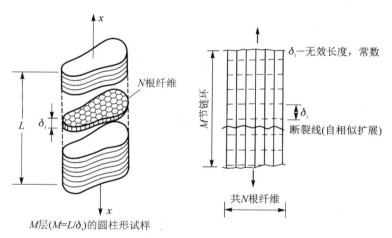

图 5.4　表示纤维束链的罗森模型

当根据链式模型定量计算时,必须知道 δ_i 长的纤维单元的强度分布以及由 N 根纤维组成的纤维束的强度分布。纤维单元的强度分布可用两参数威布尔分布描述为

$$f(\sigma) = \delta_i \alpha \beta \sigma^{\beta-1} \exp(-\delta_i \alpha \sigma^\beta), \quad \sigma \geqslant 0 \tag{5.1}$$

其中,δ_i 为无效长度;α、β 为威布尔分布的两个参数,其中 α 为尺度参数,β 为形状参数。

N 根纤维(数量很大)组成的纤维束的强度近似服从正态分布,即

$$\omega(\sigma_B) = \frac{1}{\psi_B \sqrt{2\pi}} \exp\left[-\frac{1}{2}\left(\frac{\sigma_B - \bar{\sigma}_B}{\psi_B}\right)\right]$$

其中,$\omega(\sigma_B)$ 是纤维束强度的密度分布函数;$\bar{\sigma}_B$ 是纤维束强度的均值,由下式确定:

$$\bar{\sigma}_B = \sigma_{fmax}[1 - F(\sigma_{fmax})] \tag{5.2}$$

这里的 $F(\sigma)$ 是单纤维的强度分布函数,σ_{fmax} 由 $\sigma[1 - F(\sigma)]$ 求极值解出。σ_{fmax} 是最大断裂载荷的那束纤维中的平均应力。标准偏差为

$$\psi_B = \sigma_{fmax} \sqrt{\frac{F(\sigma_{fmax})[1 - F(\sigma_{fmax})]}{N}}$$

显然,纤维根数(N)越大,纤维破坏强度的再现性就越高。令

$$\frac{d}{d\sigma}\{\sigma[1 - F(\sigma)]\}_{\sigma = \sigma_{fmax}} = 0$$

可得最大纤维应力

$$\sigma_{fmax} = (\delta_i \alpha \beta)^{-1/\beta}$$

代入式(5.2)后可得

$$\bar{\sigma}_B = (\delta_i \alpha \beta)^{-1/\beta} \exp(-1/\beta) = (\delta_i \alpha \beta e)^{-1/\beta} \tag{5.3}$$

令 $\Omega(\sigma_B)$ 为纤维束强度分布函数,即

$$\Omega(\sigma_B) = \int_0^\sigma \omega(\sigma_B) d\sigma \tag{5.4}$$

其中,σ 为每节链环的应力水平(按远场应力计)。

$\Omega(\sigma_B)$ 可看作长 δ_i、由 N 根纤维组成的一节链环达到应力 σ_B 时的破坏概率。由 M 节链环组成的链条不破坏的概率应为 $[1 - \Omega(\sigma_B)]^M$,破坏的概率应为(以 $H(\sigma_B)$ 表示)

$$H(\sigma_B) = 1 - [1 - \Omega(\sigma_B)]^M \tag{5.5}$$

由此得出的计算值比实验值高出约一倍。其原因可能是没有考虑:① 纤维断裂引起邻近纤维的应力集中(因为有基体);② 裂纹扩展方式。此外,如何定义无效长度仍是个问题。

据式(5.3),一节链环破坏的应力为 σ_L^*,即

$$\sigma_L^* = (\delta_i \alpha \beta e)^{-\frac{1}{\beta}} \tag{5.6}$$

与长 l 的纤维束比较,δ_i 长的复合材料强度要高得多。这可从以下计算看出(参见式(5.3)并完全忽略基体作用):

$$\frac{\sigma_L^*}{\bar{\sigma}_B} = \left(\frac{l}{\delta_i}\right)^{\frac{1}{\beta}}$$

对于石墨纤维/环氧树脂复合材料,石黑纤维的 $\beta = 10$,$\delta_i = 10^{-3}$ mm(约为纤维直径),l 取 100 mm,则 $\sigma_L^* / \bar{\sigma}_B = 2.5$。这是由于复合材料得到强化的结果。

5.3　断裂韧性

大量事例和实验分析表明,材料的低应力脆断,即当工作应力小于 $\sigma_{0.2}$ 时的脆性断裂是由材料中宏观裂纹的扩展引起的,这种裂纹可能是材料制造过程中的缺陷、加工过程产生的缺陷或是使用过程中形成的裂纹。断裂力学就是以材料或构件中的宏观缺陷和裂纹作为讨论问题的出发点的。这与连续介质力学认为材料是完整的、均匀及连续的有着原则性的差别。断裂力学运用连续介质力学弹塑性理论的研究结果,考虑了材料的不连续性,研究材料或构件中裂纹的扩展规律,确定反映材料抗裂的指标及其测试方法,以控制和防止构件的断裂,并在设计计算、寿命预测中得到应用。研究结果得到材料断裂韧性这样一个重要的材料性能指标,其物

理意义是反映材料抵抗裂纹失稳扩展的能力。

在介绍断裂韧性前,先介绍平面应力和平面应变、裂纹扩展的方式等基本概念。它们在断裂韧性的介绍中将会陆续出现。

5.3.1　平面应力和平面应变

5.3.1.1　平面应力

当一张很薄的材料在侧边受到均匀力作用时,如图 5.5 所示,就可视为一种平面应力状态。前后板面与空气接触,没有外力作用,板面上的内应力分量 σ_z、τ_{zx}、τ_{zy} 全部为零。另外,由于板很薄,因此可以认为在垂直板厚方向的各平面内上述三个力分量均为零,而体内存在的三个应力分量 σ_x、σ_y、τ_{xy} 均不等于零,可以认为这三个应力分量沿厚度方向都一样,即与 z 坐标无关,仅是 x、y 的函数。把这种应力状态称为平面应力状态。一般当板很薄时,就可认为是平面应力状态。

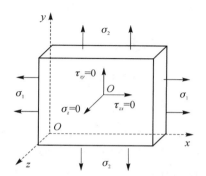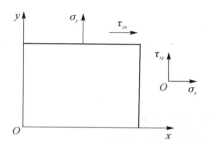

图 5.5　平面应力状态

在上述平面应力状态下,z 方向将发生收缩变形。利用材料力学中广义胡克定律可算出,其应变 $\varepsilon_z = -v(\sigma_x + \sigma_y)/E$,其中 v 为泊松比。因此,在平面应力状态下,三个方向的应变分量均不为零。

5.3.1.2　平面应变

如果当物体受力时某一方向上被固定,使之在这一方向上不能变形,如沿 z 轴固定,则 $\varepsilon_z = 0$。此时体内的应变分量只有三个,即 ε_x,ε_y,γ_{xy},因它们都限于 xoy 平面内,故这种应力状态称为平面应变状态。

图 5.6 为一受均匀拉力 P 作用并带有裂纹的宽板,当板的厚度足够大时,其裂纹尖端即处于平面应变状态。因为离裂纹尖端较远处的材料变形很小,所以它将约束裂纹尖端区沿 z 方向的收缩,沿 z 方向被固定,裂纹尖端区沿 z 方向没有变形,可见厚板裂纹尖端处于平面应变状态。

因为 $\varepsilon_z = 0$,所以根据广义胡克定律,有

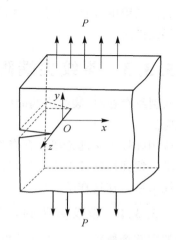

图 5.6　受均匀拉力的有裂纹宽板

$$\begin{cases} \varepsilon_x = \dfrac{1}{E} \left[\sigma_x - \upsilon(\sigma_x + \sigma_y) \right] \\ \sigma_x = \upsilon(\sigma_x + \sigma_y) \end{cases}$$

这就是说,在平面应变状态下,裂纹尖端处于三向拉应力状态。这时材料的塑性变形比较困难,裂纹容易扩展,显得特别脆,因而是一种危险的应力状态。

5.3.2 裂纹扩展的方式

对于含有裂纹的构件,当外加作用力不同时,裂纹扩展的方式有三种类型:张开型、滑开型和撕开型,如图 5.7 所示。

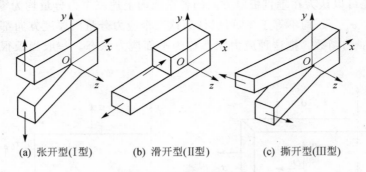

(a) 张开型(I型)　　　(b) 滑开型(II型)　　　(c) 撕开型(III型)

图 5.7　裂纹扩展的方式

(1) 张开型(Ⅰ型):如图 5.7(a)所示,外加应力垂直裂纹面,即为正应力,在该应力作用下,裂纹尖端张开,并在与外力垂直的方向上扩展(外力沿 y 轴方向,裂纹扩展沿 x 轴方向)。

(2) 滑开型(Ⅱ型):如图 5.7(b)所示,在剪切应力作用下,裂纹上下两面平行滑开,此时裂纹体上下两半滑动的方向与裂纹扩展的方向均沿 x 轴方向。

(3) 撕开型(Ⅲ型):如图 5.7(c)所示,在沿 z 轴方向剪切应力作用下,裂纹面上下错开,此时裂纹沿 x 轴方向扩展。

在工程构件中,张开型扩展是最危险的,容易引起低应力脆断,材料对这种裂纹扩展的抗力最低。工程中有时将其他型式的裂纹扩展也按Ⅰ型处理,这样处理会更安全。后面只讨论Ⅰ型裂纹扩展。

5.3.3 裂纹尖端附近的应力强度因子

当裂纹存在时,裂纹尖端的应力状态如何?用什么力学参数表示?这就是本小节要解决的问题。

应用弹性力学理论研究含有裂纹材料的应力、应变状态和裂纹扩展规律,就构成线弹性断裂力学。线弹性断裂力学认为,材料在脆性断裂前基本上是弹性变形的,其中应力-应变关系是线性关系。在这样的条件下,就可以用材料力学和弹性力学的知识来分析裂纹扩展的规律。

5.3.3.1 裂纹尖端的应力场分析

如图 5.8 所示,在一无限宽板内有一条长 $2a$ 的中心贯穿裂纹,它在无限远处受双向应力 σ 的作用。现在来讨论在这种特定情况下裂纹尖端的应力场。

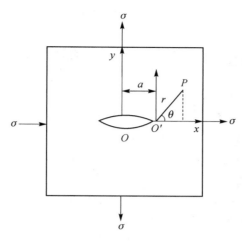

图 5.8　双向应力作用下的张开型裂纹

上述问题在弹性力学可看作一个平面问题,可以根据平面问题的求解方法来求出裂纹尖端各点的应力分量和应变分量。

根据弹性力学分析,对于裂纹尖端附近的任意一点 $P(r,\theta)$,其各应力分量如下:

$$\begin{cases} \sigma_x = \sigma\sqrt{\dfrac{\pi a}{2\pi r}}\cos\dfrac{\theta}{2}\left(1-\sin\dfrac{\theta}{2}\sin\dfrac{3\theta}{2}\right) = \dfrac{K_{\mathrm{I}}}{\sqrt{2\pi r}}\cos\dfrac{\theta}{2}\left(1-\sin\dfrac{\theta}{2}\sin\dfrac{3\theta}{2}\right) \\[3mm] \sigma_y = \sigma\sqrt{\dfrac{\pi a}{2\pi r}}\cos\dfrac{\theta}{2}\left(1+\sin\dfrac{\theta}{2}\sin\dfrac{3\theta}{2}\right) = \dfrac{K_{\mathrm{I}}}{\sqrt{2\pi r}}\cos\dfrac{\theta}{2}\left(1+\sin\dfrac{\theta}{2}\sin\dfrac{3\theta}{2}\right) \\[3mm] \tau_{xy} = \sigma\sqrt{\dfrac{\pi a}{2\pi r}}\sin\dfrac{\theta}{2}\cos\dfrac{\theta}{2}\cos\dfrac{3\theta}{2} = \dfrac{K_{\mathrm{I}}}{\sqrt{2\pi r}}\sin\dfrac{\theta}{2}\cos\dfrac{\theta}{2}\cos\dfrac{3\theta}{2} \end{cases} \quad (5.7)$$

其中,θ 与 r 为 P 点的极坐标,由它们确定 P 点相对于裂纹尖端的位置;σ 为远离裂纹并与裂纹面平行的截面上的正应力(名义应力)。

式(5.7)是裂纹尖端附近的应力场的近似表达式,愈接近裂纹尖端,其精确度愈高,即它适用于 $r\ll a$ 的情况。

由式(5.7)可知,在裂纹延长线上(即 x 轴上),$\theta=0$,$\sin\theta=0$,于是

$$\begin{cases} \sigma_y = \sigma_z = \dfrac{K_{\mathrm{I}}}{\sqrt{2\pi r}},\quad r\ll a \\[3mm] \tau_{xy}=0 \end{cases} \quad (5.8)$$

即在该平面上切应力为零,拉伸正应力最大,故裂纹容易沿该平面扩展。

对于平面应力状态,当运用式(5.7)时应注意 $\sigma_x=0$;对于平面应变状态(即当板很厚时),由于 $\varepsilon_x=0$,因此按广义胡克定律可写出 $\sigma_x=\upsilon(\sigma_x+\sigma_y)$。

5.3.3.2　应力强度因子

式(5.7)各应力分量中都有一个共同的因子 $K_{\mathrm{I}}=\sigma(\pi a)^{1/2}$,$\mathrm{I}$ 表示张开型裂纹扩展。类似地,对于其他两种裂纹扩展方式,可冠以 K_{II}、K_{III}。对于裂纹尖端附近一点 P,其坐标分量 r、θ 都有确定值,这时该点的应力分量完全取决于 K_{I}。因此,K_{I} 表示在名义应力 σ 的作用下,当含裂纹体处于弹性平衡状态时,裂纹尖端附近的应力场强弱。也就是说,它的大小就确

定了裂纹尖端各点的应力大小,故 K_I 是表示裂纹尖端应力场强弱的因子,简称应力强度因子。

式(5.7)中的 $K_I = \sigma(\pi a)^{1/2}$ 是针对带有中心穿透裂纹的无限大宽板试样的特殊条件推导出来的。当试样的几何形状、尺寸以及裂纹扩展方式变化时,虽然式(5.7)仍然成立,但式中 K_I 就改变了。在一般情况下 K_I 为

$$K_I = Y\sigma\sqrt{a} \tag{5.9}$$

其中,a 为裂纹长度的 $1/2$;Y 是一个和裂纹形状、加载方式以及试样几何因素有关的量,是一个无量纲的系数。对于含中心穿透裂纹的无限宽板,$Y = \pi^{1/2}$(见图5.8)。力学工作者计算出了各种情况下的应力强度因子,当应用时可查相关手册。

K_I 的单位是 $MPa \cdot m^{1/2}$,因此,K_I 是一个能量指标。

当 $r \to 0$ 时,全部应力分量均趋于无限大。也就是说,在裂纹尖端($r=0$ 的点),其应力场具有奇异性,K_I 就是用来描述这种奇异性的力学参量。

5.3.4 材料的断裂韧性和脆性断裂判据

5.3.4.1 材料的断裂韧性

当一个有裂纹的构件(或试样)上的拉力逐渐加大,或裂纹逐渐扩展时,裂纹尖端的应力强度因子(K_I)也随之逐渐增大。当 K_I 达到临界值时,构件中的裂纹将产生突然的失稳扩张。这个应力强度因子(K_I)的临界值称为临界应力强度因子,也是材料的断裂韧性。如果裂纹尖端处于平面应变状态,则断裂韧性的数值最低,称为平面应变断裂韧性,用 R_C 表示。它反映了材料抵抗裂纹失稳扩展(即抵抗脆性断裂)的能力,是材料的一个力学性能指标。

当外加应力 $\sigma = \sigma_c$ 时,裂纹发生突然的失稳扩张,即达到临界状态,这时的应力强度因子(K_I)在数值上就等于材料的平面应变断裂韧性(R_C),故

$$R_C = Y \cdot \sigma_c \sqrt{a} \tag{5.10}$$

其中,a 在图5.8所示条件下为裂纹长度的 $1/2$。

平面应变断裂韧性(R_C)是应力场强度因子(K_I)的临界值,两者之间有密切联系。但应强调指出,它们的物理意义是完全不同的。K_I 是描述裂纹尖端应力场强弱的力学参量,与裂纹及物体的大小、形状、外加应力等参数有关,如应力(σ)加大,K_I 即增大。R_C 是评定材料阻止宏观裂纹失稳扩展能力的一种力学性能指标,和裂纹本身的大小、形状无关,也和外加应力大小无关。如当外加应力为零时,$K_I = 0$,而材料本身的 R_C 并不随 σ 的大小变化。R_C 是材料本身的特性,只和材料的成分、组织及加工工艺有关。

K_I 和 R_C 的关系就像 σ 与屈服强度 σ_s 的关系一样,既有联系,又有本质区别。对于均匀拉伸来说,试样内部的应力 σ 在数值上等于 P/A,即 σ 与外加载荷 P 及试样截面积 A 有关。当外加载荷 P 达到某一临界值 P_s 时,试样开始屈服,从而产生明显的宏观塑性变形。此时的应力值 $\sigma_s = P_s/A$,称为材料的屈服强度。σ_s 是材料本身固有的性质,和试样尺寸及外加载荷大小无关。由上述对比可见,σ_s 与 R_C 是对应的,都是评定材料力学性能的指标;而 σ 与 K_I 是对应的,都是描述应力场的力学参量。

R_C 的单位和 K_I 的单位相同,也是 $MPa \cdot m^{1/2}$。

5.3.4.2　脆性断裂判据

通过上面的讨论可知,对于一个带裂纹的物体来说,其裂纹尖端的应力场强弱可用 K_{I} 来定量描述(Ⅰ型裂纹扩展),而材料抵抗裂纹失稳扩展的能力(平面应变状态下)可用 R_{C} 来评定。根据这两个量的相对大小就可以评定带裂纹体是否会发生失稳脆断,脆性断裂判据如下:

$$K_{\mathrm{I}} = Y\sigma\sqrt{a} \geqslant R_{\mathrm{C}} \tag{5.11}$$

若式(5.11)成立,则构件中的裂纹失稳扩展,导致构件断裂。根据这一公式,可以分析计算构件是否将发生脆性断裂、计算构件的承载能力、确定构件的临界裂纹尺寸,为选材和设计提供依据。

5.3.5　复合材料的断裂韧性

上述结果是对于均匀、连续和各向同性材料在线弹性条件下得出的,直接用于复合材料是不合理的,因为复合材料不满足均匀、连续和各向同性条件。因此,许多人试图将均匀、连续和各向同性材料的线弹性断裂力学在考虑了各向异性(主要是正交各向异性)以后推广应用到单向复合材料和叠层复合材料中去。结果发现,只有当裂纹沿纤维方向扩展和叠层复合材料的层间裂纹(脱层)在层间继续扩展时,线弹性断裂力学才基本适用;对于复合材料中不均匀性和不连续性在程度上轻微的情况,线弹性断裂力学当然也基本适用;对于短纤维在面内或在空间随机增强的复合材料,它的各向异性在宏观上不明显,裂纹在细观上扩展路线曲折,但在宏观上接近于一条直线,这时经过修正的线弹性断裂力学也基本适用。

对于韧性复合材料,即便是单向复合材料,横向的裂纹扩展在宏观上已经是曲曲折折的。当裂纹与纤维成 θ 角时,遇到界面(往往是强度上的薄弱面)时裂纹将沿界面扩展,造成界面脱粘,并耗散一定能量。只有遇到薄弱环节,裂纹才跨越纤维扩展,还会出现纤维拔出和纤维桥联于基体裂纹之间的复杂情况。这时线弹性断裂力学便不适用了。至今已提出了许多修正公式,建立了许多模型,但这些模型都限于单向受拉,而且限于线弹性的层板和裂纹尖端损伤区与裂纹相比很小的情况。因此,复合材料断裂力学问题至今没有被很好地解决,在复合材料中应用线弹性断裂力学应慎重。

5.4　复合材料断裂模型

5.4.1　纵向断裂与界面结合的关系

当脆性纤维增强复合材料沿纤维方向作单向拉伸时,其界面作为破坏策源地的破坏和强度可分为下面三类:

(1)积聚型:界面结合较弱。当外载增加时,沿试样整个体积内不均匀积聚损伤。此处损伤主要指纤维断裂,若纤维损伤积聚过多,则剩余截面不能承载而断裂。此时,复合材料的强度主要取决于纤维束的强度。

(2)非积聚型:界面结合较强。破坏主要集中在一个截面内,不存在纤维拔出。这种断裂类型还可进一步细分。

（3）混合型：上述两种断裂模式不能完全描述复合材料在多数情况下的破坏，实际为以上两种断裂模式的混合。在组元间强界面结合的地方发生非积聚型断裂，而在弱界面结合处发生积聚型断裂。

根据以上三类断裂模式，描述断裂的物理模型如图 5.9 所示。图 5.9（a）、图 5.9（b）和图 5.9（c）分别代表以非积聚型为主（用 HK 表示）、混合型（用 C 表示）和积聚型为主（用 K 表示）的断裂。图 5.9（d）为混合型断裂的实物照片。在图中把复合材料简化作以两束纤维增强：其中一束纤维界面结合好，发生 HK 型断裂，在图中以白色表示；另一束纤维发生 K 型断裂，界面结合较差，在图中以黑色表示。当发生以 HK 型为主的断裂时，在外部载荷 P 增加过程中，少量 HK 型纤维先行破坏，最后当 $P=P_{mc}$ 时全部纤维断裂，界面结合好的纤维几乎断在同一断面（见图 5.9（a））。在混合型断裂中，当载荷 P 为某值时，已有个别纤维先行断裂（界面结合强）；当 $P=P_{mc}$ 时，界面结合好的纤维全部断裂（见图 5.9（b））；最后当 $P=P_{max}$ 时，全部纤维断裂，复合材料破坏。当发生以 K 型为主的断裂时，也是界面结合好的个别纤维先行破坏，最后当 $P=P_b$ 时剩余纤维同时断裂，断裂处不在同一平面上（见图 5.9（c））。

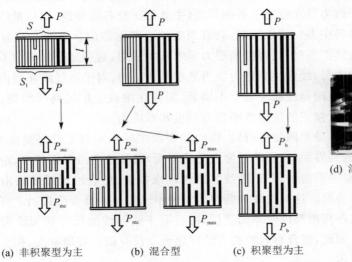

（d）混合型断裂实物照片

（a）非积聚型为主　　　（b）混合型　　　（c）积聚型为主

图 5.9　断裂的三种模型

设在混合型断裂中，忽略基体承载能力，非积聚型断裂纤维承载为 Q_I，积聚型断裂纤维承载为 Q_{II}。Q_I 和 Q_{II} 分别又可写作

$$Q_I = \sigma_{mc}[1 - F(\sigma_{mc})]S_{f1} \tag{5.12}$$

$$Q_{II} = \sigma_{max}[1 - F(\sigma_{max})]S_{f2} \tag{5.13}$$

其中，σ_{mc} 为发生 HK 型断裂的纤维应力；$F(\sigma_{mc})$ 为当纤维应力为 σ_{mc} 时的纤维强度分布函数；S_{f1}、S_{f2} 分别代表 HK 型和 K 型断裂纤维的总横截面积；σ_{max} 为发生 K 型断裂的最大纤维应力；$F(\sigma_{max})$ 为当纤维应力为 σ_{max} 时的纤维强度分布函数。

显然，$S_{f1}+S_{f2}=S_{ft}$，S_{ft} 为所有纤维的总横截面积。因此，易得

$$\frac{S_{f1}}{S_{ft}} + \frac{S_{f2}}{S_{ft}} = 1 \tag{5.14}$$

令

$$\frac{S_{f1}}{S_{ft}} = \theta \tag{5.15}$$

于是

$$\frac{S_{f2}}{S_{ft}} = 1 - \theta \tag{5.16}$$

将式(5.15)、式(5.16)代入式(5.12)和式(5.13),可得

$$Q_I = \sigma_{mc}[1 - F(\sigma_{mc})]\theta S_{ft} \tag{5.17}$$

$$Q_{II} = \sigma_{max}[1 - F(\sigma_{max})](1 - \theta)S_{ft} \tag{5.18}$$

其中,θ 为一无量纲参数,表示界面结合的程度,其取值范围为 0~1。当 $\theta = 0$ 时,代表完全不结合的均匀界面;当 $\theta = 1$ 时,代表完全结合的均匀界面;当 θ 为其他值时,代表部分结合、部分不结合的非均匀界面。

在该物理模型下,忽略基体承载,断裂载荷可取以下三种形式:

(1) HK 型纤维先于 K 型纤维而断,并以 HK 型断裂为主,如图 5.9(a)所示,当 $P = P_{mc}$ 时复合材料破坏,$P_{mc} > Q_{II}$。断裂载荷为

$$P_{mc} = \sigma_{mc}[1 - F(\sigma_{mc})]S_{ft} \tag{5.19}$$

(2) HK 型纤维先于 K 型纤维断裂,当 $P = Q_{II}$ 时复合材料破坏,断裂是混合型的,如图 5.9(b)所示,载荷表达式见式(5.18)。

(3) HK 型纤维和 K 型纤维同时断裂,并以 K 型断裂为主,如图 5.9(c)所示,断裂载荷为

$$P_b = \sigma_{max}[1 - F(\sigma_{max})]S_{ft} \tag{5.20}$$

当在上述三种情况下破坏时纤维承担的应力(即公式两边同除以 S)可写作:

$$\sigma_{fmc} = \sigma_{mc}[1 - F(\sigma_{mc})] \quad (\text{HK 型为主}) \tag{5.21}$$

$$\sigma_{fm} = \sigma_{max}[1 - F(\sigma_{max})](1 - \theta) \quad (\text{混合型}) \tag{5.22}$$

$$\sigma_b = \sigma_{max}[1 - F(\sigma_{max})] \quad (\text{K 型为主}) \tag{5.23}$$

考虑到 K 型纤维将断裂为临界长度(l_c)的纤维,据文献报道,由于端部脱粘,实际仍能承载的纤维长度为 $0.25l_c$。当纤维具有平均强度 $\bar{\sigma}_f$ 时,l_c 可写作

$$l_c = (\bar{\sigma}_f l^{1/\beta} d_f/2\tau)^{\beta/(1+\beta)} \tag{5.24}$$

其中,$\bar{\sigma}_f = (\alpha\delta)^{1/\beta}\Gamma(1 + 1/\beta)$,为纤维的平均强度,$\Gamma$ 为伽马函数;τ 为组元间的剪切强度;β 为威布尔分布形状参数。

试验表明,θ 与 τ 有关,若 τ 增加则会导致 θ 增加。对于 HK 型纤维可作出这样的估计,界面剪切强度 τ 的最大值等于基体剪切强度(τ_{mu})。将 θ 与 τ 之间的关系写作

$$\tau = \tau_{mu}\theta \tag{5.25}$$

对于 K 型纤维,即使界面存在弱的化学键合,其界面强度相对强界面结合强度要小几个数量级。因此,将这种情况下的界面强度简化为零不会导致太大误差。

联合式(5.24)、式(5.25)可将式(5.21)、式(5.22)、式(5.23)改写成

$$\sigma_{fmc} = \sigma_{mc}\exp[-(\sigma_{mc}/m)^\beta (e\beta)^{-1}\tau_{mu}^{-\beta(1+\beta)}] \tag{5.26}$$

$$\sigma_{fm} = m\tau_{mu}^{1/(1+\beta)}\theta^{1/(1+\beta)}(1 - \theta) \tag{5.27}$$

$$\sigma_b = m\tau^{1/(1+\beta)}\theta^{1/(1+\beta)} \tag{5.28}$$

其中

$$m = \{0.5\alpha d_f\Gamma[1 + (1/\beta)]\}^{-1/(1+\beta)}(0.25e\beta)^{-1/\beta} \tag{5.29}$$

其中,α 为威布尔分布的尺度参数;d_f 为纤维直径;Γ 为伽马函数;τ_{mu} 为基体剪切强度。

HK 型断裂转变为混合断裂取决于 σ_{fmc} 和 σ_{fm} 的相对大小,当它们相等时即是转换的条件,即式(5.26)=式(5.27)。由此可求得 θ 的两个根 θ_1^* 和 θ_2^*,统一计作 $\theta_{1,2}^*$,即

$$\theta_{1,2}^* = 1 - C_1 [\exp(-C_2 \theta_{1,2}^{*-\beta/(1+\beta)}) / \theta_{1,2}^{*1/(1+\beta)}] \qquad (5.30)$$

其中
$$C_1 = \sigma_{mc} / m\tau_m^{1/(1+\beta)}$$

$$C_2 = C_1^\beta (e\beta)^{-1}$$

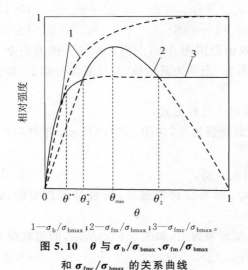

图 5.10　θ 与 σ_b/σ_{bmax}、$\sigma_{fm}/\sigma_{bmax}$
和 $\sigma_{fmc}/\sigma_{bmax}$ 的关系曲线

$1-\sigma_b/\sigma_{bmax}$；$2-\sigma_{fm}/\sigma_{bmax}$；$3-\sigma_{fmc}/\sigma_{bmax}$。

出现两个根说明随着 θ 的改变，出现两次从 HK 型断裂到混合型断裂的转化。而从 HK 型断裂转变为 K 型断裂的条件为式(5.26)＝式(5.28)，其根记为 θ^{**}，则有

$$\theta^{**} = (C_1 e^{-1/\beta})^{1+\beta} \qquad (5.31)$$

把 $m\tau_{mu}^{1/(1+\beta)}$ 计作 σ_{bmax}，它相当于完全不存在 HK 型断裂的纯 K 型断裂的最大纤维强度。于是用式(5.26)～式(5.28)计算后可得图 5.10。从图中可知，随 θ 的改变，即由于界面结合强弱的改变，单向复合材料的纵向强度改变。混合型断裂强度最大。由 $d\sigma_{fm}/d\theta = 0$ 可求得 $\theta_{max} = 1/(2+\beta)$。$\theta_{max}$ 随参数 β 变化(β 值为 3～8)的关系曲线如图 5.11 所示。当 $\beta = 3$ 和 $\beta = 8$ 时，$\sigma_{fm}/\sigma_{bmax}$ 与 θ 之间的关系曲线如图 5.12 所示。可见 β 值对混合型断裂强度的影响是显著的。

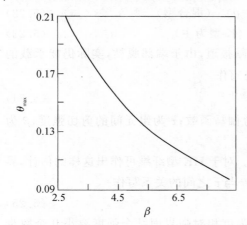

图 5.11　混合型断裂中 θ_{max} 与 β 的关系曲线

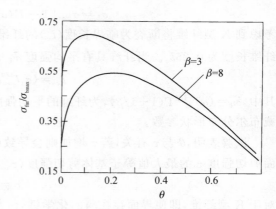

图 5.12　$\sigma_{fm}/\sigma_{bmax}$ 与 θ 的关系曲线

图 5.10 中的虚线代表实际上不可能出现的断裂强度，因此，在 $0 < \theta < \theta^{**}$ 内，σ_b 的强度最高，出现 K 型断裂；在 $\theta^{**} < \theta < \theta_2^*$ 及 $\theta_1^* < \theta < 1$ 内，σ_{fmc} 的强度最高，出现 HK 型断裂；在 $\theta_2^* < \theta < \theta_1^*$ 内出现混合型断裂，因为在该范围内 σ_{fm} 的强度最高。为了考虑基体对强度的贡献，当使用混合律计算单向复合材料的纵向强度时，只需将式(5.32)中的 σ_{fu} 在上述 θ 的取值范围内分别用 σ_b、σ_{fmc} 和 σ_{fm} 代换即可：

$$\sigma_{Lu} = \sigma_{fu} V_f + (\sigma_m)_{fb}^* (1 - V_f) \qquad (5.32)$$

其中，σ_{Lu} 为复合材料的抗拉强度；σ_{fu} 为纤维的抗拉强度；$(\sigma_m)_{fb}^*$ 为当纤维达到断裂应变时基体所承受的应力。

从上述结果还可看出，为了获得单向复合材料的最大纵向强度，不是界面结合越强越好，而是存在着一个最佳的界面结合程度，即当 $\theta = \theta_{\max}$ 时获得的断裂强度最高，此时威布尔分布参数 β 是获得最高强度的一个必须考虑的因素。

5.4.2　断裂的接力传递机理

设将 HK 型断裂纤维增强复合材料简化作如图 5.13 所示模型，它可模拟脆性纤维增强复合材料的断裂行为。图中复合材料由两种均质模量的材料交替排列构成，在无限远处作用着均匀的拉伸载荷。其中在组元 1（模拟纤维）上的应力为 σ_1，其弹性模量为 E_{f}；在组元 2（模拟基体）上的应力为 σ_2，其弹性模量为 E_{m}。该模型遵循以下条件：

（1）组元是脆性的，其强度取决于类似于裂纹缺陷的统计分布，类裂纹缺陷可视为不同长度的显微裂纹。

（2）模型受载中组元 1 先断，其断裂处看作长度为 $2l$ 的微裂纹。

（3）当由组元 2 向组元 1 过渡时，裂纹尖端局部开裂应力阶跃变化量为 $k = E_{\mathrm{f}}/E_{\mathrm{m}}$，同时保持着类似于各向均匀同性材料的函数关系特征，即由式（5.7）得

$$\begin{cases} \sigma_{y1}(r,\theta) = k\sigma_{y2}(r,\theta) \\ \sigma_{y2}(r,\theta) = \dfrac{K_{\mathrm{I}}^{*}}{\sqrt{2\pi r}}\cos\dfrac{\theta}{2}\left(1 + \sin\dfrac{\theta}{2}\sin^3\dfrac{\theta}{2}\right) \end{cases} \tag{5.33}$$

其中，σ_{y1} 和 σ_{y2} 分别为组元 1 与组元 2 局部断裂应力的瞬时值；K_{I}^{*} 分别为组元 2 上的应力强度因子，"$*$"是为这种特定场合作的标记。

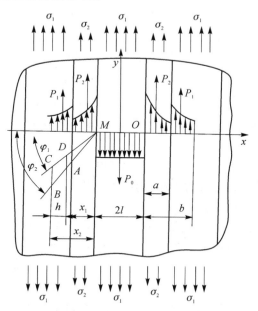

图 5.13　两组元系上作用着相互平衡的力且存在宏观裂纹

（$MO=2l$）及微观裂纹（$ABCD$ 区的水平线）示意图

现考虑位于组元 1 上接近宏观裂纹 MO 的某一应力集中区，如图 5.13 中 $ABCD$ 区，该区将产生长 $2h$ 的微裂纹。产生微裂纹的条件是满足以下关系：

$$\bar{\sigma}_{y1} / \bar{\sigma}_\varphi = 1 \tag{5.34}$$

其中,$\bar{\sigma}_{y1}$ 为区域 φ 中组元 1 局部断裂的应力的平均值;$\bar{\sigma}_\varphi$ 为区域 φ 中组元 1 的平均强度。

当满足式(5.34)的条件时,复合材料的断裂便是按接力传递机理进行的:一根纤维的断裂,使相邻应力集中区的纤维满足断裂条件,纤维断裂便接力传递到邻近纤维上。设 $ABCD$ 的面积为 S_φ,参照图 5.13,并利用式(5.33),可求得

$$\bar{\sigma}_{y1} = \frac{\iint \sigma_{y1}(r,\theta) r \, \mathrm{d}r \, \mathrm{d}\theta}{S_\varphi} = \frac{8kK_I^*}{3\sqrt{2}\pi} \frac{A}{B} \tag{5.35}$$

$$\begin{cases} A = \dfrac{\sin\dfrac{\theta_2}{2} + \sin^3\dfrac{\theta_2}{2}}{\sqrt{\cos\theta_2}} - \dfrac{\sin\dfrac{\theta_1}{2} + \sin^3\dfrac{\theta_1}{2}}{\sqrt{\cos\theta_1}} \\ B = (\tan\theta_2 - \tan\theta_1)(x_2^2 - x_1^2)(x_2^{3/2} - x_1^{3/2}) \\ S_\varphi = \dfrac{B}{2} \end{cases} \tag{5.36}$$

利用力的平衡可求出 K_I^*。参照图 5.13,有

$$P_0 - 2P_1 - 2P_2 = 0$$

即

$$\sigma_1 l - \int_l^{l+a} \sigma_{y2}(x,0) \mathrm{d}x - \int_{l+a}^{l+b} \sigma_{y1}(x,0) \mathrm{d}x = 0 \tag{5.37}$$

式(5.37)中 $\sigma_{y1}(x,0)$ 和 $\sigma_{y2}(x,0)$ 表示当 $\theta = 0$ 时组元 1 和组元 2 的断裂应力的瞬时值。由式(5.33)可知

$$\sigma_{y1}(x,0) = kK_I^* / \sqrt{2\pi |x-l|}$$

$$\sigma_{y2}(x,0) = K_I^* / \sqrt{2\pi |x-l|}$$

由于对称性,因此可不考虑力矩平衡问题,解式(5.37)可得

$$K_I^* = \sigma_1 [(\sqrt{2\pi} \cdot \sqrt{b})/k] \tag{5.38}$$

其中

$$\sqrt{b} = [(k-1)\sqrt{a} + \sqrt{a(k-1)^2 + 2lk^2}]/2k$$

其中,a 和 b 的定义参见图 5.13。从图中可知,解出的 b 应满足 $a^{1/2} < b^{1/2} < (a^{1/2} + 2l)^{1/2}$,否则应重新建立平衡方程。

现再回到式(5.34)中的 $\bar{\sigma}_\varphi$。若材料的横截面积一定,则 $\bar{\sigma}_\varphi$ 与材料长度有关,即与材料体积有关。若材料强度符合威布尔分布规律,则有人建议

$$\bar{\sigma}_\varphi = \{C_s n_1 n_2 [S_\varphi/(x_2 - x_1)]\alpha\}^{-1/\beta} \Gamma[1 + (1/\beta)] \tag{5.39}$$

其中,C_s 为组元 1 破坏层数的百分数的一个系数,这些层的破坏是由分布于区内的缺陷引起的;n_1 为位于宏观裂纹 MO 两个顶端附近的 φ 区数;n_2 为当组元 1 应力达到 σ_1 时,在复合材料所试验的体积内形成宏观裂纹 MO 的个数;$S_\varphi/(x_2 - x_1)$ 为矩形 $ABCD$ 的长,其宽为 $x_2 - x_1$,面积为 S_φ。

将式(5.35)、式(5.38)、式(5.39)代入式(5.34),并将满足式(5.34)的 σ_1 记为 σ_d,即

$$\sigma_d = \{f_0 \Gamma[1 + (1/\beta)]/[2\sqrt{b}(C_s n_1 n_2 \alpha)^{1/\beta}]\} x_1^{(\beta-2)/2\beta} \tag{5.40}$$

$$f_0 = \frac{(\tan\varphi_2 - \tan\varphi_1)^{1-1/\beta} \sqrt{\cos\varphi_1 \cos\varphi_2}}{\left(\sin\dfrac{\varphi_2}{2} + \sin^3\dfrac{\varphi_2}{2}\right)\sqrt{\cos\varphi_1} - \left(\sin\dfrac{\varphi_1}{2} + \sin^3\dfrac{\varphi_1}{2}\right)\sqrt{\cos\varphi_2}} \tag{5.41}$$

式(5.40)便是计算接力传递断裂时纤维断裂应力的公式,因为基体与纤维相比承载能力很小,所以纤维按此机理断裂便意味着复合材料的破坏。σ_d 与 f_0 有关,f_0 的最小值决定着纤维断裂应力。若纤维呈正六角排列,则 $n_1=6$;若纤维呈正向方阵排列,则 $n_1=4$。当纤维应力达到 σ_d 时,组元 1(纤维)断裂处的宏观裂纹个数应为 $n_2=N\theta F(\sigma_d)L_g/l_t$。其中,$F(\sigma_d)$ 为纤维强度分布函数,$F(\sigma_d)=1-\exp(-L_t\alpha\sigma_d^\beta)$;$L_g$ 为试样的标距(即实验中观察研究的长度);l_t 为纤维的载荷传递长度,$l_t=d_f\sigma_d/2\tau_s$;N 是纤维排列的层数,$N=S_{s0}V_f/S_{f0}$,S_{s0} 为试样原始横截面积,S_{f0} 为各纤维原始横截面积总和。实验表明,对于硼/铝复合材料,$C_s=0.1$。

5.4.3　断裂的能量吸收机制

像金属材料一样,可假设复合材料的破坏是从材料中固有的小缺陷发源的,例如有缺陷的纤维。基体与纤维界面处的裂纹尖端及其附近有可能发生纤维断裂、基体变形和开裂、纤维与基体分离(纤维脱粘)、纤维拔出等模式的破坏,如图 5.14 所示,因此,当断裂发生时有多种能量吸收机制,比单一材料的断裂复杂得多。

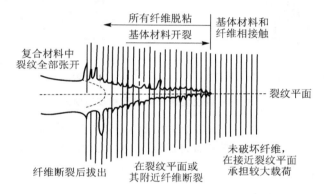

图 5.14　在裂纹尖端附近复合材料有可能发生的破坏模式示意图

5.4.3.1　纤维拔出

对于图 5.15(a)所示的模型,裂纹尖端短纤维平行排列且具有相同的长度和直径。在应力作用下裂纹张开的同时,使纤维从两个裂纹面中拔出,假定拔出过程中界面剪切应力不变且等于 τ_s,纤维埋入端的长度为 $l/2(l<l_c)$,如图 5.15(b)所示,拔出的阻力为 $\pi r_f l\tau_s$,若拉力为 $\pi r_f^2\sigma_f$,则有

$$\sigma_f=l\tau_s/r_f \quad (l<l_c) \tag{5.42}$$

拔出一根纤维所作的功为

$$U_f=\int_0^{l/2} 2\pi r_f x\tau_s\mathrm{d}x=\frac{1}{4}\pi r_f l^2\tau_s \tag{5.43}$$

若单位裂纹表面有 N 根纤维,则在裂纹一侧单位面积上埋入长度为 $l/2\sim l/2+\mathrm{d}l$ 的纤维数为 $2N\mathrm{d}l/l$。设裂纹一侧单位面积上纤维的拔出功为 $G_{fp}/2$,由于裂纹有两个表面,因此有

$$\frac{G_{fp}}{2}=\int_0^{l/2}\frac{2NU_f\mathrm{d}l}{l}=\frac{2N}{l}\int_0^{\frac{1}{2}}\frac{1}{4}\pi r_f l^2\tau_s\mathrm{d}l$$

因为 $V_f=N\pi r_f^2$,所以

$$G_{fp} = \frac{V_f \tau_s l^2}{24 r_f} \qquad (5.44)$$

当 $l = l_c$ 时 G_{fp} 最大,即

$$G_{fpmax} = \frac{V_f \tau_s l_c^2}{24 r_f} = \frac{V_f d_f \sigma_{fu}^2}{48 \tau_s} \qquad (5.45)$$

对于碳纤维增强环氧树脂复合材料,取 $\tau_s = 6$ MPa,$\sigma_{fu} = 2.3$ GPa,$V_f = 0.50$,$r_f = 4$ μm,单位纤维拔出功为 150 kJ·m^{-2}。可见纤维拔出功对断裂功的贡献很大。

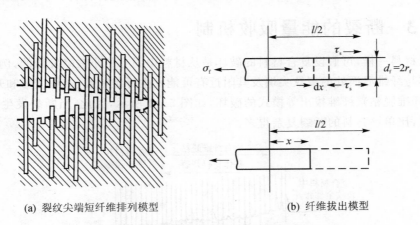

(a) 裂纹尖端短纤维排列模型　　　　　　(b) 纤维拔出模型

图 5.15　裂纹尖端纤维排列和拔出模型

为了达到最大的纤维拔出功,从式(5.44)和式(5.45)可知,应使 l_c 值大,同时纤维长度应接近 l_c。如果 $l > l_c$,则由于纤维还要断裂,以及纤维拔出现象减少,实际纤维拔出功降低并反比于 l。若 l_c 一定,则纤维拔出功随 l 的变化关系示于图 5.16 中。

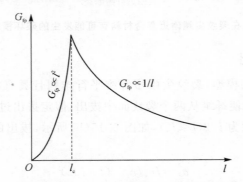

图 5.16　不连续纤维复合材料纤维拔出功随 l 的变化关系

5.4.3.2　纤维断裂

对于连续纤维增强复合材料,裂纹尖端处的纤维在裂纹张开过程中被拉长,并相对于没有屈服的基体产生错动,最后因纤维受力过大发生断裂,断裂后纤维又缩回基体,错动消失,释放出弹性变形能。贮藏在长为 dx 的一段纤维的弹性势能为 $(\pi r_f^2 dx)(\sigma_f^2 / 2E_f)$。由于纤维断裂可以发生在距离裂纹面的 $l_c/2$ 处(见图 5.17),因此只须考虑这一长度的弹性能和相对于弹性基体的错动。若 x 为当纤维断裂时从纤维断面到裂纹表面的长度,即纤维伸出裂纹表面的长

度(见图 5.17),则当计算 σ_f 时应用 $l_c - 2x$ 代替式(5.42)中的 l,而纤维元 dx 贮存的弹性能为

$$dU_f = \frac{\pi r_f^2 dx \sigma_f^2}{2E_f} = \frac{\pi(l_c - 2x)^2 \tau_s^2 dx}{2E_f} \qquad (5.46)$$

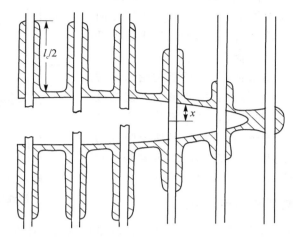

图 5.17 当裂纹张开时连续纤维在裂纹面处的破坏模型(影线部分表明基体屈服)

这段纤维元相对于基体错动所做的功为

$$dU_{mf} = 2\pi r_f \tau_s dx u_f \qquad (5.47)$$

式(5.47)中 u_f 为纤维元相对于基体的移动距离,即

$$u_f = \int_x^{\frac{l_c}{2}} \varepsilon_f dx \qquad (5.48)$$

其中,ε_f 可由 σ_f / E_f 计算出,注意到 $\sigma_f = (l_c - 2x)\tau_s/r_f$,代入式(5.48)积分得

$$u_f = \tau_s(l_c - 2x)^2/4r_f E_f \qquad (5.49)$$

将 u_f 的关系式代入式(5.47)可知 $dU_{mf} = dU_f$,总功应为 dU_{mf} 与 dU_f 之和,因它们的积分区间均为 $l_c/2$ 到 0,故有

$$U_f + U_{mf} = \frac{1}{E_f} \int_0^{\frac{l_c}{2}} \pi \tau_s^2 (l_c - 2x)^2 dx \qquad (5.50)$$

相应的断裂功 W_f 为 $2N(U_f + U_{mf})$,其中 N 为单位面积上的纤维数。对式(5.50)积分,并用 $\sigma_{fu} d_f/4\tau_s$ 代替 $l_c/2$,用 $N\pi r_f^2$ 代替 V_f,得

$$W_f = \frac{V_f d_f \sigma_{f_u}^3}{6E_f \tau_s} = \frac{V_f l_c \sigma_{f_u}^2}{3E_f} \qquad (5.51)$$

对于 5.4.3.1 节中给出的碳纤维增强环氧树脂复合材料,W_f 为 3.6 kJ/m²,当然实际很少采用临界长度的短纤维(本例中 $l_c = 3.6$ mm),不过已大致可以看出纤维断裂吸收的能量比拔出吸收的能量小得多。

5.4.3.3 基体变形和开裂

现在用图 5.18 所示的二维模型计算基体断裂功。由几何关系可得,$\lambda/V_m = d_f/V_f$,在塑性区中,假设基体为理想塑性材料,单位体积基体的变形能为 $\varepsilon_m \sigma_m$(ε_m、σ_m 是基体最大应变和

应力），基体对形成复合材料单位面积裂纹面的能量 G_{mb} 正比于基体体积分数 V_m 与基体体积塑性变形能的乘积，可导出

$$G_{mb} = V_m \varepsilon_m \sigma_m \lambda = V_m \varepsilon_m \sigma_m d_f V_m / V_f = d_f \varepsilon_m \sigma_m V_m^2 / V_f \qquad (5.52)$$

当裂纹仅沿一个方向扩展时，产生的新表面积是很小的，因而断裂能也小。当基体裂纹碰到垂直于裂纹扩展方向（或与之成大角度）的强纤维时，裂纹可能分叉，平行于纤维扩展这样断裂过程中消耗的能量增加。

对于脆性的热固性树脂基体（例如环氧树脂），断裂前只发生很小的变形，虽然基体材料的变形和开裂都吸收能量，但这部分能量主要是弹性能和表面能。金属基体在断裂前产生大量塑性变形，而塑性变形所要吸收的能量比弹性能和表面能之和大得多。因此，金属基体对复合材料断裂能的贡献要比聚合物基体大得多。

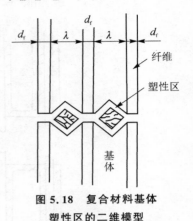

图 5.18　复合材料基体
塑性区的二维模型

5.4.3.4　纤维脱粘和分层裂纹

在断裂过程中，当裂纹平行于纤维方向扩展时，纤维可能与基体发生分离。当纤维与基体间的界面结合较弱时，容易发生这一类现象。裂纹扩展是沿界面还是沿基体，这取决于它们的相对强度。在这两种情况下都形成新表面，增加了断裂所消耗的能量。脱粘往往先于纤维拔出。

估计脱粘所消耗的能量有多种方法，此处引用比较简单的一种估算方法。若断裂纤维一端脱粘长度为 l_d 的一段纤维不再承载，则脱粘能被认为是等于贮存于 l_d 的一段纤维的弹性应变能，即一根纤维的脱粘能

$$g_d = \frac{\sigma_{fu}^2}{2E_f} \frac{\pi d_f^2}{4} 2l_d \qquad (5.53)$$

其中，d_f 为纤维直径；l_d 为一端的脱粘长度。

考虑到单位横截面上有 N 根纤维，$V_f = N\pi r_f^2$，则脱粘功

$$G_d = \frac{\sigma_{fu}^2}{E_f} V_f l_d \qquad (5.54)$$

例如，对于典型纤维，$\sigma_{fu} = 2\,000$ MPa，$\varepsilon_{fu} = 1$。对于 $V_f = 50\%$ 的复合材料，若存在脱粘长度 $l_d = 50\ \mu m$，则可算得 $G_d \approx 500$ J/m^2。

当复合材料以层合板的形式提供，且裂纹垂直于层合板的方向扩展时，其裂纹扩展可能受到抑制。因为当裂纹扩展时层间界面要开裂为分层裂纹，不得不消耗大量能量。当层合板受弯曲或一次摆锤冲击时，经常产生这种分层裂纹。

界面结合差、易导致脱粘或易产生分层裂纹的复合材料，对缺口或裂纹不敏感。因为当断裂时要吸收大量的能量，同时界面脱粘引起的应力集中的减小要比单纯基体屈服所得的更为有效。

在上述各能量吸收机制中，因复合材料或试验条件不同，故当复合材料断裂时会出现其中的一种或几种，它们所占的比例及对断裂的影响也各不相同，有的模式的影响可能是很小的。通常总是有几种断裂模式同时存在。

5.5　含不同厚度脆性界面层和涂层的脆性纤维的断裂与强度

　　在制备复合材料过程中,通常在基体和纤维界面形成界面层,例如在钢纤维/铝复合材料中形成 $6\sim9~\mu m$ 的界面层,靠近基体一侧为 $FeAl_3$,靠近纤维一侧为 Fe_2Al_5。在金属基复合材料中界面层往往是脆性的金属间化合物。有时为增加基体对纤维的润湿性或是其他工艺目的,要在纤维表面涂覆涂层,例如在碳纤维和硼纤维表面涂覆 SiC 层等(新近工艺中用梯度涂层)。对于含有脆性界面层和涂层的纤维,在复合材料中具有以下两种可能削弱纤维的界面裂纹扩展方式,如图 5.19 所示。在基体与界面层(涂层)分界处 S 点先产生裂纹,然后裂纹向界面层的纵深发展,一直到界面层与纤维之间的 C 点。若纤维的断裂韧性足够高,则裂纹将在界面层中扩展,如图 5.19 II 所示,界面裂纹最终激发纤维断裂。若纤维的断裂韧性较低,则裂纹从 C 点开裂,不仅沿界面层扩展,还同时往纤维内部扩展,最终使纤维断裂,如图 5.19 I 所示。因为钢纤维的断裂韧性较高,所以在钢纤维/铝复合材料中的裂纹扩展方式属第 II 种。

　　上述模型仅适用于线弹性断裂力学,基体似乎不能明显影响图中 C 点的应力强度因子,但这只有在基体弹性模量(E_m)比界面层和纤维弹性模量小许多倍的条件下成立。作为一级近似,以下讨论中认为脆性涂层+纤维组成的二组元系统与基体+界面层+纤维所组成的三组元系统的断裂行为等效。作为近似,第 I 种裂纹扩展方式可用带侧边裂纹的无限大板模拟,裂纹垂直于组元间的界面,其

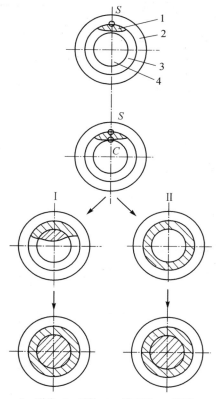

1—裂纹;2—基体;3—界面层;4—纤维。

图 5.19　当复合材料受纵向拉伸时脆性界面层中裂纹扩展的两种可能方式

顶端位于界面上。同时裂纹还穿透界面层,其长度为 a 并等于界面厚度 δ,如图 5.20(a)所示。用带圆周裂纹的无限长棒模拟第 II 种裂纹扩展方式,其裂纹亦垂直于界面,顶端位于界面上,裂纹穿透厚度为 δ 的界面层,如图 5.20(b)所示。假定图中两组元的泊松比相等,在离裂纹无限远处对每个组元施加拉伸正应力,该正应力正比于每个组元的弹性模量。再假设模型中不存在分层脱粘及两组元的相对滑动,同时处于平面应变状态。在相对于裂纹主要尺寸来说是均质的材料上应用线弹性断裂力学不会引起多大困难,但采用模型中两组元具有不同弹性模量将会影响分析结果。当考虑这种异质系统时,许多研究者认为其应力场强度一般都与弹性模量(E)有关。此处提出的模型虽然不够确切,但它可以保留对单组元材料分析中常用的应力强度因子的量纲($MPa \cdot m^{1/2}$ 或 $N \cdot m^{-3/2}$),还可对两种模型计算出的应力强度因子(K_I)与纤维材料的断裂韧性进行比较。

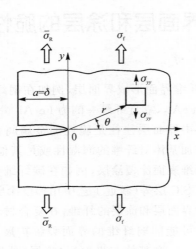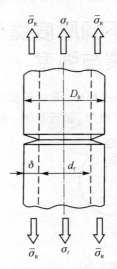

(a) 带侧边裂纹的无限大板　　　　　(b) 带圆周裂纹的无限长棒

图 5.20　模拟两种裂纹扩展方式的模型

众所周知,对于单组元模型(见图 5.20(a)),查应力强度因子手册可得

$$K_{\mathrm{I}}^1 = 1.12\sigma(\pi a)^{\frac{1}{2}} \tag{5.55}$$

其中,σ 为正应力;a 为等于界面层(涂层)厚度 δ 的侧边裂纹长度。

由于现在考虑的是二组元模型,因此引入非均质系数 λ,将式(5.55)改写为

$$K_{\mathrm{I}}^1 = 1.12\lambda\sigma_{\mathrm{f}}'(\pi\delta)^{\frac{1}{2}} \tag{5.56}$$

其中,σ_{f}' 为纤维应变等于界面层(厚度大于等于临界厚度 δ^*($\delta \geqslant \delta^*$))断裂应变的纤维应力。

利用界面结合良好的假设,存在下述关系:

$$\frac{\sigma_{\mathrm{f}}'}{\bar{\sigma}_{\mathrm{R}}} = \frac{E_{\mathrm{f}}}{E_{\mathrm{R}}} \tag{5.57}$$

其中,$\bar{\sigma}_{\mathrm{R}}$ 为界面平均断裂应力;E_{R} 为界面层弹性模量;E_{f} 为纤维弹性模量。

设界面层的强度也服从威布尔分布,由纤维的平均强度

$$\bar{\sigma} = (\alpha\delta)^{1/\beta}\Gamma(1 + 1/\beta)$$

可得

$$\frac{\bar{\sigma}_{\mathrm{R0}}}{\bar{\sigma}_{\mathrm{R}}} = \left(\frac{\delta}{\delta_0}\right)^{\frac{1}{\beta}} \tag{5.58}$$

其中,δ_0 为当界面层横截面积与纤维横截面积相等时的界面层厚度;$\bar{\sigma}_{\mathrm{R0}}$ 为此时界面层相应的断裂平均应力;β 为威布尔分布参数。

联合式(5.57)及式(5.58),得

$$\sigma_{\mathrm{f}}' = \sigma_{\mathrm{R0}}(E_{\mathrm{f}}/E_{\mathrm{R}})(\delta_0/\delta)^{1/\beta} \tag{5.59}$$

将式(5.59)代入式(5.56)又可得到

$$K_{\mathrm{I}}^1 = 1.12\lambda\pi^{1/2}\bar{\sigma}_{\mathrm{R0}}\delta_0^{1/\beta}(E_{\mathrm{f}}/E_{\mathrm{R}})\delta^{1/2-1/\beta} \tag{5.60}$$

显然,K_{I}^1 随界面层厚度 δ 的增大而增大。

现分析第 Ⅱ 种模型的应力强度因子表达式。对于单一组元情况,从应力强度因子手册或

文献中可知

$$K_{\mathrm{I}}^{2} = 0.25\pi\sigma D_{0}^{1/2}\left(1.72\,\frac{D_{0}}{d_{\mathrm{f}}} - 1.27\right) \tag{5.61}$$

此处 σ 为作用于横截面积 $\pi D_{0}^{2}/4$ 上的正应力。由于现在的模型是二组元模型，因此像模型 I 一样，也引入非匀质系数 λ，即

$$K_{\mathrm{I}}^{2} = 0.25\pi\lambda\sigma_{\mathrm{f}}' D_{0}^{1/2}\left(1.72\,\frac{D_{0}}{d_{\mathrm{f}}} - 1.27\right) \tag{5.62}$$

其中，σ_{f}' 的定义与式(5.56)中的定义相同。

将式(5.59)代入式(5.62)可得

$$K_{\mathrm{I}}^{2} = 0.25\pi\lambda\bar{\sigma}_{\mathrm{R0}}\,\frac{E_{\mathrm{f}}}{E_{\mathrm{R}}}\left(\frac{\delta_{0}}{\delta}\right)^{\frac{1}{\beta}}(d_{\mathrm{f}} + 2\delta)\,\frac{1}{2}\left(0.45 + 3.44\,\frac{\delta}{d_{\mathrm{f}}}\right) \tag{5.63}$$

应当指出，第 II 种模型与第 I 种模型复合加工方法必须相同。增加界面层厚度 δ，K_{I}^{2} 先减小，一直减小到最小值($\delta_{\min} = \delta$)尔后又增大，如图 5.21 所示。由式(5.63)求极值，易得

$$\delta_{\min} = 0.45d_{\mathrm{f}}/3.38(\beta - 1) \tag{5.64}$$

由式(5.60)和式(5.63)可知，K_{I} 与 δ 的两条函数关系曲线有两个交点，交点处对应的 δ 值为 $0.01d_{\mathrm{f}}$ 和 $2.89d_{\mathrm{f}}$。第二个交点无实际意义，因为它在界面层厚度(δ)为纤维直径的 n 倍处相交。因此，可建立如图 5.21 所示的结果。图中按纤维 R_{C} 的大小可分为四个区，以下逐一讨论。

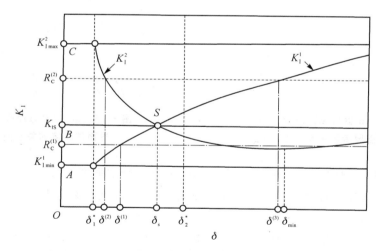

图 5.21　裂纹尖端应力强度因子(裂纹顶点位于纤维与界面层间)与界面层厚度之间的关系曲线

OA 区：该区中 $R_{\mathrm{C}} < K_{\mathrm{I}\min}^{1}$。$R_{\mathrm{C}}$ 是纤维的断裂韧性，令式(5.60)中 $\delta = \delta^{*}$ 可算出 $K_{\mathrm{I}\min}^{1}$ (δ^{*} 是界面层的临界厚度)。当 $\delta \geqslant \delta^{*}$ 时，将按第 I 种模型断裂。当在该区中断裂时纤维强度或断裂应力为

$$\bar{\sigma}_{\mathrm{f}} = \bar{\sigma}_{\mathrm{fi}} \quad (0 \leqslant \delta \leqslant \delta^{*}) \tag{5.65}$$

$$\bar{\sigma} = \bar{\sigma}_{\mathrm{R0}}(E_{\mathrm{f}}/E_{\mathrm{R}})(\delta_{0}/\delta)^{\frac{1}{\beta}} \quad (\delta \geqslant \delta^{*}) \tag{5.66}$$

其中，$\bar{\sigma}_{\mathrm{fi}}$ 为当无界面层时纤维的平均强度。由这两个式子可给出如图 5.22 所示的关系曲线。

AB 区：该区中 $K_{\mathrm{I}\min}^{2} < R_{\mathrm{C}} < K_{\mathrm{IS}}$。纤维断裂应力的计算同 OA 区。现分析一个实例：设

纤维断裂韧性 $R_C = R_C^{(1)}$（见图 5.21），若 $0 \leqslant \delta \leqslant \delta^*$，则模型中的断裂从纤维断裂开始，断裂应力用式(5.65)计算；若 $\delta^* \leqslant \delta \leqslant \delta^{(1)}$，则 $K_I^1 < R_C < K_I^2$，应按第 Ⅱ 种模型断裂；当 $\delta \geqslant \delta^{(1)}$ 时，$R_C^{(1)} \leqslant K_I^1$，断裂将按第 Ⅰ 种模型进行。该区中纤维断裂应力与界面层厚度的关系曲线如图 5.22 所示。

BC 区：该区中 $K_{IS} < R_C < K_{I\max}^2$。令式(5.63)中 $\delta = \delta^*$ 可算出 $K_{I\max}^2$。当 $0 \leqslant \delta \leqslant \delta^*$ 的，$\bar{\sigma}_f$ 由式(5.65)给出。当 $\delta > \delta^*$ 且 $R_C < K_I^2$ 或 $R_C \leqslant K_I^1$ 的，$\bar{\sigma}_f$ 用式(5.66)计算。但是当 $K_I^2 < R_C > K_I^1$ 时，界面层的断裂不致于引起纤维失稳断裂，只有进一步增加载荷，使 K_I 达到 R_C 才能引起纤维失稳断裂。当计算 $\bar{\sigma}_f$ 时，在式(5.63)中令 $K_I^2 = R_C$，并注意到式(5.59)，可得

$$\bar{\sigma}_f = 0.25\pi\lambda(d_f + 2\delta)^{\frac{1}{2}}\left(0.45 + 0.9\frac{\delta}{d_f}\right)\frac{1}{R_C} \tag{5.67}$$

该区中 $\bar{\sigma}_f$ 与 δ 关系曲线示于图 5.23 中。现举一例：设纤维断裂韧性(R_C)等于图 5.21 中的 $R_C^{(2)}$，当 $\delta^* \leqslant \delta \leqslant \delta^{(2)}$ 时，$K_I^1 < R_C^{(2)} > K_I^2$，纤维断裂按第 Ⅰ 种模型进行；当 $\delta^{(2)} < \delta < \delta^{(3)}$ 时，相应的，$K_I^2 < R_C^{(2)} > K_I^1$，纤维也按第 Ⅱ 种模型断裂；当 $\delta > \delta^{(3)}$ 时，$K_I^1 \geqslant R_C^{(2)}$，纤维将按第 Ⅰ 种模型断裂。

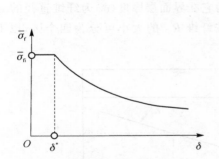

图 5.22 AB 区纤维断裂应力与界面层厚度的关系曲线

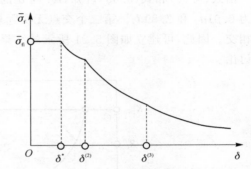

图 5.23 BC 区纤维断裂应力与界面层厚度的关系曲线

高于 C 点区：该区中 $R_C > K_{I\max}^2$。当 $0 \leqslant \delta \leqslant \delta^*$ 时，纤维强度按式(5.65)计算；当 $\delta > \delta^*$ 时，纤维强度用式(5.66)计算，因为此时 $R_C > K_{I\max}^2 > K_I^1$，纤维断裂应力与界面层厚度的典型关系曲线如图 5.22 所示。

上述物理模型是理想化的，还不够完善，例如未考虑纤维表面涂层带来的影响。众所周知，涂层总是可以弥补纤维缺陷，促使纤维强度提高。因此，在实际中引用上述结果应当慎重。

5.6 断裂力学在复合材料中的应用

从理论上讲，不论裂纹体组成的性质如何，也不论裂纹的起因、尺寸、形状及裂纹的扩展方向如何，断裂力学都是适用的；然而，在实际应用中有各种条件的限制。例如当应用线弹性断裂力学时，要求裂纹尖端的塑性区尺寸要远小于裂纹尺寸及构件的其他尺寸，这时可用式(5.68)来表达断裂准则，即

$$K_I(b_1, b_2, \sigma) = R_C(T, \sigma) \tag{5.68}$$

其中,b_1、b_2 分别为裂纹长度和构件的特征尺寸,σ 为外加应力;公式右端是材料的性能常数(断裂韧性),它是温度和加载速率的函数。在复合材料中,上述要求意味着裂纹长度要远大于裂纹尖端损伤区尺寸,而这一要求往往是不能满足的。

当应用断裂力学进行复合材料的断裂分析时,还应注意到两个基本事实:① 由于在复合材料中引发断裂的初始缺陷都非常小,因此式(7.68)所表达的准则不能用;② 纤维增强复合材料具有异质性。在一单层内,裂纹可能是不连续的(例如有纤维桥接),扩展是非自相似的(不沿原裂纹面扩展)。对于复合材料层合板,每层内的裂纹产生、扩展的过程可能是各不相同的,而且还可能发生分层。

到目前为止,复合材料的断裂力学研究一般沿两个方向:① 宏观地将复合材料作为均质各向异性连续体,研究其外部裂纹或内部裂纹的行为;② 以半经验方法研究单向纤维增强复合材料板裂纹尖端附近的微观行为。这一研究方法完全忽略复合材料的异质性及它对裂纹的影响。事实上,这只是线弹性断裂力学在考虑了材料各向异性特点后的补充。也就是说,首先求出式(5.68)左边的 K_I,然后通过实验确定右边的材料特性常数 R_C,即可以进行断裂分析。第二种研究方法(微观研究)是通过对复合材料各组分断裂机制的研究求得式(5.68)右端的材料特性。但是,由于复合材料将会发生各种可能模式的失效以及这些组合模式的失效,因此分别独立地研究式(5.68)的两端(即分别研究推动力和断裂抗力)而不能研究各失效机制间的耦合作用,就难以反映真实的断裂过程。

由于宏观理论在工程上的适用性,并且其结论可以直接通过实验加以验证,因而它得到了工程技术界的重视。

5.6.1　各向异性材料断裂力学

复合材料有许多种类,但在工程结构中,特别是航空航天飞行器结构中广泛采用的是连续纤维增强复合材料,并用它组成厚度对称的厚板。因它是正交各向异性的,故这种厚板具有三个弹性对称面。当承受面内载荷时,这种层板的强度分析可简化为二维问题。

5.6.2　各向异性和正交各向异性弹性力学基本方程

在直角卡氏坐标系(x,y,z)中,各向异性的应力-应变关系可写成

$$\begin{bmatrix} \varepsilon_x \\ \varepsilon_y \\ \varepsilon_z \\ \gamma_{yz} \\ \gamma_{zx} \\ \gamma_{xy} \end{bmatrix} = \begin{bmatrix} a_{11} & a_{12} & a_{13} & a_{14} & a_{15} & a_{16} \\ a_{21} & a_{22} & a_{23} & a_{24} & a_{25} & a_{26} \\ a_{31} & a_{32} & a_{33} & a_{34} & a_{35} & a_{36} \\ a_{41} & a_{42} & a_{43} & a_{44} & a_{45} & a_{46} \\ a_{51} & a_{52} & a_{53} & a_{54} & a_{55} & a_{56} \\ a_{61} & a_{62} & a_{63} & a_{64} & a_{65} & a_{66} \end{bmatrix} \begin{bmatrix} \sigma_x \\ \sigma_y \\ \sigma_z \\ \tau_{yz} \\ \tau_{zx} \\ \tau_{xy} \end{bmatrix} \qquad (5.69)$$

其中,a_{ij} 为柔度系数。式(5.69)的逆式可以写为下列形式:

$$\begin{bmatrix} \sigma_x \\ \sigma_y \\ \sigma_z \\ \tau_{yz} \\ \tau_{zx} \\ \tau_{xy} \end{bmatrix} = \begin{bmatrix} c_{11} & c_{12} & c_{13} & c_{14} & c_{15} & c_{16} \\ c_{21} & c_{22} & c_{23} & c_{24} & c_{25} & c_{26} \\ c_{31} & c_{32} & c_{33} & c_{34} & c_{35} & c_{36} \\ c_{41} & c_{42} & c_{43} & c_{44} & c_{45} & c_{46} \\ c_{51} & c_{52} & c_{53} & c_{54} & c_{55} & c_{56} \\ c_{61} & c_{62} & c_{63} & c_{64} & c_{65} & c_{66} \end{bmatrix} \begin{bmatrix} \varepsilon_x \\ \varepsilon_y \\ \varepsilon_z \\ \gamma_{yz} \\ \gamma_{zx} \\ \gamma_{xy} \end{bmatrix} \tag{5.70}$$

其中，c_{ij} 为刚度系数。由于 $a_{ij} = a_{ji}$，$c_{ij} = c_{ji}$，因此上述 36 个 a_{ij} 和 c_{ij} 中只有 21 个是独立的。

绝大多数复合材料层板具有弹性对称面，当具有三个弹性对称轴时，称为正交各向异性材料。当 x、y、z 轴分别与三个弹性对称轴垂直时，a_{ij} 和 c_{ij} 的数目都减少到 9 个，即分别为 a_{11}、a_{12}、a_{13}、a_{22}、a_{23}、a_{33}、a_{44}、a_{55}、a_{66} 和 c_{11}、c_{12}、c_{13}、c_{22}、c_{23}、c_{33}、c_{44}、c_{55}、c_{66}，其他各系数皆为零。

柔度系数与弹性模量（E_{ij}）、泊松比（υ_{ij}）以及剪切弹性模量（G_{ij}）之间有下列关系：

$$\begin{cases} a_{11} = 1/E_{11} \\ a_{12} = -\upsilon_{21}/E_{22} = -\upsilon_{12}/E_{11} \\ a_{13} = -\upsilon_{31}/E_{33} = -\upsilon_{13}/E_{11} \\ a_{23} = -\upsilon_{32}/E_{33} = -\upsilon_{23}/E_{22} \\ a_{22} = 1/E_{22} \\ a_{33} = 1/E_{33} \\ a_{44} = 1/G_{23} \\ a_{55} = 1/G_{13} \\ a_{66} = 1/G_{12} \end{cases} \tag{5.71}$$

其中，1，2，3 代表板的对称主轴方向，并与坐标轴 x、y、z 重合。

如果是各向同性材料，则只有两个独立的弹性常数，即 a_{11} 和 a_{12}，此时 $a_{33} = a_{11}$，$a_{13} = a_{12}$，$a_{44} = a_{66} = 2(a_{11} - a_{12})$。

刚度系数（c_{ij}）也可以用 E_{ij}、υ_{ij} 和 G_{ij} 表示为

$$\begin{cases} c_{11} = \dfrac{1}{\Delta_p} \dfrac{1 - \upsilon_{23}\upsilon_{32}}{E_{22}E_{33}} \\ c_{22} = \dfrac{1}{\Delta_p} \dfrac{1 - \upsilon_{13}\upsilon_{31}}{E_{11}E_{33}} \\ c_{33} = \dfrac{1}{\Delta_p} \dfrac{1 - \upsilon_{12}\upsilon_{21}}{E_{11}E_{22}} \\ c_{12} = \dfrac{1}{\Delta_p} \dfrac{\upsilon_{21} + \upsilon_{31}\upsilon_{23}}{E_{22}E_{33}} = \dfrac{1}{\Delta_p} \dfrac{\upsilon_{13} + \upsilon_{12}\upsilon_{23}}{E_{11}E_{22}} \\ c_{23} = \dfrac{1}{\Delta_p} \dfrac{\upsilon_{32} + \upsilon_{12}\upsilon_{31}}{E_{11}E_{33}} = \dfrac{1}{\Delta_p} \dfrac{\upsilon_{23} + \upsilon_{21}\upsilon_{32}}{E_{11}E_{22}} \\ c_{44} = G_{23} \\ c_{55} = G_{33} \\ c_{66} = G_{12} \end{cases} \tag{5.72}$$

其中
$$\Delta_p = \frac{1}{E_{11}E_{22}E_{33}}(1 - 2\upsilon_{21}\upsilon_{32}\upsilon_{13} - \upsilon_{12}\upsilon_{21} - \upsilon_{23}\upsilon_{32} - \upsilon_{31}\upsilon_{13})$$

在各向同性材料中,只有两个独立系数 c_{11} 和 c_{12},此时

$$c_{33} = c_{11}, \quad c_{13} = c_{12}, \quad c_{44} = c_{66} = \frac{1}{2}(c_{11} - c_{12}) \tag{5.73}$$

下面研究平面问题。

5.6.2.1　广义平面应力状态

考虑一个等厚度、均匀的各向异性弹性平板,在外力作用下处于平衡状态。假定:① 在板内任一点都有一个弹性对称面与板的中面平行;② 内力只作用在平行于中面的平面内,它们的分布相对中面对称,并且沿厚度的变化极小;③ 应变很小。在上述条件下工作的板的应力状态称为广义平面应力状态。在这种情况下,认为 σ_z、σ_{yz}、τ_{xz} 可以忽略,σ_x、σ_y、τ_{xy} 取其沿厚度的平均值。此时,式(5.69)退化为

$$\begin{bmatrix} \varepsilon_x \\ \varepsilon_y \\ \gamma_{xy} \end{bmatrix} = \begin{bmatrix} a_{11} & a_{12} & a_{16} \\ a_{12} & a_{22} & a_{26} \\ a_{16} & a_{26} & a_{66} \end{bmatrix} \begin{bmatrix} \sigma_x \\ \sigma_y \\ \tau_{xy} \end{bmatrix} \tag{5.74}$$

平衡方程为(不考虑体力)

$$\begin{cases} \dfrac{\partial \sigma_x}{\partial x} + \dfrac{\partial \tau_{xy}}{\partial y} = 0 \\[2mm] \dfrac{\partial \tau_{xy}}{\partial x} + \dfrac{\partial \sigma_y}{\partial y} = 0 \end{cases} \tag{5.75}$$

协调方程为

$$\frac{\partial^2 \varepsilon_x}{\partial y^2} + \frac{\partial^2 \varepsilon_y}{\partial x^2} = \frac{\partial^2 \gamma_{xy}}{\partial x \partial y} \tag{5.76}$$

取应力函数 $U(x,y)$ 并令

$$\sigma_x = \frac{\partial^2 U}{\partial y^2}, \quad \sigma_y = \frac{\partial^2 U}{\partial x^2}, \quad \tau_{xy} = -\frac{\partial^2 U}{\partial x \partial y} \tag{5.77}$$

将式(5.77)带入式(5.74),再带入式(5.75),得

$$a_{22}\frac{\partial^4 U}{\partial x^4} - 2a_{26}\frac{\partial^4 U}{\partial x^3 \partial y} + (2a_{12} + a_{66})\frac{\partial^4 U}{\partial x^2 \partial y^2} - 2a_{16}\frac{\partial^4 U}{\partial x \partial y^3} + a_{11}\frac{\partial^4 U}{\partial y^4} = 0$$

$$\tag{5.78}$$

对于正交各向异性板,a_{ij} 与 E_{ij}、υ_{ij}、G_{ij} 之间有式(5.72)所表达的关系。应用这些关系,则式(5.78)变成(假定 x、y 轴与对称主轴重合,则 $a_{16} = a_{26} = 0$)

$$a_{22}\frac{\partial^4 U}{\partial x^4} + (2a_{12} + a_{66})\frac{\partial^4 U}{\partial x^2 \partial y^2} + a_{11}\frac{\partial^4 U}{\partial y^4} =$$

$$\frac{1}{E_{22}}\frac{\partial^4 U}{\partial x^4} + \left(\frac{1}{G_{12}} - \frac{2\upsilon_{12}}{E_{11}}\right) - \frac{\partial^4 U}{\partial x^2 \partial y^2} + \frac{1}{E_{11}}\frac{\partial^4 U}{\partial y^4} = 0 \tag{5.79}$$

5.6.2.2　平面应变状态

根据 $\varepsilon_z = \gamma_{yz} = \gamma_{xz} = 0$ 的条件,按与平面应力状态情况类似的推导方法,可得到平面应变

条件下与式(5.78)相似的方程：

$$\beta_{22}\frac{\partial^4 U}{\partial x^4} - 2\beta_{26}\frac{\partial^4 U}{\partial x^3 \partial y} + (2\beta_{12}+\beta_{66})\frac{\partial^4 U}{\partial x^2 \partial y^2} - 2\beta_{16}\frac{\partial^4 U}{\partial x \partial y^3} + \beta_{11}\frac{\partial^4 U}{\partial y^4} = 0 \quad (5.80)$$

其中，β_{ij} 是与弹性系数有关的常数，且有

$$\beta_{ij} = a_{ij} - \frac{a_{i3}a_{j3}}{a_{33}}, \quad (i,j=1,2,3)$$

式(5.79)和式(5.80)的通解具有以下形式：

$$U(x,y) = 2\mathrm{Re}[U_1(z_1) + U_2(z_2)] \quad (5.81)$$

其中，$z_1 = x + \lambda_1 y$，$z_2 = x + \lambda_2 y$。对于式(5.79)的情况，λ_1、λ_2 为下列特征方程的根，即

$$a_{11}\lambda^4 - 2a_{16}\lambda^3 + (2a_{12}+a_{66})\lambda^2 - 2a_{26}\lambda + a_{22} = 0 \quad (5.82)$$

式(5.82)的根为复数或纯虚数。因此，4 个根可以写成 λ_1、$\bar{\lambda}_1$、λ_2、$\bar{\lambda}_2$。其中，$\bar{\lambda}_1$、$\bar{\lambda}_2$ 分别为 λ_1、λ_2 的共轭复数。

当 x、y 轴与对称主轴重合时，式(5.82)成为

$$a_{11}\lambda^4 + (2a_{12}+a_{66})\lambda^2 + a_{22} = 0 \quad (5.83)$$

其根为

$$\begin{cases} \lambda_1 = \sqrt{\dfrac{\alpha_0 - \beta_0}{2}} + \mathrm{i}\sqrt{\dfrac{\alpha_0 + \beta_0}{2}} \\[3mm] \lambda_2 = -\sqrt{\dfrac{\alpha_0 - \beta_0}{2}} + \mathrm{i}\sqrt{\dfrac{\alpha_0 + \beta_0}{2}} \end{cases} \quad (5.84)$$

其中

$$\alpha_0 = \sqrt{\frac{E_{11}}{E_{22}}}, \quad \beta_0 = \frac{E_{11}}{2\mu_{12}} - \upsilon_{12}, \quad \alpha_0 > \beta_0$$

5.6.3 含裂纹复合材料板裂纹尖端附近的应力场和位移场

考虑一个均匀的正交各向异性板含有一穿透裂纹的情况。设其对称主轴为 x、y，如图 5.24 所示。找出满足边界条件的应力函数，可求得裂纹尖端附近的应力场和位移场的渐近解。

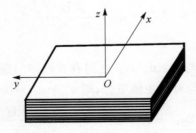

图 5.24　含裂纹复合材料板

(1) 当 $\lambda_1 \neq \lambda_2$ 时，应力场为

$$\begin{cases} \sigma_x = \dfrac{K_{\mathrm{I}}}{\sqrt{2\pi r}} \mathrm{Re}\left[\dfrac{\lambda_1\lambda_2}{\lambda_1-\lambda_2}\left(\dfrac{\lambda_2}{\sqrt{\cos\theta+\lambda_2\sin\theta}} - \dfrac{\lambda_1}{\sqrt{\cos\theta+\lambda_1\sin\theta}} \right) \right] \\[3mm] \sigma_y = \dfrac{K_{\mathrm{I}}}{\sqrt{2\pi r}} \mathrm{Re}\left[\dfrac{1}{\lambda_1-\lambda_2}\left(\dfrac{\lambda_1}{\sqrt{\cos\theta+\lambda_2\sin\theta}} - \dfrac{\lambda_2}{\sqrt{\cos\theta+\lambda_1\sin\theta}} \right) \right] \\[3mm] \tau_{xy} = \dfrac{K_{\mathrm{I}}}{\sqrt{2\pi r}} \mathrm{Re}\left[\dfrac{\lambda_1\lambda_2}{\lambda_1-\lambda_2}\left(\dfrac{1}{\sqrt{\cos\theta+\lambda_1\sin\theta}} - \dfrac{1}{\sqrt{\cos\theta+\lambda_2\sin\theta}} \right) \right] \end{cases} \tag{5.85}$$

其中，$K_{\mathrm{I}} = \sigma_0\sqrt{\pi a}$。

位移场为

$$\begin{cases} u = K_{\mathrm{I}}\sqrt{\dfrac{2r}{\pi}}\mathrm{Re}\bigg\{ \dfrac{1}{\lambda_1-\lambda_2}\big[\lambda_1\sqrt{\cos\theta+\lambda_1\sin\theta}(a_{11}\lambda_1^2+a_{12}-a_{16}\lambda_1) - \\ \qquad \lambda_2\sqrt{\cos\theta+\lambda_2\sin\theta}(a_{11}\lambda_2^2+a_{12}-a_{16}\lambda_2) \big] \bigg\} \\[3mm] v = K_{\mathrm{I}}\sqrt{\dfrac{2r}{\pi}}\mathrm{Re}\bigg\{ \dfrac{1}{\lambda_1-\lambda_2}\Big[\lambda_1\sqrt{\cos\theta+\lambda_1\sin\theta}\big(a_{11}\lambda_1+\dfrac{a_{22}}{\lambda_1}-a_{26}\big) - \\ \qquad \lambda_2\sqrt{\cos\theta+\lambda_2\sin\theta}\big(a_{11}\lambda_2+\dfrac{a_{22}}{\lambda_2}-a_{26}\big) \Big] \bigg\} \end{cases} \tag{5.86}$$

（2）当 $\lambda_1=\lambda_2=\lambda$ 时，应力场为

$$\begin{cases} \sigma_x = \dfrac{K_{\mathrm{I}}}{\sqrt{2\pi r}}\mathrm{Re}\left\{ \dfrac{\lambda^2}{\lambda-\bar\lambda}\dfrac{1}{\sqrt{\cos\theta+\lambda\sin\theta}}\left[2\bar\lambda-\lambda-\dfrac{\bar\lambda(\cos\theta+\bar\lambda\sin\theta)}{\cos\theta+\lambda\sin\theta} \right] \right\} \\[3mm] \sigma_y = \dfrac{K_{\mathrm{I}}}{\sqrt{2\pi r}}\mathrm{Re}\left\{ \dfrac{1}{\lambda-\bar\lambda}\dfrac{1}{\sqrt{\cos\theta+\lambda\sin\theta}}\left[3\lambda-2\bar\lambda-\dfrac{\lambda(\cos\theta+\bar\lambda\sin\theta)}{\cos\theta+\lambda\sin\theta} \right] \right\} \\[3mm] \tau_{xy} = \dfrac{K_{\mathrm{I}}}{\sqrt{2\pi r}}\mathrm{Re}\left[\dfrac{1}{\lambda-\bar\lambda}\dfrac{\lambda^2}{\sqrt{\cos\theta+\lambda\sin\theta}}\left(\dfrac{\cos\theta+\bar\lambda\sin\theta}{\cos\theta+\lambda\sin\theta}-1 \right) \right] \end{cases} \tag{5.87}$$

位移场为

$$\begin{cases} u = K_{\mathrm{I}}\sqrt{\dfrac{r}{2\pi}}\mathrm{Re}\bigg\{ \dfrac{\sqrt{\cos\theta+\lambda\sin\theta}}{\lambda-\bar\lambda}[2\lambda(2\bar\lambda^2-\lambda\bar\lambda)a_{11}+a_{12}-\bar\lambda a_{16}] + \\ \qquad \lambda\sqrt{\cos\theta+\bar\lambda\sin\theta}(a_{11}\lambda^2-a_{12}-\lambda a_{16})-(2\bar\lambda+\lambda)(a_{11}\lambda^2+a_{12}-\lambda a_{16}) \bigg\} \\[3mm] v = K_{\mathrm{I}}\sqrt{\dfrac{r}{2\pi}}\mathrm{Re}\bigg(\dfrac{\sqrt{\cos\theta+\lambda\sin\theta}}{\lambda-\bar\lambda}\Big[2\lambda\big(a_{12}\bar\lambda+\dfrac{a_{22}}{\lambda}(2-\dfrac{\bar\lambda}{\lambda^2})-a_{26}\big) + \\ \qquad \lambda\sqrt{\cos\theta+\bar\lambda\sin\theta}\big(a_{11}\lambda+\dfrac{a_{22}}{\lambda}-a_{26}\big)-(2\bar\lambda+\lambda)\big(a_{12}\lambda+\dfrac{a_{22}}{\lambda}-a_{26}\big)\Big] \bigg) \end{cases} \tag{5.88}$$

其中，$\bar\lambda$ 为 λ 的共扼复数。

当正交各向异性板承受 Ⅱ 型和 Ⅲ 型载荷时，也可以导出其应力场、位移场的表达式。

从上述各应力和位移的表达式可以看出：① 在裂纹尖端（$r\to0$），应力也具有 $r^{-\frac{1}{2}}$ 的奇异

性,而且应力场强度也由应力强度因子(K_I)所决定,这与各向同性材料是相同的;② 应力的分布不仅与角度 θ 有关,而且与材料的弹性系数有关,这与各向同性材料是不同的;③ 位移场除了由应力强度因子(K_I)决定外,还与材料的弹性系数有关,这也与各向同性材料是不同的。

5.6.4 不同材料的界面附近或界面上的裂纹

在复合材料构件中,一个常出现且重要的问题是在界面附近或界面上的裂纹扩展问题。在界面附近的缺陷可能是制造时产生的气泡、夹杂物、不同组元相互作用的产物或者两种组元连续不良而产生的缺陷。

这种情况下裂纹尖端的力学分析非常困难。但是,有一些有用的情况已经得到了理论结果。

当解决这类问题时可以把裂纹分为两类:① 裂纹平行于界面,位于界面附近或者处于界面上;② 裂纹垂直于界面,裂纹尖端接近界面或正位于界面上。

5.6.4.1 窄板条上有一纵向裂纹

图 5.25 所示的情况可认为是两种完全不同的材料(弹性模量完全不同)连接时在其中一种材料中的裂纹。可以有两种边界条件:① 沿边界上有均匀的 y 向位移 $v = v_0$,这代表刚硬的边界(边界材料的弹性模量极大);② 沿边界上有均匀的应力 $\sigma_y = \sigma_{y0}$,这代表非常柔软的边界(边界材料的弹性模量极小)。

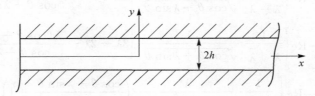

图 5.25 无限长窄条上有半无限长裂纹

帕里斯和西赫(Sih)研究了图 5.25 所示的情况。假设 $y = \pm h$ 处的边界是刚硬的,板条是无限长的,在 y 方向作用有均匀应力 σ,裂纹由原点向左延伸到无限远处(半无限裂纹)。由于上下边界是互相平行的,因此边界条件可写成 $v = v_0 = \dfrac{\sigma h}{E}$ 及 $\tau_{xy} = 0$,$\sigma_x = 0$,则应力强度因子的表达式为

$$K_I = \sigma \sqrt{h} / \sqrt{2} = E v_0 / \sqrt{2h} \tag{5.89}$$

裂纹尖端附近的应力分量为

$$
\begin{cases}
\sigma_x = \dfrac{K_I}{\sqrt{2\pi r}} \cos \dfrac{\theta}{2} \left(1 - \sin \dfrac{\theta}{2} \cos \dfrac{\theta}{2} \right) \\[3mm]
\sigma_y = \dfrac{K_I}{\sqrt{2\pi r}} \cos \dfrac{\theta}{2} \left(1 + \sin \dfrac{\theta}{2} \cos \dfrac{\theta}{2} \right) \\[3mm]
\tau_{xy} = \dfrac{K_I}{\sqrt{2\pi r}} \sin \dfrac{\theta}{2} \cos \dfrac{\theta}{2} \cos \dfrac{3\theta}{2}
\end{cases}
\tag{5.90}
$$

式(5.89)可用于估算在两块高弹性模量材料中间夹有一个低弹性模量含裂纹窄长板条的应力强度因子。用玻璃纤维、碳纤维或硼纤维增强的聚合物基体制成的复合材料或胶接接头处，如果在基体中或胶中含裂纹，就属于这种情况。

图 5.26 表示另一种常见的情况。当裂纹面上有均匀的应力 σ 时，其应力强度因子值表示在图 5.27(a)上，这种情况的边界条件为 $u=v=0$，代表窄条上下连接材料是极刚硬的（弹性模量相对极大）。图中 $K_{I\infty}$ 代表含中心裂纹无限大板的应力

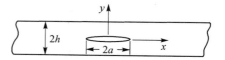

图 5.26　无限长窄条上有中心裂纹

强度因子，即 $K_{I\infty}=\sigma\sqrt{\pi a}$；$K_{Is}$ 代表窄板的应力强度因子。如果窄条上下连接材料是非常柔软的（低弹性模量），则其边界条件可用 $\sigma_y=\tau_{xy}=0$ 表示（见图 5.27(b)），其应力强度因子示于图 5.27(b)上。

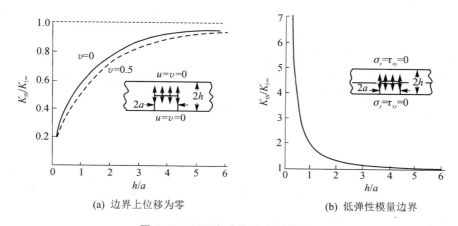

(a) 边界上位移为零　　　　　(b) 低弹性模量边界

图 5.27　无限长窄条中心裂纹的 K

5.6.4.2　裂纹在两种不同材料的界面上

图 5.28 表示两种不同材料组成的无限大板的界面上含半无限长裂纹（见图 5.28(a)）及含中心裂纹（见图 5.28(b)）的情况。前者（半无限长裂纹）的应力强度因子的表达式为

$$\begin{cases} K_I=\dfrac{1}{\sqrt{\pi}}\sqrt{\dfrac{2}{c}}\left[P\cos(\varepsilon\ln c)-Q\sin(\varepsilon\ln c)\right] \\ K_{II}=\dfrac{1}{\sqrt{\pi}}\sqrt{\dfrac{2}{c}}\left[Q\cos(\varepsilon\ln c)-P\sin(\varepsilon\ln c)\right] \end{cases} \tag{5.91}$$

裂纹尖端附近的应力分量可写成（极坐标）

$$(\sigma_\theta)_1=\frac{K_I}{2\sqrt{2\pi r}}\left\{e^{-\varepsilon(\pi\theta)}\left[\cos\left(\frac{\theta}{2}+\varepsilon\ln r\right)-2\varepsilon\sin\theta\cos\left(\frac{\theta}{2}-\varepsilon\ln r\right)+\right.\right.$$

$$\left.\left.\sin\theta\sin\left(\frac{\theta}{2}-\varepsilon\ln r\right)\right]+e^{\varepsilon(x-\theta)}\cos\left(\frac{3\theta}{2}+\varepsilon\ln r\right)\right\}-$$

$$\frac{K_{II}}{2\sqrt{2\pi r}}\left\{e^{-\varepsilon(\pi-\theta)}\left[\sin\left(\frac{\theta}{2}+\varepsilon\ln r\right)+\sin\theta\cos\left(\frac{\theta}{2}-\varepsilon\ln r\right)+\right.\right.$$

$$2\varepsilon\sin\theta\sin\left(\frac{\theta}{2}-\varepsilon\ln r\right)\right]+\mathrm{e}^{\varepsilon(\pi-\theta)}\sin\left(\frac{3\theta}{2}+\ln r\right)\right\} \tag{5.92}$$

$(\sigma_r)_1$ 与 $(\tau_{r\theta})_1$ 的表达式与式(5.92)类似,皆可缩写为

$$\begin{cases}(\sigma_r)_1=\dfrac{K_{\mathrm{I}}}{2\sqrt{2\pi r}}f_1(\theta,\varepsilon\ln r)-\dfrac{K_{\mathrm{II}}}{2\sqrt{2\pi r}}f_2(\theta,\varepsilon,\ln r)\\[2mm](\tau_{r\theta})_1=\dfrac{K_{\mathrm{I}}}{2\sqrt{2\pi r}}f_3(\theta,\varepsilon\ln r)-\dfrac{K_{\mathrm{II}}}{2\sqrt{2\pi r}}f_4(\theta,\varepsilon,\ln r)\end{cases} \tag{5.93}$$

其中 $$\varepsilon=\frac{1}{2\pi}\ln\left[\frac{(3-\upsilon_1)/(1+\upsilon_1)G_1+1/G_2}{(3-\upsilon_2)/(1+\upsilon_2)G_2+1/G_1}\right]\quad(\text{平面应力}) \tag{5.94}$$

对于平面应变情况,式(5.94)中的 υ_i 用 $\upsilon_i/(1-\upsilon_i)$ 代替。

从上面各式中可以看出,裂纹尖端附近的应力仍具有 $r^{-\frac{1}{2}}$ 的奇异性。

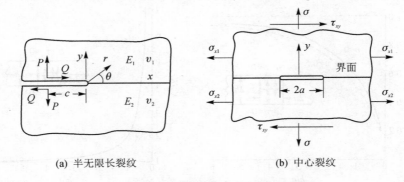

(a) 半无限长裂纹 (b) 中心裂纹

图 5.28 两种材料组合板界面上的裂纹

对于图 5.28(b)所示的情况,应力强度因子 K 的表达式为

$$\begin{cases}K_{\mathrm{I}}=\{\sigma[\cos(\varepsilon\ln 2a)+2\varepsilon\sin(\varepsilon\ln 2a)]+\tau[\sin(\varepsilon\ln 2a)-2\varepsilon\cos(\varepsilon\ln 2a)]\}\sqrt{\pi a}/\cosh\pi\varepsilon\\[2mm]K_{\mathrm{II}}=\{\tau[\cos(\varepsilon\ln 2a)+2\varepsilon\sin(\varepsilon\ln 2a)]-\sigma[\sin(\varepsilon\ln 2a)-2\varepsilon\cos(\varepsilon\ln 2a)]\}\sqrt{\pi a}/\cosh\pi\varepsilon\end{cases} \tag{5.95}$$

其中,ε 的表达式见式(5.93)。当 $\varepsilon=0$ 时,式(5.91)及式(5.95)中 K_{I}、K_{II} 的表达式相同。当 $\varepsilon\neq0$ 时,对称载荷可引起对称及反对称的应力和位移场。因此,对于任何 I 型和 II 型载荷的组合,裂纹尖端皆出现对称与反对称的应力和位移场,从而控制裂纹的扩展。

5.6.5 能量释放率及 J 积分

在金属材料中可用能量释放率 $(\dot{G}_r)$ 作为裂纹扩展推动力的参量。当推导 K 与 $\dot{G}_r$ 的关系式时,要求裂纹自相似扩展(沿原裂纹扩展)。但是在复合材料中往往是不能满足这一要求的。为了避免处理裂纹有折转角时能量释放率的困难,仍假定裂纹是自相似扩展的。当裂纹虚拟扩展 Δa 时,对 I 型裂纹,有

$$\dot{G}_{\mathrm{I}}=\lim_{\Delta a\to0}\int_0^{\Delta a}\sigma_y(r,0)v(\Delta a-r,\pi)\mathrm{d}r \tag{5.96}$$

对 I 型和 II 型的情况亦可写出类似的表达式。

将对应的应力和位移公式代入式(5.96)及 I 型和 II 型的能量释放率公式,即可以求出能

量释放率与应力强度因子之间的关系。略去推导细节,得到

$$\begin{cases} \dot{G}_{\text{I}} = -\dfrac{K_{\text{I}}^2}{2\pi} a_{22} \operatorname{Im}\left(\dfrac{\lambda_1 + \lambda_2}{\lambda_1 \lambda_2}\right) \\[3mm] \dot{G}_{\text{II}} = -\dfrac{K_{\text{II}}^2}{2\pi} a_{11} \operatorname{Im}(\lambda_1 \lambda_2) \end{cases} \tag{5.97}$$

当裂纹方向与各向异性材料某一对称轴重合时,式(5.97)可简化成

$$\begin{cases} \dot{G}_{\text{I}} = K_{\text{I}}^2 \left(\dfrac{a_{11} a_{22}}{2}\right)^{\frac{1}{2}} \left[\left(\dfrac{a_{22}}{a_{11}}\right)^{\frac{1}{2}} + \dfrac{2a_{12} + a_{66}}{2a_{11}}\right]^{\frac{1}{2}} \\[4mm] \dot{G}_{\text{II}} = K_{\text{II}}^2 \dfrac{a_{11}}{\sqrt{2}} \left[\left(\dfrac{a_{22}}{a_{11}}\right)^{\frac{1}{2}} + \dfrac{2a_{12} + a_{66}}{2a_{11}}\right]^{\frac{1}{2}} \end{cases} \tag{5.98}$$

当 Ⅰ 型和 Ⅱ 型同时存在时,由于位移耦合的影响,$\dot{G}_{\text{I}}$ 和 $\dot{G}_{\text{II}}$ 的表达式中将出现 K_{I} 和 K_{II} 的交叉项,即

$$\begin{cases} \dot{G}_{\text{I}} = \dfrac{1}{2} K_{\text{I}} a_{22} \operatorname{Im}\left[\dfrac{K_{\text{I}}(\lambda_1 + \lambda_2) + K_{\text{II}}}{\sqrt{\pi} \lambda_1 \lambda_2}\right] \\[4mm] \dot{G}_{\text{II}} = \dfrac{1}{2} K_{\text{II}} a_{11} \operatorname{Im}\left[\dfrac{K_{\text{II}}}{\sqrt{\pi}}(\lambda_1 + \lambda_2) + \dfrac{K_{\text{I}}}{\sqrt{\pi}} \lambda_1 \lambda_2\right] \end{cases} \tag{5.99}$$

当裂纹自相似扩展时,有

$$\dot{G}_{\text{r}} = \dot{G}_{\text{I}} + \dot{G}_{\text{II}} \tag{5.100}$$

赖斯(Rice)在证明 J 积分的守恒性时,并没有引入各向同性的条件。因此,对于各向异性材料,J 积分的守恒性仍然存在。在线弹性情况下,J 与 $\dot{G}_{\text{r}}$ 是等价的。当用数值方法(有限元方法)分析含裂纹体的应力场时,若要求在裂纹尖端附近得到较精确的结果,则要求网格划分得很细。因此,若用式(5.96)计算能量释放率($\dot{G}_{\text{r}}$),则计算工作量较大。如果通过 J 积分计算以获得 $\dot{G}_{\text{r}}$ 值,则可取远离裂纹尖端的积分回路,这样可以减少计算量。

5.6.6 复合材料的断裂韧性测定

5.6.6.1 Ⅰ 型层间断裂韧性试验

层压板 Ⅰ 型断裂韧性(R_{I})是用单向板测量的张开型层间断裂沿纤维方向起始扩展的临界能量释放率。

试样为 $[0°]_{24}$ 单向板,尺寸如图 5.29 所示。试样一端中面铺入聚四氟乙烯薄膜得到预制裂纹。铰链一般采用常温固化胶粘接在试样上,如图 5.30 所示。

用位移控制模式以 $1 \sim 2$ mm/min 的加载速率对试样加载。首次加载,裂纹扩展 20 mm 左右后卸载;此后加载,以使裂纹每次扩展 10 mm 左右后卸载。重复加载、卸载,直至裂纹总长度达到 100 mm 左右,停止试验。记录载荷-位移曲线,如图 5.31 所示。

Ⅰ 型层间断裂韧性按式(5.101)计算,即

$$R_{\text{I}} = \frac{\Delta A}{W} = \frac{P_t \delta_{t+1} - P_{t+1} \delta_2}{2W \Delta a} \times 10^3 \tag{5.101}$$

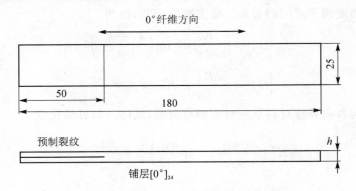

注:尺寸单位为 mm。

图 5.29　Ⅰ型分层试样

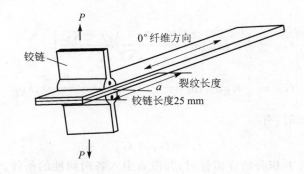

图 5.30　Ⅰ型分层试验铰链与试样的连接

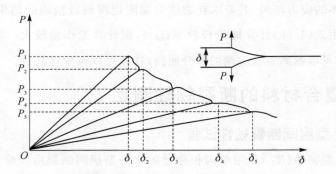

图 5.31　Ⅰ型分层试验载荷-加载点位移曲线

其中,R_I 为 Ⅰ 型层间断裂韧性,单位是 J/m²;P_t 为第 t 次裂纹扩展临界载荷,单位是 N;δ_t 为对应于 P_t 的加载点位移,单位是 mm;W 为试样宽度,单位是 mm;Δa 为裂纹长度增量,单位是 mm;ΔA 为 Δa 裂纹长度增量所需能量增量,单位是 J/m。

测试标准:HB 7402-1996 碳纤维复合材料层合板 Ⅰ 型层间断裂韧性(R_I)试验方法。

5.6.6.2　Ⅱ型层间断裂韧性试验

层压板 Ⅱ 型断裂韧性(R_{II})是用 0° 单向板测得的滑移型层间裂纹沿纤维方向起始扩展的临界能量释放率。

试样为$[0°]_{24}$单向板,尺寸如图 5.32 所示。试样一端中面铺入聚四氟乙烯薄膜得到预制裂纹。

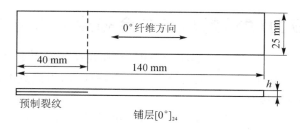

图 5.32　Ⅱ型分层试样

试验装置示意图如图 5.33 所示。用位移控制模式以 1～2 mm/min 的加载速率对试样加载。试验时,应首先预制裂纹:调整支座跨距($2l$)为 70 mm,施加载荷,当裂纹扩展达到有效裂纹长度($a \geqslant 0.7l = 25$ mm)时停止加载。再次调整支座跨距($2l$)为 100 mm,按有效裂纹长度($a = 0.5l = 25$ mm)夹试样。施加载荷,记录试样受载点处的载荷-挠度曲线,如图 5.34 所示。当载荷下降时,停止试验。

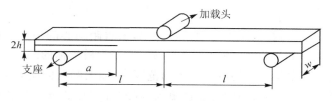

图 5.33　Ⅱ型分层试验装置

Ⅱ型层间断裂韧性按式(5.102)计算,即

$$R_{\text{Ⅱ}} = \frac{9P\delta a^2}{2w(2l^3 + 3a^3)} \times 10^3 \qquad (5.102)$$

其中,$R_{\text{Ⅱ}}$为Ⅱ型层间断裂韧性,单位是 J/m^2;P为裂纹扩展临界载荷,单位是 N;δ为对应于 P 的试样受载点的挠度,单位是 mm;w为试样宽度,单位是 mm;$2l$为跨距,单位是 mm。

测试标准:HB 7403 - 1996 碳纤维复合材料层合板Ⅱ型层间断裂韧性 $R_{\text{Ⅱ}}$ 试验方法。

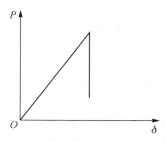

图 5.34　Ⅱ型分层试验
载荷-受载点挠度曲线

5.7　拉伸载荷情况下的结构剩余强度分析

虽然复合材料从本质上看是非均质的,但针对均质材料所发展起来的分析方法仍常被应用于复合材料的分析。一种典型的理论依据是:正如金属材料从微观尺度(晶体尺度)看是非均质的,但从宏观上可视为均质的一样,复合材料从宏观上也可以视为均质的。因此,针对金属所发展起来的断裂力学理论和分析方法,在一定条件下仍可用于分析复合材料的断裂问题。但是,复合材料的断裂机制比通常的均质材料复杂得多,而且在断裂之前已经产生了多种形式的损伤。在复合材料结构中,即使是单向加强或是对称的正交各向异性层板,裂纹的扩展都不

可能是自相似的。因此,对复合材料结构所提出的断裂准则和剩余强度分析,因考虑的因素不同而有差别。下面介绍四种失效准则和剩余强度分析方法。

5.7.1 点应力(PS)判据和剩余强度分析方法

点应力判据:在一个有孔、缺口或裂纹的板中,都存在局部应力集中区,即孔边、缺口或裂纹等的前端。取应力集中区前端某一距离处作为一个特征点,当该点的应力达到或超过无缺口构件的强度值时,即发生破坏。

假定当距离孔边或裂纹尖端某一特征长度(δ_c)处的应力(σ_y)达到层板极限强度(σ_b)时,层板破坏(见图 5.35),即

$$\sigma_y(x,0)\,|_{r=\delta_c}=\sigma_b \tag{5.103}$$

其中,δ_c 为特征长度,是材料特性常数,与层板的几何尺寸以及应力分布无关。

估算带孔、缺口复合材料层压板或含穿透缺陷的多向层板的剩余强度,较常用的是点应力判据。由弹性力学理论可知,当含圆孔板在 y 方向受均匀拉伸外载 σ 时,圆孔边沿 x 轴任一点的正应力 σ_y 为

$$\sigma_y=\sigma\left\{1+\frac{1}{2}\left(\frac{r_h}{x}\right)^2+\frac{3}{2}\left(\frac{r_h}{x}\right)^4-(K_T^\infty-3)\left[5\left(\frac{r_h}{x}\right)^6-7\left(\frac{r_h}{x}\right)^8\right]\right\} \tag{5.104}$$

其中,r_h 为圆孔半径,K_T^∞ 为孔的应力集中系数,x 为该点距圆心的距离。由式(5.104)可见,应力分布与 r_h/x 有关。如果将 σ_y 的分布画在以 $x-r_h$ 为横坐标的图上(见图 5.36),则可以看到,对应于小圆孔的应力集中区局限于很小的范围内,而大圆孔的应力集中区则向外扩展较远。由于大的应力集中区产生损伤的可能性更大,因此含大孔的复合材料板的断裂强度要低于含小孔板的断裂强度,因为脆性断裂是由材料中存在的固有损伤所决定的。

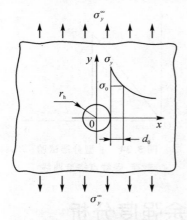

图 5.35 点应力判据

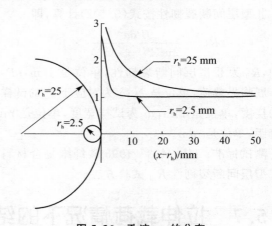

图 5.36 孔迹 σ_y 的分布

按照点应力准则,当 $x=r_h+d_0$ 处的应力达到无缺口断裂强度 σ_0 时,结构断裂。显然由式(5.104),有

$$\frac{\sigma_N}{\sigma_0}=\frac{2}{2+\xi_1^2+3\xi_1^4-(K_T^\infty-3)(5\xi_1^6-7\xi_1^8)} \tag{5.105}$$

其中,σ_N 为含圆孔层板的断裂强度,$\xi_1=\dfrac{r_h}{r_h+d_0}$。

实验证明，d_0 近似为一常数（对于玻璃纤维/环氧树脂复合材料的准各向同性板，$d_0 \approx 0.1$ mm）。由式（5.105）可以看出，当 r_h 很大时，$\xi_1 \approx 1$，$\sigma_N/\sigma_0 \approx 1/3$。随着 r_h 的减小，$\xi_1 \to 0$，$\sigma_N/\sigma_0 \to 1$，即层板的强度与无缺口层板的强度相同。

5.7.2　平均应力判据和剩余强度估算

当缺口或裂纹尖端某一特征长度（δ_c）内的平均应力达到无缺口层板的断裂应力时，层板即发生断裂，这种准则称为平均应力准则。这一准则的基础是认为层板材料在缺口或裂纹尖端处能将局部应力集中处的应力重新分布。准则可写成

$$\sigma_0 = \frac{1}{\delta_c} \int_{r_h}^{r_h+\delta_c} \sigma_y(x,0)\,\mathrm{d}x \tag{5.106}$$

其中，δ_c 为特征长度（损伤区长度）；σ_y 为缺口或裂纹尖端附近的 y 向正应力；r_h 为缺口尺寸（孔的半径或中心穿透裂纹的半长），如图 5.37 所示。δ_c 由实验确定。实验证实，对于不同铺层的各种复合材料层板，都存在着唯一的 δ_c 值（其量纲为长度），并与所测得的损伤区尺寸相同。

按照平均应力准则，把式（5.104）代入式（5.106），积分后得到

$$\frac{\sigma_N}{\sigma_0} = \frac{2(1-\xi_3)}{2-\xi_3^2-\xi_3^4} \tag{5.107}$$

其中，σ_N 为含圆孔层板的断裂强度，$\xi_3 = \dfrac{r_h}{r_h+\delta_c}$。

当 r_h 很大时，$\xi_3 \to 1$。由式（5.107）得

$$\frac{\sigma_N}{\sigma_0} = \frac{2(1-\xi_3)}{(2+\xi_3^2)(1-\xi_3)(1+\xi_3)} = \frac{1}{3}$$

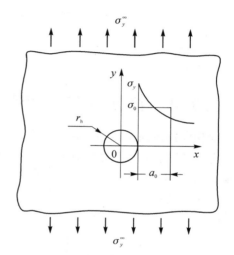

图 5.37　平均应力判据

而当 r_h 很小时，$\xi_3 \to 0$，$\sigma_N/\sigma_0 \to 1$，即层板强度不降低，与无孔时的强度相同。实验结果证明，对于玻璃纤维/环氧树脂复合材料层板，$\delta_c \approx 3.8$ mm。

5.7.3　损伤影响判据

损伤影响（damage influence，DI）判据如图 5.38 所示。不论损伤形式、载荷形式如何，损伤影响判据可表述为：当缺口（或损伤）特征点处的加权法线应力达到层压板的破坏强度时，含损伤层压板出现破坏，其数学表达式为

$$\sigma_y(x,0)(1+\alpha_0\sqrt{2x/w})\,|_{x=D_t} = \sigma_b \tag{5.108}$$

D_t 为满足下式的 x 值，即

$$\frac{\mathrm{d}}{\mathrm{d}x}[\sigma_y(x,0)(1+\alpha_0\sqrt{2x/w})] = 0 \tag{5.109}$$

其中，σ_b 为层压板的无损强度；$\sigma_y(x,0)$ 为损伤附近的法向应力分布；w 为试样宽度；α_0 为与损伤形式（孔、裂纹、分层、冲击损伤等）、载荷形式及性能有关的常数。对于圆孔拉伸，有

$$\alpha_0 = \left| \frac{A_{11}+A_{12}}{2A_{22}[1+(K_T^\infty-3)^2]} - \upsilon \right| + K_T^\infty \left[\sqrt{\left(\frac{2r_h^3}{w}\right)} - \frac{2r_h^2}{w} \right] \tag{5.110}$$

其中，A_{ij} 为层压板的面内刚度系数；υ 为层压板的泊松比；K_T^∞ 为层压板的孔边应力集中系数。

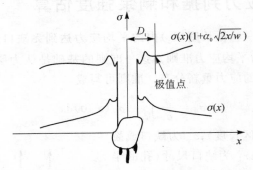

图 5.38　DI 判据

5.7.4　损伤区纤维断裂判据

损伤区纤维断裂(fiber breakage in damage zone，FD)判据可表达为：当缺口(或损伤)附近长度 I_0 范围内 0°层的平均法向应力(见图 5.39)达到单向板的极限强度时，含损伤层压板出现破坏，其数学表达式为

$$\frac{1}{I_0}\int_a^{a+I_0} \sigma_y^0(x,0)\mathrm{d}x = X_L \tag{5.111}$$

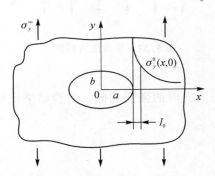

图 5.39　含孔层压板中缺口附近 0°层的应力分布

其中，$\sigma_y^0(x,0)$ 为当不考虑损伤区影响时，缺口截面上 0°的法向应力分布；I_0 为材料体系常数，与铺层形式、缺口形状及尺寸无关；a 为缺口在 x 轴向的半长；X_L 为单向板的极限强度(拉伸或压缩)。

当层板上开有孔、缺口后，部分纤维被完全切断，出现应力集中，因它对复合材料强度的影响高于金属材料，故必须对含孔、缺口或裂纹层压板进行剩余强度分析；并且层压板的铺层形式不同，对缺口敏感性不同，所用判据也不同。破坏判据与层压板的破坏模式有关，如平均应力判据和点应力判据主要适用于纤维控制破坏模式的层压板。当破坏前缺口附近呈现基体控制破坏模式时，若有较大面积分层，则用上述判据有较大误差。

第6章　复合材料细观损伤力学

本章在分析复合材料细观损伤机理的基础上,分别讨论若干细观损伤模式的演化及它们对复合材料宏观性能的影响,包括纤维断裂、基体开裂和界面脱粘滑移等。在复合材料的初始破坏阶段,这些损伤模式是复合材料损伤的主要表现形式。

6.1　复合材料的细观损伤机理

纤维增强复合材料从损伤起始到最终破坏要经历一个较长的损伤演化、发展过程。复合材料的损伤可分为准静态损伤、疲劳损伤和冲击损伤以及化学瘤蚀、环境老化损伤等。本节主要利用对单向纤维增强复合材料的准静态损伤,讨论在损伤初始阶段的损伤机理。

复合材料的初始缺陷或损伤是不可避免的,这是由组分材料本身的性能就具有一定的统计分散性,再加上工艺过程的不完善性和不可避免的损伤等因素造成的;但哪个缺陷首先开始发展,以怎样的方式发展却是随机的。因此,破坏过程的随机性是复合材料破坏的主要特征之一。

复合材料的破坏是其内部损伤累积的结果,形式多种多样。因此,研究复合材料的破坏过程应从损伤的萌生直到最终破坏,全程跟踪复合材料的损伤演化过程。单向纤维增强复合材料与正交铺设层合复合材料享有相似的物理机理,但单向复合材料的破坏模式更多、更复杂,在细观的观测上更加困难。

在纤维、基体和界面中都有可能存在初始缺陷或初始损伤。在外力作用下,这些初始缺陷将发展成为可见的细观损伤模式,即纤维断裂、基体开裂和界面脱粘滑移。随着外部载荷的增加,这些损伤模式逐渐发展扩大,甚至互相影响和转化,实际的破坏情况非常复杂,其过程受到各组分材料的相对性能和体积分数等因素的影响。

纤维断裂对复合材料宏观强度有显著的影响。当一根纤维被拉断时,在纤维的断头处的应力集中将有可能引起基体材料的龟裂或屈服,也有可能引起邻近纤维的断裂或界面脱粘。一般将纤维的拉断过程看作一系列的随机事件。

在单向拉伸作用下,对于具有脆性或粘结强度较高界面的复合材料,基体中的初始裂纹将穿过基体和纤维,直到某个截面失去承载能力而导致最终破坏,破坏后的断口比较平整。这种复合材料表现出明显的脆性特征,如图 6.1(a)所示。对具有延性或粘结强度适中界面的复合材料,无论初始裂纹来自基体或纤维,都会造成界面的部分脱粘,并逐渐形成纤维对裂纹的部分桥联。随着外载的加大,纤维将被拉断,直到某一临界值后使材料最终破坏。从断口上可看到纤维的拔出现象,这种复合材料表现出较好的延性,具有较好的断裂韧性,如图 6.1(b)所示。当界面的粘结非常弱时,基体不能在纤维之间传递应力,这样的复合材料与组成它的纤维束没有什么区别,其荷载变形曲线如图 6.1(c)所示。

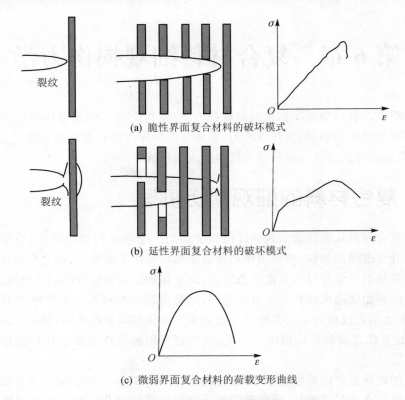

(a) 脆性界面复合材料的破坏模式

(b) 延性界面复合材料的破坏模式

(c) 微弱界面复合材料的荷载变形曲线

图 6.1　复合材料的破坏模式

6.2　基体开裂问题的 ACK 方法

6.1 节简要讨论了复合材料的细观损伤机理,提到纤维断裂、基体开裂和界面脱粘、滑移等。人们不免提出这样的问题:何时出现基体裂纹? 如何计算基体开裂应力?

根据复合材料的细观损伤机理,在基体开裂后,将伴随发生界面脱粘和滑移(有摩擦或无摩擦)、纤维桥联或拔出等复杂机制。阿维斯顿(Aveston)、库珀(Cooper)和凯利(Kelly)(简称 ACK)最先用比较损伤前后的能量关系求解基体开裂应力,其后布狄安斯基(Budiansky)、哈钦森和伊文斯利用 ACK 方法详细分析了脆性基体的开裂过程,研究了无粘结但有摩擦滑移的界面和初始有弱粘结但其后破坏的界面等情况,本节将介绍这些工作。

布狄安斯基、哈钦森和伊文斯研究了单向纤维增强陶瓷基复合材料。在沿纤维方向的单向应力作用下,由于基体的强度和断裂应变比纤维低,因此基体中首先出现垂直于纤维方向的横向裂纹。在基体裂纹出现之前的无损伤阶段,复合材料的有效刚度可以用混合律近似计算。随着外载的增大,基体裂纹将贯穿整个试样,实际上只有纤维承受荷载,直到最终完全被拉断,如图 6.2 所示。

基体裂纹的稳态扩展过程受到界面粘结状态的影响,这里考虑三种情况(见图 6.3):界面粘结良好,无滑移,无脱粘;界面无粘结,但有摩擦力;界面初始粘结,但在高应力作用下脱粘。

利用 ACK 能量法,一般的能量关系由初应力弹性体的势能减少得到,在不变的外载作用

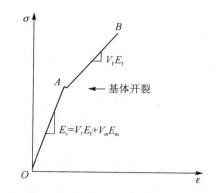

图 6.2　脆性基体复合材料的应力-应变关系

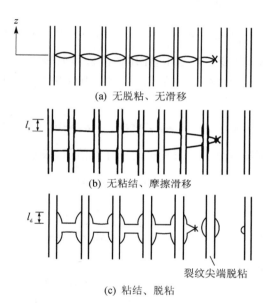

(a) 无脱粘、无滑移

(b) 无粘结、摩擦滑移

裂纹尖端脱粘

(c) 粘结、脱粘

图 6.3　基体的稳态开裂

下,弹性体内产生裂纹或界面滑移,得到的能量关系式广泛用于稳态裂纹的扩展计算中。

图 6.4 表示三种状态:状态 0 表示弹性体不受任何外力作用,但承受加工过程产生的残余应力 $\boldsymbol{\sigma}_0$;状态 1 表示弹性体处在外载 $\boldsymbol{T}$ 作用下,产生的位移场为 $\boldsymbol{u}_1$,应力和应变场分别为 $\boldsymbol{\sigma}_1$ 与 $\boldsymbol{\varepsilon}_1$,势能记为 π_1,其内部可能含有初始缺陷;状态 2 表示在外力不变的情况下,裂纹或界面发生了扩展或滑移,对应的位移场为 $\boldsymbol{u}_2$,应力和应变场为 $\boldsymbol{\sigma}_2$ 与 $\boldsymbol{\varepsilon}_2$,势能为 π_2。弹性体的本构关系为:

$$\boldsymbol{\varepsilon} = \boldsymbol{M}(\boldsymbol{\sigma} - \boldsymbol{\sigma}_0) \tag{6.1}$$

其中,$\boldsymbol{\sigma}_0$ 为残余应力,$\boldsymbol{M}$ 为材料的线性算子。

各状态的势能为

$$\begin{cases} \pi_1 = \dfrac{1}{2}\int_V \boldsymbol{\sigma}_1 \cdot \boldsymbol{M}(\boldsymbol{\sigma}_1)\mathrm{d}V - \int_S \boldsymbol{T} \cdot \boldsymbol{u}_1 \mathrm{d}S \\ \pi_2 = \dfrac{1}{2}\int_V \boldsymbol{\sigma}_2 \cdot \boldsymbol{M}(\boldsymbol{\sigma}_2)\mathrm{d}V - \int_S \boldsymbol{T} \cdot \boldsymbol{u}_2 \mathrm{d}S \end{cases} \tag{6.2}$$

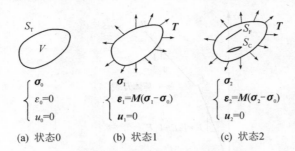

(a) 状态0　　　(b) 状态1　　　(c) 状态2

图 6.4　弹性体的三种连续状态

体积分部分表示物体内的应变能,面积分部分代表外力势能。利用 $\boldsymbol{\sigma}_1 \cdot \boldsymbol{M}(\boldsymbol{\sigma}_2)=\boldsymbol{\sigma}_2 \cdot \boldsymbol{M}(\boldsymbol{\sigma}_1)$,得到从状态 1 到状态 2 的势能减少为

$$\pi_1 - \pi_2 = \frac{1}{2}\int_V (\boldsymbol{\sigma}_1 - \boldsymbol{\sigma}_2)\cdot \boldsymbol{M}(\boldsymbol{\sigma}_1 - \boldsymbol{\sigma}_2)\mathrm{d}V - \int_S \boldsymbol{T}\cdot(\boldsymbol{u}_1 - \boldsymbol{u}_2)\mathrm{d}S \quad (6.3)$$

假设由状态 1 到状态 2 的变化过程中,作用在滑移面上的剪切应力为一常数 τ_g,与滑移方向相反。相对滑移量为 $|\Delta\boldsymbol{v}|$,滑移方向不变。这样,由虚功原理可以得到由状态 1 到状态 2 时外力所做的功:

$$\int_S \boldsymbol{T}\cdot(\boldsymbol{u}_1 - \boldsymbol{u}_2)\mathrm{d}S = \int_V \boldsymbol{\sigma}_2 \cdot \boldsymbol{M}(\boldsymbol{\sigma}_1 - \boldsymbol{\sigma}_2)\mathrm{d}V - \tau_g \int_{S_f}|\Delta\boldsymbol{v}|\mathrm{d}S \quad (6.4)$$

其中,式(6.4)右边第二项表示由于界面滑移而消耗的能量,表示为

$$\xi_f = \tau_g \int_{S_f}|\Delta\boldsymbol{v}|\mathrm{d}S \quad (6.5)$$

则式(6.3)变为

$$\pi_1 - \pi_2 = \frac{1}{2}\int_V (\boldsymbol{\sigma}_1 - \boldsymbol{\sigma}_2)\cdot \boldsymbol{M}(\boldsymbol{\sigma}_1 - \boldsymbol{\sigma}_2)\mathrm{d}V + \xi_f \quad (6.6)$$

上述结果是针对一般的裂纹扩展和界面滑移情况的能量变化。

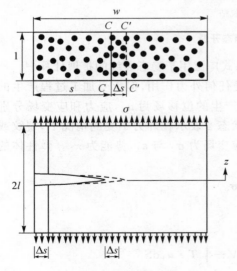

图 6.5　基体裂纹的扩展

考虑厚度为 1、宽度为 w 的单向纤维增强复合材料中有一长度为 s 的裂纹,如图 6.5 所示。此时裂纹尖端在 CC 截面,但所有纤维均未断裂。保持荷载不变,使裂纹尖端向前扩展 Δs 至 $C'C'$ 截面。相对于这一问题,状态 0 对应于无裂纹及无外载但有初应力的状态;状态 1 对应于在外载作用下,裂纹尖端处于 CC 位置;而状态 2 对应于在相同外载作用下,裂纹尖端扩展至 $C'C'$ 位置。稳态裂纹扩展可以理解为裂纹前缘的应力场及应变场的分布不会因裂纹扩展而改变,远离裂纹尖端的前端和尾端的应力场及应变场的分布也不变。定义 P_U 及 P_D 为远离裂纹尖端的前端及尾端单位横截面积的弹性势能,则从状态 1 到状态 2 的能量变化可以表示为

$$\pi_1 - \pi_2 = (P_U - P_D)\Delta s \quad (6.7)$$

其中，Δs 为裂纹的扩展长度（面积），利用式(6.6)可以得到势能释放率：

$$P_U - P_D = \frac{1}{2A_c} \int_{-l}^{l} \int_{A_c} (\boldsymbol{\sigma}_U - \boldsymbol{\sigma}_D) \cdot (\boldsymbol{\varepsilon}_U - \boldsymbol{\varepsilon}_D) \mathrm{d}A\,\mathrm{d}z + \frac{\partial \xi_f}{\partial s} \tag{6.8}$$

其中 $\boldsymbol{\sigma}_U$、$\boldsymbol{\varepsilon}_U$、$\boldsymbol{\sigma}_D$、$\boldsymbol{\varepsilon}_D$ 分别为裂纹尖端前端及尾端的应力及应变场，A_c 为复合材料的横截面积，$\partial \xi_f / \partial s$ 为界面滑移的摩擦能量耗散率（单位厚度）。

如果纤维及基体界面无粘结，只是由于残余应力的作用使得界面靠摩擦阻力控制，则材料由状态 1 转化到状态 2 所释放的弹性势能将用于平衡已开裂部分基体的断裂能（Γ_m）与摩擦阻力能之和。因此，式(6.8)成为

$$\frac{1}{2A_c} \int_{-l}^{l} \int_{A_c} (\boldsymbol{\sigma}_U - \boldsymbol{\sigma}_D) \cdot (\boldsymbol{\varepsilon}_U - \boldsymbol{\varepsilon}_D) \mathrm{d}A\,\mathrm{d}z = V_m \Gamma_m \tag{6.9}$$

其中，V_m 为基体所占的体积分数。根据式(6.9)可以求得纤维增强脆性基体复合材料中基体稳态开裂应力，它对于纤维与基体界面滑移情况和结合完好未滑移情况都是适用的。在有界面滑移的情况，要求滑移是单调增加的。

对于初始界面结合完好，但在外载作用下界面发生开裂的情况，不考虑式(6.8)中的摩擦滑移项，释放的能量要平衡基体开裂所需的能量和界面脱粘的能量。对于单位裂纹扩展，在裂纹的每一侧每根纤维脱粘的面积为 $2\pi r_f l_d$，单位面积内界面产生脱粘的纤维数量为 $V_f/(\pi r_f^2)$，由此，总的界面开裂能量释放率为 $4V_f(l_d/r_f)\dot{G}_{idc}$，其中 l_d 为界面脱粘长度，V_f 为纤维体积分数，r_f 为纤维半径，$\dot{G}_{idc}$ 为界面脱粘的临界能量释放率。因此，式(6.9)变为

$$\frac{1}{2A_c} \int_{-l}^{l} \int_{A_c} (\boldsymbol{\sigma}_U - \boldsymbol{\sigma}_D) \cdot (\boldsymbol{\varepsilon}_U - \boldsymbol{\varepsilon}_D) \mathrm{d}A\,\mathrm{d}z = V_m G_{mc} + 4V_f(l_d/r_f)\dot{G}_{idc} \tag{6.10}$$

为了利用式(6.9)和式(6.10)计算基体的稳态开裂应力，必须首先计算裂纹尖端前端及尾端的应力场分布 $\boldsymbol{\sigma}_U$ 及 $\boldsymbol{\sigma}_D$，对于界面脱粘情况，还要计算脱粘长度 l_d。下面计算裂纹尖端前端和尾端的纤维与基体中的应力。

对于裂纹尖端前端的未开裂部分，其应力状态与无裂纹的材料情况一样。假设等应变假设成立，则纤维和基体内的应力分别为

$$\begin{cases} \sigma_f^U = (E_f/E_c)\sigma + \sigma_f^I \\ \sigma_m^U = (E_m/E_c)\sigma + \sigma_m^I \end{cases} \tag{6.11}$$

其中，σ 为单向外部荷载；σ_f^I 和 σ_m^I 分别为未加载复合材料中纤维与基体内的初始轴向应力；E_f 和 E_m 为纤维与基体的杨氏模量；E_c 为复合材料的轴向杨氏模量，可由混合律求出：

$$E_c = E_f V_f + E_m V_m \tag{6.12}$$

初应力和总体应力满足关系

$$V_f \sigma_m^I + V_m \sigma_m^I = 0 \tag{6.13}$$

和

$$V_f \sigma_f + V_m \sigma_m = \sigma \tag{6.14}$$

裂纹尖端尾区的应力稍复杂一些，与界面的粘结有关（参见图 6.3）。在裂纹面上，纤维与基体的轴向应力为

$$\begin{cases} \sigma_f = \sigma/V_f \\ \sigma_m = 0 \end{cases} \tag{6.15}$$

对于离开裂纹面两侧较远的地方（$z = l, l \gg r_f$），其应力仍由式(6.11)表示。对于远离尖端但靠近裂纹面的区域，纤维和基体中的应力与界面的滑移和摩擦情况有关，可由剪滞法求得。

6.2.1 界面无脱粘、无滑移

取出一同心圆柱微元体,半径为 r_f 的纤维由一层外半径为 r_{cy} 的圆柱形基体包裹。取 $r_{cy} = r_f / \sqrt{V_f}$,以满足材料对纤维体积分数的要求。为了使问题简化,可以认为在 r_f 及 r_{cy} 之间基体所承受的轴向荷载均集中在半径为 $\bar{R}$ 的圆环上。$\bar{R}$ 的定义为

$$\ln\left(\frac{\bar{R}}{r_f}\right) = -\frac{2\ln V_f + V_m(3 - V_f)}{4V_m^2} \tag{6.16}$$

在 $r_f < r < \bar{R}$ 区间的基体仅承担剪切荷载 $\tau_{rz}(r, z)$。这个区域的平衡方程为

$$\frac{\partial \tau_{rz}}{\partial r} + \frac{\tau_{rz}}{r} = 0 \tag{6.17}$$

由弹性理论知

$$\tau_{rz} = G_m \frac{\partial \omega}{\partial r} \tag{6.18}$$

其中,$\omega(r, z)$ 为无裂纹状态的轴向位移。考虑一基体环的平衡,可得到

$$\tau_{rz}(r, z) = \frac{r_f \tau_i(z)}{r} \tag{6.19}$$

其中,$\tau_i(z)$ 为界面剪切应力:

$$\tau_i(z) = \frac{G_m(\omega_m - \omega_f)}{r_f \ln(\bar{R}/r_f)} \tag{6.20}$$

其中,$w_f = w(r_f, z)$,$w_m = w(\bar{R}, z)$ 分别为纤维及基体($r = \bar{R}$ 处)的轴向位移。考虑纤维的轴向平衡,得到

$$\frac{\partial \sigma_f}{\partial z} + \left(\frac{2}{r_f}\right)\tau_i = 0 \tag{6.21}$$

利用关系

$$\begin{cases} \dfrac{\sigma_f - \sigma_f^I}{E_f} = \dfrac{dw_f}{dz} \\[3mm] \dfrac{\sigma_m - \sigma_m^I}{E_m} = \dfrac{dw_m}{dz} \end{cases} \tag{6.22}$$

和方程(6.14),方程(6.20)、方程(6.21),并利用当 $z = 0$ 及 $|z| = \infty$ 时的边界条件(6.11)和(6.15),求得尾区纤维和基体中的应力

$$\begin{cases} \sigma_f^D - \sigma_f^U = (V_m/V_f)\sigma_m^U e^{-\rho|z|/a} \\[2mm] \sigma_m^D - \sigma_m^U = -\sigma_m^U e^{-\rho|z|/a} \\[2mm] \tau_i^D = \dfrac{z}{|z|} \times \dfrac{\rho}{2}(V_m/V_f)\sigma_m^U e^{-\rho|z|/a} \end{cases} \tag{6.23}$$

其中

$$\rho = \left[\frac{2G_m E_c}{V_m E_m E_f \ln(\bar{R}/r_f)}\right]^{1/2} \tag{6.24}$$

由于式(6.23)没有计及界面的滑移效应,对于纤维与基体之间靠摩擦力联结的情况,上述结果仅当界面不产生滑移时才适用,亦即

$$\tau_i^D(0) \leqslant \tau_s \tag{6.25}$$

或者
$$\sigma + (E_c/E_m)\sigma_m^I \leqslant \left(\frac{2V_f E_c}{\rho V_m E_m}\right)\tau_s \tag{6.26}$$

其中，τ_s 为界面滑移的临界应力。

6.2.2　纤维产生滑移

当方程式(6.25)不满足时，界面以摩擦力 $\tau_i = \tau_s$ 产生滑移，在裂纹的每侧的纤维滑移长度为 l_s。对于远离裂纹尖端的尾区和 $0 \leqslant |z| \leqslant l_s$，由式(6.14)、式(6.15)和式(6.21)可以得到

$$\begin{cases} \sigma_f^D = \dfrac{\sigma}{V_f} - 2\tau_s |z|/r_f \\ \sigma_m^D = 2(V_f/V_m)\tau_s |z|/r_f \quad (0 \leqslant |z| \leqslant l_s) \\ \tau_i^D = \tau_s \end{cases} \tag{6.27}$$

对于 $|z| \geqslant l_s$，由式(6.14)、式(6.19)~式(6.21)，利用边界条件 $|z| = l_s$、$\tau_i = \tau_s$，并且当 $|z| = \infty$ 时，式(6.11)成立，可得

$$\begin{cases} \sigma_f^D - \sigma_f^U = \dfrac{2\tau_s}{\rho} e^{-\rho(|z|-l_s)/r_f} \\ \sigma_m^D - \sigma_m^U = -\dfrac{2\tau_s}{\rho}(V_f/V_m)e^{-\rho(|z|-l_s)/r_f} \quad (|z| \geqslant l_s) \\ \tau_i^D = \dfrac{z}{|z|}\tau_s e^{-\rho(|z|-l_s)/r_f} \end{cases} \tag{6.28}$$

由 $|z| = l_s$ 处轴向应力连续条件，可以得关系

$$\frac{l_s}{r_f} = \frac{[\sigma + (E_c/E_m)\sigma_m^I]\left(\dfrac{V_m E_m}{V_f E_c}\right)}{2\tau_s} - \frac{1}{\rho} \tag{6.29}$$

这就是确定界面滑移长度 l_s 的公式，当 $l_s = 0$ 时，这一结果与条件(6.26)一致。当然方程(6.27)和方程(6.28)仅当 $l_s/r_f \geqslant 0$ 时才成立。当 l_s 大于几个纤维半径时，式(6.29)中的 $1/\rho$ 项较小。

6.2.3　在荷载作用下纤维脱粘

假设界面在裂纹尖端处沿着纤维脱粘了长度 l_d，而且界面脱粘区域保持张开，则在 $0 \leqslant |z| \leqslant l_d$ 内，轴向和剪切应力简化为

$$\begin{cases} \sigma_f^D = \sigma/V_f \\ \sigma_m^D = 0 \\ \tau_i^D = 0 \end{cases} \tag{6.30}$$

在 $|z| \geqslant l_d$ 内，利用剪滞分析可得到与无滑移情况一样的结果，只是在式(6.23)中将指数函数中的 $|z|$ 用 $(|z| - l_d)$ 代替。界面剪切应力将不会产生超过裂纹尖端脱粘长度 l_d 的任何附加脱粘。

与滑移情况相反,在$|z|=l_d$处,τ_i具有不连续性。

有了裂纹尖端前端和尾端的应力,可以计算基体的稳态开裂应力。

6.2.3.1 基体开裂:无粘结,纤维靠摩擦力控制

当$l\to\infty$时,稳态开裂情况的方程(6.9)可以写成

$$\frac{1}{2}\int_{-\infty}^{+\infty}\left[\frac{V_f}{E_f}(\sigma_f^U-\sigma_f^D)^2+\frac{V_m}{E_m}(\sigma_m^U-\sigma_m^D)^2\right]\mathrm{d}z+$$

$$\frac{1}{2\pi r_{cy}^2 G_m}\int_{-\infty}^{+\infty}\int_a^{\bar{R}}(\tau_m^D)^2 2\pi r\,\mathrm{d}r\,\mathrm{d}z=V_m\Gamma_m \tag{6.31}$$

对界面无滑移情况,将式(6.14)代入式(6.31),可以导出基体稳态开裂应力(σ_{cr})满足关系:

$$\frac{\sigma_{cr}}{E_c}+\frac{\sigma_m^I}{E_m}=\left(\frac{V_f E_f G_{mc}\rho}{aE_m E_c}\right)^{1/2} \tag{6.32}$$

如果不考虑左边第二项,则式(6.32)与阿维斯顿和凯利导出的结果一致。而系数ρ与半径$\bar{R}$有关,应首先确定$\bar{R}$。布狄安斯基、哈钦森和伊文斯用能量等效法得到关系

$$\ln\left(\frac{\bar{R}}{r_f}\right)=-\frac{2\ln V_f+V_m(3-V_f)}{4V_m^2} \tag{6.33}$$

此式表明当$V_f\to 1$时,$(\bar{R}-r_f)/(r_{cy}-r_f)\to 1/3$;当$V_f\to 0$时,$(\bar{R}-r_f)/(r_{cy}-r_f)\to \mathrm{e}^{-3/4}\approx 0.47$。

现在,引入常量

$$B_0=\left[\frac{V_m}{6\ln(\bar{R}/r_f)}\right]^{1/4} \tag{6.34}$$

则ρ的表达式(6.34)可以写成

$$\rho=\frac{B_0^2}{V_m}\left[\frac{6E_c}{E_f(1+V_m)}\right]^{1/2} \tag{6.35}$$

这样,式(6.32)可写成如下形式:

$$\frac{\sigma_{cr}}{E}+\frac{\sigma_m^I}{E_m}=\frac{\sigma_0}{E_c} \tag{6.36}$$

其中

$$\frac{\sigma_0}{E_c}=B_0\left[\frac{6V_f E_f}{V_m^2 E_c(1+V_m)}\right]^{1/4}\left[\frac{G_{mc}}{r_f E_m}\right]^{1/2} \tag{6.37}$$

将式(6.33)代入式(6.34),得到

$$B_0=\left[\frac{2V_m^3}{-6\ln V_f-3V_m(3-V_f)}\right]^{1/4} \tag{6.38}$$

当$V_f\to 1$时,$B_0\to 1$。对于较大的纤维体分比,参数B_0的变化很小。

当纤维与基体界面产生滑移时,对于$0\leqslant|z|\leqslant l_s$,可将方程(6.27)代入式(6.31),忽略区域$|z|\geqslant l_s$中释放的能量,式(6.29)中略去$1/\rho$项(这相当于$l_s/r_f\to\infty$,大滑移的情况),得到如下结果:

$$\frac{\sigma_{cr}}{E_c}+\frac{\sigma_m^I}{E_m}=\frac{\sigma_1}{E_c} \tag{6.39}$$

其中
$$\frac{\sigma_1}{E_c}=\left(\frac{6V_f^2 E_f \tau_s}{V_m E_m E_c}\right)^{1/3}\left(\frac{G_{mc}}{r_f E_m}\right)^{1/3} \tag{6.40}$$

这个结果是 ACK 针对大滑移情况得到的结果。为了建立无滑移和大滑移之间的关系,将 $|z|\geqslant l_s$ 的式(6.28)和 $0\leqslant|z|\leqslant l_s$ 的式(6.27)代入式(6.31),可以得到如下公式:
$$\frac{\sigma_{cr}+(E_c/E_m)\sigma_m^I}{\sigma_0}=\frac{Y}{3}\left(\frac{\sigma_1}{\sigma_0}\right)^3 \tag{6.41}$$

且
$$\frac{\sigma_1}{\sigma_0}=\left(\frac{27}{Y^3+3Y-1}\right)^{1/6} \tag{6.42}$$

参量 Y 由式(6.43)定义:
$$Y=\left(\frac{\sigma_{cr}}{E_c}+\frac{\sigma_m^I}{E_m}\right)\left(\frac{V_m E_m \rho}{2V_f \tau_s}\right)\begin{pmatrix}1&0\\0&1\end{pmatrix} \tag{6.43}$$

在 $Y>1$ 范围内的滑移情况下,参数 $[\sigma_{cr}+(E_c/E_m)\sigma_m^I]/\sigma_0$ 随独立变量 σ_1/σ_0 的变化曲线如图 6.6 所示。

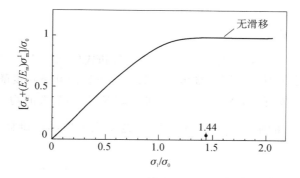

图 6.6　基体开裂(初始无粘结,只有摩擦力控制纤维)

当 $Y=1$ 时,$(\sigma_1/\sigma_0)=3^{1/3}=1.442$。因此,对 $(\sigma_1/\sigma_0)>3^{1/3}$ 的无滑移结果为
$$\frac{\sigma_{cr}+(E_c/E_m)\sigma_m^I}{\sigma_0}=1 \tag{6.44}$$

当 $Y\to\infty$ 时,$(\sigma_1/\sigma_0)\to0$。此时 $\sigma_{cr}+(E_c/E_m)\sigma_m^I$ 接近于大滑移 ACK 理论的 σ_1,大滑移的结果与图 6.6 中曲线的初始部分符合得较好。

利用式(6.39)可以对初始的非弹性失配应变进行优化,以使基体的稳态扩展应力取量大值。

6.2.3.2　基体开裂:初始粘结,但在外载作用下界面脱粘并张开

利用式(6.30),可以将能量方程(6.10)写成
$$\frac{1}{2}\int_{-\infty}^{+\infty}\left[\frac{V_f}{E_f}(\sigma_f^U-\sigma_f^D)^2+\frac{V_m}{E_m}(\sigma_m^U-\sigma_m^D)^2\right]dz+$$
$$\frac{1}{2\pi r_{cy}^2 \mu_m}\int_{-\infty}^{+\infty}\int_a^{\bar R}(\tau_{rz}^D)^2 2\pi r\,dr\,dz=V_m G_{mc} \tag{6.45}$$

由此,可以建立确定基体稳态开裂应力的方程为

$$\frac{\sigma_{cr}}{\sigma_0} = \left(\frac{1 + \dfrac{4V_f l_d \dot{G}_{idc}}{V_m r_f G_{mc}}}{1 + \dfrac{\rho l_d}{r_f}} \right)^{1/2} - \left(\frac{E_c}{E_m} \right) \frac{\sigma_m^I}{\sigma_0} \tag{6.46}$$

要计算 σ_{cr}，需要首先确定脱粘长度 l_d。

利用能量平衡法可以得到脱粘长度（l_d）：

$$\frac{l_d}{r_f} = (1 + \sqrt{V_f}) \left(\frac{1 - V_m}{8V_f} \right)^{1/2} X \tag{6.47}$$

和

$$\dot{G}_{idc} / G_{mc} = \frac{(1 + \sqrt{V_f})^2}{128\pi V_f} \left[\frac{2}{V_f(1 - V_m)} \right]^{1/2} Q(X) \tag{6.48}$$

其中

$$Q(X) = \left(\frac{\displaystyle\int_0^X \frac{\cosh s \, ds}{\sqrt{s}}}{\cosh X} \right)^2 \tag{6.49}$$

其中，$X = (l_d/r_{cy}) \left(\dfrac{2}{1 - V_f} \right)^{1/2}$。

图 6.7 绘出了 $Q(X)$ 随 X 的变化曲线，式（6.47）和式（6.48）表明，l_d/r_f 不是 $\dot{G}_{idc}/G_{mc}$ 的单值函数。图 6.8 绘出了对于不同纤维体积分数情况下界面开裂长度随界面断裂韧性的变化曲线。从图 6.7 中可以发现，当 $X^* = 0.920\,4$ 时，$Q(X)$ 达到最大值 $Q^* = 2.061$。将 Q^* 代入式（6.48），可得 $\dot{G}_{idc}/G_{mc}$ 的临界值 $(\dot{G}_{idc}/G_{mc})^*$。这一临界值随纤维体积分数的变化曲线如图 6.9 所示。

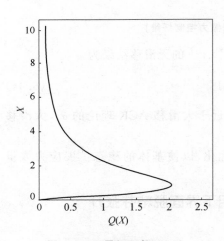

图 6.7　无量纲函数 $Q(X)$

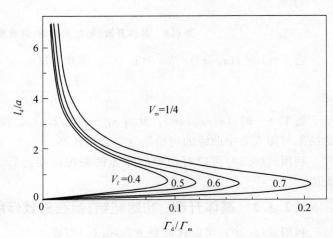

图 6.8　脱粘长度与韧性比的关系

利用式（6.24），计算基体稳态开裂应力的方程（6.40）变为

$$\frac{\sigma_{cr}}{\sigma_0} + \frac{E_c}{E_m} \frac{\sigma_m^I}{\sigma_0} = \left\{ \frac{1 + \dfrac{4V_f l_d \dot{G}_{idc}}{V_m r_f G_{mc}}}{1 + \dfrac{B^2 l_d}{V_m r_f} \left[\dfrac{6E_c}{(1 + V_m)E_f} \right]^{1/2}} \right\}^{1/2} \tag{6.50}$$

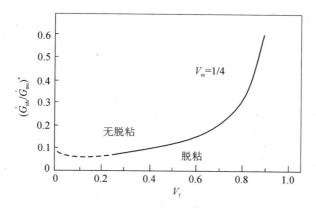

图 6.9　临界脱粘韧性与纤维体积分数的关系

当 $\Gamma_d/\Gamma_m > (\Gamma_d/\Gamma_m)^*$ 时，界面不会产生脱粘。无滑移的结果为方程（6.44）。在有脱粘（即 $\Gamma_d/\Gamma_m < (\Gamma_d/\Gamma_m)^*$）的情况下，式（6.50）预测的基体开裂应力应该小于无脱粘的情况。实际上只要

$$(\dot{G}_{idc}/G_{mc})^* < \frac{B^2}{4V_f}\left[\frac{6E_c}{E_f(1+\upsilon_m)}\right]^{1/2} \tag{6.51}$$

式（6.50）的值就小于 1。条件（6.51）一般很容易满足。图 6.10 说明了基体开裂强度从无脱粘到脱粘的急剧下降的变化情况，在这个图中取材料常数 $E_f/E_m = 3$，$\upsilon_m = 1/4$，$\sigma_m^1 = 0$。

将上述结果与马歇尔和伊文斯的实验结果进行了对比，对于碳化硅纤维增强玻璃陶瓷基复合材料，理论结果与实验结果基本一致。

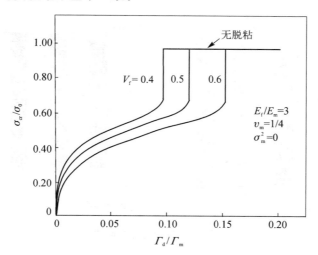

图 6.10　基体开裂强度与韧性比的关系

6.3　基体开裂问题的应力强度因子法

用 ACK 模型分析基体的稳态开裂强度存在两个限制：其一，不能考虑裂纹的分布状态，而玻璃和陶瓷一类的材料的开裂强度与裂纹的分布有关；其二，ACK 方法的基本原理是比较

基体开裂前后的能量变化,但是严格的热力学分析要求考虑裂纹长度的影响。

马歇尔、考克斯和伊文斯利用应力强度因子法研究了纤维桥联的基体开裂强度问题,并且对于稳态裂纹问题与 ACK 能量平衡法进行了比较。对于短裂纹提出了相应的处理方法。

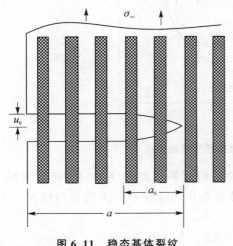

图 6.11　稳态基体裂纹

如图 6.11 所示,纤维桥联基体裂纹开口处的位移接近于基体完全破坏时的位移 u_0。除了裂纹尖端的一段 a_0 之外,裂纹面上的位移等于 u_0,在这一区域桥联纤维所受的力与施加的外力相平衡。这种情况下,只在长度 a_0 内引起裂纹尖端的应力集中,裂纹扩展所需的应力与裂纹的长度无关,裂纹扩展为稳态扩展。相反,对于短裂纹($a<a_0$),整个裂纹对应力集中都有影响,因此,就像均匀材料一样,裂纹扩展的应力与裂纹长度有关。

考虑复合材料中含有一裂纹,假定基体与纤维的滑移只有摩擦力起作用。桥联裂纹的形成分两步(见图 6.12);首先,在外力 σ_∞ 作用下,裂纹面上的所有纤维和基体都断开;其次,在纤维的端点施加力 P,其大小使断开的纤维再重新闭合。如果裂纹的长度远大于纤维的间距,则上述过程相当于在裂纹的表面施加闭合压力

$$P(x) = PV_f \tag{6.52}$$

其中,x 为裂纹表面上的位置,V_f 为纤维体积分数。

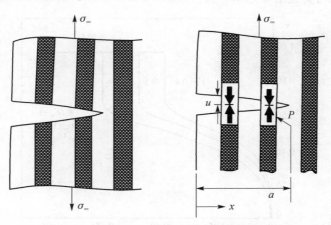

图 6.12　纤维闭合效应的实现

如图 6.13 所示,作用在裂纹表面的净压力为 $[\sigma_\infty - P(x)]$。根据断裂力学理论,无限大介质中裂纹的合应力强度因子为

$$\begin{cases} K^L = 2\left(\dfrac{a}{\pi}\right)^{1/2} \displaystyle\int_0^1 \dfrac{[\sigma_\infty - P(X)]\mathrm{d}X}{\sqrt{1-x^2}} & \text{(直裂纹)} \\[4mm] K^L = 2\left(\dfrac{a}{\pi}\right)^{1/2} \displaystyle\int_0^1 \dfrac{[\sigma_\infty - p(X)]X\,\mathrm{d}X}{\sqrt{1-X^2}} & \text{(币形裂纹)} \end{cases} \tag{6.53}$$

其中，$X = x/a$。

应力强度因子表征了紧靠基体裂纹前缘区域的
应力和应变场。在这个区域内，不允许纤维和基体
有相对位移，因而其变形是协调的。纤维、基体及复
合材料发生的轴向变形应相同：

$$\frac{\sigma_{\mathrm{m}}}{E_{\mathrm{m}}} = \frac{\sigma}{E_{\mathrm{c}}} \tag{6.54}$$

其中，σ_{m} 是基体的应力；σ 为复合材料的应力；E_{c} 为
复合材料的有效轴向弹性模量，可由混合律求出。
这样复合材料和基体的应力强度因子之间的关系为

$$K^{\mathrm{L}} = K^{\mathrm{m}} E_{\mathrm{c}}/E_{\mathrm{m}} \tag{6.55}$$

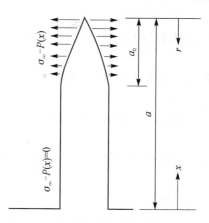

图 6.13　作用在稳态裂纹上的表面力

其中，K^{m} 为基体的应力强度因子。当 K^{m} 达到基体
的临界应力强度因子 K_{mc} 时，裂纹将均衡扩展。这样，裂纹的扩展准则可写为

$$K^{\mathrm{L}} = K_{\mathrm{c}}^{\mathrm{L}} = K_{\mathrm{c}}^{\mathrm{m}} E_{\mathrm{c}}/E_{\mathrm{m}} \tag{6.56}$$

式(6.53)和式(6.56)建立了基体开裂条件与外力 σ_{∞} 的关系。但需要首先计算纤维的闭合压
力 $P(x)$。

为了计算裂纹表面纤维的闭合压力 $P(x)$，取出如图 6.14 所示的材料单元。在 AA' 面的
纤维及基体应力为远场应力，不因裂纹的存在而改变，并且

$$P_{\mathrm{m}}/E_{\mathrm{m}} = P_{\mathrm{f}}/E_{\mathrm{f}} \tag{6.57}$$

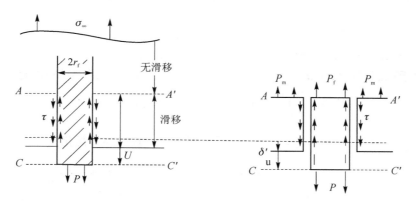

图 6.14　纤维拔出的分析模型

在滑移部分，纤维与基体界面有一常量摩擦阻力 τ，其方向与滑移方向相反。分别考虑纤
维和基体的平衡，得到

$$P_{\mathrm{m}} A_{\mathrm{m}} = 2\pi r_{\mathrm{f}}/\tau \tag{6.58}$$

$$P A_{\mathrm{f}} = 2\pi r_{\mathrm{f}}/\tau + P_{\mathrm{f}} A_{\mathrm{f}} \tag{6.59}$$

其中，r_{f} 为纤维半径；$A_{\mathrm{f}} = \pi r_{\mathrm{f}}^2$，为纤维横截面积；$A_{\mathrm{m}}$ 为每根纤维所拥有的基体面积。基体的
应变为

$$\delta/l_{\mathrm{s}} = \pi r_{\mathrm{f}}/(\tau A_{\mathrm{m}} E_{\mathrm{m}}) \tag{6.60}$$

纤维的应变为

$$(\delta + u)/l_s = P_f/E_f + \pi r_f/(\tau A_f E_f) \tag{6.61}$$

其中，u 为裂纹的张开位移，即纤维的拨出长度。由式(6.57)、式(6.58)，得到

$$P = 2l_s\tau(1+\eta_0)/r_f \tag{6.62}$$

其中，$\eta_0 = E_f V_f/E_m V_m$。联立式(6.57)、式(6.58)、式(6.60 和式(6.61)，得到界面的滑移长度

$$l_s^2 = ur_f E_f/[\tau(1+\eta_0)] \tag{6.63}$$

将式(6.63)代入式(6.62)，得到

$$P = 2[uE_f\tau(1+\eta_0)/r_f]^{1/2} \tag{6.64}$$

由式(6.52)得到裂纹表面的纤维闭合压力与张开位移的关系：

$$P(x) = 2[u\tau V_f^2 E_f(1+\eta_0)]^{1/2} \tag{6.65}$$

裂纹面上任一点的张开位移与整个裂纹的全部荷载有关：

$$\begin{cases} u(X) = \dfrac{4(1-\upsilon_m)a}{\pi E_c}\displaystyle\int_x^1 \frac{s}{\sqrt{1-s}}\int_0^1 \frac{[\sigma_\infty - P(t)]}{\sqrt{s^2-t^2}}\mathrm{d}t\,\mathrm{d}s & \text{（直裂纹）}\\ u(X) = \dfrac{4(1-\upsilon_m)a}{\pi E_c}\displaystyle\int_x^1 \frac{s}{\sqrt{1-s}}\int_0^1 \frac{[\sigma_\infty - P(t)]t}{\sqrt{s^2-t^2}}\mathrm{d}t\,\mathrm{d}s & \text{（币形裂纹）} \end{cases} \tag{6.66}$$

其中，s、t 为归一化坐标。用应力强度因子法分析基体的开裂，需要先求解方程(6.65)和方程(6.66)得到裂纹表面的力，然后利用方程(6.53)得到应力强度因子。

对于如图 6.14 所示的稳态裂纹采用量纲分析。在 $x<a-a_0$ 上，纤维的闭合压力正好与外力平衡，即 $\sigma_\infty - P(x) = 0$。但是，在接近裂纹尖端的区域 $a-a_0<x<a$ 内，存在净张力。在这个区域内，闭合压力 $P(x)$ 应该从裂尖 $x=a$ 处的 0 值光滑地变化到 $x=a-a_0$ 处的 σ_∞，令

$$P = \sigma_\infty f(\rho) \quad (\rho \leqslant 1) \tag{6.67}$$

其中，$\rho = r/a_0 = (a-r)/a_0$。当 $\rho=0$ 时，$f(\rho)=0$；当 $\rho=1$ 时，$f(\rho)=1$。

这样，对于稳态裂纹($a\gg a_0$，且当 $r>a_0$ 时，$\sigma_\infty - P(x)=0$)，式(6.53)简化为

$$K^L = \left(\frac{2}{\pi}\right)^{1/2}\int_0^{c_0}[\sigma_\infty - P(r)]r^{-1/2}\mathrm{d}r = \upsilon_0\sigma_\infty c_0^{1/2} \tag{6.68}$$

其中，$\upsilon_0 = \left(\dfrac{2}{\pi}\right)^{1/2}\displaystyle\int_0^1[1-f(\rho)]\rho^{-1/2}\mathrm{d}\rho$，是无量纲常数。式(6.66)简化为

$$u(\rho) = \frac{2(1-\upsilon_m)\sigma_\infty a_0}{\pi E_c}\int_\rho^0 \frac{1}{\sqrt{\rho-\lambda}}\int_1^\lambda \frac{[1-f(\phi)]\mathrm{d}\phi}{\sqrt{\phi-\lambda}}\mathrm{d}\lambda \tag{6.69}$$

其中，$\phi = a(1-t)a_0$，$\lambda = a(1-s)/a_0$。另外，由式(6.65)和式(6.67)得到

$$u(\rho) = \sigma_\infty^2[f(\rho)]^2 r_f/[4\tau V_f^2 E_f(1+\eta)] \tag{6.70}$$

由式(6.69)和式(6.70)，得到

$$c_0 = \omega_0\sigma_\infty E_c r_{cy}/[\tau V_f^2 E_f(1+\eta)(1-\upsilon_m^2)] \tag{6.71}$$

其中，w_0 是无量纲常数：

$$w_0 = \frac{\pi[f(\rho)]^2}{8}\int_\rho^0 \frac{1}{\sqrt{\rho-\lambda}}\int_1^\lambda \frac{[1-f(\phi)]\mathrm{d}\phi}{\sqrt{\phi-\lambda}}\mathrm{d}\lambda \tag{6.72}$$

将式(6.71)代入式(6.68)中，并令当 $K^L = K_c^m E_c/E_m$ 时的外力 $\sigma_\infty = \sigma_0$，得到基体开裂应力

$$\bar{\sigma}_{mc} = \delta'[(1-\upsilon_m^2)(K_c^m)^2\tau E_f V_f^2\upsilon_m(1+\eta_0)^2/(E_m r_f)]^{1/3} \tag{6.73}$$

其中，$\delta' = (w_0\upsilon^2)^{-1/3}$。

这一结果与 ACK 方法的结果相同。

对于短裂纹,要计算复合材料的应力强度因子,必须从式(6.65)和式(6.66)中解出位移,然而无法得到这一显式解,因此,采用近似分析。

假定短裂纹的形状与承受均布压力的裂纹的形状相同,通过调整压力的大小使它产生相同的应力强度因子 K^L。由式(6.66)得到

$$u(x) = 2(1 - v_m^2)K^L a^{1/2}(1 - x^2/a^2)^{1/2}/(E_c \pi^{1/2}) \tag{6.74}$$

由式(6.65)和式(6.66)得到实际的压力分布

$$P(x) = [\alpha K^L a^{1/2}(1 - x^2/a^2)^{1/2}]^{1/2} \tag{6.75}$$

其中,$\alpha = 8(1 - v_m^2)\tau V_f^2 E_f(1 + \eta_0)/(E_c r_{cy} \pi^{1/2})$。

在裂纹尖端位移是 K^L 的单值函数,对于 $x \approx a$,式(6.74)是精确解,但不适用于长裂纹的 x 很小的情况,这是因为裂纹的张开位移必须渐近地趋向 u_D,但由式(6.74)表示的位移在长裂纹时是无界的。在方程(6.74)中令 $P = \sigma_\infty$,得到极限位移

$$u_0 = \sigma_\infty^2 r_{cy}/[4\tau V_f^2 E_f(1 + \eta_0)] \tag{6.76}$$

在式(6.74)中令 $u = u_0, x = 0$,得到相应的瞬间裂纹长度

$$a_0 = \sigma_\infty^4/(\alpha K^L)^2 \tag{6.77}$$

因此,方程(6.74)表示的位移只能应用于长度小于 a_0 的裂纹(即 $u < u_0$)。对于长裂纹,可通过裂纹形状相等的方法得到极值解。

将方程(6.74)代入方程(6.53)中,得到当 $a < a_0$ 时的应力强度因子

$$K^L = \Omega \sigma_\infty a^{1/2} - (4\alpha/\pi)^{1/2}(K^L)^{1/2} a^{3/4} I \quad (a \leqslant a_0) \tag{6.78}$$

其中,Ω 和 I 是无量纲函数。

对于直裂纹

$$\Omega = \pi^{1/2}, \quad I = \int_0^1 (1 - X^2)^{-1/4} dX = 1.2 \tag{6.79}$$

对于币形裂纹

$$\Omega = 2/\pi^{1/2}, \quad I = \int_0^1 (1 - X^2)^{-1/4} X dX = 2/3 \tag{6.80}$$

在式(6.78)中,令 $K^L = K_c^L$,得到

$$\sigma_\infty = K_c^L/(\Omega a^{1/2}) + [4\alpha K_c^L I^2/(\pi \Omega)^2]^{1/2} a^{1/4}, (a \leqslant a_0) \tag{6.81}$$

将此式表示为归一化形式,即

$$\frac{\sigma_\infty}{\sigma_m} = \frac{1}{3}\left(\frac{a}{a_m}\right)^{-1/2} + \frac{2}{3}\left(\frac{a}{a_m}\right)^{1/4} \tag{6.82}$$

其中

$$a_m = (\pi K_c^L/\alpha I^2)^{2/3} \tag{6.83}$$

$$\sigma_m = (3/\Omega)(K_c^L \alpha I^2/\pi)^{1/3} = \delta''[(1 - \gamma_m^2)(K_c^L)^2 \tau E_f^2 V_f^2 V_m(1 + \eta)^2/(E_m r_{cy})]^{1/3} \tag{6.84}$$

$$\delta'' = 6I^{2/3}/(\Omega \pi^{1/2}) \tag{6.85}$$

方程(6.82)表明归一化应力与裂纹长度的关系。另外,对式(6.65)和式(6.66)可以直接进行数值求解。对于直裂纹和币形裂纹,方程(6.82)和数值结果表示在图 6.15 中。

由图 6.15 可以看出,当裂纹的长度 $a > a_m/3$ 时,基体的开裂应力与裂纹长度无关;当裂纹的长度 $a < a_m/3$ 时,基体的开裂应力随裂纹长度的减小而迅速增大。这实际上定义了裂纹稳态扩展的范围。a_m 可以作为一个细观结构参数,称为基体开裂的特征长度。研究表明,在

高应力下,基体稳态开裂的适用范围很小,因为稳态开裂仅适用于很小的 a_m,并且要求纤维在裂纹面上保持完整。

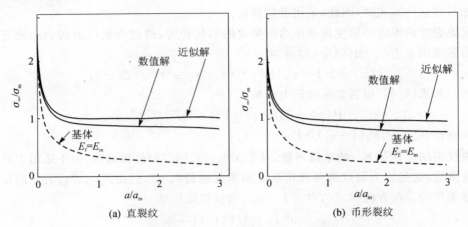

图 6.15　直裂纹与币形裂纹的归一化应力同裂纹长度的关系.

　　基体开裂是一个复杂的问题,ACK 能量模型适用于稳态裂纹的扩展,本节用应力强度因子法处理了短裂纹的情况。在稳态开裂情况下,两种方法得出一致的结果。

　　另一个重要问题是纤维的拔出过程,这需要考虑复合材料的残余应力和界面的摩擦状况,这方面的研究工作也有很多。

第7章 复合材料界面破坏力学

在 2.8 节中已经讨论了界面在复合材料中的作用,并且利用界面强度的概念讨论了以剪切破坏为主要模式的界面破坏。在第 6 章中讨论了界面缺陷对复合材料宏观性能和局部应力场的影响。这些工作对于理解界面(层)的作用和破坏过程有重要的帮助,但是,这些工作也存在许多明显的缺陷和不足。主要是因为界面强度的实验测定比较困难,单丝拔出、单丝压出和单丝碎断实验的结果分散性很大。除了实验标准的问题之外,主要原因是对剪切应力在界面上的分布不清楚,而现有的假设又过于简单。最近的研究表明,在自由端点处的界面应力是奇异的,这一结论直接导致了界面剪切强度准则的失效,因此,许多工作致力于用与能量相关的参数表示界面的粘结程度,这样便形成了以界面断裂力学为核心的界面破坏力学。

本章将利用界面断裂能的概念和断裂力学的方法分析界面的破坏过程,讨论基于界面控制的复合材料增强增韧机理。

7.1 界面断裂力学——裂纹尖端弹性场

二维各向同性材料的弹性位移和应力场可用复变函数表示:

$$2G(u_x + iu_y) = \hbar\phi(z) + (\bar{z} - z)\overline{\phi'(\bar{z})} - \overline{\Omega}(\bar{z}) \tag{7.1}$$

$$\sigma_{xx} + \sigma_{yy} = 2[\phi'(z) + \overline{\phi'(\bar{z})}] \tag{7.2}$$

$$\sigma_{yy} - \sigma_{xx} + 2i\sigma_{xy} = 2[(\bar{z} - z)\phi''(z) - \phi'(\bar{z}) + \Omega'(z)] \tag{7.3}$$

其中,$z = x + iy$,$\phi(z)$ 和 $\Omega(z)$ 是解析函数,$\phi'(z) = d\phi/dz$,$\bar{z}$ 表示 z 的共轭,G 是剪切模量,v 是泊松比,且

$$\hbar = \begin{cases} 3 - 4v, & \text{(平面应变)} \\ (3 - v)/(1 + v), & \text{(平面应力)} \end{cases}$$

用 R_1 表示无限大材料域 1、R_2 表示无限大材料域 2,假设界面裂纹表面无外力作用,如图 7.1 所示,用 ϕ_1、Ω_1 和 ϕ_2、Ω_2 分别表示在 R_1 和 R_2 区域内的解。由界面的应力连续条件

$$(\sigma_{yy} - i\sigma_{xy})_1 = (\sigma_{yy} - i\sigma_{xy})_2, \quad (y = 0, x > 0) \tag{7.4}$$

得到

$$\phi_1'(x)^+ + \overline{\Omega}_1'(x) = \phi_2'(x)^- + \overline{\Omega}_2'(x)^+ \tag{7.5}$$

由于 $\phi_1(z)$ 在 R_1 内解析,$\overline{\phi}_1(z)$ 在 R_2 内解析,对于 Ω_1、ϕ_2、Ω_2 也有相同的解析性质,则式(7.5)可表示为

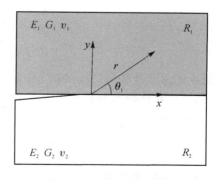

图 7.1 界面断裂问题

$$\phi_1'(z) - \overline{\Omega}_2'(z) = \phi_2'(z)^- - \overline{\Omega}_1'(z) = 2g(z) \tag{7.6}$$

其中，$g(z)$ 在 $R_{12} = R_1 + R_2$ 上是解析的。

由界面位移连续条件

$$(u_x + iu_y)_1 = (u_x + iu_y)_2, \quad (y = 0, x > 0) \tag{7.7}$$

可得到

$$[\hbar_1 \phi_1'(x)^+ - \bar{\Omega}_1'(x)^-]/G_1 = [\hbar_2 \phi_2'(x)^- - \bar{\Omega}_2'(x)^+]/G_2, \quad (x > 0) \tag{7.8}$$

由 $\phi'(z)$ 与 $\Omega'(z)$ 的解析连续性，有

$$(\hbar_1/G_1)\phi_1'(z) + (1/G_2)\bar{\Omega}_2'(z) = (\hbar_2/G_2)\phi_2'(z) + (1/G_1)\bar{\Omega}_1'(z) \tag{7.9}$$

最后，在裂纹表面上

$$(\sigma_{yy} - i\sigma_{xy})_1 = 0, \quad (y = 0^+, x < 0) \tag{7.10}$$

$$(\sigma_{yy} - i\sigma_{xy})_2 = 0, \quad (y = 0^-, x < 0) \tag{7.11}$$

可得到关系：

$$\phi_1'(x)^+ + \bar{\Omega}_1'(x)^- = 0, \quad (x < 0, \text{在 } R_{12} \text{ 内}) \tag{7.12}$$

至此，利用方程(7.6)和方程(7.9)，可以将函数 $\phi_2'(z)$、$\bar{\Omega}_1'(z)$、$\bar{\Omega}_2'(z)$ 用 $\phi_1'(z)$ 和 $g(z)$ 表示出来，再利用方程(7.12)可首先得到函数 $\phi_1'(z)$ 的表达式：

$$\phi_1'(z) = e^{-\pi\varepsilon} z^{(\frac{1}{2}+i\varepsilon)} f(z) + 2c_2 g(z)/(c_1 + c_2) \tag{7.13}$$

其他函数的表达式为：

$$\Omega_1'(z) = e^{\pi\varepsilon} z^{(-\frac{1}{2}+i\varepsilon)} \bar{f}(z) - 2c_2 \bar{g}(z)/(c_1 + c_2) \tag{7.14}$$

$$\phi_2'(z) = e^{\pi\varepsilon} z^{(-\frac{1}{2}+i\varepsilon)} \bar{f}(z) + 2c_1 g(z)/(c_1 + c_2) \tag{7.15}$$

$$\Omega_2'(z) = e^{-\pi\varepsilon} z^{(-\frac{1}{2}+i\varepsilon)} \bar{f}(z) - 2c_1 \bar{g}(z)/(c_1 + c_2) \tag{7.16}$$

其中，$f(z)$ 是在 R_{12} 内解析的函数，且

$$c_1 = (\hbar_1 + 1)/G_1, \quad c_2 = (\hbar_2 + 1)/G_2 \tag{7.17}$$

$$\varepsilon = \frac{1}{2\pi} \ln\left(\frac{\hbar_1/G_1 + 1/G_2}{\hbar_2/G_2 + 1/G_1}\right) \tag{7.18}$$

引入下述两个参数：

$$\alpha_D = \frac{G_1(\hbar_2 + 1) - G_2(\hbar_1 + 1)}{G_1(\hbar_2 + 1) + G_2(\hbar_1 + 1)} \tag{7.19}$$

$$\beta_D = \frac{G_1(\hbar_2 - 1) - G_2(\hbar_1 - 1)}{G_1(\hbar_2 + 1) + G_2(\hbar_1 + 1)} \tag{7.20}$$

它们被称为邓杜勒斯(Dundurs)参数，表示两种材料的弹性失配程度。对于大部分的材料组合，第二个邓杜勒斯参数在零附近取值。

利用第二个邓杜勒斯参数，可将 ε 表示为

$$\varepsilon = \frac{1}{2\pi} \ln \frac{1 - \beta_D}{1 + \beta_D} \tag{7.21}$$

对于不同的边界条件，可选择适当的解析函数 $f(x)$ 和 $g(x)$，得到应力场。在界面裂纹尖端，有

$$\sigma_{ij} = \frac{\text{Re}(Kr^{i\varepsilon})}{\sqrt{2\pi r}} \sigma_{ij}^{\text{I}}(\theta) + \frac{\text{Im}(Kr^{i\varepsilon})}{\sqrt{2\pi r}} \sigma_{ij}^{\text{II}}(\theta) \tag{7.22}$$

其中，$\sigma_{ij}^{\mathrm{I}}(\theta)$ 和 $\sigma_{ij}^{\mathrm{II}}(\theta)$ 是角度的无量纲函数。在界面裂纹前缘（$\theta=0$），式（7.22）简化为

$$\sigma_{yy} + \mathrm{i}\sigma_{xy} = Kr^{\mathrm{i}\varepsilon}/\sqrt{2\pi r} \tag{7.23}$$

裂纹面之间的位移差为

$$u + \mathrm{i}v = \frac{8Kr^{\mathrm{i}\varepsilon}}{E^*(1+2\mathrm{i}\varepsilon)\cosh \pi\varepsilon}\sqrt{\frac{r}{2\pi}} \tag{7.24}$$

其中

$$\frac{1}{E^*} = \frac{1}{\bar{E}_1} + \frac{1}{\bar{E}_2}$$

$$\bar{E} = \begin{cases} E/(1-v^2), & \text{（平面应变）} \\ E, & \text{（平面应力）} \end{cases}$$

注意到 $r^{\mathrm{i}\varepsilon} = \mathrm{e}^{\mathrm{i}\varepsilon\ln r} = \cos(\varepsilon\ln r) + \mathrm{i}\sin(\varepsilon\ln r)$，从式（7.23）和式（7.24）可以看出，当 r 趋于零时，奇异应力是振荡的，裂纹面有互相嵌入现象。只要 $\varepsilon\neq0$，应力的奇异振荡和裂纹面的相互嵌入现象总是存在的。为了消除这种现象，提出了许多解决办法，例如，裂纹面接触区模型、无滑移界面裂纹模型和各种各样的界面层模型等。

式（7.23）中的应力强度因子是一个复数，可表示为

$$KL^{\mathrm{i}\varepsilon} = |K|\mathrm{e}^{\mathrm{i}\Psi} \tag{7.25}$$

其中，相角 Ψ 可通过式（7.24）表示：

$$\Psi = \tan^{-1}\left(\frac{v}{u}\right) + \tan^{-1}(2\varepsilon) - \varepsilon\ln\left(\frac{l}{r}\right) \tag{7.26}$$

式（7.26）中的 l 是一个参考长度，对于一个界面裂纹，要首先给定参考长度，才能定义相角。对于不同的参考长度 l_1 和 l_2，对应的相角之间的关系为

$$\Psi_2 - \Psi_1 = \varepsilon\ln(l_2/l_1) \tag{7.27}$$

应力强度因子有不同的定义方式，式（7.22）定义的应力强度因子 K 具有 $\sigma l^{\left(\frac{1}{2}-\mathrm{i}\varepsilon\right)}$ 的量纲，即

$$K = Y\sigma l\left(\frac{1}{2} - \mathrm{i}\varepsilon\right)\mathrm{e}^{\mathrm{i}\Psi} \tag{7.28}$$

能量释放率可以写成

$$\dot{G}_r = |K|^2/(E^*\cosh^2\pi\varepsilon) = |K|^2\left(\frac{1-v_1}{G_1} + \frac{1-v_2}{G_2}\right)/(4\cosh^2\pi\varepsilon) \tag{7.29}$$

当 $\varepsilon=0$ 时，上述所有方程都退化为均匀材料的解，即

$$K = K_{\mathrm{I}} + \mathrm{i}K_{\mathrm{II}} = |K|\mathrm{e}^{\mathrm{i}\Psi} \tag{7.30}$$

$$\Psi = \arctan\left(\frac{K_{\mathrm{II}}}{K_{\mathrm{I}}}\right) = \arctan\left(\frac{\sigma_{12}}{\sigma_{22}}\right) = \arctan\left(\frac{v}{u}\right) \tag{7.31}$$

$$\dot{G}_r = (K_{\mathrm{I}}^2 + K_{\mathrm{II}}^2)/\bar{E} \tag{7.32}$$

7.2　界面断裂能

双材料界面的断裂韧性由两个重要参数控制，第一个参数是界面断裂能（Γ），它是裂纹能量释放率的临界值，可以根据式（7.29）计算出来。在许多情况下，能量释放率可以被直接解析

地确定或用有限元方法计算。能量释放率也可用裂纹表面位移表示：

$$\dot{G}_r = \frac{\pi(u^2 + v^2)(1 + 4\varepsilon^2)}{8r[(1-v_1)/G_1 + (1-v_2)/G_2]} \tag{7.33}$$

其中，u、v 分别为裂纹表面的张开和错动位移，$v(v_1, v_2)$、$G(G_1, G_2)$ 为材料的泊松比和剪切模量(参看图 7.1)。

第二个重要参数是外载的相角(Ψ)，它是裂纹表面所经历的剪切与张开模式混合度的度量。其定义为式(7.26)，当 $\varepsilon = 0$ 时，可简化为

$$\Psi = \arctan\left(\frac{v}{u}\right) \tag{7.34}$$

Ψ 可以利用有限元方法和积分方程法确定，但它要比能量释放率的计算复杂一些。值得注意的是，即使外载垂直于界面，Ψ 也往往是非零的，这是由界面两侧材料的弹性失配造成的。另外，Ψ 的大小是裂纹长度的函数，因而当求解界面断裂力学问题时，必须要计算 Ψ。这是界面断裂与均匀材料断裂的一个重要区别。

7.2.1　界面断裂韧度的唯象表示

界面断裂一般是混合型的，界面断裂的混合度决定了裂纹表面是否产生接触效应与塑性变形，从而影响材料的断裂韧度。因此，界面断裂韧度与混合度具有密切的关系。设 R_I^c 是界面的纯 I 型韧度，则在混合状态下的界面断裂韧度可表示为

$$\Gamma(\Psi) = R_I^c[1 + (\lambda - 1)\sin^2\Psi]^{-1} \tag{7.35}$$

其中，λ 是一个参数，表示 II 型断裂对界面韧度的贡献，当 $\lambda = 1$ 时，表示裂纹的扩展仅依赖于 I 型分量。对于塑胶玻璃/环氧树脂系统，$\lambda = 0.3$。公式(7.35)和塑胶玻璃/环氧树脂系统的实验结果示于图 7.2 中。

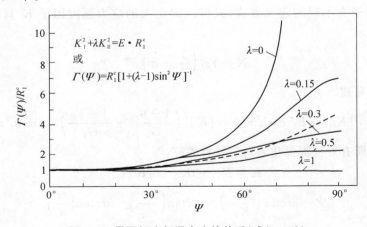

图 7.2　界面韧度与混合度的关系(式(7.35))

从公式(7.35)中可以看出，当 $\Psi \to \pi/2$(近 II 型)时，界面韧度明显提高，而当 $\Psi = 0$(I 型)时，界面韧度最低。还有其他的界面断裂韧度公式：

$$\Gamma(\Psi) = R_I^c[1 + \tan^2(1-\lambda)\Psi] \tag{7.36}$$

$$\Gamma(\Psi) = R_I^c[1 + (1-\lambda)\tan^2\Psi] \tag{7.37}$$

它们分别被表示在图 7.3(a)和图 7.3(b)中。图 7.4 给出了塑胶玻璃/环氧树脂系统的实验数

据及他与式(7.37)的比较,图中的 Ψ_1 和 Ψ_2 是在式(7.26)中选用不同的参考长度 l 所得的相角。

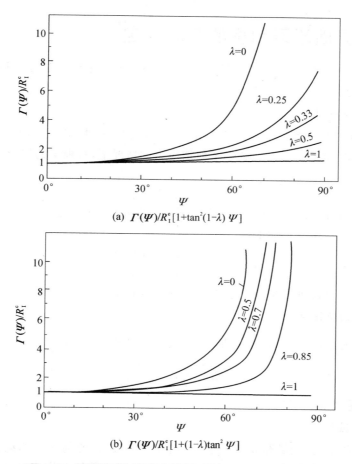

(a)　$\Gamma(\Psi)/R_1^c[1+\tan^2(1-\lambda)\ \Psi]$

(b)　$\Gamma(\Psi)/R_1^c[1+(1-\lambda)\tan^2\ \Psi]$

图 7.3　界面韧度与混合度的关系(式(7.36)、式(7.37))

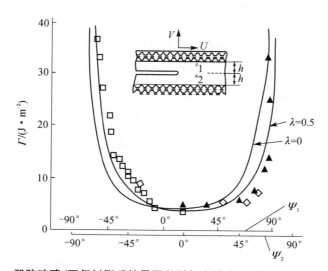

图 7.4　塑胶玻璃/环氧树脂系统界面断裂韧度的实验数据及与式(7.37)的比较

在界面的断裂韧度确定以后,界面裂纹的起裂准则可表示为

$$\dot{G}_r(\Psi) = \Gamma(\Psi) \tag{7.38}$$

7.2.2 界面断裂韧度的实验测定

为了测量不同外载相角下的界面断裂韧度,已经发展了多种测试方法和试件。伊文斯等列出了 4 种常用的试件。

1. 对称双悬臂梁试件

对称双悬臂梁试件中裂纹长度与均匀介质的厚度相比很大,因此,界面上下的材料可近似看作悬臂梁,如图 7.5(a)所示。在忽略了剪切应力的情况下,每根梁的位能贡献为

$$U = \frac{2P^2 a^3}{Eh^3 w} \tag{7.39}$$

其中,E 为杨氏模量,h 为梁厚度,a 为裂纹长度,P 为外载,w 为梁宽。当界面上的裂纹扩展时,其能量释放率可简单计算如下:

$$\dot{G}_r = -\frac{2}{w}\left(\frac{\partial U}{\partial a}\right) = \frac{12P^2 a^2}{Ew^2 h^3} \tag{7.40}$$

其实,以上这种情况就是裂纹处于均匀介质中的情况。

2. 非对称悬臂梁试件

如图 7.5(b)所示,其中只有被卷曲的上层介质的位能对 $\dot{G}_r$ 有贡献:

$$\dot{G}_r = \frac{6P^2 a^2}{E_1 w^2 h^2} = \frac{3E_1 \Delta^2 h^3}{8a^4} \tag{7.41}$$

其中,E_1 为上层悬臂梁的杨氏模量。

3. 四点弯曲试件

如图 7.5(c)所示,其能量释放率等于未断裂的梁的总位能与裂开的梁的总位能之差(每单位长度)。由于裂纹上部的位能很小,因此当计算裂开的梁的总位能时可忽略不计,而仅由裂纹下高 h_2 的梁确定,这样经过简单的运算可得到:

$$\dot{G}_r = \frac{M^2}{2E_1 w}\left(\frac{E_1}{E_2 I_2} - \frac{1}{I_c}\right) \tag{7.42}$$

其中,下标 c 对应于复合梁,$M = Pl/2$,I_2 和 I_c 分别为

$$\begin{cases} I_2 = wh_2^3/12 \\ I_c = wh_c^3/12 + \lambda wh_2^3/12 + \lambda wh_1 h_2(h_1 + h_2)^2/[4(h_1 + \lambda h_2)] \end{cases}$$

这里 $\lambda = E_2/E_1$。从式(7.42)可注意到 $\dot{G}_r$ 与裂纹长度无关。

4. 轴对称拉伸试件

如图 7.5(d)所示,从下部完好的复合材料位能中减去上部脱粘纤维中的位能,可得界面裂纹扩展的能量释放率:

$$\dot{G}_r = \frac{P^2 \lambda r_f}{4E_f[\lambda + V_f/(1-V_f)]} \tag{7.43}$$

其中,r_f 为纤维半径,P 为外载应力,V_f 为纤维体积分数,E_f 为纤维模量。

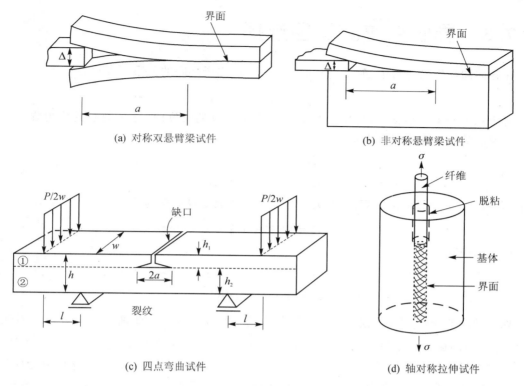

(a) 对称双悬臂梁试件

(b) 非对称悬臂梁试件

(c) 四点弯曲试件

(d) 轴对称拉伸试件

图 7.5　常用的试件

上述各种试件具有一个共同的特点,当界面裂纹的长度远大于试件的特征尺寸(如梁的厚度或纤维的半径等)时,外载相角维持一个稳定值,而各试件的这一稳定值可以通过有限元计算得到。但这为实验也带来许多不便,因为不同的相角要进行不同的实验。采用布拉齐尔-坚果(Brazile-nut)试件,可以对不同大小的相角进行实验,图 7.6 是利用这种试件测量的塑胶玻璃/环氧树脂系统的界面断裂韧度。

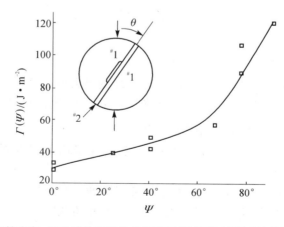

图 7.6　用布拉齐尔-坚果试件测量的的塑胶玻璃/环氧树脂系统的界面断裂韧度

7.3　界面裂纹的路径选择

在各向同性均匀材料中,能量释放率与应力强度因子之间的关系可表示为

$$\dot{G}_r = (K_I^2 + K_{II}^2)/\bar{E} \tag{7.44}$$

对于一个分叉的小裂纹,当其长度 a 远小于主裂纹的长度时,分叉裂纹的应力强度因子可用主裂纹的应力强度因子表示:

$$\begin{cases} K_I^k = c_{11}K_I + c_{12}K_{II} \\ K_{II}^k = c_{12}K_I + c_{22}K_{II} \end{cases} \tag{7.45}$$

其中,系数 c_{ij} 与分叉裂纹角度 Ω_a 有关。分叉裂纹的能量释放率为

$$\dot{G}_r^k = (K_I^{k2} + K_{II}^{k2})/\bar{E} \tag{7.46}$$

这样可得关系式

$$\dot{G}_r/\dot{G}_r^k = F(\Omega_a, \Psi) \tag{7.47}$$

其中

$$\Psi = \arctan(K_{II}/K_I) \tag{7.48}$$

如果裂纹要偏折,则必然选择使 $\dot{G}_r^k$ 取最大值 G_{max}^k 的方向,由此确定偏折角 Ω_a。研究表明,$\dot{G}_{max}^k$ 对应的偏折角度与 $K_{II}^k = 0$ 对应的角度基本一致。大量的实验也证明了这一事实。

在含有界面的多相材料中,裂纹的偏转与裂纹转换主要发生在界面上。这可分为两种情况:一种为原来沿着界面扩展的裂纹偏折出界面,一种为垂直于界面的裂纹在界面前偏转。

7.3.1　沿界面扩展的裂纹的偏折

对于含有一种界面的二元系统,界面裂纹扩展路径取决于下列参数:加载相角(Ψ)、界面断裂韧度($\Gamma = \Gamma(\Psi)$)、均匀材料 1 和 2 的 I 型韧度(Γ_1、Γ_2),以及邓杜勒斯参数(α_D、β_D)等。

He 和哈钦森将界面裂纹的扩展路径选择准则表示为:当

$$\dot{G}_1/\dot{G}_2^{max} > \Gamma(\Psi)/\Gamma_2 \tag{7.49}$$

时,裂纹保持在界面上;当

$$\dot{G}_1/\dot{G}_2^{max} < \Gamma(\Psi)/\Gamma_2 \tag{7.50}$$

时,裂纹折入材料 2。其中 $\dot{G}_2^{max}$ 是 $\dot{G}_2$ 相对于折角 Ω 的最大值,如图 7.7 所示。与均匀材料的情况相似,利用这一准则得到的界面裂纹偏折角度与 $K_{II} = 0$ 对应的角度基本一致。当 $\beta_D = 0$ 时,$\dot{G}_1/\dot{G}_2^{max}$ 与相角(Ψ)的关系曲线如图 7.7 所示。

伊文斯等对界面裂纹的偏折进行了实验研究,建议采用下列准则判断界面裂纹的扩展路径:

(1) 当界面断裂韧度 $\Gamma \ll \Gamma_1, \Gamma_2$ 时,对于任意相角 Ψ,裂纹沿界面扩展。

(2) 当界面断裂韧度 $\Gamma \approx \Gamma_2, \Gamma_2 \ll \Gamma_1$ 时,存在一个相角范围,当

$$0 \leqslant \Psi \leqslant \Psi_{max} \tag{7.51}$$

时,裂纹保持在界面上;当

$$\Psi > \Psi_{max} \tag{7.52}$$

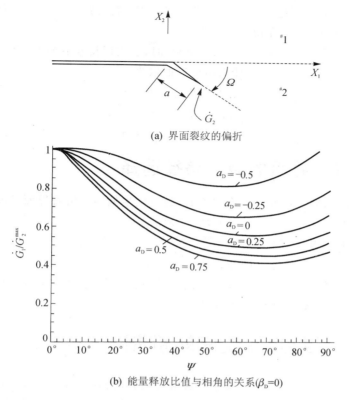

(a) 界面裂纹的偏折

(b) 能量释放比值与相角的关系($\beta_D = 0$)

图 7.7　界面裂纹的路径选择准则 1

时，裂纹折入材料 2。其中 Ψ_{max} 与邓杜勒斯参数 α_D、β_D 和比值 Γ_1/Γ_2 有关。这个准则被表示在图 7.8 中。

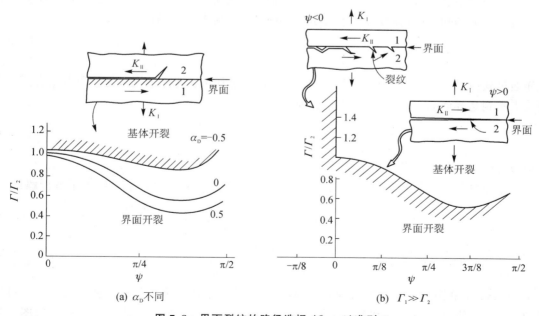

(a) α_D 不同

(b) $\Gamma_1 \gg \Gamma_2$

图 7.8　界面裂纹的路径选择 ($\beta_D = 0$) 准则 2

在实际计算中,这一准则可进一步简化。假设 $\Gamma_1 \leqslant \Gamma_2$,裂纹路径选择准则为:

(1) 在 $\Psi < 0$ 的情况下,裂纹保持在界面上。

(2) 在 $\Psi \geqslant 0$ 的情况下,当 $\Gamma(\Psi)/\Gamma_2 \leqslant 1-\rho(\Psi)$ 时,裂纹保持在界面上,反之,裂纹折入材料 2 中,其中 $\rho(\Psi)$ 与材料组合有关,在计算中可近似取为

$$\rho(\Psi) = \begin{cases} 0.0, & \Psi \in [0, \pi/8] \\ 0.2, & \Psi \in [\pi/8, \pi/4] \\ 0.4, & \Psi \in [\pi/4, \pi/2] \end{cases} \tag{7.53}$$

7.3.2　垂直于界面的裂纹路径选择

当一条垂直于界面的裂纹扩展到界面附近时,裂纹发生偏转而沿着界面扩展的条件为

$$\Gamma(\Psi)/\Gamma_2 \leqslant r(\alpha_D) \tag{7.54}$$

此时裂纹将折入界面上。当

$$\Gamma(\Psi)/\Gamma_2 > r(\alpha_D) \tag{7.55}$$

时,裂纹穿过界面,进入材料 2 中。对于 $\alpha_D = 0$ 附近的材料组合,上式中 $\Gamma(\Psi)$ 取 $\Psi \approx 45°$ 时的值,$r(\alpha_D) = 0.25$。$r(\alpha_D)$ 随 α_D 的变化曲线如图 1.21 所示。

7.4　基于应力的裂纹偏转机制

戈登和库克两位学者计算了当半椭圆裂纹尖端发展到由相同各向同性均匀材料结合的弱界面时的应力场分布,提出了基于应力的裂纹偏转准则。他们验证了裂纹尖端应力方向是多轴的,与加载应力的方向无关。而穿透界面方向(x 轴)的应力最大值出现在裂纹尖端前 l^* 处,l^* 约等于裂纹尖端的曲率半径 l_ρ。

考虑裂纹平面垂直于界面的特殊情况,界面出现脱粘需要界面强度小于等于裂纹尖端 x 轴向最大应力,同时纤维强度大于裂纹尖端法向(z 轴)最大应力,有

$$\sigma_{xx}^{\max} \geqslant \sigma_i^c \tag{7.56}$$

$$\sigma_{zz}^{\max} < \sigma_f^c \tag{7.57}$$

这样通过式(7.56)、式(7.57),将裂纹尖端场的最大应力分量进行比较。戈登和库克给出了当裂纹尖端到达界面时,界面发生脱粘的判别式:

$$\frac{\sigma_i^c}{\sigma_f^c} < \frac{1}{5} \tag{7.58}$$

其中,σ_i^c、σ_f^c 分别是界面和纤维的强度。

对于单轴拉伸同性均匀材料中的椭圆裂纹尖端应力场,莫吉(Maugis)给出了解析解:

$$(a_L - a_S)^2 \left(\frac{\sigma_{xx}}{\sigma_a}\right)_{z=0} = -a_L^2 + \frac{a_L |x|}{\sqrt{x^2 - a_L^2 + a_S^2}} \left[a_L - \frac{a_S^2(a_L - a_S)}{x^2 - a_L^2 + a_S^2}\right] \tag{7.59}$$

$$(a_L - a_S)^2 \left(\frac{\sigma_{zz}}{\sigma_a}\right)_{z=0} = a_S^2 + \frac{a_L |x|}{\sqrt{x^2 - a_L^2 + a_S^2}} \left[a_L - 2a_S + \frac{a_S^2(a_L - a_S)}{x^2 - a_L^2 + a_S^2}\right] \tag{7.60}$$

其中,a_L、a_S 是椭圆裂纹尖端的长轴和短轴,σ_a 是垂直于裂纹平面的外载。通过式(7.59)可以得到 σ_{xx} 最大值位置与戈登和库克的预测一致。图 7.9 是式(7.59)、式(7.60)的函数图。当

x 等于裂纹尖端曲率半径 l_ρ 时，σ_{xx} 达到最大值，之后随着 x 的增大缓慢减小。而因为各应力分量都随着 z 的增大而减小，所以当 $z=0$ 时各应力分量达到最大值。

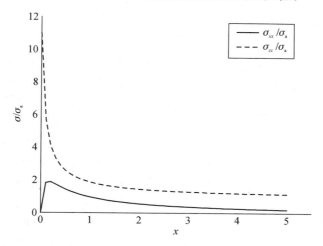

图 7.9　各向同性均质材料在单轴拉伸下椭圆裂纹尖端应力场函数图

由于基体裂纹是不断扩展到达界面的，考虑均质各向同性材料中当裂纹尖端扩展到距离界面正好为 l_ρ 时，界面处的 σ_{xx} 正好达到最大值，是界面出现损伤的临界点，因此界面脱粘的判据式(7.58)改写为

$$\frac{\sigma_i^c}{\sigma_f^c} \leqslant \frac{\sigma_{xx}^{\max}}{\sigma_{zz}^{\max}} = \frac{\sigma_{xx}(x=l_\rho)}{\max\limits_x \sigma_{zz}(x>l_\rho)} \tag{7.61}$$

如果界面强度与纤维强度的比值不满足式(7.61)，则有可能出现以下三种情况：

（1）界面强度和纤维强度都不满足式(7.56)、式(7.57)，界面不出现脱粘，裂纹穿透纤维，出现脆性断裂。

（2）界面强度满足式(7.56)，纤维强度不满足式(7.57)，界面出现脱粘，裂纹穿透纤维，同样出现脆性断裂。

（3）界面强度不满足式(7.56)，纤维强度满足式(7.57)，界面不出现脱粘，纤维不出现损伤，裂纹在界面处停止扩展。

7.5　有限元分析

有限元方法经过几十年的发展已经成为一种相当成熟的数值求解方法，广泛用于工程领域。有限元方法的基本思想是将分析的连续体采用各类网格进行离散化，转化成有限的网格节点进行计算。根据变分原理、虚功原理等理论，采用不同的网格类型及不同的离散方式，代入相应的形函数与积分点进行组装，从而得到有限个相应问题的代数方程组，通过求解方程组得到相应问题的数值解。网格划分得越密、网格的阶数越高，用有限元方法得到的数值解越快地收敛于精确解。

现有的商用有限元软件已相当成熟且功能十分强大，如 ABAQUS、ANSYS 等。这些商用软件提供的图形用户(UI)界面十分便捷，从模型的建立、网格的划分到有限元计算都有相应模块提供给用户，仿真结果的后处理也提供了云图等方式帮助用户处理数据。另外，还提供多个接口帮助用户对特殊模型、网格等进行二次开发。这些商用有限元软件已广泛应用于固态结构力学分析、电磁有限元分析、流体力学有限元分析等领域。

7.5.1 应力的偏转机制模型

为验证基于应力的偏转机制,根据 7.4 节需要采用有限元方法计算出裂纹尖端附近的应力场分布。采用均质各向同性材料中的椭圆裂纹尖端模型,选取椭圆裂纹尖端的短半轴为 $a_S = 0.01\ \mu m$,长半轴为 $a_L = 1\ \mu m$,则裂纹尖端的半径为 $l_\rho = a_S^2/a_L = 0.1\ nm$。建立如图 7.10 所示的二维界面模型,界面两侧的材料是各向同性、弹性、均质的,材料 1 中存在垂直于界面的裂纹,椭圆裂纹尖端距离界面 l_ρ。材料 1、2 的弹性模量和泊松比分别为 E_1、υ_1、E_2、υ_2。

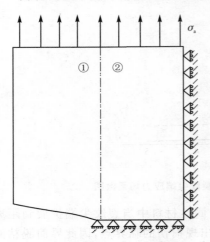

图 7.10 椭圆裂纹尖端模型的边界条件和裂纹位置示意图

根据图 7.10 建立相应的椭圆裂纹尖端有限元模型,如图 7.11 所示。考虑到两种材料完美结合,在 ABAQUS 界面直接采用 tie 绑定。对模型采用垂直于裂纹面的拉伸应力 σ_a,使用静力分析计算椭圆裂纹尖端周围的应力场,选择最大的穿透应力 σ_{xx}^{max} 和界面处的偏转方向最大应力 σ_{zz}^{max} 进行比较,从而验证基于应力的偏转准则。另外,改变界面两相材料的弹性模量比,验证材料弹性模量对裂纹偏转的影响。

图 7.11 椭圆裂纹尖端有限元模型示意图

7.5.2 能量的偏转机制模型

根据 7.3 节,基于能量的裂纹偏转准则的关键在于求解裂纹尖端的相对能量释放率。直接数值积分 $f(\alpha_1, \beta_1)$ 是十分烦琐的,而直接采用有限元方法计算能量释放率,由于裂纹尖端引起的应力集中,需要在裂纹尖端划分十分精细的网格才能保证有限元结果的精度,而高精度的网格显著提高了计算量。本小节采用虚拟裂纹闭合技术(VCCT)来计算裂纹尖端的能量释放率,与其他方法相比 VCCT 计算更为简便,可减少非线性不收敛问题的出现。

VCCT 由雷比茨基(Rybicki)和康尼安(Kannien)两位学者提出,根据欧文(Irwin)对线弹性体的裂纹尖端能量理论,通过裂纹尖端的节点张开位移求得能量释放率(见图 7.12):

$$\dot{G}_{\mathrm{I}} = \lim_{\Delta c \to 0} \frac{1}{2\Delta a} \bar{F}_{\mathrm{C}} \cdot (v_c - v_d)$$

$$\dot{G}_{\mathrm{II}} = \lim_{\Delta c \to 0} \frac{1}{2\Delta a} \bar{T}_{\mathrm{C}} \cdot (u_c - u_d)$$

其中,$\bar{F}_{\mathrm{C}}$、$\bar{T}_{\mathrm{C}}$ 分别是裂纹尖端节点在 x、y 方向受到的节点力分量,u_c、u_d、v_c、v_d 分别是节点 c、d 在 x、y 方向的位移分量。

当采用 VCCT 模拟裂纹的扩展时,需要定义裂纹的扩展路径,并将路径两侧的部分重合节点进行绑定以确定裂纹尖端的位置。同时需要给予 VCCT 一个能量释放率的临界值,及路径上的断裂韧度 G_{equivC}。在外载作用下,VCCT 根据裂纹尖端节点的张开位移和节点力计算能量释放率并与断裂韧度 G_{equiv} 比较,有

$$f = \frac{G_{\mathrm{equiv}}}{G_{\mathrm{equivC}}} \geqslant 1.0 \qquad (7.62)$$

根据式(7.62)判断裂纹是否继续扩展。G_{equivC}、G_{equiv} 在使用不同准则时的计算方法不同,涉及 Ⅰ、Ⅱ、Ⅲ 三型裂纹扩展的能量释放率,常用的准则有三种:

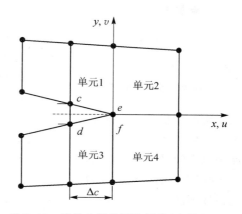

图 7.12　裂纹尖端的网格划分(应用 VCCT)

(1) 幂准则:

$$\frac{G_{\mathrm{equiv}}}{G_{\mathrm{equivC}}} = \left(\frac{\dot{G}_{\mathrm{I}}}{\dot{G}_{\mathrm{IC}}}\right)^{a_m} + \left(\frac{\dot{G}_{\mathrm{II}}}{\dot{G}_{\mathrm{IIC}}}\right)^{a_n} + \left(\frac{\dot{G}_{\mathrm{III}}}{\dot{G}_{\mathrm{IIIC}}}\right)^{a_o} \qquad (7.63)$$

(2) B-K 准则:

$$\begin{cases} G_{\mathrm{equivC}} = \dot{G}_{\mathrm{IC}} + (\dot{G}_{\mathrm{IIC}} - \dot{G}_{\mathrm{IC}})\left(\dfrac{\dot{G}_{\mathrm{II}} + \dot{G}_{\mathrm{III}}}{\dot{G}_{\mathrm{I}} + \dot{G}_{\mathrm{II}} + \dot{G}_{\mathrm{III}}}\right) \\ G_{\mathrm{equiv}} = \dot{G}_{\mathrm{I}} + \dot{G}_{\mathrm{II}} + \dot{G}_{\mathrm{III}} \end{cases} \qquad (7.64)$$

(3) 里德(Reeder)准则:

$$\begin{cases} G_{\mathrm{equicC}} = \dot{G}_{\mathrm{IC}} + (\dot{G}_{\mathrm{IIC}} - \dot{G}_{\mathrm{IC}})\left(\dfrac{\dot{G}_{\mathrm{II}} + \dot{G}_{\mathrm{III}}}{\dot{G}_{\mathrm{I}} + \dot{G}_{\mathrm{II}} + \dot{G}_{\mathrm{III}}}\right)^{\eta} + \\ \qquad\quad (\dot{G}_{\mathrm{IIIC}} - \dot{G}_{\mathrm{IIC}})\left(\dfrac{\dot{G}_{\mathrm{III}}}{\dot{G}_{\mathrm{II}} + \dot{G}_{\mathrm{III}}}\right)\left(\dfrac{\ddot{G}_{\mathrm{II}} + \dot{G}_{\mathrm{III}}}{\dot{G}_{\mathrm{I}} + \dot{G}_{\mathrm{II}} + \dot{G}_{\mathrm{III}}}\right)^{\eta} \\ G_{\mathrm{equic}} = \dot{G}_{\mathrm{I}} + \dot{G}_{\mathrm{II}} + \dot{G}_{\mathrm{III}} \end{cases} \qquad (7.65)$$

将 VCCT 方法引入有限元模型,不需要将裂纹尖端的网格进行特殊精细化处理就可以得

到较为精确的数值结果,同时在迭代过程中不需要重新划分网格,只需要裂纹尖端网格节点相对位移和相应的节点力有解并收敛。VCCT 表示的物理含义是明确的。VCCT 已广泛应用于有限元裂纹模型的计算中,ABAQUS 在 6.14 版本也推出了 VCCT 模块。

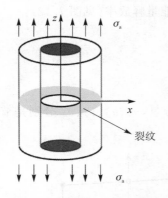

图 7.13　单向 SiC_f/SiC 复合材料等效体积单元

为分析单向 SiC_f/SiC 复合材料中裂纹在基体/纤维界面处的能量偏转准则,选取能够代表 SiC_f/SiC 复合材料的等效体积单元建立有限元模型,如图 7.13 所示。整个等效体积单元由单根纤维与包裹它的基体圆筒组成,受到轴向应力 σ_a 作用,垂直纤维轴向的基体裂纹已扩展至基体/纤维界面,裂纹平面在等效体积单元的中间($x=0$)。

由于图 7.13 所示的等效体积单元在几何形状、所受外载、边界条件上都轴对称,因此对于均质、各向同性材料可将图 7.13 的模型简化为二维平面轴对称模型进行分析,取模型 xz 截面的 1/4 做有限元模型,如图 7.14 所示。

根据图 7.14 建立有限元模型,选择纤维半径 $r_f=6.5\ \mu m$,整个模型的半径为 $10\ \mu m$,轴向长度为 $20\ \mu m$,计算得到纤维的体积分数为 0.422 5。由于裂纹面位于 r 轴上($z=0$),不利于同时设置边界条件和裂纹扩展路径,因此将裂纹面向上微微移动($z\rightarrow0$),便于穿透界面的裂纹路径的设置,使它既能满足 VCCT 的使用条件也不对有限元结果产生影响。将 SiC 纤维的弹性模量设置为 $E_1=200\ GPa$、泊松比设置为 $\upsilon_1=0.25$。SiC 基体的弹性参数通过弹性不匹配参数 α_1 反求,以研究弹性不匹配度对相对能量释放率的影响。在 ABAQUS 建立好模型并赋予材料参数,如图 7.15 所示。

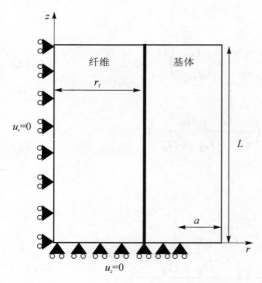

图 7.14　单向 SiC_f/SiC 复合材料二维平面轴对称模型示意图

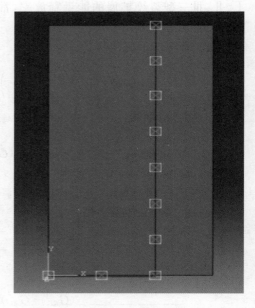

图 7.15　单向 SiC_f/SiC 复合材料二维平面轴对称有限元模型示意图

根据图 7.14 可以确定有限元模型的边界条件,由于是平面轴对称模型,因此 $r=0$ 截面不会出现 r 轴向位移($u_r=0$),$z=0$ 截面不会出现 z 轴向位移($u_z=0$)。由于基体裂纹已垂直扩展至基体/纤维界面,因此通过基体区域下截面不添加约束来表征裂纹破坏。在上截面添加平面应力载荷,以模拟单向 SiC_f/SiC 复合材料单轴拉伸情况。

将建立的有限元模型进行网格划分,网格的数量和质量在一定程度上影响有限元结果的精度。经过测试,本模型当网格量为 20 000 时已经收敛,具有良好的精度。

在 Interaction 接触模块中设置纤维/基体界面的接触属性,在断裂准则中设置 VCCT 的参数,并指定穿透界面和偏转界面的两条裂纹扩展路径。在两条裂纹扩展路径上设定绑定的节点集合,表示在初始状态下这部分节点的路径结合完好无裂纹,没有绑定的节点表示这部分路径已存在裂纹,两者交接的节点即为裂纹尖端。在相同外载下,调整裂纹尖端的节点改变裂纹扩展的长度,进而可以分析裂纹扩展长度对相对能量释放率 $\dot{G}_d/\dot{G}_p$ 的影响。

对于断裂问题和接触问题,有限元方法的收敛性设置是必要的。采用几何非线性分析,并减小最小增量步,适当提高不收敛时的试算次数(I_A)等方法都可以提高有限元模型的收敛性,使它给出更为精确的数值解。

在结果的后处理中,ABAQUS 需要用户在场变量管理模块中增加选择应变能释放率来输出裂纹尖端的能量释放率,增加选择粘结状态来确定裂纹扩展的方向和扩展长度。

7.6　计算结果与分析

7.6.1　应力的偏转机制模型

有限元仿真分析结果如图 7.16 所示,可以看到穿透裂纹的应力最大值 $\sigma_{xx}^{\max}$ 基本在界面处及裂纹尖端前 l_ρ 处,符合椭圆裂纹尖端应力场计算理论值。

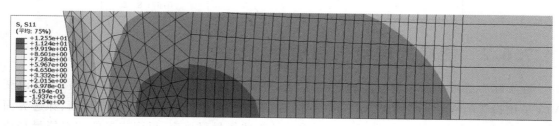

图 7.16　有限元模型椭圆裂纹尖端 σ_{xx} 应力云图($E_2/E_1=1$)

在 $E_2/E_1=1$ 下,取得 $\dfrac{\sigma_{xx}^{\max}}{\sigma_{zz}^{\max}}=\dfrac{\sigma_{xx}(x=l_\rho)}{\max\limits_x \sigma_{zz}(x>l_\rho)}=0.473\,6$,跟文献和理论计算值接近,如表 7.1 所列。

表 7.1　裂纹尖端距离 $x=l_\rho$ 处的应力分量比值($E_2/E_1=1$)

	Cook and Gordon	Maugis	Pompidou	ABAQUS
$\sigma_{xx}^{\max}/\sigma_{zz}^{\max}$	0.496 8	0.486 7	0.465 4	0.473 6

蓬皮杜(Pompidou)等在界面两侧材料弹性模量不同的情况下计算了裂纹尖端应力分量最大值,并得到 $\sigma_{xx}{}^{max}/\sigma_{zz}{}^{max}$ 随 E_2/E_1 的变化主曲线。为便于实际应用可以将它转化为 σ_1^c/σ_2^c 曲线,如图 7.17 所示。通过调整有限元模型材料的弹性模量比,得到的 $\sigma_{xx}{}^{max}/\sigma_{zz}{}^{max}$ 基本符合文献的主曲线图的趋势,如表 7.2 所列。

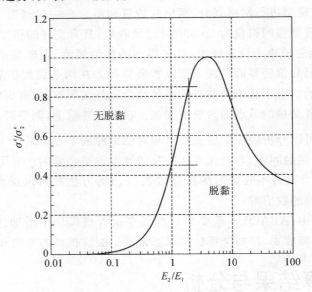

图 7.17　裂纹偏转的应力主曲线

表 7.2　裂纹尖端距离 $x=l_p$ 处的应力分量比值的有限元结果

E_2/E_1	$\sigma_{xx}^{max}/\sigma_{zz}^{max}$	E_2/E_1	$\sigma_{xx}^{max}/\sigma_{zz}^{max}$
0.5	0.310 5	2	0.583 6
1	0.437 6	3	0.671 8

7.6.2　能量的偏转机制模型

在实际中纤维的断裂韧度是确定的,因此,令纤维路径的临界断裂韧度(R_p^c)不变,改变 VCCT 中设置的临界断裂韧度(R_d^c),使得计算的裂纹扩展路径刚好处于偏转界面、穿透界面的临界点,如图 7.18、图 7.19 所示。进而根据计算的能量释放率,得到临界的相对能量释放率与相对韧度的比较,验证 HH 准则。

分析裂纹的扩展长度对于相对能量释放率的影响。通过 VCCT 设定的裂纹扩展路径中初始绑定的节点区域来改变裂纹的扩展长度,初始绑定的节点集越大,裂纹扩展的长度越小。图 7.20～图 7.22 给出了裂纹扩展长度对能量释放率的影响。

分析认为,临界相对能量释放率当裂纹扩展长度较小时较为稳定;当裂纹扩展长度过大时,临界相对能量释放率变化过大出现失真。需要令裂纹扩展长度尽可能小来保证临界相对能量释放率的可信度。

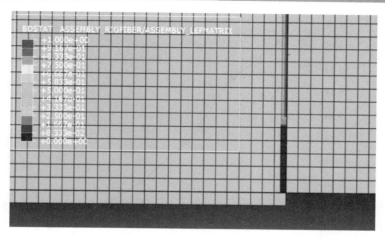

图 7.18　ABAQUS 后处理中裂纹在界面偏转示意图

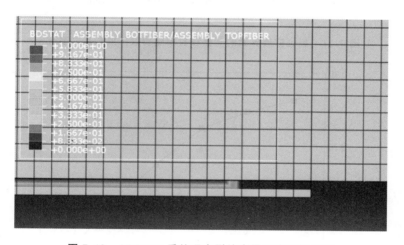

图 7.19　ABAQUS 后处理中裂纹在界面穿透示意图

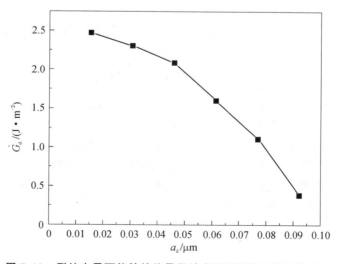

图 7.20　裂纹在界面偏转的能量释放率随裂纹扩展长度的变化

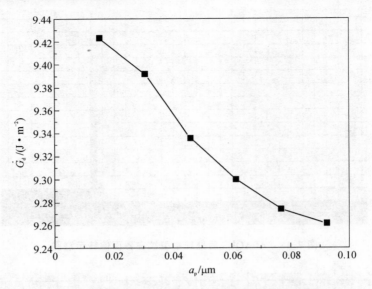

图 7.21　裂纹穿透界面的能量释放率随裂纹扩展长度的变化

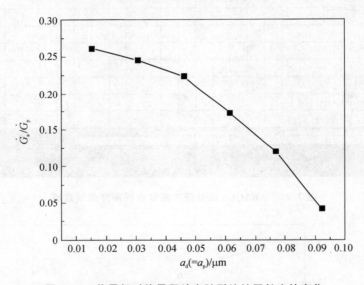

图 7.22　临界相对能量释放率随裂纹扩展长度的变化

　　改变界面两相材料的弹性不匹配参数 α_1，分析材料弹性参数对临界相对能量释放率的影响。当设计 SiC_f/SiC 复合材料时，通常选用的增强纤维和基体材料的弹性参数已经确定，根据 α_1 与临界相对能量释放率的主曲线就可以得到相应的界面断裂能。图 7.23 给出了用 VC-CT 有限元模型计算的临界相对韧度、临界相对能量释放率随弹性不匹配度（α_1）变化的主曲线，临界相对韧度、临界相对能量释放率十分吻合。对于 $\alpha_1 = 0$ 的情况，VCCT 给出的临界相对能量释放率接近于 HH 准则给出的 0.25。

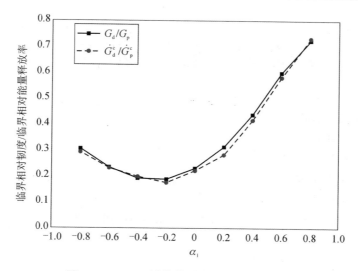

图 7.23　VCCT 计算的裂纹偏转能量主曲线

7.7　本章小结

本章根据基于应力的裂纹偏转机制理论,建立了椭圆裂纹尖端有限元模型。通过计算当椭圆裂纹尖端到达界面时的应力分量,将有限元结果与理论结果进行对比,验证了裂纹偏转的临界相对应力强度比。

本章根据基于能量的裂纹偏转机制理论,建立了基体裂纹在单向 SiC_f/SiC 复合材料中的有限元模型。通过 VCCT 方法计算的相对能量释放率,与 HH 准则使用积分法得到的相对能量释放率一致,说明 VCCT 方法可以解决 SiC_f/SiC 复合材料中基体裂纹的偏转问题。对于 SiC_f/SiC 复合材料,其弹性不匹配度 $\alpha_1 > 0$,适用于 HH 准则给出的 1/4 解。

附录　符号/术语

a	裂纹长度
$\dot{a}$	裂纹扩展速率
a_0	初始裂纹尺寸
$\dot{a}_0$	参考速度/初始裂纹扩展速率
a_f	基体裂纹长度
a_i	哈钦森(Hutchinson)和詹森(Jensen)所用参数
a_{ij}	柔度系数
a_L	椭圆裂纹尖端的长轴
a_m	断裂镜面半径
a_N	缺口尺寸
a_S	椭圆裂纹尖端的短轴
a_t	临界裂纹尺寸
a_u	未桥联基体裂纹长度
A	归一化裂纹扩展位移
$\mathcal{A}$	缺陷指数
$\dot{A}/\upsilon$	归一化裂纹扩展速率
$\dot{A}_0$	初始裂纹扩展速率归一化值
$\mathcal{A}_b$	桥联缺陷指数
A_c	复合材料的横截面积
A_{cond}	标距部分横截面积
A_f	纤维横截面积
A_{ij}	层压板的面内刚度系数
A_m	基体横截面积
$\mathcal{A}_p$	拔出缺陷指数
A_{surf}	标距部分表面积
$\dot{A}_{ss}$	稳态裂纹扩展速率归一化值
b_i	哈钦森(Hutchinson)和詹森(Jensen)所用参数
B	取决于桥联应力剖面的常数
B_c	蠕变流变参数($\dot{\varepsilon}_0/\sigma_0^n$)
c_i	哈钦森(Hutchinson)和詹森(Jensen)所用参数
c_{ij}	刚度系数
c_m	基体开裂的特征长度
C^*	幂释放率参数

$\bar{C}$	应力幅值因子
CMR	蠕变失配比
C_V	恒定应变下的比热容
d	裂纹间距
d_0	相邻纤维中心距
d_a	与加载方向相同的相邻纤维中心距
d_b	与加载方向垂直的相邻纤维中心距
d_f	纤维直径
d_m	基体裂纹间距
d_s	饱和裂纹间距
E	杨氏模量
$\bar{E}$	卸载模量
E^*	含有基体裂纹材料的弹性模量
E_0	复合材料的平面应变弹性模量
E_c	复合材料杨氏模量/轴向模量
E_f	纤维的弹性模量
E_{fT}	纤维横向模量
E_L	纵向叠层的模量
E_m	基体的弹性模量
E_{mT}	基体横向模量
E_R	界面层弹性模量
E_s	割线模量
E_t	切线模量
E_T	横向弹性模量(E_2)
E_w	晶须杨氏模量
f	加载频率
g	与90°叠层上的裂纹相关的函数
g_d	一根纤维脱粘能
G	剪切模量/应变能释放率
G_d	脱粘功
G_f	纤维的剪切模量
G_{fc}	纤维的临界应变能释放率
G_{ic}	界面的临界应变能释放率
$\dot{G}_{idc}$	界面脱粘的临界能量释放率
G_{LT}	面内剪切模量,亦称纵-横切变模量(G_{12})
G_m	基体的剪切模量
G_{mb}	单位面积裂纹面的能量
$\dot{G}_r$	能量释放率

G_{ss}	稳态能量释放率
$\dot{G}_{tip}$	裂纹尖端能量释放率
$\dot{G}_{tip}^{0}$	裂纹尖端能量释放率的下限
G_{I}	Ⅰ型裂纹扩展的能量释放率
G_{II}	Ⅱ型裂纹扩展的能量释放率
h	拔出长度
$\bar{h}$	平均拔出长度
H	断裂界面波幅
$\mathcal{H}$	迟滞指数
H_{0}	纤维排列层间距
$H(\sigma B)$	M 节链环组成的链条破坏的概率
I_{0}	转动惯量
In	依赖于应力状态和第二蠕变应力分量的积分常数
J	弹塑性 J 积分断裂参数
k_{h}	导热系数
k_{p}	平行于纤维的复合材料的热导率
K	应力强度因子
K^{*}	归一化外加应力强度因子
K_{0}	裂纹扩展的应力强度因子阈值
K_{b}	桥联引起的应力强度因子/桥联区提供的增韧量
K_{c}	裂纹扩展的应力强度因子临界水平
K_{c}^{L}	复合材料临界应力强度因子
K_{c}^{m}	基体临界应力强度因子
K_{eff}	裂纹尖端应力强度因子有效值
K_{I}	Ⅰ型裂纹扩展的应力强度因子
K_{IS}	窄板的应力强度因子
$K_{I\infty}$	含中心裂纹无限大板的应力强度因子
K^{L}	复合材料的应力强度因子
K^{m}	基体的应力强度因子
K_{min}	蠕变裂纹扩展的阈值应力强度因子
K_{tip}	裂纹尖端处的应力强度因子
$K_{T\infty}$	孔的应力集中系数
l	长度/距离
l^{*}	在裂纹尖端前出现应力最大值的长度
l_{c}	临界长度(距离)
l_{d}	脱粘长度
l_{e}	嵌入基体的纤维长度
l_{f}	纤维长度

l_m	微观结构尺寸
l_{mc}	基体开裂应力下的滑移长度
l_{p0}	拔出距离
l_r	距离裂纹尖端的径向距离
l_s	滑移长度
l_s^{cyc}	循环加载过程中的滑移长度
l_t	载荷传递长度
l_ρ	裂纹尖端的曲率半径
L	断裂界面波动波长
L	残余应力指数
L_0	纤维的参考长度
L_d	移除长度
L_f	片段长度
L_g	标距长度
M	基体开裂指数
$\boldsymbol{M}$	材料的线性算子
M_s	弯矩
n	蠕变应力指数/蠕变指数
n_f	纤维的蠕变指数
n_i	第 i 相的应力指数
n_m	基体的蠕变指数
N	疲劳循环次数/纤维排列的层数
N_s	滑移应力达到稳态的循环次数
p_f	断裂概率
P	裂纹试样上载荷的大小
P_0	桥联应力阈值
P_b	残余断裂载荷
P_D	远离裂纹尖端的尾端单位横截面积弹性势能
P_f	纤维承受的载荷
P_L	复合材料上的力
P_m	基体承受的载荷
P_{max}	最大断裂载荷
P_{mc}	临界断裂载荷
P_t	第 t 次裂纹扩展临界载荷
P_U	远离裂纹尖端的前端单位横截面积弹性势能
q	基体轴向残余应力
Q	蠕变活化能
Q_I	非积聚型破坏纤维承载
Q_{II}	积聚型破坏纤维承载

r_0	纤维中心距的 1/2
r_c	蠕变区的半径
r_{cy}	圆柱形基体的外半径
r_f	纤维半径/纤维的等效半径
r_h	圆孔半径
r_m	基体的等效半径
r_w	晶须半径
R	韧性
$\mathscr{R}$	疲劳的 R 比值 $(\sigma_{max}/\sigma_{min})$（应力循环特征系数）
R_a	表面断裂韧度
$\mathscr{R}_c$	曲率半径
R_C	断裂韧性
R_{cr}	蠕变–应变恢复比
R_d	脱粘韧性
R_d^c	VCCT 中设置的临界断裂韧度
R_{df}	脱粘后摩擦韧性
R_f	纤维断裂韧度
R_{fd}	纤维界面脱粘韧性
R_{hc}	高温下的断裂韧度
R_i	界面断裂韧度
R_{I}	Ⅰ型层间断裂韧性
R_I^c/R_{Ic}	界面的纯Ⅰ型韧度
R_{II}	Ⅱ型断裂韧性
R_m	基体韧性
R_{md}	基体界面脱粘韧性
R_{p0}	纤维拔出而得到的断裂韧度
R_p^c	临界断裂韧度
R_r	应力重分布而得到的断裂韧度
R_t	总应变恢复比
s_e	应变增大因子
s_{ij}	偏应力
s_σ	应力集中因子
S	拉伸强度
S^*	极限拉伸强度（UTS）
$\mathfrak{S}$	载荷指数
S_0	纤维强度的比例因子
S_b	纤维干束强度
S_c	纤维特征强度
S_f	纤维强度

S_{f0}	各纤维原始横截面积总和
S_{f1}	HK 型破坏纤维的总横截面积
S_{f2}	K 型破坏纤维的总横截面积
S_{ft}	纤维总横截面积
S_g	全局载荷分配下的极限拉伸强度
S_p	拔出强度
S_{s0}	试样原始横截面积
S_{th}	疲劳的临界应力/疲劳阈值应力
S_w	晶须强度
t	时间/纤维中的应力
t_b	梁的厚度
t_f	纤维的厚度
$t_f(r)$	临界断裂寿命
t_m	基体的厚度
t_p	叠层厚度
t_T	加载方向上的厚度
T	温度
T	滑移指数
T_a	周围空气温度
T_s	试样温度
u	裂纹张开位移
u_0	桥联区末端的裂纹开口位移
u_a	裂纹尾迹处位移
u_b	桥联引起的裂纹张开位移
u_f	纤维元相对于基体的移动距离
u_p	残余裂纹张开位移
$\boldsymbol{u}$	位移场
U_f	纤维元 $\mathrm{d}x$ 贮存的弹性能
U_{mf}	纤维元相对于基体错动所做的功
v_a	声速
V	标距截面体积
$\dot{V}$	载荷线位移速率
V_b	断裂纤维体积分数
V_{cr}	临界纤维体积分数
V_f	纤维体积分数
V_i	体积分数
V_I	晶须体积分数
V_m	基体体积分数
V_u	截面内的断裂纤维分数

w	梁宽/试样宽度/板宽
w_a	粘合功
w_f	纤维的轴向位移
w_m	基体的轴向位移
W_f	断裂功
X_L	单向板的极限强度
α	威布尔分布的尺度参数
α_D/β_D	邓杜勒斯(Dundurs)参数
α_f	纤维的热膨胀系数
α_l	弹性失配度
α_m	基体的热膨胀系数
β	威布尔分布的形状参数
β_m	基体缺陷尺寸分布的形状参数
β_S	斯蒂芬–玻耳兹曼(Steffen-Boltzmann)常数
γ/γ_{12}	剪切应变
γ_c	剪切延性
γ_f	剪切柔度
γ_i	界面断裂能
γ_{LV}	液–气表面能
γ_{SL}	固–液表面能
γ_{SV}	固–气表面能
Γ	断裂能
Γ_f	纤维断裂能
Γ_i	界面脱粘能
Γ_m	基体断裂能
Γ_R	断裂阻力/裂纹扩展阻力
Γ_S	稳态断裂阻力/稳态裂纹扩展阻力
Γ_T	横向断裂能
δ	界面层厚度/涂层厚度
$\dot{\delta}$	蠕变/桥联/损坏区域的张开速率
$\tilde{\delta}$	归一化张开位移
δ_0	界面层横截面积与纤维横截面积相等时的界面层厚度
δ_c	特征长度
δ_i	无效长度
δ_{ij}	克罗内克符号
δ_t	对应于 Pt 的加载点位移
δ_ε	迟滞回线宽度
Δ	界面厚度

Δa	裂纹扩展量/裂纹长度增量
ΔA	Δa 裂纹长度增量所需能量增量
ΔK_{IC}	晶须增强而增加的断裂韧性
Δ^{R}	基体去除引起的位移
ΔR_{c}	稳态韧性增量
$\Delta \mathfrak{I}$	应力幅度
$\Delta \mathfrak{I}/\Delta \mathfrak{I}_{0}$	循环载荷指标
$\mathfrak{I}_{b}$	桥联指数
$\Delta \mathfrak{I}_{b}/\Delta \mathfrak{I}_{T}$	循环桥联指数
Δt	热机械疲劳（TMF）的牵引函数
Δt_{b}	热机械疲劳的桥联函数
Δt_{f}	纤维伸长量
Δt_{L}	单元的剪切变形
Δt_{m}	基体伸长量
Δt_{T}	加载方向上的伸长量
ΔT	温度变化
ΔT	循环滑移指数
$\Delta \dot{T}$	温升速率
ΔT_{R}	环境温度变化量
$\Delta \varepsilon_{0}$	再加载应变微量
$\Delta \varepsilon_{p}$	卸载应变
ε	应变
$\dot{\varepsilon}$	应变率
ε_{*}	基体开裂时残余应力释放引起的应变
ε^{*}	偏移应变
ε_{0}	永久应变
$\dot{\varepsilon}_{0}$	蠕变的参考应变率
ε_{1}	发射率
$\dot{\varepsilon}^{c}$	蠕变应变率
$\dot{\varepsilon}_{c,0}$	初始蠕变速率
$\dot{\varepsilon}_{c,el}$	复合材料应变速率的弹性分量
ε_{cr}	循环加载段累积的纯蠕变应变
$\varepsilon_{cr,R}$	给定循环中恢复的蠕变应变
$\dot{\varepsilon}_{c,ss}$	最终蠕变速率
$\dot{\varepsilon}_{c,tot}$	复合材料的总蠕变速率
ε_{D}	裂纹尖端尾端的应变场
ε_{e}	弹性应变
$\dot{\varepsilon}^{e}$	弹性应变率

$\varepsilon_{el,R}$	给定循环中恢复的弹性应变
ε_f	纤维的应变
$\dot{\varepsilon}_f$	纤维的本征蠕变速率
ε_{fu}	纤维的断裂应变
$\dot{\varepsilon}_i$	蠕变速率
$\dot{\varepsilon}_{i,el}$	弹性应变速率
$\dot{\varepsilon}_{i,tot}$	总应变速率
$\langle \dot{\varepsilon}_j \rangle_j$	复合应变速率的蠕变分量
ε_L	复合材料的应变
ε_{Lu}	复合材料的断裂应变
ε_m	基体的应变
$\dot{\varepsilon}_m$	基体的本征蠕变速率
ε_{mu}	基体的断裂应变
ε_s	滑移应变
ε_t	卸载前的总累积应变
ε_{Tu}	复合材料横向断裂应变
$\boldsymbol{\varepsilon}_U$	裂纹尖端前端的应变场
ε_τ	瞬时蠕变应变
η	幂律指数
θ	部分结合很好的界面占总界面的百分数
κ	曲率
λ	拔出参数
λ_s	缺陷尺寸系数
μ	摩擦系数
ξ	疲劳指数（量级为 0.1）
ξ_0	相对刚度
π	势能
ρ	密度
σ	应力
$\dot{\sigma}$	应力率
σ^*	基体中产生应变量 ε_{fu} 时的应力
σ^{**}	基体中产生应变量 ε_{Lu} 时的应力
σ_0	残余应力
σ^0	0°叠层的应力
σ_a	垂直裂纹方向的均匀拉应力
σ_b	牵引应力
$\bar{\sigma}_b$	参考应力峰值
$\bar{\sigma}_B$	纤维束强度均值

σ_c	复合材料应力
σ_c	临界应力
σ_{cc}	恒定蠕变应力
σ_{cr}	基体稳态开裂应力/稳态基体开裂应力
$\bar{\sigma}^{cz}$	内聚区的归一化应力
σ_d	脱粘应力
σ_D	线性分离点
$\boldsymbol{\sigma}_D$	裂纹尖端尾端的应力场
σ_e	有效应力
σ_f	纤维应力
$\bar{\sigma}_f$	平均轴向纤维应力
σ_f^*	断裂应力
σ_f'	纤维的应变 ε_f 等于基体断裂应变 ε_{mu} 时纤维的应力
$\bar{\sigma}_{fi}$	无界面层时纤维的平均强度
σ_{fl}	复合材料系统的疲劳极限
σ_{fm}	纤维最大应力
σ_{fmax}	最大断裂载荷纤维的平均应力
σ^{fres}	纤维中的残余轴向应力
σ_{fs}	纤维纵向拉伸屈服应力
σ_{fu}	纤维抗拉强度
σ_i	第 i 相在复合材料中所经历的原位应力
σ_i^c	界面强度
σ_{If}	未加载复合材料中纤维的初始轴向应力
σ_{ij}	裂纹尖端前应力分布的张量形式
$\tilde{\sigma}_{ij}$	关于 θ 和 n 的无量纲函数
σ_{Im}	未加载复合材料中基体的初始轴向应力
σ_L	作用在复合材料上的应力
σ_L^*	一节链环破坏应力
σ_{Lc}	复合材料拉伸强度
σ_{Lf}	远场应力
σ_{Lu}	复合材料抗拉强度
σ_{Lu}'	复合材料的纵向压缩强度
σ_m	基体应力
σ_{max}	卸载前施加的最大应力
σ_{mc}	微裂纹阈值应力
$\bar{\sigma}_{mc}$	基体开裂应力
$(\sigma_m)_{fb}^*$	纤维达到断裂应变时基体所承受的应力
σ_{mu}	基体抗拉强度

σ_{ms}	基体纵向拉伸屈服应力
σ_N	含圆孔层板的断裂强度
σ_{NC}	界面失去接触时的应力水平
σ_{pl}	比例极限
σ_{rr}	径向应力/垂直于界面的界面应力
$\bar{\sigma}_R$	界面平均断裂应力
$\bar{\sigma}_{R0}$	界面层横截面积与纤维横截面积相等时界面层相应的断裂平均应力
σ_s	屈服强度
σ_s^*	牵引定律的峰值应力
$\bar{\sigma}_s$	饱和应力
σ_t	纤维的端部应力
σ^T	失配应力
σ_{Tu}	复合材料横向强度
σ_u	破坏强度
$\boldsymbol{\sigma}_U$	裂纹尖端前端的应力场
σ_{yl}	组元 1 局部断裂应力的瞬时值
σ_τ	通道(条状)开裂应力的下限
$\bar{\sigma}_\varphi$	区域 Φ 中组元 1 的平均强度
Σ_i	脱粘指数
Σ_T	失配指数
τ	界面剪切应力
τ_a	结合强度(统一用 τ_a)
$\bar{\tau}_c$	层间裂纹扩展临界剪切应力
τ_d	动态的界面剪切应力
τ_f	界面处的摩擦剪切强度
τ_{fi}	界面滑移应力
τ_g	滑移面上的剪切应力
τ_i	裂纹扩展起始时间
τ_{mu}	基体剪切强度
τ_{rz}	剪切载荷
τ_s	面内剪切强度
τ_{ss}	疲劳后 τ 的稳态值
τ_u^0	复合材料界面完全不结合时的剪切强度
τ_u^m	界面完全结合时的剪切强度
υ	泊松比
υ_f	纤维的泊松比
υ_{LT}	主泊松比
υ_m	基体的泊松比

φ	黏度值
φ_P	裂纹间距指数
ϕ	复合材料的缺陷分数
χ	取决于裂纹演化的空间特征的常数
ψ	相角
Ψ	外载的相角
$\omega(\sigma_B)$	纤维束强度的密度分布函数
Ω	失配应变
Ω_0	环境温度下的失配应变
Ω_a	分叉裂纹角度
$\Omega(\sigma_B)$	纤维束强度分布函数

参考文献

[1] PREWO K M. A compliant, high failure strain, fibre-reinforced glass-matrix composite [J]. Journal of materials science, 1982(17): 3549-3563.

[2] MALL S, BULLOCK D E, PERNOT J J. Tensile fracture behaviour of fibre-reinforced ceramic-matrix composite with hole[J]. Composites, 1994,25(3): 237-242.

[3] CADY C M, MACKIN T, EVANS A G. Silicon carbide/calcium aluminosilicate: a notch-insensitive ceramic-matrix composite[J]. Journal of the American ceramic society, 1995,78: 77-82.

[4] EVANS A G, DOMERGUE J M, VAGAGGINI E. Methodology for relating the tensile constitutive behavior of ceramic-matrix composites to constituent properties[J]. Journal of the American ceramic society, 1994,77(6): 1425-1435.

[5] NARDONNE V C, PREWO K M. Tensile performance of carbon-fibre-reinforced glass [J]. Journal of materials science, 1988,23(1): 168-180.

[6] KIM R Y, PAGANO N Y. Crack initiation in unidirectional brittle-matrix composites [J]. Journal of the American ceramic society, 1991,74(5): 1082-1090.

[7] CAO H C, BISCHOFF E, SBAIZERO O, et al. Effect of interfaces on the properties of fiber-reinforced ceramics[J]. Journal of the American ceramic society, 1990,73(6): 1691-1699.

[8] PRYCE A W, SMITH P A. Behaviour of unidirectional and crossply ceramic matrix composites under quasi-static tensile loading[J]. Journal of materials science, 1992,27 (10): 2695-2704.

[9] PREWO K M. Fatigue and stress rupture of silicon carbide fibre-reinforced glass-ceramics[J]. Journal of materials science, 1987,22(8): 2695-2701.

[10] ZAWADA L P, BUTKUS L M, HARTMAN G A. Tensile and fatigue behavior of silicon carbide fiber-reinforced aluminosilicate glass[J]. Journal of the American ceramic society, 1991,74(11): 2851-2858.

[11] WEBER C H, LFVANDER J P A, EVANS A G. Creep anisotropy of a continuous-fiber-reinforced silicon carbide/calcium aluminosilicate composite[J]. Journal of the American ceramic society, 1994,77(7): 1745-1752.

[12] BAO G, SUO Z. Remarks on crack-bridging concepts[J]. Applied mechanics reviews, 1992,45(8): 355-366.

[13] AVESTON J, COOPER G A, KELLY A. The properties of fiber composites[C] // National Physical Laboratory Conference Proceeding. England: IPS Science & Technology Press, 1971: 1254-1262.

[14] CURTIN W A. Theory of mechanical properties of ceramic-matrix composites[J].

Journal of the American ceramic society, 1991,74(11): 2837-2845.

[15] EVANS A G, MARSHALL D B. Overview No. 85 the mechanical behavior of ceramic matrix composites[J]. Acta metallurgica, 1989,37(10): 2567-2583.

[16] ARGON A S. Topics in fracture and fatigue[C]. Springer Science & Business Media, 2012.

[17] VAVAGGINI E, DOMERGUE J M, EVANS A G. Relationships between hysteresis measurements and the constituent properties of ceramic matrix composites: I, theory [J]. Journal of the American ceramic society, 1995,78(10): 2709-2720.

[18] DAVIS J B, LÖFVANDER J P A, EVANS A G, et al. Fiber coating concepts for brittle-matrix composites[J]. Journal of the American ceramic society, 1993,76(5): 1249-1257.

[19] EVANS A G, AOK F W, DAVIS J. The role of interfaces in fiber-reinforced brittle matrix composites[J]. Composites science and technology, 1991,42: 3-24.

[20] HE M Y, WU B X, EVANS A G, et al. Inelastic strains caused by matrix cracking in fiber-reinforced composites[J]. Mechanics of materials, 1994,18(3): 213-229.

[21] EVANS A G. The mechanical properties of reinforced ceramic, metal and intermetallic matrix composites[J]. Materials science and engineering: A, 1991,143(1/2): 63-76.

[22] COX B N. Extrinsic factors in the mechanics of bridged cracks[J]. Acta metallurgica et materialia, 1991,39(6): 1189-1201.

[23] COX B N, LO C S. Load ratio, notch, and scale effects for bridged cracks in fibrous composites[J]. Acta metallurgica et materialia, 1992,40(1): 69-80.

[24] COX B N, MARSHALL D B. Crack bridging in the fatigue of fibrous composites[J]. Fatigue & fracture of engineering materials & structures, 1991,14(8): 847-861.

[25] BRODSTED P A, HEREDIA F E, EVANS A G. In-plane shear properties of 2-D ceramic matrix composite[J]. Journal of the American ceramic society, 1994,77(10): 2569-2574.

[26] HEREDIA F E, SPEARING S M, EVANS A G, et al. Mechanical properties of continuous-fiber-reinforced carbon matrix composites and relationships to constituent properties[J]. Journal of the American ceramic society, 1992,75(11): 3017-3025.

[27] HEREDIA F E, SPEARING S M, MACKIN T J, et al. Notch effects in carbon matrix composites[J]. Journal of the American ceramic society, 1994,77(11): 2817-2827.

[28] JAMET J F, LEWIS D, LUH E Y. Characterization of mechanical behavior and fractographic observations on compglas SIC/LAS composites[M]. New York: John Wiley & Sons, Inc. ,2008.

[29] ZOK F W, SPEARING S M. Matrix crack spacing in brittle matrix composites[J]. Acta metallurgica et materialia, 1992,40(8): 2033-2043.

[30] MARSHALL D B, COX B N, EVANS A G. The mechanics of matrix cracking in brittle-matrix fiber composites[J]. Acta metallurgica, 1985,33(11): 2013-2021.

[31] MARSHALL D B, COX B N. A J-integral method for calculating steady-state matrix

cracking stresses in composites[J]. Mechanics of materials，1988,7(2)：127-133.

[32] EVANS A G，CANNON R M. Overview no. 48：toughening of brittle solids by martensitic transformations[J]. Acta metallurgica，1986,34(5)：761-800.

[33] HUTCHINSON J W. Crack tip shielding by micro-cracking in brittle solids[J]. Acta metallurgica，1987,35(7)：1605-1619.

[34] RÜEHLE M，EVANS A G，MCMEEKING R M，et al. Microcrack toughening in alumina/zirconia[J]. Acta metallurgica，1987,35(11)：2701-2710.

[35] EVANS A G，FABER K T. Crack-growth resistance of microcracking brittle materials [J]. Journal of the American ceramic society，1984,67(4)：255-260.

[36] BUDIANSKY B，HUTCHINSON J W，LAMBROPOULOS J C. Continuum theory of dilatant transformation toughening in ceramics[J]. International journal of solids and structures，1983,19(4)：337-355.

[37] HUTCHINSON J W. A course on nonlinear fracture mechanics[M]. Lyngby：Technical University of Denmark，1979.

[38] RICE J R. A path independent integral and the approximate analysis of strain concentration by notches and cracks[J]. Journal of applied mechanics，1968,35：379-386.

[39] CHARALAMBIDES P G，EVANS A G. Debonding properties of residually stressed brittle-matrix composites[J]. Journal of the American ceramic society，1989,72(5)：746-753.

[40] HE M Y，HUTCHINSON J W. The penny-shaped crack and the plane strain crack in an infinite body of power-law material[J]. Journal of applied mechanics，1981,48(4)：830-840.

[41] CAO H C，BISCHOFF E，SBAIZERO O，et al. Effect of interfaces on the properties of fiber-reinforced ceramics[J]. Journal of the American ceramic society，1990,73(6)：1691-1699.

[42] THOUIESS M D，SBAIZERO O，SIGL L S，et al. Effects of interface mechanical properties on pullout in a SiC-fiber-reinforced lithium aluminum silicate glass-ceramic [J]. Journal of American ceramic society，1989,72(4)：525-532.

[43] AVESTON J. Single and multiple fracture[J]. Properties of fiber composites，1971：15-26.

[44] MARSHALL D B，EVANS A G. Failure mechanisms in ceramic-fiber/ceramic-matrix composites[J]. Journal of the American ceramic society，1985,68(5)：225-231.

[45] MARSHALL D B，COX B N，EVANS A G. The mechanics of matrix cracking in brittle-matrix fiber composites[J]. Acta metallurgica，1985,33(11)：2013-2021.

[46] BRENNAN J J，PREWO K M. Silicon carbide fibre reinforced glass-ceramic matrix composites exhibiting high strength and toughness[J]. Journal of materials science，1982,17：2371-2383.

[47] PREWO K M，BRENNAN J J. Silicon carbide yarn reinforced glass matrix composites [J]. Journal of materials science，1982,17(4)：1201-1206.

[48] SAMBELL R A J, BOWEN D H, PHILLIPS D C. Carbon fibre composites with ceramic and glass matrices: part 1 discontinuous fibres[J]. Journal of materials science, 1972,7(6): 663-675.

[49] MAJUMDAR A J. Glass fibre reinforced cement and gypsum products[J]. Proceedings of the royal society A: mathematical, physical and engineering sciences, 1970,319 (1536): 69-78.

[50] BRADT R C, EVANS A G, HASSELMAN D P H, et al. Fracture mechanics of ceramics: vol. 7 composites, impact, statistics, and high-temperature phenomena[M]. New York: Plenum Press, 1986.

[51] ROSE L R F. Crack reinforcement by distributed springs[J]. Journal of the mechanics and physics of solids, 1987,35(4): 383-405.

[52] BUDIANSKY B. Micromechanics II [C]//Proceedings of the U. S. National Congress of Applied Mechanics. 1986: 25-32.

[53] MARSHALL D B, COX B N. A J-integral method for calculating steady-state matrix cracking stresses in composites[J]. Mechanics of materials, 1988,7(2): 127-133.

[54] MARSHALL D B, COX B N. Tensile fracture of brittle matrix composites: influence of fiber strength[J]. Acta metallurgica, 1987,35(11): 2607-2619.

[55] EVANS A G. The mechanical performance of fiber-reinforced ceramic matrix composites[J]. Materials science and engineering: A, 1989,107: 227-239.

[56] SBAIZERO O, EVANS A G. Tensile and shear properties of laminated ceramic matrix composites[J]. Journal of the American ceramic society, 1986,69(6): 481-486.

[57] HU M S, YANG J, CAO H C, et al. The mechanical properties of Al alloys reinforced with continuous Al2O3 fibers [J]. Acta metallurgica et materialia, 1992, 40 (9): 2315-2326.

[58] HUTCHINSON J W, JENSEN H. Models of fiber debonding and pullout in brittle composites with friction[J]. Mechanics of materials, 1990,9(2): 139-163.

[59] KERANS R J, PARTHASARATHY T A. Theoretical analysis of the fiber pullout and pushout tests[J]. Journal of the American ceramic society, 1991,74(7): 1585-1596.

[60] JERO P D, KERANS R J, PARTHASARATHY T A. Effect of interfacial roughness on the frictional stress measured using pushout tests[J]. Journal of the American ceramic society, 1991,74(11): 2793-2801.

[61] MACKIN T J, WARREN P D, EVANS A G. Effects of fiber roughness on interface sliding in composites[J]. Acta metallurgica et materialia, 1992,40(6): 1251-1257.

[62] HE M Y, HUTCHINSON J W. Crack defection at an interface between dissimilar elastic materials [J]. International journal of solids and structures, 1989, 25 (9): 1053-1067.

[63] FLECK N A. Brittle fracture due to an array of microcracks[J]. Proceedings of the royal society A, 1991,432(1884): 55-76.

[64] XIA C, HUTCHINSON J W. Matrix cracking of cross-ply ceramic composites[J]. Ac-

ta metallurgica et materialia，1994，42(6)：1933-1945.

[65] MARSHALL D B，OLIVER W C. Measurement of interfacial mechanical properties in fiber-reinforced ceramic composites[J]. Journal of the American ceramic society，1987，70(8)：542-548.

[66] RICE R W. BN coating of ceramic fibers for ceramic fiber composites：US 4642271 [P]. 1987-01-10.

[67] RICE R W，SPANN J R，LEWIS D，et al. The effect of ceramic fiber coatings on the room temperature mechanical behavior of ceramic-fiber composites[M]. New York：John Wiley & Sons，Inc. ，2008.

[68] BENDER B，SHADWELL D，BULIK C，et al. Effect of fiber coatings and composite processing on properties of zirconia-based matrix SiC fiber composites[J]. American ceramic society bulletin，1986，65(2)：363-369.

[69] BRENNAN J J. Tailoring of multiphase ceramics [M]. New York：Plenum Press，1986.

[70] MARSHALL D B，EVANS A G. Failure mechanisms in ceramic-fiber/ceramic-matrix composites[J]. Journal of the American ceramic society，1985，68(5)：225-231.

[71] LIANG C，HUTCHINSON J W. Mechanics of the fiber pushout test[J]. Mechanics of materials，1993，14(3)：207-221.

[72] KOTIL T，HOLMES J W，COMNINOU M. Origin of hysteresis observed during fatigue of ceramic-matrix composites[J]. Journal of the American ceramic society，1990，73(7)：1879-1883.

[73] LAMON J，RABALLIAT F，EVANS A G. Microcomposite test procedure for evaluating the interface properties of ceramic matrix composites[J]. Journal of the American ceramic society，1995，78(2)：401-405.

[74] MACKIN T J，YANG J Y，LEVI C G，et al. Environmentally compatible double coating concepts for sapphire fiber-reinforced γ-TiAl [J]. Materials science and engineering：A，1993，161(2)：285-293.

[75] RICE R W. BN coating of ceramic fibers for ceramic fiber composites：US04642271A [P]. 1987-2-10.

[76] BRENNAN J J，PREWO K M. Silicon carbide fibre reinforced glass-ceramic matrix composites exhibiting high strength and toughness[J]. Journal ofmaterials science，1982，17(8)：2371-2383.

[77] NASLAIN R. Fibre-matrix interphases and interfaces in ceramic matrix composites processed by CVI[J]. Composite interfaces，1993，1(3)：253-286.

[78] BOURRAT X，TURNER K S，EVANS A G. Microstructure of silicon carbide/carbon composites and relationships with mechanical properties[J]. Journal of the American ceramic society，1995，78(11)：3050-3056.

[79] HOLMES J W，CHO C. Experimental observations of frictional heating in fiber-reinforced ceramics[J]. Journal of the American ceramic society，1992，75(4)：929-938.

[80] HOLMES J W, SHULER S F. Temperature rise during fatigue of fibre-reinforced ceramics[J]. Journal of materials science letters, 1990,9(11): 1290-1291.

[81] KIM R Y, KATZ A P. Mechanical behavior of unidirectional SiC/BMAS ceramic composites[C]//WACHTMAN J B, Jr. Proceedings of the 12th Annual Conference on Composites and Advanced Ceramic Materials: Ceramic Engineering and Science Proceedings. 1988: 853-860.

[82] BISCHOFF E, SBAIZERO O, ROHLE M, et al. Microstructural studies of the interfacial zone of a SiC-fiber-reinforced lithium aluminum silicate glass-ceramic[J]. Journal of the American ceramic society, 1989,72(5): 741-745.

[83] BUDIANSKY B, HUTCHINSON J W, EVANS A G. Matrix fracture in fiber-reinforced ceramics[J]. Journal of the mechanics and physics of solids, 1986, 34 (2): 167-189.

[84] CHAWLA K K. Composite materials science and engineering[M]. New York: Springer, 1987.

[85] EVANS A G, ZOK F W. The physics and mechanics of fibre-reinforced brittle matrix composites[J]. Journal of materials science, 1994,29(15): 3857-3896.

[86] BEYERLE D S, SPEARING S M, EVANS A G. Damage mechanisms and the mechanical properties of a laminated 0/90 ceramic/matrix composite[J]. Journal of the American ceramic society, 1992,75(12): 3321-3330.

[87] BEYERLE D S, SPEARING S M, ZOK F W, et al. Damage and failure in unidirectional ceramic-matrix composites[J]. Journal of the American ceramic society, 1992,75 (10): 2719-2725.

[88] MA Q, CLARKE D R. Stress measurement in single-crystal and polycrystalline ceramics using their optical fluorescence[J]. Journal of the American ceramic society, 1993, 76(6): 1433-1440.

[89] MA Q, CLARKE D R. Piezospectroscopic determination of residual stresses in polycrystalline alumina [J]. Journal of the American ceramic society, 1994, 77 (2): 298-302.

[90] YANG X, YOUNG R J. The microstructure of a Nicalon/SiC composite and fibre deformation in the composite[J]. Journal of materials science, 1993,28: 2536-2544.

[91] PHOENIX S L, RAJ R. Overview no. 100 scalings in fracture probabilities for a brittle matrix fiber composite[J]. Acta metallurgica et materialia, 1992,40(11): 2813-2828.

[92] HILD F, DOMERGUE J M, LECKIE F A, et al. Tensile and flexural ultimate strength of fiber-reinforced ceramic-matrix composites[J]. International journal of solids and structures, 1994,31(7): 1035-1045.

[93] NETRAVALI A N, HENSTENBURG R B, PHOENIX S L, et al. Interfacial shear strength studies using the single-filament-composite test. I: Experiments on graphite fibers in epoxy[J]. Polymer composites, 1989,10(4): 226-241.

[94] FR EUDENTHAL A. Fracture[M]. New York: Academic Press, 1967.

［95］ MATTHEWS J R，MCCLINTOCK F A，SHACK W J. Statisticaldetermination of surface flaw density in brittle materials[J]. Journal of the American ceramic society，1976,59(7-8)：304-308.

［96］ DANIELS H E. The statistical theory of the strength of bundles of threads. I[J]. Proceedings of the royal society A：mathematical，physical and engineering sciences，1945,183(995)：405-435.

［97］ OH H L，FINNIE I. On the location of fracture in brittle solids-I[J]. International journal of fracture mechanics，1970,6：287-300.

［98］ THOULESS M D，EVANS A G. Effects of pull-out on the mechanical properties of ceramic-matrix composites[J]. Acta metallurgica，1988,36(3)：517-522.

［99］ THOULESS M D，SBAIZERO O，SIGL L S，et al. Effect of interface mechanical properties on pullout in a SiC-fiber-reinforced lithium aluminum silicate glass-ceramic [J]. Journal of the American ceramic society，1989,72(4)：525-532.

［100］ SUTCU M. Weibull statistics applied to fiber failure in ceramic composites and work of fracture[J]. Acta metallurgica，1989,37(2)：651-661.

［101］ CORTEN H T. Modern composite materials[M]. Boston：Addison-Wesley，1967.

［102］ PHILLIPS D C. Interfacial bonding and the toughness of carbon fibre reinforced glass and glass-ceramics[J]. Journal of materials science，1974,9(11)：1847-1854.

［103］ CUI L，BUDIANSKY B. Steady-state matrix cracking of ceramics reinforced by a-ligned fibers and transforming particles[J]. Journal of the mechanics and physics of solids，1993,41(4)：615-630.

［104］ SUO Z，HO S，GONG X. Notch ductile-to-brittle transition due to localized inelastic band[J]. Journal of engineering materials and technology，1993,115(3)：319-326.

［105］ PREWO K M. Tension and flexural strength of silicon carbide fibre-reinforced glass ceramics[J]. Journal of materials science，1986,21(10)：3590-3600.

［106］ ECKEL A J，BRADT R C. Strength distribution of reinforcing fibers in a nicalon fiber/chemically vapor infiltrated silicon carbide matrix composite[J]. Journal of the American ceramic society，1989,72(3)：455-458.

［107］ BASTE S，GUERJOUMA R EI，ANDOIN B. Effect of microcracking on the macroscopic behaviour of ceramic matrix composites：ultrasonic evaluation of anisotropic damage[J]. Mechanics of materials，1992,14(1)：15-31.

［108］ MCCARTNEY L N. Mechanics of matrix cracking in brittle-matrix fibre-reinforced composites[J]. Proceedings of the royal society A：mathematical，physical and engineering sciences，1987,409(1837)：329-350.

［109］ MCMEEKING R M，EVANS A G. Matrix fatigue cracking in fiber composites[J]. Mechanics of materials，1990,9(3)：217-227.

［110］ TADA H，PARIS P C，IRWIN G R. The stress analysis of cracks handbook[M]. London：Professional Engineering Publishing，1985.

［111］ CHO C，HOLMES J W，BARBER J R. Distribution of matrix cracks in a uniaxial ceramic composite[J]. Journal of the American ceramic society, 1992,75(2): 316-324.

[112] SPEARING S M, ZOK F W. Stochastic aspects of matrix cracking in brittle matrix composites[J]. Journal of engineering materials and technology, 1993, 115 (3): 314-318.

[113] WELLS J K. Micromechanisms of fracture of fibrous composites[D]. Cambridge: University of Cambridge, 1982.

[114] JOHNSON-WALLS D, EVANS A G, MARSHALL D B, et al. Residual stresses in machined ceramic surfaces[J]. Journal of the American ceramic society, 1986,69(1): 44-47.

[115] MARSHALL D B, OLIVER W C. Measurement of interfacial mechanical properties in fiber-reinforced ceramic composites[J]. Journal of the American ceramic society, 1987,70(8): 542-548.

[116] WEIHS T P, NIX W D. In situ measurements of the mechanical properties of fibres, matrices and interfaces in metal matrix and ceramic matrix composites [C]// ANDERSEN S I, LILHOL T H, PEDERSEN O B. Mechanical and physical behaviour of metallic and ceramic composites: proceedings of the ninth risø international symposium on metallurgy and materials science. Roskilde, Denmark: Risø National Laboratory, 1988.

[117] AGHAJANIAN M K, LANGENSIEPEN R A, ROCAZELLA M A, et al. The effect of particulate loading on the mechanical behaviour of Al_2O_3/Al metal-matrix composites[J]. Journal of materials science, 1993,28(24): 6683-6690.

[118] BUDIANSKY B, AMAZIGO J C. Harvard university report, mech 319[J]. International journal of solids and structures, 1988.

[119] EVANS A G, WILLIAM S, BEAMONT P W R. On the toughness of particulate filled polymers[J]. Journal of materials science, 1985,20(10): 3668-3674.

[120] CHARALAMBIDES P G, LUND J, EVANS A G, et al. A test specimen for determining the fracture resistance of bimaterial interfaces[J]. Journal of applied mechanics, 1989,56(1): 77-82.

[121] WILLIAMS M L. The stresses around a fault or crack in dissimilar media[J]. Bulletin of the Seismological Society of America, 1959,49(2): 199-204.

[122] ENGLAND A H. A crack between dissimilar media[J]. Journal of applied mechanics, 1965,32(2): 400-402.

[123] ERDOGAN F. Stress distribution in bonded dissimilar materials with cracks[J]. Journal of applied mechanics, 1965,32(2): 403-410.

[124] RICE J R, SIH G C. Plane problems of cracks in dissimilar media[J]. Journal of applied mechanics, 1965,32: 418-423.

[125] CHEREPANOV G P. Influence of the environment on the growth of cracks[M]// BUIHD. Mechanics of brittle fracture. New York: McGraw-Hill, 1978: 410.

[126] RICE J R. Elastic fracture mechanics concepts for interfacial cracks[J]. Journal of ap-

plied mechanics，1988,55：98-103.

[127] SUO Z，HUTCHINSON J W. Sandwich test specimens for measuring interface crack toughness[J]. Materials science and engineering A，1989,107：135-143.

[128] SUO Z，HUTCHINSON J W. Interface crack between two elastic layers[J]. International journal of fracture，1990,43：1-18.

[129] HE M Y，HUTCHINSON J W. Kinking of a crack out of an interface[J]. Journal of applied mechanics，1989,56(2)：270-278.

[130] DUNDURS J. Elastic interaction of dislocations with inhomogeneities[J]. Mathematical theory of dislocations，1975,70：70-115.

[131] HUTCHINSON J W，EVANS A G. Mechanics of materials：top-down approaches to fracture[J]. Acta materialia，2000,48(1)：125-135.

[132] CHARALAMBIDES P G，CAO H C，LUND J，et al. Development of a test method for measuring the mixed mode fracture resistance of bimaterial interfaces[J]. Mechanics of materials，1990,8(4)：269-283.

[133] CAO H C，EVANS A G. An experimental study of the fracture resistance of bimaterial interfaces[J]. Mechanics of materials，1989,7(4)：295-304.

[134] COOPER R F，CHYUNG K. Structure and chemistry of fibre-matrix interfaces in SiC fibre-reinforced glass-ceramic composites：an electron microscopy study[J]. Journal of materials science，1987,22(9)：3148-3160.

[135] HARRIS B，HABIB R A，COOKE R G. Matrix cracking and the mechanical behaviour of SiC-CAS composites[J]. Proceedings of the royal society A：mathematical, physical and engineering sciences，1992,437(1899)：109-131.

[136] PREWO K M，BRENNAN J J. SiC yarn reinforced glass matrix composites[J]. Journal of materials science，1982,17(4)：1201-1206.

[137] PREWO K，BRENNAN J J. High-strength silicon carbide fibre-reinforced glass-matrix composites[J]. Journal of materials science，1980,15(2)：463-468.

[138] COYLE T W，GUYOT M H，JAMET J F. Mechanical behavior of a microcracked ceramic composite[M]. New York：John Wiley & Sons，Ltd，2008.

[139] SBAIZERO O，EVANS A G. Tensile and shear properties of laminated ceramic matrix composites[J]. Journal of the American ceramic society，1986,69(6)：481-486.

[140] HUTCHINSON J W，SUO Z G，Mix mode cracking in layered materials[J]. Advances in applied mechanics，1992,29：63-191.

[141] XIA Z，CARR R R，HUTCHINSON J W. Transverse cracking in fiber-reinforced brittle matrix, cross-ply laminates[J]. Acta metallurgica et materialia，1993,41(8)：2365-2376.

[142] LAWS N，DVORAK G. Progressive transverse cracking in composite laminates[J]. Journal of composite materials，1988,22(10)：900-916.

[143] AUBARD X，LAMON J，ALLIX O. Model of the nonlinear mechanical behavior of 2D SiC-SiC chemical vapor infiltration composites[J]. Journal of the American ceram-

ic society，1992,77(8)：2118-2126.

[144] CHAI H. The characterization of Mode I delamination failure in non-woven, multidirectional laminates[J]. Composites，1984,15(4)：277-290.

[145] SPEARING S M, EVANS A G. The role of fiber bridging in the delamination resistance of fiber-reinforced composites[J]. Acta metallurgica et materialia，1992,40(9)：2191-2199.

[146] KAUTE D A W, SHERCLIFF H R, ASHBY M F. Delamination, fibre bridging and toughness of ceramic matrix composites[J]. Acta metallurgica et materialia，1993,41(7)：1959-1970.

[147] BAO G, FAN B, EVANS A G. Mixed mode delamination cracking in brittle matrix composites[J]. Mechanics of Materials，1992,13(1)：59-66.

[148] BORDIA R K, DAIGLEISH B J, Charalambides P G, et al. Cracking and damage in a notched unidirectional fiber-reinforced brittle matrix composite[J]. Journal of the American ceramic society，1991,74(11)：2776-2780.

[149] ZOK F, SBAIZERO O, HOM C L, et al. Mode I fracture resistance of a laminated fiber-reinforced ceramic[J]. Journal of the American ceramic society，1991,74(1)：187-193.

[150] ZOK F, HOM C L. Large scale bridging in brittle matrix composites[J]. Acta metallurgica et materialia，1990,38(10)：1895-1904.

[151] BOWLING J, GROVES G W. The debonding and pull-out of ductile wires from a brittle matrix[J]. Journal of materials science，1979,14：431-442.

[152] BAKIS C E, YIH H R, STINCHCOMB W W, et al. Damage initiation and growth in notched laminates under reversed cyclic loading[J]. Astm Stp 1012，1989：66-83.

[153] STINCHCOMB W W, BAKIS C E. Fatigue behavior of composite laminates[M]// REIFSNIDER K L. Fatigue of composite materials, composite materials series. New York：Elsevier Science，1990：105-180.

[154] SHAW M C, MARSHALL D B, DADKHAH M S, et al. Cracking and damage mechanisms in ceramic/metal multilayers[J]. Acta metallurgica et materialia，1993,41(11)：3311-3322.

[155] HARWOOD N, CUMMINGS W M. Applications of thermoelastic stress analysis [M]//GREENE R J, PATTERSON E A, ROWLANDS R E. Thermoelastic stress analysis. Boston：Springer，1986,22(1)：7-12.

[156] MACKIN T J, PURCELL T E, HE M Y, et al. Notch sensitivity and stress redistribution in three ceramic-matrix composites[J]. Journal of the American ceramic society，1995,78(7)：1719-1728.

[157] MOLIS S E, CLARKE D R. Measurement of stresses using fluorescence in an optical microprobe：stresses around indentations in a chromium-doped sapphire[J]. Journal of the American ceramic society，1990,73(11)：3189-3194.

[158] OUTWATER J O, MURPHY M C. Fracture energy of unidirectional laminates[J].

Modern Plastics, 1970,47: 160-169.

[159] COTTRELL A H. Strong solids[M]. London: Oxford University Press, 1964.

[160] KELLY A, COTTRELL A H, KELLY A. Interface effects and the work of fracture of a fibrous composite[J]. Proceedings of the royal society A: mathematical, physical and engineering sciences, 1970,319(1536): 95-116.

[161] MARSTON T U, ATKINS A G, FELBECK D K. Interfacial fracture energy and the toughness of composites[J]. Journal of materials science, 1974,9(3): 447-455.

[162] ATKINS A G. Intermittent bonding for high toughness/ high strength composites [J]. Journal of materials science, 1975,10(5): 819-832.

[163] JABLONSKI D A, BHATT R T. High-temperature tensile properties of fiber reinforced reaction bonded silicon nitride[J]. Composites technology and research, 1990, 12(3): 139-146.

[164] BURKLAND C V, YANG J M, UNIV LAC. Chemical vapor infiltration of fiber-reinforced SiC matrix composites[J]. Sampe journal, 1989,25(5): 29-33.

[165] MITTNICK M A. Textron specialty materials[C]//High Performance Composites for the 1990's: Proceedings of a TMS Northeast Regional Symposium Sponsored by TMS-New Jersey Chapter Held at Morristown, New Jersey, June 6-8, 1990. Tms, 1990: 105.

[166] DuPont C V I. Ceramic matrix composites: preliminary engineering data[DS]. Newark, DE: Du Pom de Nemours, 1991.

[167] PREWO K M, JOHNSON B, STARRETT S. Silicon carbide fibre-reinforced glassceramic composite tensile behaviour at elevated temperature[J]. Journal of materials science, 1989,24: 1373-1379.

[168] SINGH R N. High-temperature mechanical properties of a uniaxially reinforced zircon-silicon carbide composite[J]. Journal of the American ceramic society, 1990,73 (8): 2399-2406.

[169] RAMAKRISHNA T B. Properties of silicon carbide fiber reinforced silicon nitride matrix composites, NASA, technical report 88 c 027 [R]. Cleveland, Ohio: NASA, 1988.

[170] GOMINA M, FOURVEL P, ROUILLON M H. High temperature mechanical behaviour of an uncoated SiC-SiC composite material[J]. Journal of materials science, 1991,26(7): 1891-1898.

[171] TRESSLER R E, PYSHER D J. Mechanical behavior of high strength ceramic fibers at high temperatures[M]//VINCENZINI P. Advanced structural inorganic composites. Amsterdam: Elsevier, 1991.

[172] PYSHER D J, GORETTA K C, HODDER Jr R S, et al. Strengths of ceramic fibers at elevated temperatures[J]. Journal of the American ceramic society, 1989,72(2): 284-288.

[173] MAH T I, MENDIRATTA M G, KATZ A P, et al. Recent developments in fiber-re-

inforced high temperature ceramic composites[J]. American ceramic society bulletin, 1987,66: 2(2): 304.

[174] BUNSELL A R. Ceramic fibers for reinforcement[J]. Ceramic-matrix composites, 1992: 12-34.

[175] OKAMURA K. Ceramic fibres from polymer precursors[J]. Composites, 1987,18 (2): 107-120.

[176] LEE S M. International encyclopedia of composites[M]. New York: VCH Publishers, 1990.

[177] DICARLO J A. Creep of chemically vapour deposited SiC fibres[J]. Journal of materials science, 1986,21: 217-224.

[178] YAJIMA S, OKAMURA K, HAYASHI J, et al. Synthesis of continuous SiC fibers with high tensile strength[J]. Journal of the American ceramic society, 1976,59(7/8): 324-327.

[179] YAMAMURA T, HURUSHIMA T, KIMOTO M. Development of new continuous Si-Ti-C-O fiber with high mechanical strength and heat-resistance[J]. High tech ceramics: part A, 1986: 737-746.

[180] LEGROW G E, LIM T F, LIPOWITZ J, et al. Ceramics fromhydridopolysilazane [J]. American ceramic society bulletin, 1987,66(2): 363-367.

[181] Saphikon Engineering Data[DS]. Milford, 1992.

[182] LUH E Y, EVANS A G. High-temperature mechanical properties of a ceramic matrix composite[J]. Journal of the American ceramic society, 1987,70(7): 466-469.

[183] MORSCHER G, PIROUZ P, HEUER A H. Temperature dependence of interfacial shear strength in SiC-fiber-reinforced reaction-bonded silicon nitride[J]. Journal of the American ceramic society, 1990,73(3): 713-720.

[184] NAIR S V, GWO T J, NARBUT N M, et al. Mechanical behavior of a continuous-SiC-fiber-reinforced RBSN-matrix composite[J]. Journal of the American ceramic society, 1991,74(10): 2551-2558.

[185] ABBE F, CHERMANT J L. Fiber-matrix bond-strength characterization of silicon carbide-silicon carbide materials[J]. Journal of the American ceramic society, 1990,73 (8): 2573-2575.

[186] MARSHALL D B, EVANS A G. The influence of residual stress in the toughness of reinforced brittle materials[J]. Materials forum, 1988,11: 304-312.

[187] EVANS A G. Perspective on the development of high-toughness ceramics[J]. Journal of the American ceramic society, 1990,73(2): 187-206.

[188] BOUQUET M, BIRBIS J M, QUENISSET J M. Toughness assessment of ceramic matrix composites[J]. Composites science and technology, 1990, 37(1/3): 223-248.

[189] LAMICQ P J, BERNHART G A, DAUCHIER M M, et al. SiC/SiC composite ceramics[J]. American ceramic society bulletin, 1986,65(2): 336-338.

[190] HERAUD L, SPRIET P. High toughness C-SiC and SiC-SiC composites in heat en-

gines[C]//BRADLEY R A，CLARK D E，LARSEN D C，et al. Whisker-and Fiber-Toughened Ceramics. Metals Park，OH：ASM International，1988：217-224.

[191] ANDERSSON C. Properties of fiber-reinforced lanxide alumina matrix composites [C]//BRADLEY R A，CLARK D E，LARSEN D C，et al. Whisker-and Fiber-Toughened Ceramics. Metals Park，OH：ASM International，1988：209-215.

[192] NAIR S V，WANG Y L. Failure behavior of a 2-D woven SiC fiber/SiC matrix composite at ambient and elevated temperatures[C]//Proceedings of the 16th Annual Conference on Composites and Advanced Ceramic Materials：Ceramic Engineering and Science Proceedings. Hoboken，NJ，USA：John Wiley & Sons，Inc.，1994：433-441.

[193] DICARLO J A. Fibers for structurally reliable metal and ceramic composites[J]. Jom，1985,37：44-49.

[194] NIIHARA K. New design concept of structural ceramics ceramic nanocomposites[J]. Journal of the ceramic society of Japan，1991,99(1154)：974-982.

[195] NEWKIRK M S，URGUHART A W，ZWICKER H R，et al. Formation of lanxide TM ceramic composite materials[J]. Journal of materials research，1986,1(1)：81-89.

[196] ANDERSSON C A，BARRON-ANTOLIN P，FAREED A S，et al. Properties of fiber-reinforced lanxide TM alumina matrix composites[C]//BRADLEY R A，CLARK D E，LARSEN D C，et al. Whisker-and Fiber-Toughened Ceramics. Materials Park，OH：ASM International，1988：209-215.

[197] PREWO K M. Fiber-reinforced ceramics：new opportunities for composite materials [J]. American ceramic society bulletin，1989,68(2)：395-400.

[198] MECHOLSKY J，Jr J J. Engineering research needs of advanced ceramics and ceramic-matrix composites[J]. American ceramic society bulletin，1989,68(2)：367-375.

[199] YAMAMURA T，ISHIKAWA T，SATO M，et al. Characteristics of a ceramic matrix composite using a continuous Si-Ti-C-O fiber[C]//WACHTMAN J B，Jr. Ceramic Engineering and Science Proceedings. USA：Wiley，1990，11（9/10）：1648-1660.

[200] STRIFE J R，BRENNAN J J，PREWO K M. Status of continuous fiber-reinforced ceramic matrix composite processing technology[C]//WACHTMAN J B，Jr. Ceramic Engineering and Science Proceedings. USA：Wiley，1990,11(7/8)：871-919.

[201] SPRAGUE R A. Future aerospace materials directions[J]. Advanced materials and processes，1988,133(1)：67-69.

[202] DRYELL D R，FREEMAN C W. Trends in design of turbines for aero engines[C]// TAPLIN D M R，KNOT J F，LEWIS M H. Materials Development in Turbo-Machinery Design：2nd Parsons International Conference. Dublin：Parsons Press，1989：38-45.

[203] HENAGER C H，Jr，JONES R H. Subcritical crack growth in CVI-SiC reinforced with nicalon fibers：experiment and model[J]. Journal of the American ceramic socie-

ty，2010，77(9)：2381-2394.

[204] DAPKUNAS S J. Ceramic heat exchangers[J]. American ceramic society bulletin，1988，67：388-391.

[205] KARNITZ M A，GRAIG D F，RICHLEN S L. Continuous fiber ceramic composite program[J]. American ceramic society bulletin，1991，70(3)：430-435.

[206] MCMEEKING R M. Power law creep of a composite material containing discontinuous rigid aligned fibers[J]. International journal of solids & structures，1993，30(13)：1807-1823.

[207] MCLEAN M. Creep deformation of metal-matrix composites[J]. Composites science & technology，1985，23(1)：37-52.

[208] MILEIKO S T. Steady state creep of a composite material with short fibres[J]. Journal of materials science，1970，5：254-261.

[209] KELLY A，STREET K N. Creep of discontinuous fibre composites II. Theory for the steady-state[J]. Proceedings of the royal society A：mathematical，physical and engineering sciences，1972，328(1573)：283-293.

[210] NIEH T G. Creep rupture of a silicon carbide reinforced aluminum composite[J]. Metallurgical & materials transactions A，1984，15：139-146.

[211] GUNAWARDENA S R，JANSSON S，LECKIE F A. Modeling of anisotropic behavior of weakly bonded fiber reinforced MMC's[J]. Acta metallurgica et materialia，1993，41(11)：3147-3156.

[212] JANSSON S，LECKIE F A. The mechanics of failure of silicon carbide fiber-reinforced glass-matrix composites[J]. Acta metallurgica et materialia，1992，40(11)：2967-2978.

[213] HOLMES J W. Tensile creep behaviour of a fibre-reinforced SiC-Si3N4 composite[J]. Journal of materials science，1991，26(7)：1808-1814.

[214] WEBER C，CONNELL S J，ZOK F W. On the tensile response of a fiber reinforced metal matrix composite[C]//MIRAVETE A. Proceedings of the 1993 international conference on composite materials. Madrid：Woodhead Publishing Ltd，1993：417-423.

[215] ABBE F，VICENS J，CHERMANT J L. Creep behaviour and microstructural characterization of a ceramic matrix composite[J]. Journal of materials science letters，1989，8：1026-1028.

[216] WU X，HOLMS J W. Tensile creep and creep-strain recovery behavior of silicon carbide fiber/calcium aluminosilicate matrix ceramic composites[J]. Journal of the American ceramic society，1993，76(10)：2695-2700.

[217] PARK Y H，HOLMES J W. Finite element modeling of creep deformation in fiber-reinforced ceramic composites[J]. Journal of materials science，1992，27：6341-6351.

[218] DE SILVA A R T. A theoretical analysis of creep in fiber reinforced composites[J]. Jorunal of the mechanics and physics of solids，1968，16：169-186.

[219] DE SILVA A R T. Creep deformation and creep rupture of fibre reinforced composites [M]//TESINOVA P. Advances in composite materials: analysis of natural and man-made materials. New York: Pergamon Press, 1980: 1115-1128.

[220] LILHOLT H. Creep of fibrous composite materials[J]. Composites science and technology, 1985,22: 277-294.

[221] Bhatt R T . Whisker- and Fiber-Toughened Ceramics [J]. Proc. inter. conf, 1988, 199.

[222] DONALDSON K Y, VENKATESWARAN A, HASSELMAN D P H. Speculation on thecreep behavior of silicon carbide whisker-reinforced alumina[C]//WACHTMAN J B, Jr. Ceramic Engineering and Science Proceedings. USA: Wiley, 1989,10 (9/10): 1191-1211.

[223] HANCOX N L. High temperature high performance composites[C]//LEMKEY F D, AVANS A G, FISHMAN S C, et al. Materials Research Society Symposium Proceedings. Germany: Springer, 1988: 67.

[224] GOTO S, MCLEAN M. Modelling interface effects during creep of metal matrix composites[J]. Scripta metallurgica, 1989,23: 2073-2078.

[225] GOTO S, MCLEAN M. Role of interfaces in creep of fibre-reinforced metal-matrix composites-I: continuous fibres [J]. Acta metallurgica et materialia, 1991, 39: 153-164.

[226] TAYA M, ARSENAULT R. Metal matrix composites: thermomechanical behavior [M]. New York: Pergamon Press, 1989: 123.

[227] KERVADEC D, COSTER M, CHERMANT J L. Morphology of magnesium lithium aluminum silicate matrix reinforced by silicon carbide fibers during high temperature tests[J]. Materials research bulletin, 1992,27(8): 967-974.

[228] KERVADEC D, CHERMANT J L. Some aspects of the morphology and creep behavior of a unidirectional SiCf-MLAS material[C]//SAKAI M, BRADT R C, HASSELMAN D P. Fracture mechanics of ceramics. New York: Plenum Press, 1992(10): 459-471.

[229] ADAMI J N. Comportement en fluage uniaxial sous vide d'un composite matrice ceramique bidirectional A1203-SiC[J]//These de Docteur 6s Sciences Techniques, L' Ecole Polytechnique F6d6rale de Ziirich, Switzerland, 1992.

[230] MEYER D W, PLESHA M E, COOPER R F. A contact friction algorithm including nonlinear viscoelasticity and a singular yield surface provision[J]. Computers and structures, 1992,42: 913-925.

[231] MEYER D W, COOPER R F, PLESHA M E. High-temperature creep and the interracial mechanical response of a ceramic matrix composite[J]. Acta metallurgica et materialia, 1993,41(11): 3157-3170.

[232] MEYER D W, COOPER R F, PLESHA M E. Rheological modeling of ceramic composites: an indirect method of interfacial mechanical property measurements[J]. In-

ternational journal of solids and structures, 1992,29(20): 2563-2582.

[233] WANG Y M, QIU Y P, WENG G J. Transient creep behavior of a metal matrix composite with a dilute concentration of random oriented spheroidal inclusions[J]. Composites science and technology, 1992,44: 287-297.

[234] WANG Y R, CHOU T W. Analytical modeling of creep behavior of short fiber reinforced ceramic matrix composites[J]. Journal of composite materials, 1992,26(9): 1269-1286.

[235] WU X, HOLMES J W, GHOSH A K. Creep and fracture in model niobium-alumina laminates under shear loading[J]. Acta metallurgica et materialia, 1994,42(6): 2069-2081.

[236] HOLMES J W, PARK Y, JONES J W. Tensile creep and creep recovery behavior of a SiC-fiber Si3N4-matrix composite[J]. Journal of the American ceramic society, 1993,76(5): 1281-1293.

[237] KERVADEC D, CHERMANT J L. Viscoelastic deformation during creep of 1-D SiCf/MLAS composite[C]//VASSILOPOULOS A, MICHAUD V. Proceedings of the 6th European Conference on Composite Materials. Bourdeaux: EPFL Lausanne, 1993: 649-657.

[238] HOLMES J W, WU X, SORENSEN B F. Frequency dependence of fatigue life and internal heating of a fiber-reinforced/ceramic-matrix composite[J]. Journal of the American ceramic society, 1994,77(12): 3284-3286.

[239] HILMAS G E, HOLMES J W, BHATT R T,et al. Tensile creep behavior and damage accumulation in a SiC-fiber/RBSN-matrix composite[C]//BANSAL N. Ceramic Transactions(38): Advances in Ceramic Matrix Composites. Westerville: American Ceramic Society, 1993: 291-304.

[240] CHUANG T J. Estimation of power law creep parameters from bend test data[J]. Journal of materials science, 1986,21: 165-175.

[241] NAIR S V, JAKUS K. The mechanics of matrix cracking in fiber reinforced ceramic composites containing a viscous interface[J]. Mechanics of materials, 1991,12(3/4): 229-244.

[242] NAIR S V, GWO T J. Role of crack wake toughening on elevated temperature crack growth in a fiber reinforced ceramic composite[J]. Journal of engineering materials and technology, 1993,115(3): 273-280.

[243] HOLMES J W. A technique for tensile fatigue and creep testing of fiber-reinforced ceramics[J]. Journal of engineering materials and technology, 1992,26(6): 916-933.

[244] WIEDERHORN S M, HOCKEY B J. High temperature degradation of structural composites[J]. Ceramics international, 1991,17(4): 243-252.

[245] KHOBAIB M, ZAWADA L. Tensile and creep behavior of a silicon carbide fiber-reinforced aluminosilicate composite[C]//WACHTMAN J B, Jr. Ceramic Engineering and Science Proceedings. USA: Wiley, 1991,12(7/8): 1537-1555.

［246］WEBER C H，YANG J Y，LÖFVANDER J P A，et al. The creep and fracture resistance of gamma-TiAl reinforced with Al2O3 fibers[J]. Acta metallurgica et materialia，1993,41(9)：2681-2690.

［247］HOLMES J W，MORRIS J. Elevated temperature creep of a 3-D SiCf/SiC composite [C]//WACHTMAN J B，Jr. Proceedings of the 15th Annual Conference on Ceramics and Advanced Composites. Cocoa Beach，1991：89C-91F.

［248］HOLMES J W. Influence of stress-ratio on the elevated temperature fatigue of a SiC fiber-reinforced Si3N4 composite[J]. Journal of the American ceramic society，1991，74(7)：1639-1645.

［249］ABBE F，CHERMANT J L. Creep resistance of SiC-SiC composites under vacuum [C]//MICHAEL S T，et al. Proceedings of the 4th International Conference of Creep and Fracture of Engineering Materials and Structures. U. K.：The Institute of Metals，1990：439-448.

［250］MAH T，HECHT N L，MCCULLUM D E，et al. Thermal stability of SiC fibres (Nicalon)[J]. Journal of materials science，1984,19：1191-1201.

［251］BUNSELL A，BERGER M H. Fine diameter ceramic fibres[J]. Journal of the european ceramic society，2000,20(13)：2249-2260.

［252］ARONS R M，TIEN J K. Creep and strain recovery in hot-pressed silicon nitride[J]. Journal of materials science，1980,15：2046-2059.

［253］HAIG S，CANNON W R，WHALEN P G，et al. Microstructural effects on the tensile creep of silicon nitride[C]//WOODFORD D A，TOWNLEY C H A，OHNAMI M. Creep：characterization，damage and life assessment. Metals Park，OH：ASM International，1992：91-96.

［254］RAMAMURTY U，KIM A S，SURESH S. Micromechanics of creep-fatigue crack growth in a silicide-matrix composite with SiC particles[J]. Journal of the American ceramic society，1993,76(8)：1953-1964.

［255］HOLMES J W. Fatigue of fiber reinforced ceramics[M]//LEVINE S R. Ceramics and ceramic matrix composites. New York：ASME，1992：193-238.

［256］SURESH S. Fatigue of materials [M]. Cambridge，UK：Cambridge Univ Press，1998.

［257］Rousseau C Q. Monotonic and cyclic behavior of a silicon carbide/calcium-aluminosilicate ceramic composite[J]. Astm Stp 1080，1990：240-252.

［258］ROUBY D，REYNAUD P. Fatigue behaviour related to interface modification during load cycling in ceramic-matrix fibre composites[J]. Composites science & technology，1993,48(1/4)：109-118.

［259］WIEDERHORN S M. Influence of water vapor on crack propagation in soda-lime glass[J]. Journal of the American ceramic society，1967,50(8)：407-414.

［260］SENSMEIER M D，WRIGHT P K. The effect of fibre bridging on fatigue crack growth in titanium matrix composites[C]//LIAW P K，GUNGOR M N. Proceedings

TMS Fall Meeting. Pittsburgh: ASM, 1989: 441.

[261] WALLS D, BAO G, ZOK F. Effects of fiber failure on fatigue cracking in a Ti/SiC composite[J]. Scripta metallurgica et materialia, 1991,25(4): 911-916.

[262] WALLS D P, BAO G, ZOK F W. Mode I fatigue cracking in a fiber reinforced metal matrix composite[J]. Acta metallurgica et materialia, 1993,41(7): 2061-2071.

[263] WALL D, ZOK F. The effects of notches on the fatigue behaviour of a Ti/SiC composite[C]. Mater Lett, 1991,12(3): 153-157.

[264] BAO G, MCMEEKING R M. Fatigue crack growth in fiber-reinforced metal-matrix composites[J]. Acta metallurgica et materialia, 1994,42(7): 2415-2425.

[265] MACKIN T J, ZOK F W. Fiber bundle pushout: A technique for the measurement of interfacial sliding properties[J]. Journal of the American ceramic society, 1992,75 (11): 3169-3171.

[266] SPEARING S M, ZOK F W, EVANS A G. Stress corrosion cracking in a unidirectional ceramic-matrix composite[J]. Journal of the American ceramic society, 1994, 77: 562-570.

[267] KARANDIKAR P G, CHOU T W. Microcracking and eastic mduli rductions in uidirectional ncalon-AS cmposite uder cclic ftigue lading[C]//Proceedings of the 16th Annual Conference on Composites and Advanced Ceramic Materials: Ceramic Engineering and Science Proceedings. Hoboken, NJ, USA: John Wiley & Sons, Inc. , 1994: 881-888.

[268] SORENSEN B F, TALREJA R. Analysis of damage in a ceramic matrix composite [J]. International jurnal of dmage mchanics, 1993,2(3): 246-271.

[269] KARANDIKAR P G, CHOU T W. Damage development and moduli reductions in nicalon-alcium aluminosilicate composites under static fatigue and cyclic fatigue[J]. Journal of the American cramic sciety, 1993,76(7): 1720-1728.

[270] KARANDIKAR P G, CHOU T W. Characterization and modeling of microcracking and elastic moduli changes innicalon/CAS composites[J]. Composites science and technology, 1993,46(3): 253-263.

[271] AVESTON J. Single and multiple fracture[J]. The properties of fiber composites, 1971: 15-26.

[272] AVESTON J, KELLY A. Theory of multiple fracture of fibrous composites[J]. Journal of materials science, 1973,8: 352-362.

[273] KIM R Y. Experimental observation of progressive damage in SiC/Glass-Ceramic Composites[C]//16th Annual Conference on Composites and Advanced Ceramic Materials. New York: John Wiley & Sons, 2009,13(7/8): 281.

[274] YANG X F, KNOWLES K M. The one-dimensional car parking problem and its application to the distribution of spacings between matrix cracks in unidirectional fiber-reinforced brittle materials[J]. Journal of the American ceramic society, 1992,75(1): 141-147.

[275] GODA K，FUKUNAGA H. The evaluation of the strength distribution of silicon carbide and alumina fibres by a multi-modal Weibull distribution[J]. Journal of materials science，1986,21：4475-4480.

[276] FISCHBACH D B，LEMOINE P M，YEN G V. Mechanical properties and structure of a new commercial SiC-type fibre（Tyranno)[J]. Journal of materials science，1988，23：987-993.

[277] MARSHALL D B，COX B N. Tensile fracture of brittle matrix composites：influence of fiber strength[J]. Acta metallurgica，1987,35(11)：2607-2619.

[278] STEIF P S，SCHWIETERT H R. Ultimate strength of ceramic-matrix Composites [C]//14th Annual Conference on Composites and Advanced Ceramic Materials：Ceramic Engineering and Science Proceedings. Hoboken，NJ，USA：John Wiley & Sons，Inc.，1990：1567-1576.

[279] HOLMES J W，SORENSEN B F. Fatigue behavior of continuous fiber-reinforced ceramic matrix composites[M]//JAKUS K. High temperature mechanical behaviour of ceramic composites. Oxford：Butterworth-Heinemann，1995：261-326.

[280] WANG S W，PARVIZI-MAJIDI A. Experimental characterization of the tensile behaviour of Nicalon fibre-reinforced calcium aluminosilicate composites[J]. Journal of materials science，1992,27(20)：5483-5496.

[281] GARRETT K W，BAILEY J E. Multiple transverse fracture in 90 cross-ply laminates of a glass fibre-reinforced polyester[J]. Journal of materials science，1977，12：157-168.

[282] PARVIZI A，GARRETT K W，BAILEY J E. Constrained cracking in glass fibre-reinforced epoxy cross-ply laminates[J]. Journal of materials science，1978，13：352-362.

[283] PARVIZI A，GARRETT K W，BAILEY J E. Constrained cracking in glass fibre-reinforced epoxy cross-ply laminates[J]. Journal of materials science，1978，13：195-201.

[284] SHULER S F，HOLMES J W，WU X，et al. Influence of loading frequency on the room-temperature fatigue of a carbon-fiber/SiC-matrix composite[J]. Journal of the American ceramic society，1993,76(9)：2327-2336.

[285] SHULER S F，HOLMES J W. Influence of loading rate on the monotonic tensile behavior fiber-reinforced ceramics[J]. Research memorandum，1990,102：48109-2125.

[286] SORENSEN B F，HOLMES J W. Effect of loading rate on the monotonic tensile behavior of a continuous-fiber-reinforced glass-ceramic matrix composite[J]. Journal of the American ceramic society，1996,79(2)：313-320.

[287] ALLEN R F，BOWEN P. Fatigue and fracture of a SiC/CAS continuous fibre reinforced glass ceramic matrix composite at ambient and elevated temperatures[C]//Proceedings of the 17th Annual Conference on Composites and Advanced Ceramic Materials：Ceramic Engineering and Science Proceedings. Hoboken，NJ，USA：John Wiley

& Sons, Inc. , 1993: 265-272.

[288] MINFORD E, PREWO K M. Fatigue behavior of silicon carbide fiber reinforced lithi-um-alumino-silicate glass-ceramics[M]//TRESSLER R E, MESSING G L, PANTA-NO C G. Tailoring multiphase and composite ceramics. Boston, MA: Springer US, 1986: 561-570.

[289] HOLMES J, FOULDS W, KOTIL T. High temperature fatigue of SiC fiber-rein-forced Si3N4 ceramic composites[C]//Symposium on High Temperature Composites: Proceedings of the American Society for Composites, Dayton, OH. 1989: 176-186.

[290] ZAWADA L P, BUTKUS L M, HARTMAN G A. Room temperature tensile and fa-tigue properties of silicon carbide fiber-reinforced aluminosilicate glass[C]//14th An-nual Conference on Composites and Advanced Ceramic Materials: Ceramic Engineer-ing and Science Proceedings. Hoboken, NJ, USA: John Wiley & Sons, Inc. , 1990: 1592-1606.

[291] SORENSEN B F, HOLMES J W, VANSWIJGENHOVEN E L. Does a true fatigue limit exist for continuous fiber-reinforced ceramic matrix composites? [J]. Journal of the American ceramic society, 2002,85(2): 359-365.

[292] HOLMES J W, SHULER S F. Temperature rise during fatigue of fibre-reinforced ce-ramics[J]. Journal of materials science letters, 1990,9(11): 1290-1291.

[293] CHO C, HOLMES J W, BARBER J R. Estimation of interfacial shear in ceramic composites from frictional heating measurements[J]. Journal of the American ceramic society, 1991,74(11): 2802-2808.

[294] PRYCE A W, SMITH P A. Matrix cracking in unidirectional ceramic matrix compos-ites under quasi-static and cyclic loading[J]. Acta metallurgica et materialia, 1993,41 (4): 1269-1281.

[295] SORENSEN B F, TALREJA R, SORENSEN O T. Micromechanical analysis of dam-age mechanisms in ceramic-matrix composites during mechanical and thermal cycling [J]. Composites, 1993,24(2): 129-140.

[296] TALREJA R. Fatigue of fibre-reinforced ceramic[C]//Proceedings of the Riso Inter-national Symposium on Metallurgy and Materials Science, Structural Ceramics Pro-cessing, Microstucture and Properties. 1990: 145-159.

[297] MORRIS W L, COX B N, MARSHALL D B, et al. Fatigue mechanisms in graphite/ SiC composites at room and high temperature[J]. Journal of the American ceramic so-ciety, 1994,77(3): 792-800.

[298] ALLEN R F, BOWEN P, PERCIVAL M C L. Effects of test temperature and loading rate on the fatigue and fracture resistance of a continuous fibre reinforced glass ceram-ic matrix composite[C]//Proceedings of Ninth International Conference on Composite Materials: ICCM/9 Ceramic Matrix Composites and Other Systems. 1993, 2: 121-128.

[299] JONES R H, HENAGER C H. Fatigue crack growth of SiC/SiC at 1100 {degrees} C

[R]. TN,USA：Oak Ridge National Laboratory，1992.

[300] RITCHIE R O. Mechanisms of fatigue crack propagation in metals，ceramics and composites：role of crack tip shielding[J]. Materials science and engineering：A，1988,103(1)：15-28.

[301] CHAN K S. Effects of interface degradation on fiber bridging of composite fatigue cracks[J]. Acta metallurgica et materialia，1993,41(3)：761-768.

[302] BAO G，SONG Y. Crack bridging models for fiber composites with slip-dependent interfaces[J]. Journal of the mechanics and physics of solids，1993,41(9)：1425-1444.

[303] REYNAUD P，ROUBY D，FANTOZZI G. A model describing the changes in ceramic-ceramic fibre composites under cyclic fatigue loading[C]//BUNSELL A R，JAMET J F，MESSIAH A. Proceedings of Developments in the Science and Technology of Composite Materials. 1992：597-602.

[304] SURESH S. Mechanics and micromechanisms of fatigue crack growth in brittle solids [J]. International journal of fracture，1990,42：41-56.

[305] MOSCHELLE W R. Load ratio effects on the fatigue behavior of silicon carbide fiber reinforced silicon carbide[C]//Proceedings of the 18th Annual Conference on Composites and Advanced Ceramic Materials A：Ceramic Engineering and Science Proceedings. Hoboken，NJ，USA：John Wiley & Sons，Inc.，1994：13-22.

[306] ALLEN R F，BEEVERS C J，BOWEN P. Fracture and fatigue of a Nicalon/CAS continuous fibre-reinforced glass-ceramic matrix composite[J]. Composites，1993,24 (2)：150-156.

[307] HENAGER C H，Jr，JONES R H. The effects of an aggressive environment on the subcritical crack growth of a continuous-fiber ceramic composite[C]//Proceedings of the 16th Annual Conference on Composites and Advanced Ceramic Materials：Ceramic Engineering and Science Proceedings. Hoboken，NJ，USA：John Wiley & Sons，Inc.，1994：410-419.

[308] WOODFORD D A，VAN STEELE D R，BREHM J，et al. Effect of test temperature，oxygen attack，thermal transients，and protective coatings on tensile strength of silicon carbide matrix composites[C]//Proceedings of the 16th Annual Conference on Composites and Advanced Ceramic Materials：Ceramic Engineering and Science Proceedings. Hoboken，NJ，USA：John Wiley & Sons，Inc.，1994：752-759.

[309] BHATT R T. Oxidation effects on the mechanical properties of a SiC-fiber-reinforced reaction-bonded Si3N4 matrix composite[J]. Journal of the American ceramic society，1992,75(2)：406-412.

[310] WANG S W，KOWALIK R W，SANDS R. Strength of Nicalon fiber reinforced glass-ceramic matrix composites after corrosion with Na2SO4 deposits[C]//Proceedings of the 16th Annual Conference on Composites and Advanced Ceramic Materials：Ceramic Engineering and Science Proceedings. Hoboken，NJ，USA：John Wiley & Sons，Inc.，1994：760-769.

[311] HENEGER C H, Jr, JONES R H. Molten salt corrosion of hot-pressed Si3/N4/SiC composites and effects of molten salt corrosion on slow crack growth of hot-pressed Si3N4[C]//TRESSLER R E, MCNALLEN M. Corrosion and Corrosive Degradation of Ceramics. 1990: 197-210.

[312] FOX D S, SMIALEK J L. Burner rig hot corrosion of silicon carbide and silicon nitride[J]. Journal of the American ceramic society, 1990,73(2): 303-311.

[313] ZAWADA L P, WETHERHOLD R C. The effects of thermal fatigue on a SiC fibre/aluminosilicate glass composite[J]. Journal of materials science, 1991,26: 648-654.

[314] HILAIRE G M S, ERTÜRK T. Thermomechanical fatigue of crossply SiCf/Si3N4 ceramic composites under impinged kerosene-based flame[C]//Proceedings of the 17th Annual Conference on Composites and Advanced Ceramic Materials: Ceramic Engineering and Science Proceedings. Hoboken, NJ, USA: John Wiley & Sons, Inc. , 1993: 416-425.

[315] COX B N. Interfacial sliding near a free surface in a fibrous or layered composite during thermal cycling[J]. Acta metallurgica et materialia, 1990,38(12): 2411-2424.

[316] COX B N, DADKHAH M S, JAMES M R, et al. On determining temperature dependent interfacial shear properties and bulk residual stresses in fibrous composites [J]. Acta metallurgica et materialia, 1990,38(12): 2425-2433.

[317] BUTKUS L M, HOLMES J W, NICHOLAS T. Thermomechanical fatigue behavior of a silicon carbide fiber-reinforced calcium aluminosilicate composite[J]. Journal of the American ceramic society, 1993,76(11): 2817-2825.

[318] WORTHEM D W. Thermomechanical fatigue of nicalonm/CAS under in-phase and out-of-phase cyclic loadings[C]//17th Annual Conference on Composites and Advanced Ceramic Materials. New York: John Wiley & Sons, 2009,14(7/8): 292.

[319] SORENSEN B F, HOLMES J W, VANSWIJGENHOVEN E L. Rate of strength decrease of fiber-reinforced ceramic-matrix composites during fatigue[J]. Journal of the American ceramic society, 2000,83(6): 1469-1475.

[320] WANG A S D, HUANG X G, Barsoum M W. Matrix crack initiation in ceramic matrix composites part II: models and simulation results[J]. Composites science and technology, 1992,44(3): 271-282.

[321] SORENSEN B F, HOLMES J W. Improvement in the fatigue life of fiber-reinforced ceramics by use of interfacial lubrication[J]. Scripta metallurgica et materialia, 1995, 32(9): 1393-1398.